敦煌日月

邓文宽 著

DUNHUANG
RIYUE

出土天文历法文献探赜

山西出版传媒集团
山西人民出版社

图书在版编目（CIP）数据

敦煌日月：出土天文历法文献探赜 / 邓文宽著.
太原：山西人民出版社，2025. 4. — ISBN 978-7-203
-13837-2

Ⅰ. P194.3

中国国家版本馆 CIP 数据核字第 2025UE5489 号

敦煌日月：出土天文历法文献探赜

著　　者：邓文宽
责任编辑：侯雪怡　魏美荣
复　　审：崔人杰
终　　审：梁晋华
装帧设计：陈　婷

出 版 者：山西出版传媒集团·山西人民出版社
地　　址：太原市建设南路 21 号
邮　　编：030012
发行营销：0351-4922220　4955996　4956039　4922127（传真）
天猫官网：https://sxrmcbs.tmall.com　电话：0351-4922159
E - m a i l：sxskcb@163.com　发行部
　　　　　　sxskcb@126.com　总编室
网　　址：www.sxskcb.com

经 销 者：山西出版传媒集团·山西人民出版社
承 印 厂：山西出版传媒集团·山西人民印刷有限责任公司

开　　本：720mm×1020mm　1/16
印　　张：32.5
字　　数：483 千字
版　　次：2025 年 4 月　第 1 版
印　　次：2025 年 4 月　第 1 次印刷
书　　号：ISBN 978-7-203-13837-2
定　　价：138.00 元

作者（右）与受业导师张广达教授在一起

作者在工作

Dy.368v　北魏太平真君十一年（450）至十二年（451）历日

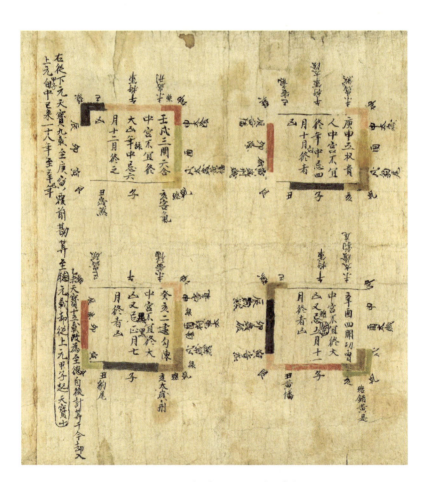

S.2620　唐年神方位图（局部）

宋雍熙三年丙戌岁（986）具注历日并序（局部）

P.3403

敦煌本北魏历日与中国古代月食预报

邓文宽

在四十余件敦煌历日文献中，《北魏太平真君十一年（450年）、十二年（451年）历日》是最早的一份，也是现知北朝时期的唯一历书实物。但原件下落至今不明。1951年，台湾学者苏莹辉在《敦煌所出北魏写本历日》[1]一文中公布了一个录文；1992年，大陆学者刘操南先生在《敦煌本北魏太平真君十一年、十二年残历校记》[2]一文中公布了一个抄本。由于近十年来我一直致力于敦煌吐鲁番天文历法研究，所以对这方面的新材料十分敏感和重视。抄本的公布，尤其是刘操南先生新公布的抄本，给我的工作提供了诸多方便。于是，在1992年9月中国敦煌吐鲁番学会举办的国际学术讨论会上，我以《敦煌本北魏太平真君十一年、十二年历日抄本合校》为题做了报告，并呼吁：“望天下公私有到其下落者购取毛笔或馈赠照片，以便对这份珍贵的书写本历日进行更深入的研究。”报告有一结束，日本著名敦煌学家池田温教授当即表示，他藏有此历的搨见，愿意送我研究。本文使用的照片都是依据池田温先生赠送的搨见扩印件重新翻拍的。在此，我要向池田温先生表示深深的谢意。需要说明的是，提前述两个抄本，此

（左侧批注）同时也发现两个抄本都有错误和不达一间之处。

《敦煌本北魏历日与中国古代月食预报》手稿

跋

(一)此北魏写日的出土地点。

据苏莹辉先生在《敦煌所出北魏写手石日》一文中介绍，原写手于1944年冬由董作宾先生得于敦煌市塵；1948年，董先生持一份拓手寄示苏先生，并嘱其考证发表。苏先生因而推测："其出处可能与敦煌艺术研究所新发现之写经之十余种同一来源。"而前引刘操南先生文却云："1943年西安李偃示知先生患余之好为算也，书以遗示，余移录之，而庋赵去。"这说明至晚在1943年时李偃先生就已有此写拓手。

所谓"敦煌艺术研究所新发现之写经之十余种"，就是通常所说的土地庙文书。但土地庙文书是1944年8月30日和31日才发现的。如果此写属于土地庙文书，断然不可能在1943年时就已有了拓手。可以确认，此北魏太平真君写手石日同出于莫高窟今编第17号窟，也即通常所说的"敦煌石室"。

(二)写注中的"社"和"腊"。

太平真君十一年写日注二月廿七日，八月一日，十二年写日在二月四日、八月十六日的注"社"。"社"即社祭，为祭祀土地神典礼。十一年二月壬辰朔，廿七日干支戊午；八月一日干支戊午。十二年二月乙卯朔，四日干支戊戌中气结果如下表：

月　朔	节　气	中　气
十一月小　癸亥		冬至乙酉
十二月大　壬辰	小寒庚子	大寒乙卯
正月大　壬戌	立春庚午	雨水丙戌
二月小　壬辰	惊蛰辛丑	春分丙辰
三月大　辛酉	清明辛未	谷雨丙戌
四月小　辛卯	立夏壬寅	小满丁巳
五月大　庚申	芒种壬申	夏至丁亥
六月小　庚寅	小暑癸卯	大暑戊午
七月大　己未	立秋癸酉	处暑戊子
闰月小　己丑	白露癸卯	
八月大　戊午	秋分己未	寒露甲戌
九月小　戊子	霜降己丑	立冬甲辰
十月大　丁巳	小雪庚申	大雪乙亥
十一月小　丁亥	冬至庚寅	小寒乙巳
十二月大　丙辰	大寒庚申	立春丙子
正月小　丙戌	雨水辛卯	惊蛰丙午
二月大　乙卯	春分辛酉	清明丙子
三月大　乙酉	谷雨壬辰	立夏丁未
四月小　乙卯	小满壬戌	芒种丁丑
五月大　甲申	夏至癸巳	小暑戊申
六月小　甲寅	大暑癸亥	立秋戊寅
七月大　癸未	处暑癸巳	白露己酉
八月小　癸丑	秋分甲子	寒露己卯
九月大　壬午	霜降甲午	立冬庚戌
十月小　壬子	小雪乙丑	大雪庚辰
十一月大　辛巳	冬至乙未	小寒庚戌
十二月小　辛亥	大寒丙寅	立春辛巳

太平真君十一年

太平真君十二年

帝王纪年	公元纪年	月食	望	初亏	食甚	复圆	食分	文献记载	备注
北魏太平真君十二年三月十四日	451年4月29日	月偏食	12:45'	11:24'	12:53'	14:21'	0.653		中国全境皆不可见。
北魏太平真君十二年八月十六日	451年9月27日	月偏食	2:35'	1:10'	2:41'	4:13'	0.814	《宋书·律历下》："[元嘉]二十八年八月十五日丁夜月蚀。"（中华书局标点本310页）	中国全境皆可见。

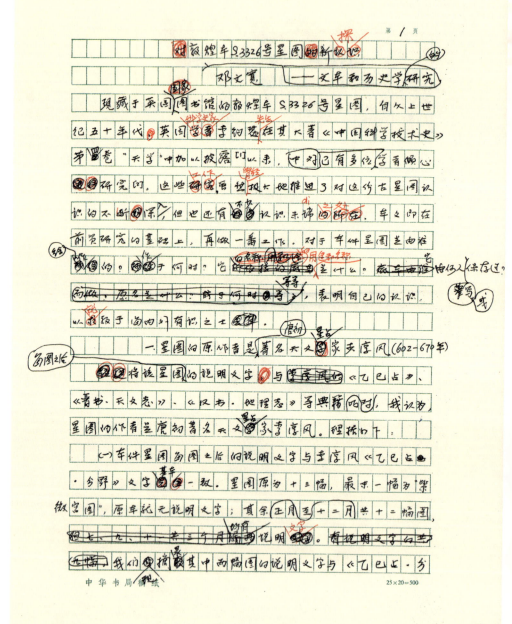

对敦煌本S.3326号星图的新探识

邓文宽 —— 文字和历史学研究

现藏于英国图书馆的敦煌本S.3326号星图，自从上世纪五十年代，英国学者李约瑟在其大著《中国科学技术史》第四卷"天学"中加以披露以来，中对已有多位学者倾心研究。这些研究后世极大地推进了对这份古星图认识的不断深探，但也还有不同认识未谛问所在。本文即在前贤研究的基础上，再做一番工作。对于本件星图兰由谁绘图的。绘于何时？它的名称是什么。藏于西陲由何人保存过，何收，原名是什么。始于何时绘写，表明自己的认识，以求教于尚内外有志之士。

一 星图的原本言是著名天文学家李淳风（602—670年）绘图

将该星图的说明文字，与李淳风的《乙巳占》、《晋书·天文志》、《汉书·地理志》等典籍比对，我认为星图的作者兰虎约著名天文学家李淳风。理据如下：

（一）本件星图绘图之后的说明文字与李淳风《乙巳占·分野》文字著年一致。星图原为十三幅，最末一幅为"紫微宫图"，原本秋无说明文字；其余正月至十二月共十二幅图，但七、九、十共三个月缺有两说明文字。有说明文字的共先幅，我们抽摘最其中两隔图的说明文字与《乙巳占·分

《敦煌本S.3326号星图新探》手稿

野[3]"加以比较。

　　S.3326 星图正月:"自危十六度至奎四度,于辰在亥,为娵訾。娵訾者,叹貌,卫之分也(野)。"[4]

　　《乙巳占·分野》:"危、室壁,卫之分野。自危十六度至奎四度,于辰在亥,为娵訾。娵訾者,叹貌也。"

　　S.3326 星图四月:"自毕十二度至井十五度,于辰在申,为实沈。言七月之时,万物雄盛,阴气沉重,降实万物,故曰实沈。魏之分也(野)。"

　　《乙巳占·分野》:"毕觜、参,晋魏之分野。自毕十二度至井十五度,于辰在申,为实沈。言七月之时,万物极盛,阴气沉重,降实万物,故曰实沈。"

　　以上我们摘录了星图和《乙巳占》各自两段文字,以便比较。在该说,基本内容是相同的。差别在于,《乙巳占》算二十八宿与分野范围,S.3326星图则通过所占天及度数来表达;再者,《乙巳占》将分野内容放在句首,而星图则移至句末。

但内容却是一样的。

次
右袖

　　其他各月内容基本相似,故以略。

　　(二)星图分野所用古国名与《乙巳占》全同。《乙巳占·分野第十五》开头便说:"躔度,在天二十八宿,分为十二次;在地十二辰,配属十二国。至于九州分野,各有攸作现图出自敦煌，于是招其内容改名为"全天星图"。[9]

但是，随着时间的推移，我感不妥。于是在2001年时又提出拟更名为"二十八宿分野图"一卷[10]。但它仅是一个设想，未敢遽定。自那时以后，又过去了10年，我愈感这个定名是稳妥的，是有充分理据的。

一字文第一节我们已往明确 无论是本件星图勾幅之后的说明文字，还是《乙巳占·分野》中的同类文字，以及《晋书·天文志》"十二次度数"的文字，都是李淳风据古籍改编的结果，只是在不同场合，由于篇幅大小不一，以及直接的用途有别，文字有繁有简、有前有后而已。但是就其基本用途而论，都属于星占范畴。李淳风在《乙巳占·分野》里说，"在天二十八宿，分为十二次；在地十二辰，配属十二国。""惟有二十八宿，山经载其宿之所在，各于其国分星宿有变，则在于其山。"二十八宿在天图范围、十二次对应十二个古国名，这些内容在本件星图中不是完全相吻合吗？

它们的存在，有赖是用于"天人感应"的占验，古经也就是说是(图图)用途之所在。此刻，我们注意到出自于唐显庆元年(656年)的隋书，经隋志的《天文志》有"二十八宿分野图一卷"[12]。

此一名称与本件星图的内容、用途完全一致。而且我们要特别强调的是，《隋书·天文志》留是出于李淳风之手。

中华书局稿纸　　　　　　　　　　25×20=500

凡戊己之日夜半，候□有此"云"者，其分野大水，百川涨溢。巫咸云：此海精之气也。汤若行其气，随之，其云见处，必有大供水，百川涨溢，人民（"民"字原缺末毛）虎之，孔者太半，白骨海为聖也。

"夜半"时刻见□"云"的形状，自无以星空为背景的。如果不以星空（即星图）为背景，怎么知迈这一云形所在天区位置，对应的"分野"（与卷首"其分野"云云）？这就是占"云"必须以星空为背景，而那个"星空"与地上的分野是一一对应的。这里我们注意到，李淳风的《乙巳占》中，第51条占"云"，第52条占"气"。但"云"与"气"年推压分，于是在"占云"条中也混入了"占气"的内容。[11]

占云离不开星图，占气又如何呢？尽管李淳风在他的书中将云、气分开，但占气必须以星空（星图）为背景，则是毫无疑义的。试举《乙巳占》"候气占第五十一"中的两则内容"赤气出紫微宫中勾陈星上，兵起。"紫微宫是地球所在区域，勾陈为星名；"黄气润泽入郎位中，郎位受赐。"郎位亦是星名。这些星所在的天区，归有与之对应的地面"分野"，由之才能据之恢地区由"气"主守的祸福。也许有读者会说，他在13条"占气"说明文字中，没有一条同天上星空有联系的，确实如此。这一

由上可知，S3326星图是一个"分野图"，它是为前面的"气"象（分为"云"和"气"）服务的。使用时，老有"云"或"气"的那句内容没有直接言及/靠星图进而确定其分野范围的。但之，卡件云气占部分残云了48条，四29条说明文字，怎么可以认为占气内容完全与星图无关呢？况且《乙巳占》中的占气与阴天国及分野相连，进使我们推测此

残失部分
卡件前部也名有"占气"用星图及分野的内容。

前而
并确定其分野

说
进而
说明
写年
两年底

注释：

[1] 见中译本《中国科学技术史》第四卷"天学"第211~213页，科学出版社，1975年。

[2] 参见席泽宗《敦煌星图》，载《文物》1966年第3期，第27~38页；马世长《敦煌星图的年代》，载《中国古代天文文物论集》第195~198页，文物出版社，1989年；潘鼐《中国恒星观测史》，学林出版社，1989年，邓文宽《敦煌天文历法文献辑校》，江苏古籍出版社，1996年；邓文宽《隋唐历史典籍校正三则——兼论S.3326古星图的定名问题》，载作者《敦煌吐鲁番天文历法研究》第25~37页，甘肃教育出版社，2002年；让一马克·博东一比多（Gean-Marc Bonnet-Bidaud）、弗朗索瓦绿·普垫得瑞（Françoise Praderie）、苏珊·怀特（魏泓，Susan Whitfield）《敦煌中国星空：综合研究迄今发现最古老的星图》，黄丽萍译，邓文宽审校，载《敦煌研究》2010年第2期第43~50页，第3期第46~59页。

[3] 任继愈基主编、薄树人主编《中国科学技术典籍通汇·天文卷》第四册第489~493页，河南教育出版社，1997年。以下引《乙巳占》附见该书，不另出校。

[4] 拙编著《敦煌天文历法文献辑校》第48~70页，江苏古籍

出版说明

　　作者在"敦煌学"耕耘四十四载，著述颇丰，敦煌吐鲁番相关论文集先后出有《敦煌吐鲁番学耕耘录》（台北新文丰出版公司，1996）、《敦煌吐鲁番天文历法研究》（收入季羡林主编"敦煌学研究丛书"，甘肃教育出版社，2002）及《邓文宽敦煌天文历法考索》（上海古籍出版社，2011）。此次编辑文集以发表时间与文章主题为脉络，力求串连起作者四十余年来的敦煌吐鲁番天文历法研究成果。

　　本文集以作者学术文集《狷庐文丛》（山西人民出版社，2024）为底本，收录篇目中不仅有经典论文，亦有近年新论。所选篇目均由作者审定，文章经全面校订，能够反映作者最新认识及学界动态更新。

　　文集最后以附录形式收入两篇专研敦煌写本中重文和省略符号等书写形式的文章，虽与天文历法关涉不大，但对了解敦煌写本原始形态极有帮助。

　　作者有数张总结敦煌历日中各事项规律的表格（如《年神方位表》）散见于本文集中，这些表格工具都集中收于附录二；另参《敦煌天文历法文献辑校》（江苏古籍出版社，1996）附表，增加了注释引用的表格，供读者参考。

凡　例

为方便阅读，对本书编辑体例特作如下说明：

一、错字后用（　）注出正确的字；

二、脱字补在〔　〕内；

三、释文不能确定者，其后加（?）；

四、缺字用□表示，缺几字用几□；

五、字外加□者，表示笔画有残缺；

六、缺字数量无法确定者，用▭表示行首缺字，▭表示行中缺字，▭表示行末缺字；

七、简牍释文所用符号▱表示残断，放在句首表示上断，放在句末表示下断。

目　录

敦煌文献中的天文历法

在数万号敦煌文献中，天文历法虽然只有60余件，却以其独特的形制、丰富的内涵为人瞩目。

一 敦煌历日产生的背景

历日行用区域，自古以来就是封建王朝权力所及的重要标志。唐德宗贞元二年（786）以前，敦煌地区使用的就一直是唐王朝的历日。

唐德宗贞元二年（786），吐蕃军队最后攻占了敦煌，敦煌同中原王朝的联系被割断，象征王权的中原历日也无法颁行到那里了。吐蕃使用地支和十二生肖（另有汉族六十甲子改编版）纪年，这既不符合汉人行之已久的用干支纪年、纪月、纪日的习惯，也无法满足敦煌汉人日常生活的需要。于是，敦煌地区开始出现当地自编的历日。60余年后，尽管张议潮举义成功，使敦煌重新回到了唐王朝的怀抱，但敦煌

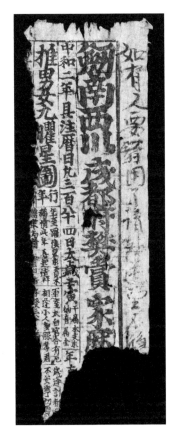

图1 Or.8210/P.10 剑南西川成都府樊赏家历日

地区自编历日已成习惯，民间仍继续使用自编历日。其时，不独敦煌一地，剑南西川（今四川）也在自编历日。敦煌历日中有一件唐中和二年（882）《剑南西川成都府樊赏家历日》（图1），就是由成都流落到敦煌的私家修撰历日。相对于封建王朝颁行的历日来说，这些地方历日常常被称作"小历"。从现存敦煌历日来看，敦煌地区自编历日一直延续到宋初，前后达两个世纪之久。

二 敦煌历日的丰富内容

敦煌历日，广义上是指从敦煌石室发现的古代历日，既包括当地的，也包括来自中原王朝和外地的；狭义上则指敦煌地方自编的历日。在现存敦煌历日文献中，来自中原的历日为数寥寥，绝大部分是敦煌当地自编历日。

敦煌历日中，现在可以明确肯定只有四件不属于敦煌地方自编。一件即前面提到的"樊赏家"私印历日，虽属印本，却只残存三行文字。一件是《北魏太平真君十一年（450）和十二年（451）历日》。其内容至为简单，如太平真君十一年历正月全部内容是："正月大，一日壬戌收，九日立春正月节，廿五日，雨水。"其余各月间有社日、腊日、始耕（即籍田）的注记，仅此而已。其朔日干支同陈垣《廿史朔闰表》则完全一致。这件历日的特点之一是改天干"癸"字为"水"，如太平真君十二年（451）七月一月干支为"水未"，八月一日为"水丑"，大概是为避讳北魏道武帝拓跋珪的"珪"字而改的。尽管内容极为简略，这件历日却是现存敦煌历日中年代最早的一件，而且，也是现知唯一的北魏历日实物。第三件是《唐乾符四年丁酉岁（877）印本历日》，此历存二月廿日至年末（中有残缺），是来自唐王朝的历日。可以说，这是现存敦煌历日中内容最丰富的一件。据严敦杰先生研究，此历用唐长庆宣明历术。历日内容分两部分，上部为历日，下部为各种迷信历注的推算方法。据原件末尾题识，此件历日估计是五代敦煌历法专家翟奉达的个人收藏品。第四件是《唐大和八年甲寅岁

（834）具注历日》，虽仅存一小片，却是我国现存最早的印本历日。

敦煌当地自编的历日，现知最早者为《唐元和三年（808）戊子岁具注历日》，是一个只存四月十二日至六月一日的断片，最晚者为《宋淳化四年（993）癸巳岁历日》，总计有四十余件。这四十余件历日中，原有明确纪年的共有九件，最早的是唐大和八年（834）历日（P.2765），最迟的是宋淳化四年（993）历日。其余多是断简残编。经过中外学者的艰苦努力，这些残历的年代已基本被考订了出来。

从形制上看，敦煌历日大体有两种类型，一种是繁本，一种是简本。书写格式也有两种，一为通栏，一为双栏。双栏书写的历日一般上为单月，下为双月。这里我们仅以 P.3403《雍熙三年丙戌岁（986）具注历日并序》为例，介绍一下敦煌历日的内容，以便窥一斑而见全豹。

此历为安彦存撰，首尾完整，通栏书写，共 354 日。历日题名之后有一个长达 31 行的"序"。其中介绍了编制历日的重要意义，多是套话，然后介绍了本年几十种年神的方位；再次为"太岁将军同游日"，年、月九宫亦即"九宫飞位"；"三白诗"，"推七曜直日吉凶法"，各种宜吉日的选择和凶日的避忌，最末一行是全年各月的大小。除最末一行内容，几乎全带迷信说教。在历日序的中间顶端，画出了当年的年神方位图，与序言中的文字相辅相成。每月开头有当月的月九宫图、月大小、月建干支，其下为八种月神方位和太阳出入方位。历日部分由上而下分成八栏。最上一栏注"蜜"（星期日）；其次为日期、干支、六甲纳音和建除十二客，如正月一日是"一日庚午土定，岁首"，其中"土"为该日"庚午"的纳音，"定"是建除十二客。第三栏是弦、望、人日、祭风伯、祭雨师等注记。第四栏是二十四节气和七十二物候。第五栏是极为繁杂的吉凶注，如正月一日注："岁位、地囊、复、祭祀、加官、拜谒、裁衣吉。"地囊等迷信注记均有严格的排列规律，敦煌历日所以称作"具注历"也主要是因为有这些吉凶注。第六栏为昼夜时刻，使用的是中国古代的百刻纪时制度，随着节气变化昼夜时刻互有增减，春秋二分日昼夜各五十刻。第七栏是"人神"，第八栏是"日游"，这两栏内容均是不变的套数。总括看来，迷信和科学内容参半。

敦煌历日的朔日与同一时期的中原历不尽一致，常有一到二日的差别；闰月也很少一致，比中原历或早或晚一、二月。这种差别何以产生，目前尚无法说明，因为迄今仍未获知敦煌地方历日编制的依据。尽管如此，纪日干支同中原历却十分一致，表明中国古来干支纪日法的连续性并未因地方自编历日而中断。

需要特别指出的是，现知来自基督教的星期制度最早引入我国历法是从敦煌历日开始的。一星期的各日在敦煌历日中依次称作蜜（星期日）、莫（星期一）、云汉（星期二）、嘀（星期三）、温没斯（星期四）、那颉（星期五）、鸡缓（星期六）。一般来说，敦煌历日要在正月一日注上星期几，如P.3403正月一日顶端注"那颉日受岁"，意即这天是星期五，以后只在星期日那天注一"蜜"字。个别历日只在当年正月初一注上星期几，以下不注，自然人们可以由此去推算，只是麻烦一些罢了。至于这些奇怪的名称究竟来自哪里，目前说法不一，但所注的星期日除偶有抄错外，也基本正确无误。

敦煌历日在我国历法史上地位十分重要。古代历日如何演进发展，以前因实物太少而难寻觅其发展轨迹，敦煌历日的问世，大大开阔了人们的眼界。从出土秦汉简牍看，那时的历日内容都很简单，到北魏时仍极简略。吐鲁番出土的《唐显庆三年（658）具注历日》和《唐仪凤四年（679）具注历日》内容就比较丰富了，但大体也只是同敦煌发现的简本历日相仿佛。唐末五代宋初敦煌繁本历日的内容大大丰富了起来，基本上奠定了宋至清代历日的格局。敦煌历日所存的繁、简两种形制，恰好反映了古历由简到繁的演进过程。

三　精美的古代星图

在敦煌文献中，有两幅精美的古代星图，一幅是S.3326《全天星图》，现藏英国图书馆；一幅是《紫微垣星图》，现藏甘肃省敦煌市博物馆，画在《唐人写地志》（076）残卷的背面。其中《全天星图》是世界上现存星数最多（1348颗），也是最古老的一幅星图。

《全天星图》从十二月开始画起，根据每月太阳位置的所在，把赤道带附近的星分成十二段，利用类似麦卡托（1512—1594）圆筒投影的方法画出来，最后再把紫微垣画在以北极为中心的圆形平面投影图上，这比麦卡托发明此法早了七八百年。每月星图下面均有说明文字，其中太阳每月的位置所在，沿用的是《礼记·月令》中的说法，例如："二月日会奎，昏于星中，旦牛中"，并非绘图时的实际观测。这幅星图的画法在天文学史上是一个进步。此前星图的画法，一种是以北极为中心，把全天的星投影在一个圆形平面上，汉代的"盖图"大概都是如此，现存苏州的宋代石刻天文图仍无改变。这样的画法缺点很大：越到南天的星，彼此在图上相距越远，而实际上是相距越近。另一种办法是用直角坐标投影，把全天的星绘在所谓"横图"上，此法出现于隋代。采取这种办法，赤道附近的星与实际情况较为符合，但北极附近的星就差得太远，根本无法会合。为了克服这两种画法的缺点，只得把天球一分为二：把北极附近的星画在圆图上，把赤道附近的星画在横图上（图2）。《全天星图》就是我们现在所知按照这种办法画得最早的一幅。这种办法一直应用到现代，所不同的只是

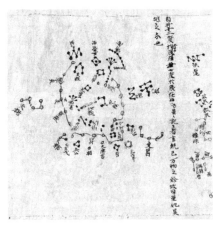
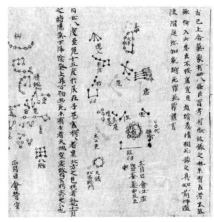

图2　S.3326　《全天星图》中"圆图"与"横图"画法

现在把南极附近的星再画在一张圆图上。

《全天星图》彩绘而成，其中甘德星用黑点，连以墨线，石申和巫咸星画成圆圈，连以橙红线。恒星的这种画法是继承了三国陈卓和南朝·宋·钱乐之的办法。图中十二次的起讫度数和《晋书·天文志》中所录陈卓的完全一样，说明文字则与唐《开元占经》卷64的《分野略例》大体相同。

我们称这幅星图为《全天星图》，是因为它囊括了当时北半球肉眼所能见到的大部分恒星，当时看不到的南极及其附近恒星自然不在其中，这是它同现代《全天星图》的不同之处。

《全天星图》早就吸引了中外科技史家的注意力。英国研究中国科技史的专家李约瑟教授在对比了我国古代各种星图包括这件《全天星图》同欧洲各种星图之后说："欧洲在文艺复兴以前可以和中国天图制图传统相提并论的东西，可以说很少，甚至简直就没有。"[①]至于星图的绘成年代，李约瑟定在公元940年前后，马世长则根据同卷《气象杂占》中的"臣淳风言""民"字避讳缺末笔而不讳"旦"字，以及卷末电神的服饰特征等，认为应当抄绘于公元705—710年。

《紫微垣星图》也是彩图，画在两个同心圆上。在紫微垣靠近间阖门处，标注"紫微宫"三字；垣的东西两侧分别标注"东番"和"西番"，意即"番卫"；内圆（即紫微垣）画成一个封闭的圆圈，垣的前后面都没有缺口作为垣门。图中的星点也用红、黑两种不同颜色。此外，凡是不属于"紫微宫"的，虽离北极较近，例如造父和钩星，都略去不绘；反之，像传舍、八谷、玄戈、太阳守等，虽离北极较远，因属紫宫，仍予绘出。外圆直径26厘米，用以表示上规，即天极上北极出地的恒显圈。根据其中传舍、八谷和文昌等星推测，这幅星图观测地点的地理纬度约为北纬35°左右，相当于西安、洛阳等地。

---

① ［英］李约瑟著，《中国科学技术史》翻译小组译：《中国科学技术史》第4卷，香港：中华书局香港分局，1978年版，第253页。

四 遨游苍穹的《玄象诗》

P.2512是一卷重要的天文星占著作，残存内容包括四部分：（一）星占的残余部分；（二）《二十八宿次位经》和甘德、石申、巫咸三家星经；（三）《玄象诗》；（四）日月旁气占，内容格外丰富。在《二十八宿次位经》之后有"自天皇以来至武德四年（621）二百七十六万一千一百八岁"的记载，表明这一卷书是唐以前或唐初的著作。它的前两部分在辑佚和校勘方面十分重要。传世的《开元占经》由印度来华僧人瞿昙悉达编纂而成，该书卷66的最末一项内容为"太微星占四十六"，卷67的开端却是"三台占五十三"，两不衔接，中间缺了六个星官。所缺星官在P.2512的"石氏中官"里则完整无缺地保存着。

紧接三家星经之后的就是《玄象诗》（图3）。自古以来，人们就对夏

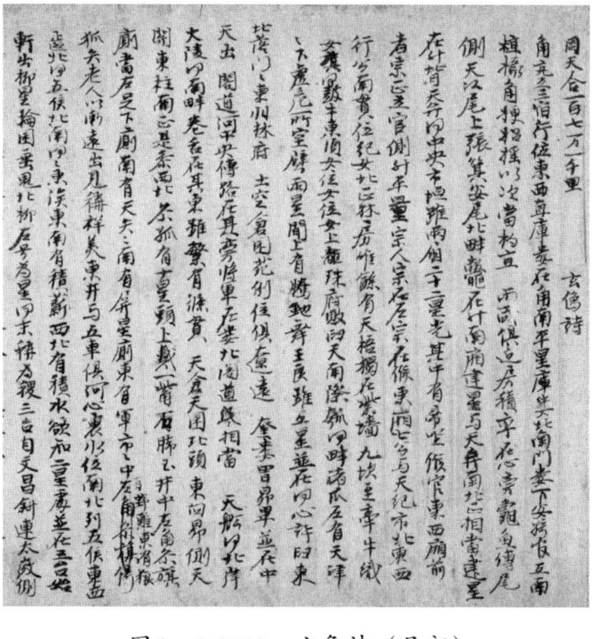

图3　P.2512　玄象诗（局部）

夜星宿的妩媚、冬夜繁星的冷峻怀有浓厚的兴趣。可是要想记住天穹上各星官的位置和次序却非易事。于是古人创作了许多韵文和诗歌，借以介绍全天星官。唐以前的韵文作品中，大约以北魏张渊的《观象赋》为最早，时间约在公元438年；后来隋朝李播还作过《周天大象赋》。唐开元时王希明所作的《步天歌》，是后世流传最久的识星作品，这以前的恐怕也只有 P.2512 保存下来的《玄象诗》了。

《玄象诗》是配合它前面的三家星经作的，全篇五言为句，共264句。其特点是先从角宿起叙石氏星经，再从角宿起叙甘氏星经，再从角宿起叙巫咸星经，最后将三家合在一起总叙紫微垣。这样，人们只要以这篇诗作为指南，便可迅速将全天主要星官铭记在心。如其开端：

> 角、亢、氐三宿，行位东西直。库楼在角南，平星库楼北。南门楼下安，骑官氐南植。摄、角、梗、招摇，以次当杓直。

这浅显易懂的诗句，十分便于记诵。把这264句诗背熟，再去对照满天星斗，人们就可以在无限苍穹遨游了。

不过《玄象诗》也有缺点，它是按照三家星经编次而成的，故每回都要从角宿开始。要记住星官再去认星，便需顺次在天空转三圈，不甚方便。为了克服这个缺点，有人便把《玄象诗》重新排列，尽量按照星官的次序一次对照，P.3589《玄象诗》残卷就是这样排列的。虽方便了许多，但仍不彻底，于是至唐代有《步天歌》出（见郑樵《通志·天文略》）。《步天歌》不再顾及三家星经的区分，而是按照三垣二十八宿的次序去编排，七言为句，配以星图，就更能满足人们记忆星官的需要了。这或许正是《步天歌》得以长久流传，而《玄象诗》未能传世的原因之所在。尽管如此，《玄象诗》毕竟反映了古人记忆星官的一个重要阶段，它使我们得以明白古代这类作品的演进和发展过程。

［原载《文史知识》1988年第8期（敦煌学专号），第48—53页］

敦煌吐鲁番历日略论

汉简历日、敦煌吐鲁番历日和明清历书，被称为中国古代历法史研究的三大资料渊薮。其中敦煌吐鲁番历日，以数量多、时间跨度长、内容丰富为世所瞩目。这批文献或出自敦煌石室，或出自新疆吐鲁番古墓群，均是研究中古时代历法史、文化史和民俗学的珍贵资料。中外学人为研究这些中华瑰宝已付出很多精力，并取得了可喜成绩。随着研究工作的日趋深入，其价值将被进一步揭示出来。

一

从敦煌莫高窟今编17号窟发现的历日和具注历日，现知有50余件；另有3件（编号孟01542、孟01543、孟01544）仍藏俄罗斯科学院东方学研究所圣彼得堡分所（今俄罗斯科学院东方文献研究所），迄未公布（后刊布于《俄藏敦煌文献》）。从新疆吐鲁番阿斯塔那和哈拉和卓古墓群发现的历日共4件。二者总量估计在60件左右。

这批文献中最早的一件是《北魏太平真君十一年（450）、十二年（451）历日》[①]，最晚的一件是《北宋淳化四年（993）历日》（P.3507），前后跨度达544年，历5个世纪之久。在汉简历日和敦煌吐鲁番历日面世

---

① 此历日原件下落不明。前人曾公布过两种录文，一见苏莹辉：《敦煌所出北魏写本历日》，载台湾《大陆杂志》一卷九期；一见刘操南：《北魏太平真君十一年、十二年残历读记》，载《敦煌研究》1992年第1期。（今存敦煌研究院）

之前，我国传世历本以《南宋宝祐四年（1256）会天万年具注历日》[①]为最早，而汉简历日最晚者为东汉桓帝元嘉三年（153）历（见陈梦家《汉简年历表叙》）；中古时代的历日唯赖敦煌吐鲁番历日方能明其究竟。这一时代正史为数虽多，但其《律历志》所载多是各种历法的编撰经过和推步数据，敦煌吐鲁番历日却展示了实用历本的真面目，可补正史之缺。

敦煌吐鲁番历日源自三个方面：（1）中原王朝颁布的历日，现知有北魏太平真君（450、451）历，唐显庆三年（658）（载《吐鲁番出土文书》第六册）、仪凤四年（679）（载同上书第五册）、开元八年（720）（载同上书第八册）、乾符四年（877）[②]各历；（2）由唐代剑南西川成都府流入敦煌的私家历日，如"樊赏家历"[③]；（3）吐蕃占领敦煌时期（786—848）和敦煌归义军时期（848—1036），敦煌本地编撰的历日，这是敦煌历日的主体部分。除中原王朝颁布的历日，各地自编历日均属"小历"性质。

以"天命攸归"自居的历代皇帝，一向视"颁正朔"为中央王朝的特权，历日行用区域自然也就成了王权所及的重要象征。北魏王朝颁历自不待言，就是唐王朝，它于贞观十四年（640）平高昌，设立西州，开始对高昌地区实行有效的行政管理，唐显庆三年（658）历、仪凤四年（679）历、开元八年（720）历从吐鲁番阿斯塔那墓地被发现，是其证明。诚然，历日在高昌地区的颁行也非孤立事件。唐在高昌设立西州后，随之推行郡县制、均田制、户籍计账手实制以及各种法律行政军事制度，颁行历日仅是其行使权力的一个方面。

尽管历代封建国家操有颁历的垄断权力，每有禁绝天文图谶之举[④]，但民间总有少数爱好天文历算的人士，甘冒危险而自编历日。《新五代史·司天考》载，唐建中（780—783）时，有术士曹士芳制《符天历》，

---

① 见任继愈总主编，薄树人主编：《中国科学技术典籍通汇》（天文卷）第1册，郑州：河南教育出版社，1997年版。

② 原件图版见《中国古代天文文物图集》，北京：文物出版社，1980年版，第66—67页。

③ 斯坦因编号 P.10，现藏英国图书馆。

④ 如《全唐文》卷410常衮《禁藏天文图谶制》。其中"元象器物"、"天文图书"、"谶书"、《七曜历》、《太一雷公式》等，均在禁绝之列。

只行民间；后周广顺（951—953）中，"民间又有《万分历》"。及至王朝末日将临，皇权式微，民间制历者为数更多。宋人王谠《唐语林》云："僖宗入蜀，太史历本不及江东，而市有印货者，每差互朔晦。货者各征节候，因争执。里人拘而送公，执政曰：'尔非争月之大小尽乎？同行经纪，一日半日，殊是小事！'遂叱去。"①唐僖宗初次入蜀在中和元年（881）（《旧唐书·僖宗纪》），现存敦煌所出《唐中和二年（882）剑南西川成都府樊赏家历〔日〕》，正是其时成都地区售卖的私印历日之一种。至于它是如何流入敦煌的，还有待探讨。

敦煌本地自编历日，更有其特殊的历史原因。唐玄宗天宝末年，安史乱起，中原板荡，慌乱中调西北边军勤王，西北边防出现空隙，吐蕃便乘虚而入。此后吐蕃由东而西，逐步蚕食并侵占了河西走廊。唐德宗贞元二年（786），敦煌最终陷落于吐蕃手中。吐蕃统治敦煌直到唐宣宗大中二年（848），象征王权的中原历日自然无法颁行到那里。吐蕃统治者使用地支和十二生肖纪年，既不符合汉人行之已久的干支纪年、纪月、纪日习惯，也无法满足汉人日常生活的需要。于是敦煌地区开始自编历日。60余年后，虽然张议潮举义成功，使敦煌重归唐有，但当地编历已成习惯，且归义军政权处于半独立状态，故敦煌地区仍在使用自编历日。从现存敦煌历日看，敦煌地区行用自编历日一直延续到宋初，前后达两个世纪之久。

敦煌本地历日多为私家撰修，现知撰人有翟奉达、翟文进和安彦存，所撰历日主要在五代至宋初阶段。吐蕃统治时期和归义军前期的撰历人则未详。从敦煌文献和石窟题记可知，翟氏是敦煌地区的望族之一。翟奉达自幼即爱好数术历算，成年后又在归义军节度使衙担任州学博士、随军参谋等幕职，担负撰历重任是责有攸归。翟文进名前常冠"子弟"二字，亦知他是翟奉达之后翟氏大家族的成员之一。略而言之，五代时期的敦煌历日基本出于翟氏家族所撰；只是到了宋初，撰历重任才转入安氏家族如安彦存之手。

---

① 《唐语林》卷七，上海：上海古籍出版社，1978年版，第256页。

敦煌私撰历日多题曰"撰上"。所谓"撰"，是说属何人所撰，即编者是谁；所谓"上"，即上呈给归义军节度使衙。张、曹二氏归义军政权，虽然受命于中原王朝，但唐末五代战乱频仍，中原王朝对远在西北边陲的敦煌鞭长莫及，使这一政权具有相对的独立性，以至在唐末五代初年，张氏归义军政权的第三代传人张承奉一度建立了"西汉金山国"。翟奉达等将所编历日上呈给归义军节度使衙，节度使衙将历日颁发民间行用，其地方政权的权力由此也得到了体现，这与中央王朝以历书行用区域作为权力所及的象征相仿佛。

二

敦煌吐鲁番历日研究大体经过了三个阶段。

第一阶段，自敦煌文献面世至1964年。最早关注并研究敦煌历日者当推罗振玉氏。20世纪20年代，罗振玉就他所能见到的几件历日录文排印，并写了跋语。[①]但因未能解决定年方法，故时有错误。其后王重民于1937年发表《敦煌本历日之研究》[②]一文，虽也未能解决定年方法，但确有不少发明。如提出"论敦煌历日与五代北宋历日不同""论据五代北宋历不能推敦煌历""论敦煌历日与唐不同始于陷蕃以后"等，都是真知灼见。1943年董作宾发表《敦煌写本唐大顺元年残历考》[③]，则是对罗振玉将一件残历错定年代的更正。1950年，苏莹辉在台湾公布了《北魏太平真君历》的录文，同时也做了简单的研究。

第二阶段，自1964年至1983年。此前学人们的研究工作一直处在摸索阶段，始终未能解决残历的定年方法。因敦煌历日约四分之三是断简残编，无明确纪年，只有解决定年方法，才能确定其准确年代，进而开展更

---

① 见罗振玉：《敦煌石室碎金》，东方学会印，1925年；《松翁近稿》，1922年。罗跋三种后收入王重民：《敦煌古籍叙录》，北京：中华书局，1979年版，第160—163页。

② 原载《东方杂志》34卷第9期，1937年，第13—20页。后收入王重民：《敦煌遗书论文集》，北京：中华书局，1984年版，第116—133页。

③ 见《图书月刊》三卷一期，1943年11月，第7—10页。

深入的研究。1964年，日本天文学史专家薮内清教授发表了《斯坦因敦煌文献中的历书》①一文，首次将敦煌历日的定年方法建立在科学的基础上（具体方法详下文）。可以说，这篇论文在敦煌历日研究史上具有划时代的意义。此后学人们虽也补充了若干方法，但基本方法却是薮内清教授确立的。1973年，日本"敦煌学"家藤枝晃教授发表《敦煌历日谱》②长文一篇，就是利用薮内清的方法对敦煌残历逐件定年。十年后，我国学者施萍婷又发表《敦煌历日研究》③一文，在藤枝氏基础上又有新进展，并纠正了前人的某些错失。此后，席泽宗、邓文宽补充了利用年神方位确定年地支的方法；④严敦杰补充了利用二十四节气和七十二物候判定残历年代的方法；⑤邓文宽提出了利用纪日地支和建除十二客对应关系判定残历星命月份的方法。⑥迄今为止，敦煌历日的定年方法已趋完备。

以上学者们研究出的定年方法，可概括为如下各项：

（1）利用正月纪月干支确定年天干。其对应关系是：

正月纪月干支	对应年天干	口诀（见敦煌文献 S.0612 背）
丙寅	甲、己	甲、己之年丙作首
戊寅	乙、庚	乙、庚之岁戊为头
庚寅	丙、辛	丙、辛之年庚次第
壬寅	丁、壬	丁、壬还作顺行流
甲寅	戊、癸	戊、癸既从运位起，正月直须向甲寅求

---

① 《东方学报》（京都版）第35期，1964年，第543—549页。我国有朴宽哲译文，题为"研讨推定斯坦因收集的敦煌遗书中的历书年代的方法"，载《西北史地》1985年第2期，第115—118页。

② 《东方学报》（京都版）第45期，1973年，第377—441页。

③ 见《1983年全国敦煌学术讨论会文集·文史·遗书编》（上），兰州：甘肃人民出版社，1987年版，第305—366页。

④ 席泽宗、邓文宽：《敦煌残历定年》，载《中国历史博物馆馆刊》总第12期，1989年，第12—22页。

⑤ 严敦杰：《跋敦煌唐乾符四年历书》，载《中国古代天文文物论集》，北京：文物出版社，1989年版，第243—251页。

⑥ 见邓文宽：《跋吐鲁番文书中的两件唐历》，载《文物》1986年第12期，第58—62页；《敦煌古历丛识》，载《敦煌学辑刊》1989年第1期，第107—118页；《天水放马滩秦简〈月建〉应名〈建除〉》，载《文物》1990年第9期，第82—84页。

（2）利用年九宫或正月九宫确定年地支。其对应关系是：

年九宫（中宫）	正月九宫（中宫）	对应年地支
一、四、七	八	子、卯、午、酉（仲年）
二、五、八	二	巳、亥、寅、申（孟年）
三、六、九	五	丑、未、辰、戌（季年）

（3）将上述所得两个年天干和四个年地支配成四组干支，即残历可能的四个年份。

（4）利用残历提供的条件，及其他可参考的资料，最大限度地排出残历各月的月朔。

（5）以前面排出的四个干支年份为对象，利用排出的月朔，同陈垣《廿史朔闰表》或其他类似年表对照，找出朔日相近的年份。

（6）如果历日原有"蜜"日（星期日）注记，则对照《朔闰表》一书后面所附的《日曜表》进行最后核定。

（7）如果原历有年神方位，仅是题年已残，利用《年神方位表》可以直接找出该年的纪年地支，而不再用第（2）项方法。

（8）在残历断缺严重的情况下，可利用残存节气和物候注记推算年代。但此项方法使用时要慎重，不宜轻易按断。

（9）即使是只存一行的残历片，只要有该日的纪日地支和建除十二客，利用二者对应关系，便可定出其星命月份，时间跨度只在两个临近的节气（非中气）之间。

上述各种方法全是结论，具体推导过程从略，可参前述有关学者的论著。正是利用这一套方法，中外学人已将敦煌吐鲁番历日的百分之九十五以上定出了准确年代。其余小残片，只要具备必需的条件，也可考知其所在节气范围。

第三阶段，自1983年至今。学者们除了补充、完善敦煌吐鲁番历日的定年方法外，全面系统地整理研究这批文献的工作已在进行。笔者在席泽宗教授指导下，1989年即完成《敦煌天文历法文献辑校》一书，但因学术著作出版困难，至今未能同学人见面（后由江苏古籍出版社于1996年出版）。

中外学人已经和正在究明我国历法史上的一些疑难问题。比如，唐仪凤三年（678）的闰月问题。《旧唐书·高宗纪》为闰十月，《新唐书·高宗纪》为闰十一月，陈垣《廿史朔闰表》两说并存，遂成难解之谜。利用吐鲁番出土《唐仪凤四年历》的节气记载，推得仪凤三年（678）十月后的一个月是无中气之月，故仪凤三年（678）当闰十月而非十一月。[①]敦煌文献 P.2005《沙州都督府图经残卷》有"唐仪凤三年闰十月"[②]的记事，与上述推算结果如合符契，此谜于是得以解开。

古代历日内容如何演进发展，以往由于实物太少而无从寻觅其轨迹。跨度达六个世纪的敦煌吐鲁番历日，使我们有了粗略地勾画历日内容演进轨迹的可能。

银雀山二号汉墓出土的汉武帝《元光元年（前134）历谱》，复原后正月的全部内容是："正月大　戊午　［己未］　庚申反　辛酉　壬戌　［癸］亥　甲子　［乙丑］　丙寅反　丁卯　戊辰　己巳　庚午　辛［未］　□　壬申反　立春　［癸酉］　甲戌　乙亥　丙子　丁丑　戊寅反　己卯　庚辰　辛巳　壬午　癸未　甲申反　乙酉　丙戌　丁亥。"[③]

二百余年后的东汉和帝《永元六年（94）历》，十二月的内容是："十二月大　一日癸丑建大□（寒）　二日甲寅除八魁……十六日戊辰平□十七日己巳平□八魁　十八日庚午定反支□　十九日辛未执……"（按，

---

① 见邓文宽：《跋吐鲁番文书中的两件唐历》，载《文物》1986年第12期，第58—62页。

② 见唐耕耦、陆宏基编：《敦煌社会经济文献真迹释录》第一辑，北京：书目文献出版社，1986年版，第10页。

③ 见吴九龙：《银雀山汉简释文》，北京：文物出版社，1985年版，插页《元光元年历谱》（复原表）。

十六日为立春。）①三国两晋南朝的历书迄今未发现。

敦煌所出北魏太平真君历，历日首端有帝王纪年和年神方位注记，其十一年（450）历首为："太平真君十一年历［日］　　［太］岁在庚寅　大（太）阴大将军在子。"同年二月的全部内容是："二月小　一日壬辰满　十日惊蛰二月节　廿五日春分　廿七日社。"②

迄今为止，虽然我们仍旧受到出土资料的严格限制，但从上述三种历日仍可看出，自西汉中叶至北魏，在长达585年的时间里，我国古代历日内容变化不大。三种历日均有月大小、纪日干支和节气。《元光元年历》的丛辰项目仅有"反"，亦即《永元六年历》的"反支"。此外，《元光元年历》有三伏和腊日注记，《永元六年历》因不全而未见，但比前者增加了"八魁"和"血忌"等丛辰项目以及建除内容。《北魏太平真君历》在年首增加了三个年神，此外有"社""腊""始耕"（即籍田）等注记。总体上说，这个时期的历注内容十分简单，历日内容演进得也十分缓慢。

进入唐代，情况迥然有别。《唐显庆三年历》虽然残破过甚，但从残存序言部分可知它有"天恩""天赦""母仓"等丛辰说明，并一次性给出全年各月的大小。各日内容亦增多起来。如正月四日的全部内容是："四日丁亥土收，岁对小岁后，嫁娶、母仓、移徙、修宅吉。""收"字为建除内容，已见于东汉《永元六年历》和《北魏太平真君历》。但"土"字所代表的六十甲子纳音却是此前历注中所不曾有的。至于各日铺注的选择事项，更是前所未见。此外，此历还有"上弦""下弦""［望］"注记，也属新增。同一时代的《仪凤四年历》《开元八年历》内容大致相同。《唐六典》卷14太卜署记："凡历注之用六：一曰大会，二曰小会，三曰杂会，四曰岁会，五曰建除，六曰人神。"③出土历日与唐代行政法典的规定基本一致。由上可知，唐前期比汉至南北朝历日内容已有增多，具有这一历史

---

①　转引自张培瑜：《出土汉简帛书上的历注》，载国家文物局古文献研究室编：《出土文献研究续集》，北京：文物出版社，1989年版，第135—147页，引文见第136页。

②　见邓文宽：《敦煌天文历法文献辑校》，南京：江苏古籍出版社，1996年版，第101页。

③　〔唐〕李林甫等撰，陈仲夫点校：《唐六典》，北京：中华书局，1992年版，第413页。

时代的特征——它可以看作古历内容由简到繁的过渡时期。

古历历注内容由简转繁，大概始于唐初。这一变化，也就是由"历日"变为"具注历日"。如P.3403《宋雍熙三年丙戌岁（986）具注历日》。它有很长的序文：先介绍了该年的年神方位，计31项，配之以年神方位图；次有男女命宫，魁罡之月；再次有"推七曜直日吉凶法"，即将由西方传入的星期制度七日各配以吉凶宜忌；再次对历日注中丛辰项目如九焦、九坎、血忌、归忌等进行概述；再次为五音（宫、商、角、徵、羽）宜忌；序末最后说明年中各月之大小，然后才转入历日正文。进入正文后，每月又有月序，包括月大小、月建干支、月九宫、得节日期、天道行向、月神日期方位（共8项）宜忌、四大吉时、日出入方位。每日又包括八项内容：（1）"蜜"日（星期日）注；（2）日期、干支、纳音、建除；（3）弦、望、没、往亡、籍田、社日、释典等注记；（4）节气和物候；（5）吉凶注；（6）昼夜时刻；（7）人神；（8）日游。敦煌历日所以称作"具注历日"，也是由于它注入了上述内容。诚然，并非每日都含八项内容，但在P.3403中（2）、（5）、（7）、（8）四项则是每日必备的。其余有则注之，无则不注。这些繁杂的内容，不只敦煌本地的"小历"多具备，以"宣明历术"为依据的敦煌出《唐乾符四年（877）历》内容更为复杂。它分作上、下两部分，上部为历注，下部为各种吉凶宜忌的推算方法和说明。如"六十甲子宫宿法"，依次表列了从唐兴元元年（784）上元甲子开始，至唐乾符四年（877）共94年间每年的男女命宫。其余如"洗头日"告知何日洗头为吉；"五姓种莳日"告知种禾、豆、荞、麦、庥（mí，糜子。编者注）、稻的吉日，如此等等。敦煌历日的繁杂内容，奠定了宋以后历日内容的基本格局。

至此，我们可将我国古代历日内容的演进做如下勾画：自西汉至南北朝，为历日的早期阶段，内容极为简略；唐代前期，历日内容开始增多，为由简到繁的过渡时期；唐中叶起，历日内容突飞猛进地增多，且奠定了宋以后历日的基本格局。虽然仍嫌疏阔，但若没有敦煌吐鲁番历日，我们连这样的勾画也做不出。

敦煌历日中还有一些问题尚未研究清楚。事实表明,敦煌历日的朔日与同年中原历往往有一二日甚或三日之差,遇有闰月之年差别更大;与中原历闰在同月者极少,往往有一个月之差。由于尚未发现敦煌本土历日编撰时的岁实、朔策等依据,至今仍不能给予科学的说明。这些,仍有待学者们进行更深入的研究。

三

敦煌吐鲁番历日具有丰富的文化和民俗内涵。中古时代历日的功能比现今民用历日大得多。现行民用历日主要是公历月日、星期和各种节日;在我国又有农历月日、二十四节气、三伏、数九等,但总体上说极为简略。它表明,在经过漫长的历史发展后,历日又有了返璞归真的倾向。但从上节介绍可知,敦煌吐鲁番历日完全是另一番面貌,一定意义上可以称之为"民用小百科全书"。

敦煌吐鲁番历日的文化内容,科学和迷信掺杂。其科学内容主要表现在历法本身——它所具有的历学和数学价值。这一方面,可以通过阅读有关天文学史和历法史的著作加以透视,[①]本文不赘。此处着重说明一下它那些迷信、半迷信的成分。因为即使不科学,也是我们祖先苦苦思索的产物,曾经广泛而深入地影响过我们祖先的思想和生活,今日人们也还不能完全摆脱它们的影子。

被称作"数字魔方"的九宫,马王堆帛书中已见一件,传说起源于《洛书》。汉徐岳《数术记遗》云:"九宫算,五行参数,犹如循环。"甄鸾注:"九宫者,即二四为肩,六八为足,左三右七,戴九履一,五居中央。"画成图形如图一;换成八卦如图二;至唐代,又有用颜色代数字者(一白,二黑,三碧,四绿,五黄,六白,七赤,八白,九紫)如图三:

---

① 可参:中国天文学史整理研究小组编著(薄树人主编):《中国天文学史》,北京:科学出版社,1981年版;陈遵妫:《中国天文学史》第3册,上海:上海人民出版社,1984年版;[英]李约瑟:《中国科学技术史》第四卷(天学),北京:科学出版社,1975年中译本;前揭施萍婷文。

图一　　　　　　　　图二　　　　　　　　图三

　　在基本图形（图一）的基础上，各种数字递减一（九退后为八，一退后为九），很快就可产生九幅不同的九宫图。[1]现存敦煌历日的年九宫、月九宫也就是以这些图形配入的。将敦煌历日中的各种九宫图综合研究，可知它共有三种表示方法：一是数字，二是表示颜色的字，三是直接用各种颜色涂成彩图[2]。无论采用哪种方法，其内涵则完全一致。

　　敦煌历日的九宫图形是用以推算吉凶祸福的，特别是同"男女命宫"相联系后，成为星命家必须掌握的方法之一。但剔除其中的迷信成分，是否也有科学因素呢？恐怕也可以研究。起源于《周易》的"纳甲"（又称"六十甲子纳音"），由于文献记载不足，宋时沈括还在苦苦考索（见《梦溪笔谈》卷七）；至清，钱大昕《潜研堂文集》卷三《纳音说》曾给予精确的文字表述。我们将钱氏的论说绘成表格，与敦煌历日的"六十甲子纳音"相对照，结果无一不合。同时也得以究明，纳音术本是以六十甲子与五音（宫、商、角、徵、羽）相配合，五音又与五行（土、金、木、火、水）相配，于是便用五行代五音，从而绘制出完整的六十甲子纳音表及干支与五行对应关系表[3]，进而有可能对古历的纳音内容进行正确校读。显然，这对理解《周易》的相关内容也不无裨益。

　　渗入古历的另一重要内容是建除十二客（又称"建除十二辰"）。至晚从东汉《永元六年历》开始，建除已入历书。后经北魏、唐，直至宋代

<hr />

　　①　详见陈遵妫：《中国天文学史》第3册，上海：上海人民出版社，1984年版，第1659页。
　　②　参见邓文宽：《敦煌古历丛识》，载《敦煌学辑刊》1989年第1期，第107—118页；《敦煌文献S.2620号〈唐年神方位图〉试释》，载《文物》1988年第2期，第63—68页。
　　③　见邓文宽：《敦煌古历丛识》，载《敦煌学辑刊》1989年第1期，第107—118页。

以降，历日一直沿用不衰。建除十二客是以建、除、满、平、定、执、破、危、成、收、开、闭共十二字各主一定吉凶，①配入历日。通过对敦煌历日研究，得知它有三个特征：（1）从立春正月节之后的第一个"寅"日注"建"字，顺序循环下排；（2）凡遇节气（非中气）所在之日，重复其前日的十二客一次，再接续下排；（3）由于十二地支和建除十二客均以十二为周期，又使用了节气之日重复其前日一次的方法，导致了各星命月（临近的两个节气间为一星命月，不同于历法月）中建除十二客与上一星命月纪日地支相差一日，从而形成了二者间的固定对应关系。又经与天水放马滩战国秦简对照，表明其固定对应关系早在战国时即已形成，②也可知"建除家"在秦汉时代作为术士中的一派，曾经十分活跃。③

除上述论及的三项之外，属于阴阳数术文化的还有年神方位、月神日期方位、星命月份、魁罡之月、六壬十二神、选择事项，以及源自道家的人神流注等，内容庞杂，这里从略。

敦煌历日中的民俗文化同样丰富多彩。注入历日的"籍田"（北魏称"始耕"）是古代三公九卿的重要礼仪制度，其用意在倡导天下崇本，勤于农作。"社"日祭后土神，每年两次，反映了农业大国对土地的倚重。"腊"日祭百神，正是汉民族多神教具有的特征。"释典"礼是对儒家鼻祖孔丘及其高足颜回的祭奠，反映了学徒对祖师的崇敬。"洗头日"注入历中，虽然本无吉凶之分，但也表现了讲卫生的良好习惯。"不煞生"注入历中，则说明佛教文化在敦煌的发达及其对民众生活的影响。总之，敦煌历日的民俗学内容是很值得重视的。

敦煌历日的另一价值是它所透露出的与外来文化交融现象。在《宋太平兴国六年辛巳岁（981）具注历日》（S.6886背）的六月二十六日下，注

---

① 见陈遵妫：《中国天文学史》第3册，上海：上海人民出版社，1984年版，第1666—1667页。

② 见邓文宽：《天水放马滩秦简〈月建〉应名〈建除〉》，载《文物》1990年第9期，第82—84页。

③ 《史记·日者列传》褚少孙补："臣为郎时，与太卜待诏为郎署，言曰：'孝武帝时，聚会占家问之，某日可取妇乎？五行家曰可，堪舆家曰不可，建除家曰不吉，丛辰家曰大凶，历家曰小凶，天人家曰小吉，太一家曰大吉。'可证。见标点本《史记》，北京：中华书局，1959年版，第3222页。

有"马平水身亡",七日后的七月三日注"开七了",以后每隔七日注"二七""三七"直至"七七",至十月七日下注"百日"。这是时人为马平水举行"亡七斋"和"百日祭"的记录。为活人作"生七斋"和为死者作"亡七斋",都不是中国的传统民俗,而是来自佛教。①佛教文化艺术传入中国后,为在中国扎根,吸收了中国的儒、道思想,从而具有了中国特色。这种吸收,不仅表现在一些石窟壁画艺术中,同时也渗透到中国民众的日常生活里,"亡七斋"被注入历日是其表现形式之一,寄托了中国民众对父母生前的孝养和死后的追念,在文化和心理习惯上找到了结合点。这一习俗至今仍被广泛地保存在中国民间以及东亚汉文化圈中。

另一现象是历日中的"蜜"日(星期日)注。星期制来自西方,它被注入敦煌历日仅具占卜吉凶的意义②,还未能同中国民众的日常生活相结合。所以如此,是由于古代中国民众是多神教(如"腊"祭),而基督教(唐称"景教")却是一神教,二者相去甚远。就其实用性而言,当时中国官方施行旬假制,十日一沐浴假③,星期制度却是七日一礼拜,二者也难于找到结合点。这一制度只有在辛亥革命我国开始行用公历后,才被广泛地应用起来,而它那套占卜吉凶的内容却被无情地抛弃了。

一代史学宗师陈寅恪先生曾论道:"释迦之教义,无父无君,与吾国传统之学说,存在之制度,无一不相冲突。输入之后,若久不变易,则决难保持。是以佛教学说,能于吾国思想史上,发生重大久远之影响者,皆经国人吸收改造之过程。其忠实输入不改本来面目者,若玄奘唯识之学,虽震动一时之人心,而卒归于消沉歇绝。近虽有人焉,欲然其死灰,疑终不能复振。其故匪他,以性质与环境互相方圆凿枘,势不得不然也。"④陈寅恪先生这段论述,其意义不限于佛教,对一切外来文化都适用。由敦煌

① 参高国藩:《敦煌古俗与民俗流变》,南京:河海大学出版社,1989年版,第311页。
② 参王重民:《敦煌本历日之研究》第七节,见氏著《敦煌遗书论文集》,北京:中华书局,1984年版,第116—133页。
③ 《唐六典》卷2吏部郎中员外郎条、《唐会要》卷82"休假"条。
④ 陈寅恪:《冯友兰中国哲学史下册审查报告》,载《金明馆丛稿二编》,上海:上海古籍出版社,1980年版,第250—252页,引文见251页。

历日反映出的"亡七斋"和"星期制度"这两种外来文化在中国的不同遭遇和命运，也应给我们有益的启迪。

（原载《传统文化与现代化》1993年第3期，第40—48页）

敦煌残历定年

现存中国古代所用的历书，以1973年在山东临沂发现的汉元光元年（前134）的历谱为最早，[1]它是写在竹简上的。写在竹简上的历谱还有此前在西北地区先后发现的十五份历谱，它们分属于公元前72年、70年、63年、61年、59年、57年、39年、17年、13年、5年和公元6年、8年、94年、105年、153年。[2]在此以后，从公元3世纪到7世纪的历本至今几未发现。接着就是写在卷子上保存在敦煌石窟中的从晚唐到宋初的历本。这些历本的绝大部分于20世纪初被斯坦因（M. A. Stein，1862—1943）和伯希和（P. Pelliot，1878—1945）分别运到了伦敦的英国博物馆（1972年后改藏英国图书馆）和巴黎的法国国家图书馆，保存在国内的已极少。对于这些历本，法国沙畹（E. Chavannes，1865—1918）[3]、中国王重民（1903—1975）[4]、日本薮内清[5]和藤枝晃[6]都做过一些研究。尤其是藤枝晃，他不但收集了历本，而且将敦煌文献中有年、月、日的记载尽量录

① 陈久金、陈美东：《临沂出土汉初古历初探》，载《文物》1974年第3期，第59—68页。

② 陈梦家：《汉简年历表叙》，载《考古学报》1965年第2期，第103—149页。

③ E.Chavannes: *Les documents chinois découverts par Aurel Stein dans les sables du Turkestan oriental*, Oxford: Imprimerie de l'Université，1913.

④ 王重民：《敦煌本历日之研究》，《东方杂志》34卷第9期，1937年，第13—20页。

⑤ ［日］薮内清：《斯坦因敦煌文献中的历书》，《东方学报》（京都版）第35期，1964年，第543—549页。又见《中国的天文历法》，东京：平凡社，1969年版，第192—201页。

⑥ ［日］藤枝晃：《敦煌历日谱》，《东方学报》（京都版）第45期，1973年，第377—441页。

出，很是系统。不过，从施萍婷的最近研究①来看，藤枝晃仍有遗漏和不妥之处。本文即在藤枝晃和施萍婷研究的基础上，就历谱方面的已有成果予以列表概括，并就断定年代的方法予以详细论证。

中国古代所使用的历本，要比我们现在的月历、日历复杂得多，除给出年份、各月大小、闰月安排、日名干支、晦朔弦望、廿四节气、昼夜长短及日出入时刻等天文内容外，还有大量的关于各日吉凶、宜忌用事等供占卜、选择用的事项，这些内容称之为"历注"。历注的内容由简到繁，而唐代一行（683—727）的《大衍历》是个转折点。②敦煌发现的历本基本上在《大衍历》之后，都有历注，所以叫"具注历"。一份完整的具注历，不但有天文和星占学上的意义，而且有民俗学上的意义。可惜现在的历本大都残缺不全，有明确年份的很少。怎样由断简残编来确定该历本的年份，这大有学问，根据前人的不断摸索，我们可以总结出以下几种方法：

一　有明确纪年，一望即知*

例如，英国图书馆藏的S.1473号卷子一开头写有"太平兴国七年壬午岁具注历日并序"，不用研究，即知此为982年历本。但将其序言中所记各月大小和由残存日历推知的朔日干支，与陈垣（1880—1971）《廿史朔闰表》中所载由当时中原所用的历法推得的朔日干支相比时发现，正、二、三、五、八、十、十一和闰十二月的朔日，敦煌历比中原历各早一日。在一年中，竟有三分之二的月份，其朔日不一致。而且不只一份如此。在有明确年代的9份卷子（A.D.450和451、922、926、956、959、981、982、986、993）中，竟没有一份是和中原历完全吻合的！这是由于

---

① 施萍婷：《敦煌历日研究》，《1983年全国敦煌学术讨论会文集·文史·遗书编》（上），兰州：甘肃人民出版社，1987年版，第305—366页。

② 张培瑜等：《古代历注简论》，《南京大学学报》（自然科学版），1984年第1期，第101—108页。

* 原版式中一、二、三……七作a、b、c……g，即后文及表七中所言各方法之编号。——编者注

安史之乱（755—763）以后，中央政权对于这一地区已是鞭长莫及，终于在786年沦入吐蕃之手。其后，848年当地汉人豪族张议潮趁吐蕃内讧之机起兵与吐蕃对峙，并于851年成为归义军节度使，受唐封位；922年张氏政权为曹议金所代，924年受后唐册封，仍为归义军节度使。但此一时期在敦煌和长安之间有一西夏存在，张、曹政权好像孤岛一样存在于西部地区，和中央联系相对较少，且其政权也有相对独立性，他们所用的历本大都是根据中原历法在本地区编的，因而朔、闰往往稍有差异。

二　由年九宫决定年干支

在敦煌卷子S.2404具注历中，年份部分不幸脱落，但在序言中有"九宫之中，年起五宫，月起四宫，日起二宫"，并绘有一图（图4）。为了研究方便，将此图重绘为图一，并加数码。

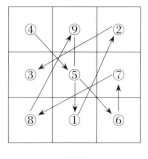

图一　　　　　　　　　图二　　　　　　　　　图三

此图名九宫图，在汉朝已经有了，公元133年张衡（78—139）《请禁绝图谶疏》中就有"臣闻圣人明审律历以定吉凶，重之以卜筮，杂之以九宫，经天验道，本尽于此"[1]。所谓"年起五宫"，是因为居中央的黄色，按数字编号为5，数字与颜色的对应关系为：1白，2黑，3碧，4绿，5黄，6白，7赤，8白，9紫。将每格的数字减1，并换成其对应的颜色，即

---

① 标点本《后汉书·张衡列传》，北京：中华书局，1965年版，第1911页。

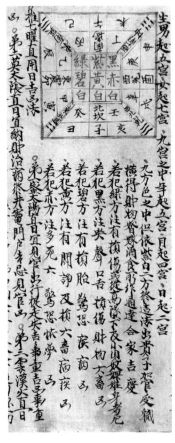

图 4　S.2404　具注历（局部）

得次年的九宫图（图二）；如此递减，可得九幅不同的九宫图。按图三移位办法，也可同样得到九幅不同的九宫图，这叫"太一行九宫"。

九与六十的最小公倍数为一百八十，故干支纪年与九宫纪年的关系为一百八十年一个周期。又因一百八十为六十的三倍，故又有上、中、下三元甲子之称。若上元甲子年为一宫（即1白居中），则中元甲子年为四宫（4绿居中），下元甲子年为七宫（7赤居中）。因9除60余6，1+（9-6）=4，4+（9-6）=7。上、中、下三元九宫与干支的关系见表二。要利用表二，首先得知道第一个上元的年份。按照算命先生的说法，这要由天意来决定，它被定在隋仁寿四年（604）。往下推，1864年为上元甲子，1924年为中元甲子，1984年为下元甲子。在本文所讨论的范围内，784—843年属上元，844—903年属中元，904—963年属下元。如果我们有办法知道某一残历在哪一历元范围内，就可以用表二来断定其年代。S.2404残历上正好保存有"随军参谋翟奉达撰"字样。据向达（1900—1966）研究[①]，翟奉达生于883年，902年时他仅二十岁，因此残历S.2404应属于904—963年下元范围内。在此范围内，与九宫图5黄居中对应的年干支应为下列七者之一：3（丙寅），12（乙亥），21（甲申），30（癸巳），39（壬寅），48（辛亥）或57（庚申）。

---

① 向达：《唐代长安与西域文明》，北京：三联书店，1957年版，第437—439页。

表一　干支表

	1	2	3	4	5	6	7	8	9	10
0	甲子	乙丑	丙寅	丁卯	戊辰	己巳	庚午	辛未	壬申	癸酉
10	甲戌	乙亥	丙子	丁丑	戊寅	己卯	庚辰	辛巳	壬午	癸未
20	甲申	乙酉	丙戌	丁亥	戊子	己丑	庚寅	辛卯	壬辰	癸巳
30	甲午	乙未	丙申	丁酉	戊戌	己亥	庚子	辛丑	壬寅	癸卯
40	甲辰	乙巳	丙午	丁未	戊申	己酉	庚戌	辛亥	壬子	癸丑
50	甲寅	乙卯	丙辰	丁巳	戊午	己未	庚申	辛酉	壬戌	癸亥

十天干：甲，乙，丙，丁，戊，己，庚，辛，壬，癸。

十二地支：子，丑，寅，卯，辰，巳，午，未，申，酉，戌，亥。

表二　年干支与九宫关系表

	括号内为中宫颜色数								
上元	（1）	（9）	（8）	（7）	（6）	（5）	（4）	（3）	（2）
中元	（4）	（3）	（2）	（1）	（9）	（8）	（7）	（6）	（5）
下元	（7）	（6）	（5）	（4）	（3）	（2）	（1）	（9）	（8）
干支序数	1	2	3	4	5	6	7	8	9
	10	11	12	13	14	15	16	17	18
	19	20	21	22	23	24	25	26	27
	28	29	30	31	32	33	34	35	36
	37	38	39	40	41	42	43	44	45
	46	47	48	49	50	51	52	53	54
	55	56	57	58	59	60			

如果不能确定属于上、中、下哪一元，也可以利用表二，不过一个九宫图所对应的年干支就有20~21个之多，更难确定具体年份了。

三 由月九宫求年地支

部分具注历每月的开头，也有个九宫图。因为4×9=3×12，故九宫图每九个月循环一次，三年完成一次大循环，第四年正月和第一年正月的九宫图一样。但三年只是以十二支命名的十二年的四分之一，故一个九宫图对应四个年地支。根据中国历法传统，以含有冬至的十一月建子之月为岁首，1白居中宫，十二月建丑9紫居中宫，甲子年的正月建寅8白居中宫，这样，九宫图和年地支就有表三的关系。

从表三得知，S.2404中的"月起四宫"是错误的，只有"月起二宫"才能与"年起五宫"相吻合，所对应的年地支为寅、巳、申或亥。

表三 月九宫与年地支的关系

正月九宫图中宫颜色序号 Z_1	年地支
8白	子 卯 午 酉
5黄	丑 辰 未 戌
2黑	寅 巳 申 亥

设一年中第n月的月九宫图中宫的颜色为 Z_n，正月中宫的颜色为 Z_1，则：

$$Z_1 = Z_n + (n-1) \tag{1}$$

其中n=2，3，4，5……9，十月可当作1，十一月可当作2，十二月可当作3。因此，只要知道任何一个月的九宫图，就可求出相应的年地支。

四　由月天干求年天干

中国古时不仅以干支纪年，自唐代起也以干支纪月。因为一年有十二个月（闰月无干支和九宫图），故十二支与十二月的关系是固定的，如正月建寅，二月建卯……十二月建丑。因5×12=6×10，故月天干五年一循环，每一月天干对应两个年天干，在S.0612背面有"五子元例正建法"说明这种关系，其文曰：

甲、己之年丙作首，乙、庚之岁戊为头；丙、辛之年庚次第，丁、壬还作顺行流；戊、癸既从运位起，正月直须向甲寅求。

1949年以前算命先生所用的歌诀，与此大同小异，头两句完全一样，后四句是"丙、辛必定寻庚起，丁、壬壬位顺行流；更有戊、癸何方觉，甲寅之上好追求"。把这些歌诀用表格表示出来（见表四），更一目了然。

表四　正月干支与年天干关系表

正月		年　天　干	
干支序数	干　支		
3	丙	甲	己
15	戊	乙	庚
27	庚　寅	丙	辛
39	壬	丁	壬
51	甲	戊	癸

设一年中第n月的干支序数为g_n，正月干支序数为g_1，则：

$$g_1 = g_n - (n-1) \tag{2}$$

其中n=2，3，4，5……12。因此，只要知道任何一个月的干支，就可用公式（2）和表一、表四求出其年天干。例如，S.2404中有"正月小，建丙寅"，由此得出其年天干为甲或己。将此结果与由（b）所得的七个干支结合来看，只有一个甲申是共同的，由此我们可以确认这份残历属后唐同光二年甲申岁，即924年的历日。

五　朔闰对比

如（a）所述，将敦煌具注历中的朔、闰与陈垣《廿史朔闰表》中的朔日、干支对照时经常有一、二日之差，闰月对照时有一、二月之差。但在用（b），（c），（d）法求出其可能的年干支后，仍可用这个办法寻找其最佳吻合者，确定其年代。例如，抄在S.1439背面的历日，残存正月初一日到五月二十四日的部分，由正月建甲寅，知年天干为戊或癸，以此与晚唐至宋初期间戊、癸年的朔闰干支对比，薮内清和藤枝晃都把它断为唐大中十二年戊寅岁（858），虽然此历闰正月比《廿史朔闰表》闰二月早一月，五月朔迟一日。

六　星期对比

中国古代不用星期制度，唯独这一段时间用，常常将星期日用红颜色的"蜜"字注出。据S.2404序言中的"推七曜直用日吉凶法"，当时七曜的名称为：第一"蜜"，太阳直日；第二"莫"，太阴直日；第三"云汉"，火星直日；第四"嘀"，水星值日；第五"温没斯"，木星直日；第六"那颉"，金星直日；第七"鸡缓"，土星直日。公元759年在华印度僧人不空（Amoghavajra）译的《宿曜经》称这些名词为胡语。1913年沙畹和伯希和考证[1]，认为这里所说的胡人系指住在西域康居国〔今乌兹别克斯坦共和

---

[1]　E. Chavannes and P. Pelliot: "Un Traite Manicheen Retrouve en Chine," *Journal Asiatique,* onzième série, tome 1, 1913, p.162.

国（1989年8月31日独立）撒马尔罕一带〕说索格底语（Sogdian）的民族。这七个名词的索格底语是Mir，Map，Wipan，Tir，Wrmzt，Nagit，Kewan，发音与S.2404中的相近，不过最近也有人认为，这些名词来源于波斯语，Mi即Mithras的第一个音节[1]。

索格底、希腊、罗马、波斯的星期日制度都有一个共同起源，均以公元元年1月1日为星期日，这一天相当于汉元寿二年十一月十九日。根据这一事实，陈垣在《廿史朔闰表》中也附载了《日曜表》，可以用来查考中国历史上的某日属星期几。在可能的年份知道以后，我们也可以利用这个表来确定残历的具体年代。例如，S.1439上的历日，薮内清和藤枝晃用（d）和（e）法定为858年；我们又在二月二日上发现一"蜜"字，用陈垣的表一查，858年二月初二日果然是星期日，进一步确认了他们二人的断定是正确的。

七　利用年神方位定年干支

最近出版的陈遵妫《中国天文学史》第三册第七编第三章中有岁德方位、金神方位和年天干的关系，太岁等年神方位和年地支的关系，现将其稍作修正，转录如下（见表五、六）：

---

[1]　Ho Peng Yoke: *Li, Qi and Shu: An Introduction to Science and Civilzation in China*, Hong Kong: Hong Kong University Press，1985, p.163.

表五　太岁等年神方位和年地支的关系

方位＼年地支　年神	子	丑	寅	卯	辰	巳	午	未	申	酉	戌	亥
1.太岁	子	丑	寅	卯	辰	巳	午	未	申	酉	戌	亥
2.太阴	戌	亥	子	丑	寅	卯	辰	巳	午	未	申	酉
3.大将军	酉	酉	子	子	子	卯	卯	卯	午	午	午	酉
4.黄幡	辰	丑	戌	未	辰	丑	戌	未	辰	丑	戌	未
5.豹尾	戌	未	辰	丑	戌	未	辰	丑	戌	未	辰	丑
6.岁煞	未	辰	丑	戌	未	辰	丑	戌	未	辰	丑	戌
7.岁刑	卯	戌	巳	子	辰	申	午	丑	寅	酉	未	亥
8.岁破	午	未	申	酉	戌	亥	子	丑	寅	卯	辰	巳
9.奏书	乾	乾	艮	艮	艮	巽	巽	巽	坤	坤	坤	乾
10.博士	巽	巽	坤	坤	坤	乾	乾	乾	艮	艮	艮	巽
11.力士	艮	艮	巽	巽	巽	坤	坤	坤	乾	乾	乾	艮
12.蚕室	坤	坤	乾	乾	乾	艮	艮	艮	巽	巽	巽	坤
13.蚕官	未	未	戌	戌	戌	丑	丑	丑	辰	辰	辰	未
14.蚕命	申	申	亥	亥	亥	寅	寅	寅	巳	巳	巳	申
15.丧门	寅	卯	辰	巳	午	未	申	酉	戌	亥	子	丑
16.白虎	申	酉	戌	亥	子	丑	寅	卯	辰	巳	午	未
17.官符	辰	巳	午	未	申	酉	戌	亥	子	丑	寅	卯
18.病符	亥	子	丑	寅	卯	辰	巳	午	未	申	酉	戌
19.死符	巳	午	未	申	酉	戌	亥	子	丑	寅	卯	辰
20.劫煞	巳	寅	亥	申	巳	寅	亥	申	巳	寅	亥	申
21.灾煞	午	卯	子	酉	午	卯	子	酉	午	卯	子	酉
22.大煞	子	酉	午	卯	子	酉	午	卯	子	酉	午	卯
23.飞鹿	申	酉	戌	巳	午	未	寅	卯	辰	亥	子	丑

表六 岁德等年神方位和年天干的关系

年天干	岁德方位	金神方位
甲，己	甲	午，未，申，酉
乙，庚	庚	辰，巳
丙，辛	丙	子，丑，寅，卯，午，未
丁，壬	壬	寅，卯，戌，亥
戊，癸	戊	子，丑，申，酉

S.2404残历中有"今年岁德在甲""今年太岁在申，太阴在午……"等记载，由此亦可得出此年为甲申，与由（b）、（d）法所断定者一致。

最后，我们再举综合运用以上几种方法的一个例子，作为本文的结束。在罗振玉《贞松堂藏西陲秘籍丛残》中刊有正月二十八日至二月二十二日不足一月的一段日历，看看如何决定它的年份？

1.由二月九宫图1白居中，根据方法（c）得知正月为2黑居中，年地支为寅、巳、申或亥；

2.由二月建丁卯，根据方法（d）得知正月建丙寅，年天干为甲或己；

3.将（2）和（1）结合，利用表一可得年干支为甲寅、甲申、己巳或己亥；

4.将历中的"正月大，癸亥朔""二月小，癸酉朔"，以及由此推出的三月壬寅朔，与陈垣《廿史朔闰表》中晚唐至宋初一段中甲寅、甲申、己巳、己亥之年这三个月的朔日干支进行对比，发现与后晋天福四年己亥岁（939）的一致；

5.在二月初三、初十、十七这三天的顶部注有红色"蜜"字，将之与陈垣书中939年的《日曜表》进行对比，果然也是吻合的，从而我们可最后断定这份最短的残历属于939年。

就像这个例子一样，我们将至今所收集到的39项材料一一做了研究，现将结果按年代顺序汇总在表七中。

　　在表七"资料来源"中，S.表示斯坦因收藏，P.表示伯希和收藏，L.表示罗振玉收藏，"背"表示写在卷子的背面。"现存内容"中"4：12—6：1"表示残存4月12日至6月1日的历日。"朔闰情况"中S表示朔，R表示闰，"−1"表示敦煌历比中原历早一日或一月，"+1"表示迟一日或一月。备注中F表示藤枝晃，Ff表示藤文照片；S表示施萍婷，St表示施文中的表，Y表示薮内清，L表示罗振玉，W表示王重民。序号前加"△"者表示原件有明确的纪年。此外，第4、5、6、15、20诸件，因原历提供条件太少，所定年代可信度较小，暂作如此断定，有待进一步研究。

表七　敦煌历日年表

序号	帝王纪年	干支纪年	公元	资料来源	现存内容	编写者	朔闰情况	方法	备注
△1	北魏太平真君十一年	庚寅	450	《大陆杂志》第1卷第9期苏莹辉文	1~12月		相同	a	藤、施未著录
△2	北魏太平真君十二年	辛卯	451	同上	1~12月		同上	a	同上
	吐蕃占领时期								
3	唐元和三年	戊子	808	S.-Tib.109（残）	4:12—6:1		朔各早一日	d+e	F
4	唐元和四年	己丑	809	P.3900背（残）	4:11—6:6		闰4S+1, 6S-1	e	S
5	唐元和十四年	己亥	819	S.3824（残）	5:18—6:9		5S, 7S-1	d+e	藤误为876
6	唐长庆元年	辛丑	821	P.2583（残）	2:28—4:1		相同	e	Ff1+St14
7	唐大和三年	己酉	829	P.2797背（残）	11:22—12:5		12S-1	a+e	藤、施均未著录，照片4
8	唐大和八年	甲寅	834	P.2765（残）	1:1—4:7		1S, 4S-1; 11S+1	a+e+f	Ff2+St15

续表

序号	帝王纪年	干支纪年	公元	资料来源	现存内容	编写者	朔闰情况	方法	备注
	张氏政权时期								
9	唐大中十二年	戊寅	858	S.1439背（残）	1:1—5:24		5S+1，R−1	d+e+f	Ff3+Y3+St16
10	唐咸通五年	甲申	864	P.3284背（残）	1:1—5:21		相同	d+e+f	St17
11	唐乾符四年	丁酉	877	S−P.6（残）	2:11—12:30		相同	A+c+d+e+f	Ff4
12	唐中和二年	壬寅	882	S−P.10（残）	只剩标题				Ff5，来自成都
13	唐光启四年	戊申	888	P.3492（残）	9:7—11:29		9S，11S+1	d+e	St18
14	唐大顺元年	庚戌	890	L.3（残）	2:1—2:4		8S+1	d+e	Ff6+St19
15	唐景福元年	壬子	892	P.4983（残）	11:29—12:30	王文君书	11S+1	d+e	St20
16	唐景福二年	癸丑	893	P.4996+P.3476（残）	4:17—12:29	吕定德写	R+1；6S、闰6S、7S、9S、11S、12S+1、8S、10S+2	d+e+f	Ff7+St21
17	唐乾宁二年	乙卯	895	P.5548（残）	3:4—10:7		3S、5S、7S+1、8S—11S+2	e+d+f	St22

续表

序号	帝王纪年	干支纪年	公元	资料来源	现存内容	编写者	朔闰情况	方法	备注
18	唐乾宁四年	丁巳	897	P.3248（残）	3:6—8:10		1S，2S+1	e+d+f	Ff8+St23
19	唐乾宁四年	丁巳	897	L.4（残）	1:1—4:29		1S，2S+1	d+e	F，罗误为990
20	唐天复五年	乙丑	905	P.2506（残）	1:1—2:18		1S+2，2S+1	d+e	St24
	曹氏政权时期								
△21	后梁贞明八年★	壬午	922	P.3555B（残）	1:2—5:26		2S-1	a	St5
22	后梁龙德三年★★	癸未	923	P.3555B pièce 14（残）	10:1—12:30		10S+2, 11S, 12S+1	d+e	藤、池未著录，照片5
23	后唐同光二年	甲申	924	S.2404（残）	1:1—1:4	瞿蔡达编	1-3S, 11S+1; 7S, 9S-1	b+c+d+e+f+g	Ff9+St25
△24	后唐同光四年	丙戌	926	P.3247背+L.1（全）	全年	瞿蔡达编	R+1, 2S, 4S, 6-8S, 10-11S-1; 9S, 12S-2	a	Ff10+W+St6
25	后唐天成三年	戊子	928	向达书438页（残）	只有序言	瞿蔡达编		a	F

续表

序号	帝王纪年	干支纪年	公元	资料来源	现存内容	编写者	朔闰情况	方法	备注
26	后唐长兴四年	癸巳	933	S.0276（残）	3:10—7:13		7S+1	c+d+e+f	Ff11+Y2+St26
27	后晋天福四年	乙亥	939	L.2（残）	1:28—2:22		3S−1	c+d+e+f	F+St27
28	后晋天福九年	甲辰	944	P.2591（残）	4:8—6:1		5—7S+1	c+d+e+f	Ff12+St28
29	后晋天福十年	乙巳	945	S.0560（残）	只留标题			a	F
30	后晋天福十年	乙巳	945	S.0681背（残）	1:1—2:12		8S+1	b+c+d+e+f	Ff13+Y1+St29
△31	后周显德三年	丙辰	956	S.0095（全）	全年	瞿昙达编	1—3S, 10S, 12S−1; 8S+1	a	Ff14+St7
△32	后周显德六年	己未	959	P.2623（残）	1:1—1:3	瞿昙达编	2S+1; 6S, 8S−1	a	Ff15+St8
33	宋太平兴国三年	戊寅	978	S.0612（残）	只留标题和序言	王文坦编		a	Ff16

续表

序号	帝王纪年	干支纪年	公元	资料来源	现存内容	编写者	朔闰情况	方法	备注
△34	宋太平兴国六年	辛巳	981	S.6886背（全）	全年		1S-1; 6S, 8S, 9S+1	a	Sf17+St9
△35	宋太平兴国七年	壬午	982	S.1473+S.11427 BV（残）	1:1—5:6	瞿文进编	1-3S, 5S, 8S, 10S, 11S, 闰12S-1	a	Sf18+St10
△36	宋雍熙三年	丙戌	986	P.3403（全）	全年	安彦存编	2S, 6S, 7S, 12S-1	a	Ff19+St11
37	宋端拱二年	己丑	989	S.3985（残）	只留标题			a	
38	宋端拱二年	己丑	989	P.2705（残）	10:18—12:29		11S, 12S+1	c+d+e+f	Ff20+St31
△39	宋淳化四年	癸巳	993	P.3507（残）	1:1—3:23		R+1; 4S-1; 8S, 10S, 11S, 闰11S, 12S+1	a	Ff21+St12

*后梁于贞明七年五月朔已改年号为龙德，所谓贞明八年即龙德二年，敦煌与中原交通不便，不知梁已改元，仍用贞明。

**此件为双栏书写，现仅存上半部分。

（与席泽宗先生合撰，原载《中国历史博物馆馆刊》总第12期，1989年，第12—22页）

敦煌古历丛识

敦煌文献中存北魏至宋初历日五十余件，自面世以来，中外学人就不断刻意研讨。我国最早研究敦煌历日者当推罗振玉氏，但他未能解决定年方法，故时有错误。其后王重民先生于1937年发表《敦煌本历日之研究》[①]，虽多有发明，但也未能解决定年方法问题。直至1964年，日本天文学史专家薮内清教授发表《斯坦因敦煌文献中的历书》[②]，首次将敦煌历日的定年方法建立在科学的基础之上。1973年藤枝晃教授发表《敦煌历日谱》[③]长文一篇，就是利用薮内清的方法对敦煌历日逐件定年。近年来，我国学者施萍婷先生发表《敦煌历日研究》[④]一文，在藤枝氏基础上又有新进展，并纠正了前人的某些错失。对于敦煌古历的定年方法和依据，施先生作了比薮内清和藤枝晃更为详细的解说，笔者受益良多。1989年，笔者与席泽宗教授合撰《敦煌残历定年》[⑤]一文，补充了利用年神确定年地支的方法[⑥]。就定年方法论，虽可能还有新术，但利用已有的研究成果，

---

① 《东方杂志》第34卷9期，1937年，第13—20页。后收入王重民：《敦煌遗书论文集》，北京：中华书局，1984年版，第116—133页。

② 《东方学报》（京都版）第35期，1964年，第543—549页。我国有朴宽哲先生的译文，题名"研讨推定斯坦因收集的敦煌遗书中的历书年代的方法"，载《西北史地》1985年第2期，第115—118页。

③ 《东方学报》（京都版），第45期，1973年，第377—441页。

④ 《1983年全国敦煌学术讨论会文集·文史·遗书编》（上），兰州：甘肃人民出版社，1987年版，第305—366页。

⑤ 席泽宗、邓文宽：《敦煌残历定年》，载《中国历史博物馆馆刊》总第12期，1989年，第12—22页。

⑥ 关于此法，参本文"年神方位与月神方位、日期"一节。

即可对敦煌残历的多数定出准确年代，殆无疑义。如今面临的新问题是，应当深入探索敦煌历日的内容，以便进一步认识其价值。近年来，由于笔者担负着《敦煌文献分类录校丛刊·天文历法专辑》的校辑工作，迫使我必须深入历日内容本身，逐日逐字检核。饮甘茹苦之后，虽然仍有一些内容未获确解，但对其大部分内容已有了认识。在整理过程中，深感有不少问题值得研讨。这些问题如能认识清楚，不仅对校辑敦煌历日，而且对认识吐鲁番文书乃至秦汉简牍中的历日都有裨益，并可逐步摸清其渊源流变。现将部分札记汇集成篇，恳望有识及同好者指正。

一　九宫图形

九宫又称九星术、九宫算，是把《洛书》方阵的各数，加上颜色名称，分配在年、月、日、时，再考虑五行生克，用以鉴定人事凶吉的方法。敦煌历日中，一般只有年九宫和月九宫，日九宫偶尔在历日序言中提及，不具注于各日之下，与时相配的九宫则未见到。年九宫放在历日序中，与年神方位图画在一起，月九宫放在每月之首。近年法国学者矛甘（Morgan）发表了《敦煌写本中的九宫》①一文，可知西人于此也有同好者。

九宫起源甚古，马王堆帛书中就有一件，李均明先生曾向笔者见示。其基本图形是五居中央。汉代徐岳《数术记遗》云："九宫算，五行参数，犹如循环。"甄鸾注："九宫者，即二四为肩，六八为足，左三右七，戴九履一，五居中央。"绘成图形就是：

四	九	二
三	五	七
八	一	六

---

① 据耿昇：《八十年代的法国敦煌学论著简介》，载《敦煌研究》1986年第3期，我未睹原文。

若换以八卦，即如下图：

巽	离	坤
震	中	兑
艮	坎	乾

据天文学史专家陈遵妫先生的意见，至唐代，九宫始以颜色来代替，[1]即一白、二黑、三碧、四绿、五黄、六白、七赤、八白、九紫。因此，九宫基本图形又可换成颜色如下图：

绿	紫	黑
碧	黄	赤
白	白	白

敦煌历日中九宫图形最常见的表示方法就是用颜色，只是在历日序的文字中才说"今年年起×宫，月起×宫"，这×是用数字表示的，其对应的颜色见上图。因此，只要掌握了每宫的颜色，就可立即将数字换成颜色，反之也是一样。掌握了它同八卦的对应关系，也可立即将颜色和数字换成八卦。

九宫颜色所主吉凶，P.3403《宋雍熙三年丙戌岁（986）具注历日》序中有《三白诗》一首，文曰："上利兴功紫白方，碧绿之地患痈疮。黄赤之方遭疾病，黑方动土主凶丧。五姓但能依此用，一年之内乐堂堂。"

---

[1] 陈遵妫:《中国天文学史》第3册,上海:上海人民出版社,1984年版,第1655页。

其意大略如此。

年九宫的起算点是以隋仁寿四年上元甲子（604）为坎一，之后以九、八、七、六、五、四、三、二、一的次序倒转，依次下排。掌握了这个规律，我们就可在历史年表上添注该年的九宫，使用起来极为方便。需要注意的是，这样添出的仅是该年的中宫数字，其余八宫数字及颜色详见陈遵妫先生《中国天文学史》第三册第1656页，这里不再画出。

同样，正月九宫的排列也有其严格规律，其规律来源可参前揭施萍婷文。正月九宫的连续性是8、5、2、8、5、2、8、5、2……也是从隋仁寿四年（604）开始。这样，也可以在一份年表上逐年添注它的正月九宫之中宫数。结合前述所添的年九宫之中宫，我们随时即可获知该年的年九宫和月九宫。

九星术虽纯属迷信说教，但年九宫、正月九宫同该年地支却有固定对应关系。日本学者薮内清教授正是利用这一对应关系找出了确定敦煌残历年地支的方法；施萍婷先生的解说更为详细，不过她是将两表分开的，我现在把二表合并起来，绘成简表如下，以便研究者检核使用：

年九宫、正月九宫与年地支对应关系表

年九宫（中宫）	正月九宫（中宫）	对应年地支
一、四、七	八	子、卯、午、酉（仲年）
二、五、八	二	巳、亥、寅、申（孟年）
三、六、九	五	丑、未、辰、戌（季年）

当然，敦煌历日多数是断简残编，除年九宫画在历日序中且多已残失外，正月九宫也很少能直接见到。但是我们知道，无论年九宫，还是月九宫，其排列都是从九至一倒转的，因此，知道残历某月九宫，便可反推出正月九宫，然后找出年地支范围。假如某历残存六月以后，六月为六宫，则其前五月七宫，四月八宫，三月九宫，二月一宫，正月为二宫，正月二

宫对应的年地支是巳、亥、寅、申，这便是该历的年地支范围。再依据正月建寅找出年天干，以及月朔、蜜日注等条件，便可定出该历的准确年代来。

敦煌历日中的九宫图，除绝大多数是以表示颜色的字画出外，还有直接用颜色绘成的，斯坦因编号 P.6《唐乾符四年丁酉岁历日》①，每月九宫图，内部用表示颜色的字，外圈便配以对应的颜色；S.2620《唐年神方位图》②，现存部分是唐大历十三年（778）至建中四年（783）共六年的年神方位图，其年九宫也配以相应的颜色，两件均堪称图文并茂，只是在黑白照片上不能完全反映出来，致使研究者往往弄错。由是亦知，年九宫和月九宫图，在敦煌历日中共有三种表示方法，一是数字，二是表示颜色的字，三是直接用各种颜色涂成，其中以第二种居多。

二 干支五行与六十甲子纳音

敦煌历日有明确纪年者，常在历日题名之下注明该年干支对应的五行与甲子纳音。如 P.3403 前题："雍熙三年丙戌岁具注历日并序，干火支土纳音土"；S.1473 前题："太平兴国七年壬午岁具注历日并序，干水支火纳音木。"又历日每日干支之下也有纳音，如 S.1473 正月一日是"一日癸巳水定"，这个"水"即是该日干支"癸巳"的纳音。

六十甲子纳音，本是以六十甲子配上五音（宫、商、角、徵、羽），五音又可与五行相配，于是便用五行代替五音。其配合方法，清儒钱大昕《潜研堂文集》卷三《纳音说》解释甚详，陈遵妫先生《中国天文学史》第三册第 1647 页注③也有简略的说明，兹不赘述。我曾将钱氏《纳音说》的文字改绘成表，与敦煌历日对照，除个别抄错者外，几乎无一不合。至于干支与五行的配合关系，陈著第 1652—1653 页也有列表说明。为便于使用，现将钱、陈二氏之说合为一表如下。

---

① 图版见《中国古代天文文物图集》，北京：文物出版社，1980 年版，第 66—67 页。

② 参邓文宽：《敦煌文献 S.2620 号〈唐年神方位图〉试释》，载《文物》1988 年第 2 期，第 63—68 页。

六十甲子纳音表（附干支与五行对应关系）

甲木子水（金）	乙木丑土（金）	丙火寅木（火）	丁火卯木（火）	戊土辰土（木）	己土巳火（木）	庚金午火（土）	辛金未土（土）	壬水申金（金）	癸水酉金（金）
甲木戌土（火）	乙木亥水（火）	丙火子水（水）	丁火丑土（水）	戊土寅木（土）	己土卯木（土）	庚金辰土（金）	辛金巳火（金）	壬水午火（木）	癸水未土（木）
甲木申金（水）	乙木酉金（水）	丙火戌土（土）	丁火亥水（土）	戊土子水（火）	己土丑土（火）	庚金寅木（木）	辛金卯木（木）	壬水辰土（水）	癸水巳火（水）
甲木午火（金）	乙木未土（金）	丙火申金（火）	丁火酉金（火）	戊土戌土（木）	己土亥水（木）	庚金子水（土）	辛金丑土（土）	壬水寅木（金）	癸水卯木（金）
甲木辰土（火）	乙木巳火（火）	丙火午火（水）	丁火未土（水）	戊土申金（土）	己土酉金（土）	庚金戌土（金）	辛金亥水（金）	壬水子水（木）	癸水丑土（木）
甲木寅木（水）	乙木卯木（水）	丙火辰土（土）	丁火巳火（土）	戊土午火（火）	己土未土（火）	庚金申金（木）	辛金酉金（木）	壬水戌土（水）	癸水亥水（水）

此表每格左边为干支，右边为干和支各自对应的五行，下面中间括号中的字为该干支的纳音。如第二行第一栏干支为"甲戌"，对应的五行是"干木支土"，纳音为"火"，合在一起就是"干木支土纳音火"。其余同此。以此检查 P.3403《宋雍熙三年丙戌岁（986）具注历日》，该年干支为"丙戌"，"下注""干火支土纳音土"，完全对应；太平兴国七年历也相合不悖。

当然，并非所有敦煌历日的干支五行和六甲纳音均正确无误。如P.2765，与上表对照，该年干支为"甲寅"，则五行和六甲纳音应是"干木支木纳音水"，可是该历第六行却记为"今年干木支火纳音水"，可知

"火"字乃"木"字之误。此表还可用为识读出土历日的工具。《吐鲁番出土文书》第五册第231—235页收一件《唐历》①，第10行原编者释为"廿六日甲戌土□"，与表对照，知"土"乃"火"之误释。

利用此表还可将历日的某些残字补齐。P.3555B前题"贞明八年岁次壬午具注历日一卷并序，节度押衙[   ]干水[   ]"，表中"壬午"为"干水支火纳音木"，则"干水"二字下当补"支火纳音木"五字。

六十甲子纳音，敦煌文献中存四件，编号为：S.1815（2）、S.3724（3）、P.3984背和P.4711。但编目者不详其意，题作"干支配合歌诀（拟）"或"干支五行配属表"，颇涉望文生义。这四件的内容大同小异，均是"甲子乙丑金，丙寅丁卯火"等等，全是六十甲子与纳音的关系，而不是干支与五行的配合关系，故应题为"六十甲子纳音"。

三　建除十二客

建除十二客是以建、除、满、平、定、执、破、危、成、收、开、闭十二字配于历日每日之下，各主一定吉凶。P.2765《甲寅年历日》序云："除、平、定、成、收、开、闭，次吉日；……建、满、执、破、危……亦须避会（讳），吉"，即其义之一解。

不过，建除十二客与纪日干支间却无固定配属关系，而是按另外的规律排列的。其主要排列特点是，"立春正月节"后之"寅"日为"建"，由此开始下排，概因古历正月建寅也。然后每逢节气之日（非中气）即须重复前日一次；如上引P.2765《甲寅年历日》二月廿日为"开"，廿一日为"青（清）明三月节"，则此日仍为"开"，廿二日才作"闭"。由于有此排列规律，故形成了"建"字与各"月"（指星命家的月份，详下节"迷信历注的'月份'"）纪日地支间的对应关系如下：

---

① 实为《唐仪凤四年（679）具注历日》，详见邓文宽：《跋吐鲁番文书中的两件唐历》，载《文物》，1986年第12期，第58—62页。

星命家的月份	"建"字对应的纪日地支
正月（立春——惊蛰前一日）	寅
二月（惊蛰——清明前一日）	卯
三月（清明——立夏前一日）	辰
四月（立夏——芒种前一日）	巳
五月（芒种——小暑前一日）	午
六月（小暑——立秋前一日）	未
七月（立秋——白露前一日）	申
八月（白露——寒露前一日）	酉
九月（寒露——立冬前一日）	戌
十月（立冬——大雪前一日）	亥
十一月（大雪——小寒前一日）	子
十二月（小寒——立春前一日）	丑

概而言之，建除十二客的排列特点主要有二：一是节气之日重复前一日，二是"建"字与各"月"纪日地支间有固定对应关系，而与纪日天干无涉。掌握了这个规律，再去检查敦煌历日，就会发现，除个别抄错者外，基本正确无误。

以上建除十二客的两大特点对我们认识古历颇有帮助。下举二例以见一斑。《流沙坠简·术数类·永元六年历谱》简面载"十六日戊辰平□；十七日己巳平□八魁"。十六、十七日建除十二客均作"平"。王国维考证云："简上十六日戊辰平之平当作满，缮写之讹字也。"[①]按，该历前云"十二月大，一日癸丑建大□"，一日为建，则十三日仍为建，十四日为除，十五日为满，十六日焉能再作"满"？质言之，十六、十七日均当作"平"，原简无误，且十七日是节气之日（当是立春正月节），故重复前一日，而非"缮写之讹字"。

---

① 《流沙坠简》，北京：中华书局，1993年版，第90页。

《吐鲁番出土文书》第五册第231—235页《唐仪凤四年具注历日》断片，"廿一日己巳木开"，以下至卅日共九日残建除十二客。第15行上部存"土危"二字，日期干支缺失。假设这是一件连续书写的历日，我们由第22行某月八日"处暑七月中"即知"立秋七月节"在此前十五日多（唐代仍用平气，每气间隔15.218425日），当在第七行"廿三日辛未土□"之下。廿一日为"开"，廿二日则当为"闭"。廿三日即是节气所在之日，则仍作"闭"。以下廿四日建，廿五日除，廿六日满，廿七日平，廿八日定，廿九日执，卅日破，下月一日当作"危"，残历15行有"土危"二字，正相衔接。由建除十二客即可判断残历的连续性。再考以残存的纪日地支和六十甲子纳音，完全可以证实这段历日是连续书写的。我在《跋吐鲁番文书中的两件唐历》一文中已作过详细考述，不再赘论。

又由推得廿四日建除十二客为"建"，该日干支为"壬申"，"建"与"申"对应，由前述"建"字与各"月"纪日地支间的对应关系，即可获知这段历日是在立秋七月节和白露八月节之间，进而考知其月份，亦详前揭拙文。

建除十二客也有与年份相配的，见于S.2620《唐年神方位图》，仅存连续六年。由于资料太少，我们还难以确知它与年份配合的方法以及它在这种情况下的排列规律。

总之，建除十二客虽属古代方士的无稽之谈，但只要掌握其排列规律，在校补及判断古历月份时仍不失为一种有效手段。

四　迷信历注的"月份"

陈遵妫先生在《中国天文学史》第三册第1647页注⑤说，建除十二神的"循环排列是每逢一个月的开始就重复一次，这里所谓一个月的开始是指星命家的月，即从节气起算"。其实，不仅建除十二客，敦煌历日中大量的迷信历注都是按星命家的"月"来排列的。历日逐日吉凶注最常见的一些迷信项目如九焦、九坎、天李、地李、血忌、归忌、天门、天尸、煞阴、大败、天火、地火、复日、重日、不将日、地囊等，其排列起点均是按星命家的"月"计算的。以天李为例，正月在"子"日，这个正月即由"立春正月节"那天开始；二月在"卯"日，二月即由"惊蛰二月节"那天开始。若按通常所说的正、二、三月等去检核，势必大乱，也无法找出其对应关系并判断正误。这是我们整理古历时必须记在心里的一项知识。同时，二十四节气中，十二为节气，十二为中气，星命家的"月"由节气而不由中气起算，也是不容混淆的。十二个节气是：立春、惊蛰、清明、立夏、芒种、小暑、立秋、白露、寒露、立冬、大雪、小寒；十二个中气是：雨水、春分、谷雨、小满、夏至、大暑、处暑、秋分、霜降、小雪、冬至、大寒。

五 男女九宫

清《钦定协纪辨方书》卷三十五《男女九宫》条引《三元经》曰："九宫建宅，男命上元甲子起坎一，中元甲子起巽四，下元甲子起兑七，逆行九宫。女命上元甲子起中五，中元甲子起坤二，下元甲子起艮八，顺行九宫。"陈遵妫先生《中国天文学史》第三册第1637页注①曰："男宫逐年减一，一之后为九；女宫逐年加一，九之后为一。男宫循环的起点，在女宫一循环的中央，反之，也是一样。"排列结果，陈先生的推算方法与上引《钦定协纪辨方书》相同。

但是，敦煌古历所记男女九宫的推算方法与以上所说略异。

S.0612《宋太平兴国三年（978）应天具注历日》之《六十相属宫宿法》云："一岁戊寅土，太平兴国三年，男二宫，女一宫。"

S.1473《宋太平兴国七年壬午岁（982）具注历日》序云："今年生男起七宫，女起五宫。"

P.3403《宋雍熙三年丙戌岁（986）具注历日》序云："今年生男起三宫，女起九宫。"

以上三历，以太平兴国三年为最早。若以该年"男二宫"为起点，逆行九宫（即九、八、七、六、五、四、三、二、一），则太平兴国七年适得"男起七宫"，雍熙三年适得"男起三宫"；若以太平兴国三年"女一宫"为起点，顺行九宫（即一、二、三、四、五、六、七、八、九），则太平兴国七年适得"女起五宫"，雍熙三年适得"女起九宫"；因此，这三份历日男女九宫并无矛盾。

星命家所说的上元、中元、下元，概以隋仁寿四年甲子岁（604）为上元，664年起为中元，724年起为下元，784年起又为上元，以此循环，往复不绝。至宋太祖乾德二年（964）又是上元甲子。我们以太平兴国三年"男二宫，女一宫"反推回去，则乾德二年上元甲子岁为男七宫，女五宫；再往上推，可得，唐天复四年下元甲子（904）男四宫，女八宫；唐会昌四年中元甲子（844）男一宫，女二宫。继续推至隋仁寿四年（604）上元甲子，中间男女九宫与此均同。

以上推算结果，还可同斯坦因编号 P.6《唐乾符四年丁酉岁（877）具注历日》中的《六十甲子宫宿法》相印证。在那里，唐兴元元年（784）为上元甲子，男起七宫，女起五宫；会昌四年（844）为中元甲子，男起一宫，女起二宫；再往下排，也能得出唐天复四年（904）下元甲子为男起四宫，女起八宫，同上述推算结果完全相合。

由此可知，男女九宫的推算方法，在现存敦煌历日中，上元甲子为男七宫，女五宫，中元甲子为男一宫，女二宫，下元甲子为男四宫，女八宫。比较《三元经》所记，女宫推算方法相同，男宫则整个提前了一个甲子。上面征引的敦煌历日文献，前后相距二百余年，既有中原王朝的历日，也有敦煌本地的历日，但男女九宫排列法却十分一致，很有条贯。《三元经》和敦煌历日的男女九宫法何者为是，仍需研究。

六　始耕即籍田

籍田是古代帝王的一项重要礼仪，以示率先于农，倡导天下崇本。其礼仪沿革，《通典》卷四十六、《初学记》卷十四均有详载。至其称谓，

《初学记》云："凡称籍田为千亩，亦曰帝籍，亦曰耕籍，亦曰东耕，亦曰亲耕，亦曰王籍。"[1]而《通典》卷四十六"籍田"则云："［后汉］章帝元和中，正月北巡，耕于怀县。其《籍田仪》：正月始耕，常以乙日；……是月，命郡国守皆劝人始耕。"[2]可知，远在东汉时，始耕就是籍田的同义词，并著于仪注。敦煌所出《北魏太平真君十二年（451）历日》云："正月小。一日丙戌成，二日始耕。"[3]吐鲁番出土一件《高昌章和五年（535）取牛羊供祀帐》，内载："章和五年乙卯岁正月日，取严天奴羊一口，供始耕"；旁添小字一行："辰英羊一口，供始耕，合二口。"[4]可知北魏和麴氏高昌也将籍田称作始耕。

《魏书》卷二《太祖纪》记道武帝拓跋珪于"［天兴］三年……二月丁亥，诏有司祀日于东郊，始耕籍田"[5]。"始耕"与"籍田"并称。《通典》卷四十六记为："后魏太（道）武帝天兴三年（400）春，始躬耕籍田，祭先农，用羊一。"[6]由是又知，"始耕"之本意即皇帝"始躬耕籍田"，而且北魏是用羊祭祀先农。同时看出，始耕用羊祭祀先农历史颇久，且一直影响到麴氏高昌，为前引章和五年取牛羊供祀帐（同"账"）所证实。

七　北魏避讳改干支

敦煌和吐鲁番所出历日，有些干支改"丙"为"景"，是为避唐先祖"李昞"名讳而改，故断为唐代或后唐是不会有什么错误的，且为人所熟知。其实，因避讳而改干支北魏时就已有过。北魏道武帝名拓跋珪。"珪"与天干之"癸"同音，故北魏曾改"癸"为"水"，且为西魏所沿用。

① 影印本《初学记》，北京：中华书局，1962年版，第339页。

② 〔唐〕杜佑撰，王文锦等点校：《通典》，北京：中华书局，1988年版，第1285页。

③ 苏莹辉将录文刊布于所作《敦煌所出北魏写本历日》一文，载台湾《大陆杂志》第1卷第9期，1950年。

④ 国家文物局古文献研究室、新疆维吾尔自治区博物馆、武汉大学历史系编：《吐鲁番出土文书》（释文本）第2册，北京：文物出版社，1981年版，第39页。

⑤ 标点本《魏书》，北京：中华书局，1974年版，第36页。

⑥ 标点本《通典》，北京：中华书局，1988年版，第1287页。

S.0613《西魏大统十三年计账》有如下记载：

> 刘文成户："息女黄口，水亥生，年廿，小女"；
> 侯老生户："户主侯老生，水酉生，年廿拾廿，白丁"；
> 其天婆罗门户："息男归安，水丑生，年拾廿，中男"；
> 邓（？）延天富户："母白乙升，水亥生，年陆拾伍，死"。

以上四例干支中的"水"，本均作"癸"，皆因避讳"珪"而改之。

前引敦煌所出、《北魏太平真君十二年（451）历日》内云："七月大，一日水未""八月大，一日水丑"，显然，这两个"水"字也是改"癸"而成的。

陈垣先生《史讳举例》搜罗宏富，成为治史之必备工具。在该书北魏道武帝拓跋珪名下仅举"上邽县改上封"[①]，而未举出改干支的实例，今补记如上，以备参考。

八　年神方位与月神方位、日期

完整的敦煌历日序言中，往往开列数十种年神名称及其所在方位，是与本年纪年地支相对应的（部分与天干对应），如 P.3403《宋雍熙三年丙戌岁（986）具注历日》云："今年太岁在丙、戌，大将军在午，太阴在申，岁刑在未"等等。其各月月序中则详列月神名称及其所在方位、日期，如同历正月云："自去（旧）年十二月十八日立春，已得正月之节，（小注略）天德在丁，月德在丙，合德在辛，（小注略）月厌在戌，月煞在丑，月破在申，月刑在巳，月空在壬"，共列出八种月神名称及其所在方位、日期。众多的年神名称，其对应年地支及所在方位是固定不变的，因此知道某个年神的方位，便可立即找到该年的纪年地支，成为判断残历年

---

① 陈垣：《史讳举例》，北京：中华书局，1962年版，第142页。

份的重要方法之一。其对应关系，清《钦定协纪辨方书》卷九《立成》列出不少，但敦煌历日中的一部分年神名称却不见于此书记载。陈遵妫先生《中国天文学史》第三册第1644—1645页列出一个年神方位表，使用起来很方便。但此表有两个缺陷，一是自1645页的"飞鹿"以上的年神方位是与年地支对应的，而以下的岁德、岁德合、岁干合、破败五鬼、金神则与年天干对应，陈书未加区分，全绘在一个表上，似乎都是与年地支对应的，这就容易引起混乱；[①]二是除去那些与年天干对应的年神外，陈表就只有二十五个年神名称了，数量不多。我在整理敦煌历日时反复排比，虽然仍有一些年神如天煞、地煞、三兵、年黑方等尚未找出其排列规律，但见于敦煌历日的绝大部分年神及其对应年地支方位均已找出，故在陈表的基础上扩而大之，列成一表，以便利用（与年天干对应的未列入）。至于月神方位、日期，只有八个，固定不变，也列成一表。需要注意的是，这月神的月份仍是阴阳家的月份（详"迷信历注的'月份'"一节），决不可同历日月份相混淆。

年神方位表

方位　　年地支　　年神	子	丑	寅	卯	辰	巳	午	未	申	酉	戌	亥
岁德	巳	午	未	申	酉	戌	亥	子	丑	寅	卯	辰
太岁	子	丑	寅	卯	辰	巳	午	未	申	酉	戌	亥
岁破	午	未	申	酉	戌	亥	子	丑	寅	卯	辰	巳
大将军	酉	酉	子	子	子	卯	卯	卯	午	午	午	酉

①　我在《敦煌文献 S.2620 号〈唐年神方位图〉试释》（载《文物》1988 年第 2 期，第 63—68 页）一文中所列年神方位对照表，即由陈表改编而成。改编时，已注意到陈表的失误，但在删削时未将"破败五鬼"删除，是为失检，特此更正。

续表

方位 / 年神 \ 年地支	子	丑	寅	卯	辰	巳	午	未	申	酉	戌	亥
奏书	乾	乾	艮	艮	艮	巽	巽	巽	坤	坤	坤	乾
博士	巽	巽	坤	坤	坤	乾	乾	乾	艮	艮	艮	巽
力士	艮	艮	巽	巽	巽	坤	坤	坤	乾	乾	乾	艮
蚕室	坤	坤	乾	乾	乾	艮	艮	艮	巽	巽	巽	坤
蚕官	未	未	戌	戌	戌	丑	丑	丑	辰	辰	辰	未
蚕命	申	申	亥	亥	亥	寅	寅	寅	巳	巳	巳	申
丧门	寅	卯	辰	巳	午	未	申	酉	戌	亥	子	丑
太阴	戌	亥	子	丑	寅	卯	辰	巳	午	未	申	酉
官符	辰	巳	午	未	申	酉	戌	亥	子	丑	寅	卯
白虎	申	酉	戌	亥	子	丑	寅	卯	辰	巳	午	未
黄幡	辰	丑	戌	未	辰	丑	戌	未	辰	丑	戌	未
豹尾	戌	未	辰	丑	戌	未	辰	丑	戌	未	辰	丑
病符	亥	子	丑	寅	卯	辰	巳	午	未	申	酉	戌
死符	巳	午	未	申	酉	戌	亥	子	丑	寅	卯	辰
劫煞	巳	寅	亥	申	巳	寅	亥	申	巳	寅	亥	申
灾煞	午	卯	子	酉	午	卯	子	酉	午	卯	子	酉
岁煞	未	辰	丑	戌	未	辰	丑	戌	未	辰	丑	戌
伏兵	丙	甲	壬	庚	丙	甲	壬	庚	丙	甲	壬	庚
岁刑	卯	戌	巳	子	辰	申	午	丑	寅	酉	未	亥

续表

方位 年神 \ 年地支	子	丑	寅	卯	辰	巳	午	未	申	酉	戌	亥
大煞	子	酉	午	卯	子	酉	午	卯	子	酉	午	卯
飞鹿	申	酉	戌	巳	午	未	寅	卯	辰	亥	子	丑
害气	巳	寅	亥	申	巳	寅	亥	申	巳	寅	亥	申
三公	卯	辰	巳	午	未	申	酉	戌	亥	子	丑	寅
九卿	丑	寅	卯	辰	巳	午	未	申	酉	戌	亥	子
九卿食舍	寅	卯	辰	巳	午	未	申	酉	戌	亥	子	丑
畜官	辰	巳	午	未	申	酉	戌	亥	子	丑	寅	卯
发盗	未	申	酉	戌	亥	子	丑	寅	卯	辰	巳	午
天皇	午	未	申	酉	戌	亥	子	丑	寅	卯	辰	巳
地皇	酉	申	未	午	巳	辰	卯	寅	丑	子	亥	戌
人皇	子	丑	寅	卯	辰	巳	午	未	申	酉	戌	亥
上丧门	戌	丑	辰	未	戌	丑	辰	未	戌	丑	辰	未
下丧门	丑	戌	未	辰	丑	戌	未	辰	丑	戌	未	辰
生符	卯	辰	巳	午	未	申	酉	戌	亥	子	丑	寅
王符	子	丑	寅	卯	辰	巳	午	未	申	酉	戌	亥
五鬼	辰	卯	寅	丑	子	亥	戌	酉	申	未	午	巳

月神方位、日期表

方位 日期 月神 ＼ 月份	正	二	三	四	五	六	七	八	九	十	十一	十二
天德	丁	坤	壬	辛	乾	甲	癸	艮	丙	乙	巽	庚
月德	丙	甲	壬	庚	丙	甲	壬	庚	丙	甲	壬	庚
合德	辛	巳	丁	乙	辛	巳	丁	乙	辛	巳	丁	乙
月厌	戌	酉	申	未	午	巳	辰	卯	寅	丑	子	亥
月煞	丑	戌	未	辰	丑	戌	未	辰	丑	戌	未	辰
月破	申	酉	戌	亥	子	丑	寅	卯	辰	巳	午	未
月刑	巳	子	辰	申	午	丑	寅	酉	未	亥	卯	戌
月空	壬	庚	丙	甲	壬	庚	丙	甲	壬	庚	丙	甲

（原载《敦煌学辑刊》1989年第1期，第107—118页）

敦煌文献S.2620号《唐年神方位图》试释

　　敦煌文献S.2620号，《敦煌遗书总目索引》曾拟题为"大唐麟德历"；北京图书馆善本部所藏此件放大照片、台湾出版黄永武博士主编的《敦煌宝藏》，拟题均同。英人翟林奈所编《英国博物馆所藏敦煌汉文写本注记目录》7037号，题为"大唐麟随历"，"随"系"德"之误释。众口铄金，似乎确为历日无疑。笔者在整理敦煌历日文献时反复审览，无论如何它都不是历日，更不存在所谓"大唐麟德历"的可能。然对其确切内涵，仍觉茫然。后求教于天文学史专家席泽宗教授，方知它是一件"年神方位图"。由此出发，笔者对其性质、内容、修成年代进行探讨，披露管见于此，敬请海内外方家是正。

　　此件前缺，存有残图二幅，整图六幅。在第三幅整图之外，倒写"大唐麟德历"五字，正是各家拟题所据。此外有尾题二行，内容如下：

　　　　右从下元天宝九载（至）庚寅，覆前勘算至乙未。天宝十五载改为至德，自后计算于今，却入/上元甲子旬中已来，一十八年至辛巳年。

　　由是可见，确定此件性质和年代时，除去应注意"大唐麟德历"五字，尾题和六幅图更为重要。先考释尾题如下：

　　由尾题得知，原件分为两部分：第一部分从天宝九载庚寅（750）至乙未即天宝十四载（755）共六年，为"覆前勘算"部分。"勘算"内容如何，因前缺而难详。第二部分自天宝十五载（756）改元至德起，逐年计算，直至再入"上元甲子"。古代术家有上元、中元、下元亦即"三元"之说。所谓上元甲子，系由隋仁寿四年（604）甲子岁起算，此六十甲子为上元；至唐麟德元年（664）甲子岁转入中元，开元十二年（724）转入下元，至兴元元年（784）又回到上元甲子，如此往复不穷。显然，天宝九载（750）正在下元年中，故尾题谓"下元天宝九载"云云。所谓"计算于今，却入上元甲子"，当即计算至此一下元之最后一年即唐建中四年癸亥岁（783），然后再转入兴元元年（784）之上元甲子。这与残存六幅整图的纪年干支颇为一致。

原件各图均注有纪年干支，残存六幅整图顺次为戊午、己未、庚申、辛酉、壬戌、癸亥，纪年连续。癸亥为六十甲子之末，结合尾题，可知它是原件下元年之最后一年，即建中四年（783）。进而可知，残存的六幅整图是由大历十三年戊午岁（778）至建中四年癸亥岁（783）共六年，每年一图。尾题既云"计算于今"，此"今"就是这件文献的写成年代，即唐建中四年（783）。

原件从天宝十五载（756）计算，至建中四年（783）共二十八年，年各一图，当有图二十八幅。存留部分仅当原图的四分之一，而四分之三的图业已残失。

此外，尾题末又云"却入上元甲子旬中已来，一十八年至辛巳年"。兴元元年（784）甲子岁后的十八年是贞元十七年辛巳岁（801）。原件尾题至此，语意欠明，颇疑尚未写完。

次考存图内容。为方便起见，我们以大历十三年（778）图和建中二年（781）图为例，分项考释如下：

（一）方位。每图四周以十二地支和乾、艮、巽、坤表示方位，各图全同，无一例外。其所示方位是，子居下为北，午居上为南，卯居左为东，酉居右为西，其余各地支分别表示一定方位。用八卦表示的方位，乾为西北，艮为东北，巽为东南，坤为西南。古代这类图形完整的方位共有二十四个。除十二地支和八卦中的乾、艮、巽、坤，还有十干中的八个，即甲、乙、丙、丁、庚、辛、壬、癸。因此，本件图中的方位是不完整的。但就其所要表现的年神方位来讲也已够用。

（二）年神。方位之外的害气、岁破、岁煞、黄幡、太阴、豹尾等均是本年神将，与一定的方位相对应。依堪舆家和阴阳家说，凡年神所在之地，均应避忌。这在敦煌具注历日中颇为习见。如P.3403《宋雍熙三年丙戌岁（986）具注历日》序云："凡人年内造作，举动百事，先须看太岁及已下诸神将并魁、罡，犯之凶，避之吉。"接着详列雍熙三年各神将所在方位。这部分内容本采自阴阳家和堪舆家的陋说，俗不可耐，但每年年神所在方位同该年地支却有固定对应关系，从而可以利用年神方位准确地找出对应的年地支，成为敦煌残历定年的方法之一。其对应关系如附表。①

年神 ＼ 方位 ＼ 年地支	子	丑	寅	卯	辰	巳	午	未	申	酉	戌	亥
岁德	巳	午	未	申	酉	戌	亥	子	丑	寅	卯	辰
太岁	子	丑	寅	卯	辰	巳	午	未	申	酉	戌	亥
岁破	午	未	申	酉	戌	亥	子	丑	寅	卯	辰	巳
大将军	酉	酉	子	子	子	卯	卯	卯	午	午	午	酉
奏书	乾	乾	艮	艮	艮	巽	巽	巽	坤	坤	坤	乾
博士	巽	巽	坤	坤	坤	乾	乾	乾	艮	艮	艮	巽
力士	艮	艮	巽	巽	巽	坤	坤	坤	乾	乾	乾	艮
害气	巳	寅	亥	申	巳	寅	亥	申	巳	寅	亥	申
蚕室	坤	坤	乾	乾	乾	艮	艮	艮	巽	巽	巽	坤
蚕官	未	未	戌	戌	戌	丑	丑	丑	辰	辰	辰	未
蚕命	申	申	亥	亥	亥	寅	寅	寅	巳	巳	巳	申

① 此表采自陈遵妫《中国天文学史》第3册，上海：上海人民出版社，1984年版，第1644—1645页，并作了少许补充、修正。

续表

年神 ＼ 年地支 ＼ 方位	子	丑	寅	卯	辰	巳	午	未	申	酉	戌	亥
丧门	寅	卯	辰	巳	午	未	申	酉	戌	亥	子	丑
太阴	戌	亥	子	丑	寅	卯	辰	巳	午	未	申	酉
官符	辰	巳	午	未	申	酉	戌	亥	子	丑	寅	卯
白虎	申	酉	戌	亥	子	丑	寅	卯	辰	巳	午	未
黄幡	辰	丑	戌	未	辰	丑	戌	未	辰	丑	戌	未
豹尾	戌	未	辰	丑	戌	未	辰	丑	戌	未	辰	丑
病符	亥	子	丑	寅	卯	辰	巳	午	未	申	酉	戌
死符	巳	午	未	申	酉	戌	亥	子	丑	寅	卯	辰
劫煞	巳	寅	亥	申	巳	寅	亥	申	巳	寅	亥	申
灾煞	午	卯	子	酉	午	卯	子	酉	午	卯	子	酉
岁煞	未	辰	丑	戌	未	辰	丑	戌	未	辰	丑	戌
伏兵	丙	甲	壬	庚	丙	甲	壬	庚	丙	甲	壬	庚
岁刑	卯	戌	巳	子	辰	申	午	丑	寅	酉	未	亥
大煞	子	酉	午	卯	子	酉	午	卯	子	酉	午	卯
飞廉	申	酉	戌	巳	午	未	寅	卯	辰	亥	子	丑

以此表检查大历十三年（778）图，岁破在子，岁煞在丑，〔大〕将军在卯，太阴、豹尾在辰，太岁、岁刑在午，黄幡在戌，其对应年地支均是"午"。图中框内第一行所示"戊午"即大历十三年（778）纪年干支，完全对应。依照此表检查其他五幅整图，也无不相合。

（三）纪年干支。各图框内第一行第一项即本年干支，如大历十三年（778）图"戊午"，建中二年（781）图"辛酉"，意义明确，兹不赘述。

（四）年九宫，即"九星术"或称"九宫飞位"。大历十三年（778）图"戊午七"之"七"，即该年七宫居中；建中二年（781）图"辛酉四"之"四"，即该年四宫居中。九宫飞位亦是星命家的说教，以隋仁寿四年上元甲子（604）为一宫，此后以九、八、七、六、五、四、三、二、一配入各年，依次倒转。星命家又以七种颜色配入各宫成为：一白，二黑，三碧，四绿，五黄，六白，七赤，八白，九紫。故时而以数字表示九宫，时而又标以颜色。大历十三年（778）图框内前为"戊午七"，三、四行间有一"赤"字，"七"与"赤"对应。建中二年（781）图框内前为"辛酉四"，与四宫对应的颜色应为"绿"，可是二、三行之间先注一"紫"字，圈掉后改为"碧"。原作者发现"碧"仍不对，故在框外乾、亥之下注明"碧错黄是"。然而这仍是错误。此年是四宫居中，其对应颜色作"绿"方是。同样，我们发现建中元年（780）图作"庚申五"，对应颜色应为"黄"，可是却错注为"白"；建中三年（782）图为"壬戌三"，对应颜色应为"碧"，却错注为"绿"。残存六幅整图中有三幅中宫颜色注错，足见原作者对九方色是何等生疏！可以相信，如果全部二十八幅图都保存下来，那么九宫颜色注错的则更多。

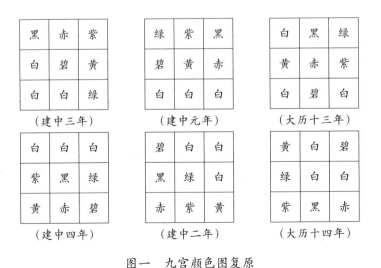

图一　九宫颜色图复原

这件文献中同年九宫相关的还有两项内容：一是夹杂在方位之间表示颜色的字，如大历十三年（778）图子、丑间的"碧"字，未、坤间的"绿"字；大历十四年（779）图丑、艮间的"紫"字，寅、卯间的"碧"字等。这些字是表示该年中宫以外其他有关各宫颜色的。为便于比较，我们将这六幅图正确的九宫颜色图复原如图一（依原图次序，由右至左，先上后下）。很清楚，大历十三年（778）图子、丑间的"碧"字，正当该年九宫图下行正中"碧"字，"绿"字在右上角，处于未、坤之间，完全对应。同样，其他五图各方位之间表示颜色的字也是表示中宫以外有关各宫颜色的。但由于原作者对九宫颜色不熟悉，注错的也不在少数。如大历十四年（779）图寅、卯间当作"绿"，却错注为"碧"。其他只要认真核查即可自明，恕不一一指出。

另一项内容即各图的方框。原件每图方框有两个特点：一是不闭合，各图不闭合部位各异；二是方框中的一些小段颜色很浅，如建中二年（781）图的左下角。起初我感到十分费解，但当我同九宫图联系起来分析时，问题便迎刃而解。

用前面复原的各年九宫图与原图对照，凡是方框不闭合的部位均是白色的位置。如大历十三年（778）图右下、左下、左上全是白色，这正是原图不闭合的三个部位。建中二年（781）九宫图上行中间，右上角、右行中间全是白色，原图相应的部位均不闭合。诚然，由于原作者对九方色生疏，也有涂错的，如建中元年（780）图的下行。

原图方框中的浅色部分也同九宫颜色有关。大历十四年（779）图右下角、建中二年（781）图左下角颜色都很浅，而对应部位九宫颜色是"赤"。由此明确，在黑白照片上反映出的浅色部位，原件都是红色。尽管限于条件，我们无法看到藏在英国图书馆的原件，也未得到原件的彩照，只能使用黑白照片，且是黑底白字的正片，仍然可以确信这个推断正确无误。只是由于原作者对九宫颜色的生疏，也将一些部位的颜色涂错，如建中四年（783）图"赤"在下行正中，原图却在右上角"白"的部位涂上红色，这是很有趣的。

由以上分析可得如下结论：原图方框不闭合的部位是白色，闭合部位是其他各色。由于年代遥远，这些用不同颜色涂成的方框，在黑白照片上似乎都成了黑色（亦即正片上的白色）。可以确认，原图方框部分是彩绘而成的。它们同前述方位之间表示颜色的字，以及图中中宫颜色字，共同组成该年的年九宫图。类似的组图方法，亦见于斯坦因编号 P.6《唐乾符四年丁酉岁（877）印本历日》之各月九宫图。[①]

九宫颜色也用于表现吉凶。P.3403《宋雍熙三年丙戌岁（986）具注历日》序有一首《三白诗》云："上利兴功紫白方，碧绿之地患痾疮。黄赤之方遭疾病，黑方动土主凶丧。五姓但能依此用，一年之内乐堂堂。"足见紫、白二色主吉，其余五色主凶。这些无疑都是迷信，属于无稽之谈。

（五）建除十二客，又称建除十二直。大历十三年（778）图"戊午七危"之"危"，建中二年（781）图"辛酉四开"之"开"均属此。《史记·日者列传》褚少孙曰："臣为郎时，与太卜待诏为郎者同署，言曰：'孝武帝时，聚会占家问之，某日可取妇乎？五行家曰可，堪舆家曰不可，建除家曰不吉，丛辰家曰大凶，历家曰小凶，天人家曰小吉，太一家曰大吉。'"[②]可知远在西汉，建除即为一家，与其他各方术之家并称。建除十二客是以建、除、满、平、定、执、破、危、成、收、开、闭十二个字各主一定吉凶。此件残存六图的建除十二客顺次为危、成、收、开、闭、建，次第相连，估计是与本年相配的。我们在敦煌石室和吐鲁番出土的北魏、初唐、晚唐至宋初的历日中看到，每日之下都配有建除十二客，而未见到同年相配，此件是一个特例。但无论如何都是表示吉凶的。至于它同年份的配置关系及配年规律，仍有待深究。

（六）六壬十二神。大历十三年（778）图"玄武中宫"之"玄武"，建中二年（781）图"功曹中宫"之"功曹"，以及其他四图中的天后、贵人、六合和勾陈均属此。清儒钱大昕《十驾斋养新录》卷十七《六壬十二

---

① 图版见《中国古代天文文物图集》，北京：文物出版社，1980年版，第66—67页。

② 标点本《史记》，北京：中华书局，1959年版，第3222页。

神》条云："六壬家又有贵人、腾蛇、朱雀、六合、勾陈、青龙、天空、白虎、太常、元（玄）武、太阴、天后十二神，分布十二方位。"所谓"玄武中宫"，于此件当指玄武居九宫之中宫，而非分布于十二方位，其余依此。这些六壬神将配入九宫之中宫后，所主吉凶如何？通观六图，仅大历十四年（779）图为"天后中宫，宜修，吉"。清《协纪辨方书》卷六义例四引《总要历》曰："天后者，月中福神也。其日宜求医、疗病、祈福、礼神。"①故将二者配在一起。其他五图，仅建中元年（780）图云"贵人中宫，不宜修"，另四图全注明"不宜修，大凶"。所以如此，除了这四年的中宫颜色主凶外，配入的神将也是主凶的。如大历十三年（778）图中宫七赤所配之"玄武"，建中四年（783）中宫二黑所配之勾陈，《协纪辨方书》引《神枢经》云："玄武、勾陈者，月中黑道也。所理之方，所值之日，皆不可兴土功、营屋舍、移徙、远行、嫁娶、出军。"黄道主吉，黑道主凶，无怪乎它们所配入的年九宫均是"不宜修，大凶"了！

（七）魁月、罡月。大历十三年（778）图"年中又忌二月、八月，修之凶"；建中二年（781）图"又忌五月、十一月，修者凶"，这里的月份全是魁、罡之月。魁月、罡月之间相距六个月，以正、七，二、八，三、九，四、十，五、十一，六、十二月分成六组，依次配入各年，是年中的忌月。P.3403《宋雍熙三年丙戌岁（986）具注历日》序又云："今年六月天罡、十二月河魁。魁、罡之月，切不得修造动土，大凶。"恰可作为此件各年应避忌月份的注脚。

以上就笔者学识所及，对 S.2620 的性质、内容和作成年代作了考释。从以上考释可知，这件文献的性质是"年神方位图"，作成于唐建中四年（783）；残存六图包括了大历十三年（778）至建中四年（783）的内容，因此应题名为"唐年神方位图"。同类图形不仅见于一些较为完整的敦煌具注历日，如 P.3403，而且一直沿用到清代。清乾隆六十年（1795）《时

---

① 李零主编：《中国方术概观·选择卷》（上），北京：人民中国出版社，1993年版，第226页。

宪书》第二页的《年神方位之图》①，与此件各图大致相同，可作为此件定性、定名的参考。

那么，为什么前贤均拟题为"大唐麟德历"呢？如前所述，这是源自第三幅图上部的倒写"大唐麟德历"五字。然而细审原件胶卷，此五字同这件文献的关系却十分暧昧。原件各图和尾题在同一张纸上，纸的上部边沿到图为止，磨破的纸沿尚十分清晰；而"大唐麟德历"五字却在纸的边沿之外，显然是写在另一张纸上的。写此五字的那张纸是否用来裱托这件《年神方位图》的呢？因未睹原件而难下断语。但可以确定的是，"大唐麟德历"五字同此件《年神方位图》无关，故不能以它作为定名、定性的依据。

年神方位图纯属迷信，无科学意义可言，属于古代文化中的糟粕部分，但它们又多包含在古代历日中，成为研究敦煌历日不可回避的问题。从文化史角度看，研究它不仅必要，而且也有一定意义。

（原载《文物》1988年第2期，第63—68页）

---

① 参见陈遵妫：《中国天文学史》第3册，上海：上海人民出版社，1984年版，第1618—1619页。

比《步天歌》更古老的通俗识星作品
——《玄象诗》

　　我国传世文献所收的古代通俗识星作品，素以唐开元年间王希明作的《步天歌》（见郑樵《通志·天文略》）为最古，[①]并为人称道。此前的同类作品，如北魏张渊的《观象赋》、隋朝李播的《周天大象赋》，都属于文人骚客的赋兴之作，严格说来还算不上识星作品。令人欣慰的是，敦煌文献中保存下两份比《步天歌》更古老的通俗识星作品——《玄象诗》，编号为 P.2512 和 P.3589。其中 P.2512 一件，罗振玉曾录文刊布于《鸣沙石室佚书》。但罗氏只对原卷文字照描，识错的文字不在少数，不便使用。笔者试对这两篇识星诗作进行释文、断句，互为校勘，并略述个人的认识。校勘时，以 P.2512 为底本，称甲卷，以 P.3589 与甲卷互校，称乙卷，择善而从。原卷中的俗体字，直接录为现行文字；别字和形近而误的错字，在字后圆括号内写出正字、互通字；脱漏文字用方框表示；增补文字放入方括号内；尚未确释的字，其后标出（?）；原卷的错误径录不改，在校记中作说明；为便于排版，一律用简体字。

[①]　关于《步天歌》的作成年代，学术界尚有争议。本文采用的是夏鼐先生的意见。见夏鼐：《另一件敦煌星图写本——〈敦煌星图乙本〉》，载《中国古代天文文物论集》，北京：文物出版社，1989 年版，第 211—222 页。

玄象诗

角、亢、氐三宿，行位东西直。库娄（楼）在角南，平星库娄（楼）北。南门娄（楼）下安，骑官氐南植。摄、角、梗、招摇，以次当杓直。两咸俱近房，积卒在心旁。龟、鱼、傅尾侧，天江尾上张。箕安尾北畔，鳖在斗南厢。建星与天弁，南北正相当。建星在斗背（北），天弁河中央。市垣虽两扇，二十二星光。其中有帝坐，候、官（宦）东、西厢。前者宗正立，官（宦）侧斗平量。宗人宗在（1）左，宗在候东厢。七公与天纪，市北东西行。公南贯［索］（2）位，纪女北正林（3）。房（4）。唯余有天梧，独在紫墙［东］（5）。九坎至牵牛，织女、旗、河鼓。牛东须女位，女位（6）。女上离珠府。败白天南际，瓠［瓜］（7）河畔错（?）。瓜左有天津，津下虚、危所。室、壁两星间，上有腾蛇舞。王良虽五星，并在河心许。白东北落门，门东羽林府。土空、仓、囷、苑，例（列）位俱辽远。奎、娄、胃、昴、毕，并在中天出。阁道河中央，傅路在其旁。将军在娄北，阁道几相当。天船河北岸，大陵河南畔。卷舌在（8）其东，虽繁有条贯。天仓天囷北（9），头东向昴侧。天关东（车）、柱南，正是参西北。参孤（10）有十星，头上戴一觜。右脚玉井中，左角（11）参旗［意］（12）。厕当左足下，厕南有天矢（屎）。矢（屎）（13）南有屏星，厕东有军市。市中有野鸡，东有狼、狐（孤）矢。老人以渐（14）远，出见称祥美。东井与五车，俱［在］（15）河心里。水位南北列，五侯东西齿。北河五侯北，南河河东溪。东南有积薪，西北有积水。欲知二星处，并在三台始。轩出柳星［东］（16），轮囷垂（17）鬼北。柳左号为星，河末（18）称为稷。三台自文昌，斜连太微侧。下台下有星，少微与张、翼。轸在翼［星］（19）东，太微当（20）轸北。太微垣十星，二曲八星直。其中五帝坐，各各依本色；屏在帝前安，常阵（陈）坐后植。郎位常阵（陈）东，星繁遥似织女

（21）。郎将独易分，不与诸星逼。天门在角南，天田在角北。平道有
二星，角半东西直。进贤平道西，乳星居氐北。车骑骑南隐，将军骑
东匿。阵骑车北安（22），折威东西直。亢池摄提近，帝座（23）梗
河侧。周鼎东垣端，依行（24）在垣北。日落房、心分，气廪（25）
飘箕舌。□前库娄（楼）居，市内（26）。农、苟（狗）鳖旁边。天
鸡［与］（27）苟（狗）国，南北正相当。天鸡近北畔，苟（狗）国
在南方。罗堰牛东列，天田坎北张。败在瓠瓜侧，旗居河鼓旁。渐台
将辇道，俱邻织女房。津东有造父，津北有扶匡（筐）。策在王良侧，
车父（府）腾蛇旁。人在危星上，杵、白人东厢。命、禄、危、非卦
（？），重重虚上行。盖屋危星下，哭、泣在南方。八魁在壁外（28），
土吏危星背（北）。土公东壁藏，雷星营［室盖］（29）。壁西霹雳惊，
羽林云雨霈。屏、阃居奎下，锁、库（30）在仓前。园、刍天苑接
（31），天节、九州连。二更夹娄侧，军门当奎北。天谗与尸、水
（32），处置依常式。咸池及五潢（33），并在车中匿。厉石在河内，
船、车两边逼。天高毕御（？）（34）东，诸王天高北。河月及天街，
咸依毕、昴侧。军井屏星南（35），九游玉井侧。司怪与坐旗，车东
正南直。司怪井、钺近，坐旗车、柱逼。井北天樽位，井南水府域。
市（屎）南丈、子、孙，井东（36）疏四渎。社出老人东，丘在狼、
弧（37）北。外厨居柳下，天苟（狗）在厨边。内平列轩侧（38），
爟星鬼上悬。酒旗轩足（39）置，天纪在厨前。天庙东瓯接，青丘、
器府连。明堂列宫外，灵台两相对。门东谒者旁，公、卿、五侯辈。
太子当（常）阵（陈）（40）前，从、幸西、东边。阳门库娄（楼）
左，顿顽骑官侧。房下有从官，房西有天福。罚在东咸西，键闭钩钤
北。屠肆与白（帛）度，次次宗旁息。列肆斗西维，车肆东南得。
［天］（41）龠杓前置，天关次居北。奚仲天津北，钩星奚仲旁。天梓
牛北累（42），诸国次（43）东行。璃（离）瑜白西隐，天苟（44）
白中藏。天钱北落北，天厩王良侧。铁锁（45）羽林藏，天纲羽门
塞。虚梁危下安（46），天阴毕头息。长垣少微下，赍位在魁前

（47）。天（太）尊中台北（48），天相七星边。司空器府北，军门轸下悬。紫微垣十五，南北两门通。七在宫门右，八在宫门东。钩陈与北极，俱在紫微宫。辰居四辅内，帝坐钩陈中。斗杓（49）将帝极，向背悉皆同。华盖宫门北，传舍东西直。五帝、六甲坐（50），相（51）旁近门阃。天厨及内皆（阶），宫外东西域。天柱、女御宫（52），并在钩陈侧。柱史及女史（53），尚书位攒逼。门内近极旁，大理与阴德。门外斗杓横，门近天床塞（54）。欲知门大小，衡端例同则。天一、太一神，衡北门西息。内厨以次设，后与夫人食。臣、相（55）及枪、戈，攒聚杓旁得（56）。执（57）、守衡南隐，天理魁中匿。三公魁上安，天牢魁下植；以次至文昌，昌则（58）开八谷。北斗不［入咏］（59），为是人皆识。正背（60）有（61）奎、娄，正南当轸、翼。以此（62）记推步（63），众（64）星安可匿？

【校记】

（1）宗在：误。当作"宗正"。

（2）索：原脱，径补。贯索一座在七公座南。

（3）纪女北正林：全句误。当作"纪北正女床"。女床一座在天纪座北。

（4）房：上下不相属，疑衍。

（5）东：原脱，径补。天棓一座在紫微垣墙东。

（6）女位：承上文衍。

（7）瓜：原脱，径补。

（8）在：乙卷作"附"。

（9）大仓大困北：乙卷作"天廪困东北"，是，甲卷误。

（10）参孤：乙卷作"参体"。

（11）左角：乙卷作"右角"，是，甲卷误。

（12）意：原脱，据乙卷补。

（13）矢：乙卷作"井"，是，甲卷误。

（14）以渐：乙卷作"已次"。

（15）在：原脱，据乙卷补。

（16）东：原脱，据乙卷补。

（17）垂：乙卷作"临"。

（18）河末：意义未详；乙卷作"星下"，意义明了。

（19）星：原脱，据乙卷补。

（20）当：乙卷作"居"。

（21）女：乙卷无，合本诗五言句式，但意义不及甲卷明了。

（22）阵骑车北安：当作"阵车骑北安"。阵车一座在骑官北。

（23）帝座：误。当作"帝席"。帝席一座在梗河西侧。

（24）依行：意义俟详。

（25）气廪：意义俟详。

（26）市内：上下有脱文。

（27）与：原脱，依上下文义径补。

（28）八魁在壁外：乙卷作"八魁壁垒外"。

（29）室盖：原脱，据乙卷补。

（30）库：乙卷作"庚"，是，甲卷误。

（31）园、刍天苑接：乙卷作"刍蒿（藁）天苑侧"。

（32）天谗与尸、水：乙卷作"尸、水与天谗"。

（33）五潢：乙卷作"天潢"，是，甲卷误。

（34）毕御（?）：乙卷作"毕口"，是，疑甲卷误。

（35）南：乙卷同，疑当作"北"。

（36）东：乙卷作"南"，是，甲卷误。

（37）狼、弧：乙卷作"狐（弧）、狼"。

（38）侧：乙卷作"腹"，胜甲卷。

（39）轩足：乙卷作"星上"。

（40）当阵（陈）：乙卷作"常阵（陈）"。写本"常""当"二字多混用；古代汉语"阵""陈"互通。

（41）天：原脱，径补。

（42）累：乙卷作"置"，胜甲卷。

（43）次：乙卷作"坎"，是，甲卷误。

（44）天苟：乙卷作"［天］垒"，是，甲卷误。

（45）铁锁：乙卷同，若作"铁钺"更确切。

（46）安：乙卷作"置"。

（47）贲位在魁前：乙卷作"贲位下台前"，胜甲卷。

（48）北：乙卷作"侧"。

（49）斗杓：乙卷作"斗衡"。

（50）五帝、六甲坐：乙卷作"六甲、五帝坐"。

（51）相：乙卷作"杠"，是，甲卷误。

（52）女御宫：乙卷作"御女宫"。

（53）柱史及女史：乙卷作"女史及柱史"。

（54）门外斗杓衡，门近天床塞：乙卷作"衡北至门南，中有天床塞"。

（55）臣、相：乙卷作"公、相"；是，甲卷误。

（56）攒聚杓旁得：乙卷作"以聚构头息"。

（57）执：乙卷作"势"，是。"执"通"势"。

（58）则：乙卷作"前"，是，甲卷误。

（59）入咏：胶卷上今为空洞，据乙卷补。罗振玉《鸣沙石室佚书》作"是气"二字，意义费解，亦不知其所据。

（60）背：乙卷作"北"。"北"为"背"之古字。

（61）有：乙卷作"是"。

（62）以此：乙卷作"以次"。

（63）推步：乙卷作"推排"，文义不及甲卷。

（64）众：乙卷作"诸"。

【跋】

《玄象诗》是一篇完整的古代通俗识星诗作。除个别文句脱漏，整理后存完整的诗句264句，1300余字。全诗五言为句，通俗易懂。古人凭借这样一篇诗歌，便可迅速认出全天常见的主要星座，在无限苍穹遨游。从俗文学史角度看，它也不失为一篇琅琅上口的好作品。敦煌文献问世后，文学史家对其中的诗赋作品已做了大量的整理研究工作。但因多数从事敦煌文学研究的学者对古天文知识不太熟悉，以至对此诗少有问津。笔者认为，《玄象诗》在敦煌文学史乃至中国俗文学史上也应该占据一席之地。

现存两份《玄象诗》，甲卷（P.2512）属于某种天文星占书的一部分。此卷共存四项内容：（1）星占的残余部分；（2）《廿八宿次位经》和《石氏、甘氏、巫咸氏三家星经》；（3）《玄象诗》；（4）日月旁气占。《玄象诗》是配合它前面的《廿八宿次位经》和《三家星经》作的，因此，它是按照二十八宿和《三家星经》体系排列的：先从角宿起，叙石氏星经；再从角宿起，叙甘氏星经；再从角宿起，叙巫咸氏星经；最后将三家合在一起总叙紫微垣。因此，要凭借此一诗作识星，便需在周天转三匝，不甚方便，这是其主要缺陷。

乙卷（P.3589）正、背两面均有文字。正面起于《玄象诗》残文，之后有《许七曜利害吉凶征应瞻》、太史令陈卓的《日月五星经纬出入瞻吉凶要决（诀）》；背面为《相书一卷》。因此，乙卷也属于某种天文星占书的一部分。其排列则与甲卷不同。它是将完整的《玄象诗》分段拆开，按照在周天转一匝，一次达到识星目的的要求排列的。同时为区别《三家星经》和紫微垣，在各段诗句上面注明"赤""黑""黄""紫"，分别代表石氏、甘氏、巫咸氏和紫微垣。换言之，它已能达到在周天转一匝就可识星的目的，克服了甲卷的主要缺陷，这是乙卷的方便之处，也是它比甲卷进步之所在。但它仍未完全摆脱《三家星经》的羁绊。整理后，乙卷残存161句，其中石氏（赤星）52句，甘氏（黑星）51句，巫咸氏（黄星）16句，紫微垣（紫星）42句，约当《玄象诗》全文的五分之三。

尽管乙卷的排列方法比甲卷进步，但甲、乙二卷有着共同的缺陷，那就是不能摆脱《三家星经》的束缚；再者，大多未能表明各星座的具体星数，而只停留于对星座相对位置和形状的描述。于是，到唐开元时，有《步天歌》出。《步天歌》置《三家星经》于不顾，完全按照三垣二十八宿的次序叙述；不仅有各星官的相对位置，而且兼及星数，且有星图配合，文字也优于《玄象诗》，最终形成了更为成熟的通俗识星作品。因此，《步天歌》得以长久流传，而《玄象诗》却湮没不闻了。[①]然而，《玄象诗》比《步天歌》早得多，它秘藏千年之久，使我们今天得以了解古代这类作品的演变发展过程，其珍贵价值是不言而喻的。

前已指出，甲卷《玄象诗》是配合它前面的《廿八宿次位经》和《三家星经》作的。就在同卷《廿八宿次位经》之后，注明了"自天皇已来至武德四年（621）二百七十六万一千一百八岁"，表明这一天文星占书是唐以前或唐初的著作，《玄象诗》自应与之相当。因此它至少比开元时形成的《步天歌》早了二百年。至于乙卷，因为它是将完整的《玄象诗》拆开重排的，形成时间当在完整的《玄象诗》作成之后。现存甲、乙二卷抄于何时，则有待进一步考察。

（原载《文物》1990年第3期，第61—65页）

---

① 参阅席泽宗：《敦煌卷子中的星经和玄象诗》，载薄树人主编：《中国传统科技文化探胜》，北京：科学出版社，1992年版，第45—66页。

敦煌历日中的"年神方位图"及其功能

大约从唐末五代时起，一种被称作"年神方位图"的图形出现在敦煌历日之中，而为此前的历日所未见。此种图形一直为宋元明清历日（历书）所使用，以至我国港、澳、台地区现行民用通书也还有其孑遗。就现有材料看，肇其端者，便是敦煌历日。因此有必要对其构成和功能进行探讨。

我们未从敦煌历日中直接看到此类图形的名称。现在所以名之曰"年神方位图"，是因同类图形在清代历书中仍有其名，如《大清乾隆六十年岁次乙卯（1795）时宪书》称作"年神方位之图"①，正可作为我们给以确切定名的依据。

下面以敦煌本 P.3403《宋雍熙三年丙戌岁（986）具注历日》的"年神方位图"为例给予解读。

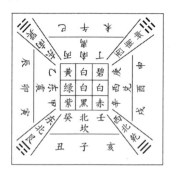

---

① 参见陈遵妫：《中国天文学史》第3册，上海：上海人民出版社，1984年版，第1616—1619页。

　　此图共由两部分内容构成：中间九格填以“黄”“白”“碧”“绿”“赤”“紫”“黑”等表示颜色的字，是表示此年的年九宫图；九宫图以外的部分是方位系统。

　　九宫图最初是以从一到九的数字来表示的。到了唐代，才有人将数字换成颜色，即一白、二黑、三碧、四绿、五黄、六白、七赤、八白、九紫。九宫图共有九幅[1]，按照一定的规则编入各年。而每年究竟用九幅图中的哪一幅，则由其中宫数字来确定。数术家们曾规定，以隋仁寿四年甲子岁（604）为一宫，此后以九、八、七、六、五、四、三、二、一的次序，反复将九宫图配入各年。由于有此规定，我们便可用一个简单的数学公式求得任何一个公元年代应配入的年九宫图形。如：

　　（986-604）÷9=42……4

　　也就是说，由公元605年起，至宋雍熙三年（986），九宫图已配入42个整周期，第43个周期的此年应配入由九到一的第四位数，即六宫图形。此图恰是六宫居中，与计算结果相合。

　　如果从数术家的角度看，我们也可用同一公式求出公元1996年的九宫图形：

　　（1996-604）÷9=154……6

　　从九到一的第六位数是四，即1996年应用四宫图形，港台现行民用通书正是如此。

　　上述公式的核心是找到那个准确的余数，然后再从九倒数过来，便可求得年九宫图形（无余数的年份用一宫图形）。现存敦煌历日的年代虽很少连续性，但由于掌握了上述公式，任何一年该什么图形都可迅速地推求出来，其图形本身的神秘性也就不攻自破了。

　　如果说九宫图形因用九幅图形循环配入各年而有周期性的变化，那么，此“年神方位图”的方位系统却是固定不变的。

---

　　① 见施萍婷：《敦煌历日研究》，载《1983年全国敦煌学术讨论会文集·文史·遗书编》（上），兰州：甘肃人民出版社，1987年版，第317页；陈遵妫：《中国天文学史》第3册，上海：上海人民出版社，1984年版，第1659页。

我们首先看到，九宫图之外即有"东""南""西""北"的方位字，而且是上南、下北、左东、右西，与现代地图方向完全相反。其所以如此，是因中国古代皇帝坐朝时是面南而坐，自然是左东、右西、前南、后北，画在平面图上也就是左东、右西、上南、下北了。而现代地图是以北极点为中心的，画图时面北背南，平面图的方向正好反过来。这个基本方位概念十分重要，否则在阅读古书或出土文献时就易产生混乱。从传统天文学的角度看，此图南北向（上下）是子午线，东西向（左右）是卯酉线，图上用地支表示方位的字也说明了这一点。

其次，此图的四角有"西北乾""西南坤""东南巽"和"东北艮"以及各自相应的八卦符号。这是表示"四维"（四隅）方向的。有了四向（东南西北）和四维，基本方位系统（四方四维）便可确定下来。同时我们也注意到，"北"下有"坎"字，"东"下有"震"字，"南"下有"离"字，"西"下有"兑"字。八卦中的这四个字在此与子、卯、午、酉所在方位重合。严格说来，它们只表示东西南北在八卦图中的位置，而不确指方位。[①]因此，一般在观看和使用此类图形时，注意到表示四维的四个八卦字（乾、坤、巽、艮）也就够了。

再次，在四方四维的基本方向确定之后，更细的方位则是用天干和地支表示的。但天干中只用了甲、乙、丙、丁、庚、辛、壬、癸八个字，而未使用戊和己。其所以如此，概因戊、己居中宫（中央）位置。虽然图上未显示出戊、己二字，但"戊、己居中宫"则是确定无疑的。换言之，在涉及中央方位时，我们应该知道，那里就是戊、己的位置。

图上最外一圈字是用十二地支表示的方位，其中子、卯、午、酉正好在北、东、南、西的位置。

概括地说，"年神方位图"的方位系统共含二十四个方位，即：十二地支十二个，八卦四个和天干八个，各自的具体位置如图所示。如果再同五行相配，就会产生出一些很自然的说法，如"东方甲乙木""北方壬癸

---

① 〔清〕《协纪辨方书》卷二（本原二）"二十四方位"条，见李零主编：《中国方术概观·选择卷》（上），北京：人民中国出版社，1993年版，第120页。

水""南方丙丁火""西方庚辛金""中央戊己土"。这些话在秦汉简牍和魏晋镇墓类文字中都是屡见不鲜的，并不陌生。

"年神方位图"的构成如上所述。它在历日中的功能又是什么呢？我们仍以P.3403之宋代敦煌历日为例，逐项予以说明。

（一）与年神的配合使用

既名之曰"年神方位图"，则此图的方位系统必须同年神相配才能使用。历日序云："凡人年内造作，举动百事，先须看太岁及已下诸神将并魁罡，犯之凶，避之吉。今年太岁在丙戌，大将军在午，太阴在申，岁刑在未……"共列出三十一个年神的名称及其各自所在方位，只有结合"年神方位图"才能读懂。这些年神在这一年中的方位，是由其纪年地支"戌"来决定的。纪年地支一变化，它们各自的方位即发生变化，详参拙作《敦煌古历丛识》[①]一文所附之"年神方位表"，这里不赘。至于这些年神的各自含义，古代数术类著作亦有解释。如对于"黄幡"的解释，《协纪辨方书》引《乾坤宝典》曰："黄幡者，旌旗也。常居三合墓辰。所理之地不可开门、取土、嫁娶、纳财、市买及有造作，犯之者主有损亡。"[②]"戌"年黄幡在戌位（图上西偏北），自然那里不宜兴作，否则是会有"损亡"的。数术家作如是说，信不信则是读者自己的事了（下同）。

（二）与太岁、将军同游日的配合使用

太岁和将军（又名大将军）是数术家心目中的二大煞神，威力无比，故不可触犯。《神枢经》曰："太岁，人君之象，率领诸神，统正方位，斡运时序，总成岁功……若国家巡狩省方、出师略地、营造宫阙、开拓封疆，不可向之；黎庶修营宅舍、筑垒墙垣，并须回避。"[③]"大将军者，岁之大将也，统御威武，总领战伐。若国家命将出师、攻城、战阵，则宜背之，凡兴造皆不可犯。"[④]因此，历日先作如下规定："太岁、将军同游日：

---

① 邓文宽：《敦煌古历丛识》，载《敦煌学辑刊》1989年第1期，第107—118页。

② 李零主编：《中国方术概观·选择卷》（上），北京：人民中国出版社，1993年版，第155页。

③ 李零主编：《中国方术概观·选择卷》（上），北京：人民中国出版社，1993年版，第146页。

④ 李零主编：《中国方术概观·选择卷》（上），北京：人民中国出版社，1993年版，第148页。

甲子日东游，癸巳日还；丙子日南游，辛巳日还；庚子日西游，乙巳日还；壬子日北游，丁巳日还；戊子日中游，癸巳日还。"即在五方各游五日，然后还位。历日接着十分吓人地说："犯太岁妨家长，犯太阴害家母，犯将军煞男女。太岁所游不在之日，修营无妨。"依照上述规定，一个甲子60天中，有25天属于太岁将军同游日，所游之方要格外小心。但若问为何是"甲子日东游"呢？原因是"甲"在东方（"东方甲乙木"），故从甲子日起游东方。同样，"戊子日中游"，也是因"戊"居中央位（"中央戊己土"）也。这颇带有文字游戏的色彩。而就我们要讨论的问题来说，它也是同方位系统配合使用的。

（三）九方色与方位选择

图中表示九宫的七种颜色也有吉凶之分。历日云："九方色之中，但依紫、白二方修法造，出贵子，加官改职，横得财物，婚嫁酒食，所作通达，合家吉庆。"接着又用诗歌（名曰"三白诗"）的形式将各色吉凶加以总括："上利兴功紫白方，碧绿之地患痛疮。黄赤之方遭疾病，黑方动土主凶丧。五姓但能依此用，一年之内乐堂堂。"我们知道，九方色中白色用三次，紫色用一次，合共四次，指示四个方位，是为吉色方位，其余碧、绿、黄、赤、黑五色均为凶色方位，人们可以活动的范围岂不太狭窄了吗？又因九宫图有九幅，九年中每年不同，故要求每年注意朝紫、白二方兴作。恐怕也都是无稽之谈。

（四）与天道行向的配合使用

繁本敦煌历日在进入各月之后，都要在月序中说明"天道行向"。所谓"天道"，《乾坤宝典》曰："天道者，天之元阳顺理之方也。其地宜兴举众务，向之上吉。"[1]《考原》曰："按天道者，天德所在之方也。"[2] 换言之，天道所行之方，也就是天德所在之方。数术家的意思是要求人们"顺天行事"。比如，雍熙三年（986）历日正月月序云："天道南行，宜向南行，宜修南方。"为何正月天道南行？因正月"天德在丁"；天干丁所示

① 李零主编：《中国方术概观·选择卷》（上），北京：人民中国出版社，1993年版，第198页。
② 李零主编：《中国方术概观·选择卷》（上），北京：人民中国出版社，1993年版，第198页。

方位，恰在"年神方位图"的南方（"南方丙丁火"）。可见，天道所行方向是由天德所在方位决定的。下面将此历各月天德和天道行向抄撮如下：

> 正月，天德在丁，天道南行；
>
> 二月，天德在坤，天道西南行；
>
> 三月，天德在壬，天道北行；
>
> 四月，天德在辛，天道西行；
>
> 五月，天德在乾，天道西北行；
>
> 六月，天德在甲，天道东行；
>
> 七月，天德在癸，天道北行；
>
> 八月，天德在艮，天道东北行；
>
> 九月，天德在丙，天道南行；
>
> 十月，天德在乙，天道东行；
>
> 十一月，天德在巽，天道东南行；
>
> 十二月，天德在庚，天道西行。

与"年神方位图"对照，天道所行之方，全是天德所在之方，二者无不相合。因此，只要熟悉该图的方位系统，随便说出天德所在之方，就能立即说出天道行向，反过来也是一样。

（五）与月德、月德合的配合使用

历日各月月序在"天道""天德"项后，又有"月德""月德合"二项。如该历正月月序又云："月德在丙，合德在辛（小注：丙、辛卜取十及宜修造吉）。"所谓"月德"，《天宝历》曰："月德者，月之德神也。取土、修营宜向其方，宴乐、上官利用其日。"[1]所谓"月德合"，《五行论》曰："月德合者，五行之精符会为合也。所理之地众恶皆消，所值之日百

---

① 李零主编：《中国方术概观·选择卷》（上），北京：人民中国出版社，1993年版，第200页。

福并集，利以出师命将、上册受封、祠祀星辰、营建宫室。"①可见月德、月德合所在方位均是吉地，故宜于"取土及宜修造"。现将此历各月月德、月德合及宜取土、修造方位抄撮如下：

正月，月德在丙，合德在辛，丙、辛上取土及宜修造吉。

二月，月德在甲，合德在己，甲、己上取土及宜修造吉。

三月，月德在壬，合德在丁，丁、壬上取土及宜修造吉。

四月，月德在庚，合德在乙，乙、庚上取土及宜修造吉。

五月，月德在丙，合德在辛，丙、辛上取土及宜修造吉。

六月，月德在甲，合德在己，甲、己上取土及宜修造吉。

七月，月德在壬，合德在丁，丁、壬上取土及宜修造吉。

八月，月德在庚，合德在乙，乙、庚上取土及宜修造吉。

九月，月德在丙，合德在辛，丙、辛上取土及宜修造吉。

十月，月德在甲，合德在己，甲、己上取土及宜修造吉。

十一月，月德在壬，合德在丁，丁、壬上取土及宜修造吉。

十二月，月德在庚，合德在乙，乙、庚上取土及宜修造吉。

我们注意到，月德、月德合只使用了天干中的8个，而不用戊、癸。对此，数术家有其解释，②这里不赘。更需注意的是，什么样的月德配什么样的月合德，有着固定搭配关系，可图示如下：

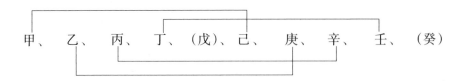

甲、　乙、　丙、　丁、　（戊）、己、　庚　辛　　壬　　（癸）

可见，一个月德所配之月德合，便是其天干后的第四位（不计戊、

① 李零主编：《中国方术概观·选择卷》（上），北京：人民中国出版社，1993年版，第202页。

② 李零主编：《中国方术概观·选择卷》（上），北京：人民中国出版社，1993年版，第202页。

癸），甲同己、壬同丁、庚同乙、丙同辛之间都存在这种关系，怎能不说这是一种有趣的游戏呢？自然，各月中的"月德"和"月德合"之吉地，也只有使用"年神方位图"才能迅速找到。

（六）与日出、日入方位的配合使用

如果说前述"年神方位图"的各项用途带有很浓的迷信色彩，那么它用以指示日出日入方位，则是完全科学的。历日各月月序均指出日出日入方位，具体是：

月份	日出方位	日入方位
正月	乙	庚
二月	卯	酉
三月	甲	申（辛）
四月	寅	戌
五月	艮	乾
六月	寅	戌
七月	甲	辛
八月	卯	酉
九月	乙	庚
十月	辰	申
十一月	巽	坤
十二月	辰	申

首先，各月的日出日入方位在"年神方位图"上全是东西向的，这是古人对太阳"东升西落"的直觉（即视运动）。因为那时人们尚无太阳不动，地球由西向东自转并围绕太阳公转的科学认识，仅凭直觉看到各月太阳升落位置在循环变化。其次，这里的月份是"星命月"而非历法月。如正月是指从立春正月节到惊蛰二月节的前一日，二月指惊蛰二月节到清明三月节的前一日，如此等等。由于二十四节气完全是根据太阳运行设计

的，所以使用"星命月"就更接近实际天象。

再者，太阳在二月和八月均是"出卯入酉"。因二月中气为春分，八月中气为秋分，太阳出入正当赤道，故在"年神方位图"上经过卯酉线。太阳在五月"出艮入乾"，该月中气为夏至，在"年神方位图"上是最北边。十一月太阳"出巽入坤"，该月中气是冬至，在"年神方位图"上则是最南边。十二月至五月日出入方位逐渐北移，六月至十一月逐渐南移，完全符合日常生活中人们对太阳运行的实际感觉。因此我们认为，"年神方位图"的这项用途是完全科学的。

以上我们对敦煌历日"年神方位图"的构成和功能作了解读和考察。不难看出，无论是其构成，还是具体运用，都是科学同迷信相混杂。尤其是其中的数术文化内容，如不解读，也就无法读懂历日。要之，我们的任务不是宣扬迷信，而是要澄清其本来面目从而加以破除。不加澄清的所谓"破除"，恐怕只能是一句空话。

（原载敦煌研究院编《段文杰敦煌研究五十年纪念文集》，北京：世界图书出版公司，1996年版，第254—259页）

俄藏《唐大和八年甲寅岁（834）具注历日》校考

此件图版刊布在《俄藏敦煌文献》第10册第109页上栏，编号为"俄Дx02880"。这是一块前、后、上、下均已残断的印本历日小残片（图5）。残存部分以原刻界栏为界，大体可分作三栏：上栏为月神方位日期残文、月大小和月九宫残文；中间一栏是"蜜"日（星期日）注；其下一栏为日序、干支、纳音和建除。给我的感觉是，其版式、内容与S.P.006号《唐乾符四年丁酉岁（877）具注历日》[1]大体相同。由于原件残破严重，所以编者未予定年，仅题为"具注历"。我们在考定其确年之前，需先将文字释录。释文共分两部分进行，上栏为第一部分；由于第二栏的"蜜"日注是配合第三栏的日期使用的，所以，将这两栏放在一起释录，作为第二部分。凡属推补文字，放入［］中，在讨论中将说明推补的理由和依据。为便于讨论，释文前加了行号；原为竖行，今改横排（本文以下相同）。

第一部分：

［前缺］

1.＿＿＿＿＿　＿＿＿＿　＿＿＿＿＿

---

① 图版见《中国科学技术典籍通汇·天文卷》第1册，第359—361页；释文见邓文宽：《敦煌天文历法文献辑校》，第198—231页。

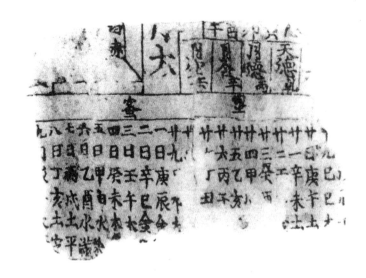

图 5　俄 Дx02880　唐大和八年甲寅岁（834）具注历日

2. ＿＿＿＿＿寅天德乾

3. ＿＿＿＿＿卯月德丙

4. ＿＿＿＿＿酉月合辛

5. ＿＿＿＿＿午月空壬

（说明：原件寅、卯、酉、午四字与其下面文字并不十分对齐，更无对应关系）

6.［六］月大

7.［黄］［白］［碧］

8.［绿］［白］白

9.［紫］［黑］赤

［后缺］

第二部分：

［前缺］

1. ［十八］戊辰［木］
2. 十九己巳木
3. 廿日庚午土
4. 廿一辛未土
5. 廿二壬［申金］
6. 廿三癸酉［金］
7. 廿四甲［戌火］
8. 蜜廿五乙亥［火］
9. 廿六丙子［水］
10. 廿［七］丁丑〔水〕
11. 廿［八戊寅土］
12. 廿九［己］卯土
13. 一日庚辰金
14. 二日辛巳金
15. 蜜三日壬午木
16. 四日癸未木
17. 五日甲申水除
18. 六日乙酉水满
19. 七日丙戌土平
20. 八日丁亥土定
21. 九［日戊子火执］

［后缺］

下面对残历的年代进行考定并加讨论。

（一）第一部分2—5行的天德乾、月德丙、月合辛、月空壬属于具注历日中月神日期方位的内容。由这几个月神对应的日期，可知它们属于五月月序之内容。[①]但是6—9行却属于六月的内容。为什么呢？我们注意到，第二部分17—20行残文中，有注入的除、满、平、定四个建除十二客的内容。依据建除十二客在各"星命月"中同纪日地支的对应关系[②]，除与申对应、满与酉对应、辛与戌对应、定与亥对应，都属于"星命月"六月的内容。由于第一部分2—5行为五月月神，可知残历第二部分十八至二十九日（1—12行）为五月的历日，而其下一至九日（13—21行）应是六月的历日。显然，在五月廿九日和六月一日上面一栏的"月大"（第六行）二字前应是一个"六"字，"六月大"与第三栏的六月一日是对应的。

（二）残历第一部分8—9行残存"白""赤"二字。根据敦煌具注历日的编排特点和经验，我们知道这是六月的月九宫图。由此图右下角为"七赤"，即可知其中宫为"六白"，从而根据九宫图的构图规则将残失的七个九宫字全部填出来。由于六月为六宫，逆推回去，可知正月是二宫，而正月为二宫的年份则是孟年（巳、亥、寅、申）。[③]这样，我们通过残历六月九宫图查出了它的纪年地支范围，范围就被缩小了。

（三）由于残历第二部分为五月后半月和六月上旬的内容，且知五月共廿九天，是个小月；六月是大月，朔日庚辰，从而用干支表上逆下顺地去推，得出：［五月小］，［辛亥朔］；六月大，庚辰朔；［七月?］，［庚戌朔］。

（四）我们将前述五、六、七三个月的朔日，同陈垣先生《廿史朔闰表》公元800—1000年间的巳、亥、寅、申年相对照，其中同唐文宗大和八年甲寅岁（834）相一致。

---

① 参邓文宽：《敦煌天文历法文献辑校》，第738页《月神方位、日期表》。

② 参邓文宽：《敦煌天文历法文献辑校》，第741页《各星命月中建除十二客与纪日地支对应关系表》。

③ 参邓文宽：《敦煌天文历法文献辑校》，第746页《年九宫、正月九宫与年地支对应关系表》。

（五）残历在五月廿五日和六月三日有两个"蜜"日注。其中五月廿五日合西历公元834年7月5日，六月三日合西历同年7月12日，查《日曜表》，此二日均是星期日，残历"蜜"注与《日曜表》亦相合。由以上考证，我们确认此件为《唐大和八年甲寅岁（834）具注历日》。

前已指出，本件残历是一个印本历日。正由于此，它就不仅仅限于历法史研究的范畴，而且同雕版印刷技术史的研究密切相关。以往我们一直认为敦煌所出《唐咸通九年（868）〈金刚经〉》[1]是现存从中国发现、有确切年代的最早雕版印刷品，现在看，印本《唐大和八年甲寅岁（834）具注历日》应是现存最早的雕版印刷品，它比咸通九年提前了34年。可以预期，随着出土文物的增多和研究工作的深入，这个年代还有可能提前。

唐文宗大和八年（834）时，雕版印历是一个什么局面呢？《册府元龟》卷160帝王部"革弊二"记载："［大和］九年（835）十二月丁丑，东川节度使冯宿奏：'准敕禁断印历日版。剑南两川及淮南道皆以版印历日鬻于市。每岁司天台未奏颁下新历，其印历已满天下，有乖敬授之道。'故命禁之。"私印历日"满天下"便是对当时雕版印历的描述。正由于私印历日极多，冲击了皇帝的"颁历"特权，才有冯宿上奏要求禁断，也才有皇帝颁敕禁止。但实际效果恐怕不好。可以说，这件大和八年（834）印本历日就是在这样的时代背景下产生的。至于它是官印历日，还是私印历日，目前尚不能妄断；但它是由敦煌以外的其他地方流入的，则大致不会有问题。因为就敦煌本土而言，大和八年（834）还是吐蕃统治的后期，敦煌同中原唐王朝的联系尚未恢复。而在同年，敦煌当地使用的是自编历日，有P.2765写本《唐大和八年甲寅岁具注历日》为证。所以，此件到底是在何时、由何种途径传入敦煌的，都还需要再加研究。

（本文节选自《敦煌三篇具注历日佚文校考》，原载《敦煌研究》2000年第3期，第108—112页）

---

［1］　编号为S.P.002，现藏英国图书馆。

附：

我国发现的现存最早雕版印刷品
《唐大和八年甲寅岁（834）具注历日》
——"敦煌学"研究新成果

长久以来，在雕版印刷技术史的研究中，人们一直认为在我国发现的有确切年代的最早雕版印刷品，是出自敦煌石室，藏在英国图书馆的《唐咸通九年（868）〈金刚经〉》（S.P.002）。1998年底出版并获第四届国家图书奖的《敦煌学大辞典》也是这样著录的（见该辞典682页"金刚般若波罗蜜经"总条）。最近，中国文物研究所邓文宽教授的一项研究成果改变了这一结论，他将在我国发现的有确切年代可考的最早雕版印刷品的年代提前了34年。

邓教授的这个结论，是通过对一件敦煌石室所出具注历日进行研究得出的。这件历日残片现存俄罗斯科学院东方学研究所圣彼得堡分所，编号为"俄Дx02880"，图版刊布在上海古籍出版社最新出版的《俄藏敦煌文献》第10册第109页上栏，刊布时仅题为"具注历"，未标明确切年代。

原件是一块雕印历日的小残片，上、下、前、后均已残损，考定年代甚为不易。邓教授的考证程序大致如下：（1）凭借右上角"天德乾"等四个"月神方位日期"注记，获知其下面的十八至二十九日具注历日属于五月；（2）凭借左下角"除、满、平、定"四个"建除十二神"与纪日地支的对应关系，确认残历一至九日属于六月，从而推知上栏中间"大"字及其上面的半个残字的完整内容是"六月大"。由于知道了六月大、朔日庚辰，五月二十九天是个小月，从而推出五、六、七共三个月的月朔；（3）凭借残历左上角的"白""赤"二字，推知此历六月九宫图为"六白中宫"，进而推出本历正月九宫图为"二黑中宫"，从而找出其纪年地支为孟年（巳、亥、寅、申），缩小了残历的年限范围；（4）以五至七月的朔日同陈垣先生《廿史朔闰表》巳、亥、寅、申年对照，在从公元800—1000年的可能范围内，发现与唐文宗大和八年（834）完全一致；（5）残历在五月二十五日和六月三日有两次"蜜"日（星期日）注，此二日合公元834年的7月5日和12日，查《日曜表》，全是星期日，从而可将残历的绝对年代加以确定。

唐文宗大和八年（834）时，民间雕印历日数量巨大，分布很广。《册府元龟》卷160帝王部"革弊二"记载："［大和］九年十二月丁丑，东川节度使冯宿奏：'准敕禁断印历日版。剑南两川及淮南道皆以版印历日鬻于市。每岁司天台未奏颁下新历，其印历已满天下，有乖敬授之道。'故命禁之。"私印历日"满天下"就是对当时民间雕印历日的形象描绘。正由于私历太多，冲击了皇家的"颁历"特权，所以才有冯宿上奏要求禁断，也才有皇帝发诏禁止。但雕印历日具有丰厚的经济效益，禁是禁不住的，客观上却推进了雕版印刷技术的快速发展和进步。这件唐文宗大和八年（834）的印本历日就是在这一时代背景下产生的。至于它是官历还是私历，尚难确定。大和八年（834）正值吐蕃统治敦煌的后期（848年张议潮举义归唐）；敦煌文献P.2765号又是同年敦煌人自编的写本历日，因此，这件残历不大可能是在敦煌本土雕印的，似应由外地流入。其流入的途径和方式，现在也还不易说明，有待今后考查。

（原载《中国文物报》2000年2月2日第三版，署名"苏雅"）

隋唐历史典籍校正三则

——兼论 S.3326 星图的定名问题

我在这里提出需要校正的隋唐历史典籍，除一则出自敦煌文献外，其余二则均出自我们经常使用的《隋书·经籍志》和《大唐六典》，内容均属于天文学方面。研读隋唐历史者或较为陌生，或措意不够，极易造成熟视无睹。故而我不惮琐屑之讥，将读书中的愚者一得披露于后，以与诸大雅切磋云尔。

一

1973年中华书局标点本《隋书·经籍志》"天文类"著录有"《石氏星簿经赞》一卷"[1]，郑樵《通志》卷六十八"艺文六"之"天文略"有完全相同的著录。但《新唐书·艺文志》则著录为"《石氏星经簿赞》一卷，石申甫撰"[2]；《旧唐书·经籍志》亦为"《石氏星经簿赞》一卷，石申甫撰"[3]。"星簿"和"星经"何者为是？我颇疑当时校勘《隋书》和两《唐书》时，校者并非没有发现它们之间的差别，只是对古天文知识过于生疏，以至于使之成为"漏网之鱼"。

---

[1] 标点本《隋书》，北京：中华书局，1973年版，第1018页。
[2] 标点本《新唐书》，北京：中华书局，1975年版，第1544页。
[3] 标点本《旧唐书》，北京：中华书局，1975年版，第2036页。

我们知道，这几种书名中的"石氏"即石申或石申甫，是战国时代魏国人。据南朝·梁·阮孝绪《七录》记载，他曾著有《天文》8卷。这可能是其著作的本名，约在西汉后此书被尊称为《石氏星经》。[①]《石氏星经》的内容今散见于《史记·天官书》《汉书·天文志》和《唐开元占经》，三国·吴·陈卓整理后的完本则见于敦煌文献 P.2512 之《石氏、甘氏、巫咸氏三家星经》[②]。因此，单从石申此一著作的原名来看，两《唐书》经籍（艺文）志的"《石氏星经簿赞》一卷"是顺理成章的，而《隋书·经籍志》的"《石氏星簿经赞》一卷"则扞格难通。

所可注意者，这部书虽在中国早已遗失，但在日本却留下了相应的记录和近似于原本的传本。日本藤原佐世所撰《日本国见在书目》（约成于890年）著录："簿赞三卷，石氏星经簿赞二卷。"卷数虽与两《唐书》有别，但书名却很一致。又据记载，日本天平二十年（唐天宝七载，748），奈良正仓院文书的《写章疏目录》中有如下记载："石氏星经簿赞一卷，石申造；簿赞一卷，陈卓撰；传赞星经一卷。"[③]除了上述两种日籍著录之外，1984年，日本东京市若杉家将家藏阴阳书2235种赠给了"京都府立综合资料馆"。若杉家原为江户时代阴阳道土御门家的家司，而土御门家也就是平安时代世袭职司阴阳寮天文历算阴阳五行之学的安倍氏（安倍晴明）的后代。所赠第82号文书由"石氏簿赞"和"杂卦法"两部分相续而成。前者外题"石氏簿赞"，内题则作"石氏星官簿赞"，同时包含有"甘氏星官簿赞"和"巫咸星官簿赞"[④]。"星官"与"星经"用字不同，但意义无别。

① 参见王健民：《石氏星经》，《中国人百科全书·天义卷》，北京：中国大百科全书出版社，1980年版，第319页右栏。

② 邓文宽：《敦煌天文历法文献辑校》，南京：江苏古籍出版社，1996年版，第3—32页。

③ 东京帝国大学文科大学史料编纂挂编纂：《大日本古文书》卷三，第90页。转引自冯锦荣《敦煌本〈二十八宿次位经〉〈三家星经〉(P.2512)与日本平安时期阴阳寮藏〈三家星官簿赞〉》，"纪念敦煌藏经洞发现一百周年敦煌学国际研讨会"论文，香港，2000年7月25—26日。

④ ［日］村山修一：《若杉家旧藏の阴阳书について》，《史林》（京都），69卷6号，1986年，第127—146页。我已获得"三家星官簿赞"的照片，是由日本友人成家彻郎先生赠送的。谨志于此，没齿不忘。

以上从日本旧籍著录和重新浮出水面的日藏中国古籍名称可以看出，《隋书·经籍志》之"《石氏星簿经赞》一卷"中的"簿""经"二字，属于误倒，应予乙正，当以两《唐书》著录为确。

附带指出，我国研究数学、天文学史的前辈学者钱宝琮先生也早就觉察到《隋书·经籍志》的这一错误。1937年，钱先生曾撰有《甘石星经源流考》，内云："汉魏以来星占家数多至二十余，可谓盛矣。《隋书·经籍志》所载星占书标甘氏、石氏之名者有下列诸种：《石氏浑天图》一卷、《石氏星经簿赞》一卷……"[1]钱氏所引，显然是经他加以校正过的，因为这已非《隋书·经籍志》的原文了，只惜后来校勘《隋书》者未能读到钱先生的高论。校书之难，于此可见一斑，良有已也。

二

现今治隋唐史者，谁也离不开唐代行政法典《大唐六典》一书。20世纪80年代以前，此书在中国没有太理想的本子。80年代后，共有两种版本正在流行：一种是1992年中华书局出版的北大历史系已故陈仲夫先生的点校本；一种便是日本广池千九郎训点、内田智雄补订，于昭和四十八年（1973）出版的校本。1982年，我在北大读研究生时，昔日北大同室好友、加拿大留学生保罗·白瑞南（Paul Brennan）来华访问，我托他从日本给我买了一本广池本《大唐六典》。80年代中期，为应学术界急需，三秦出版社将此书加以翻印流布，所据便是我这本由朋友赠送的、被我视作珍宝的广池本《大唐六典》。当然，这些均是题外话。

我现在提出需要校正的正是广池本《大唐六典》中的一个错误。

此书卷十秘书省之太史局"灵台郎"条云："掌观天文之变而占候之。凡二十八宿，分为十二次：寅为析木，燕之分（原小注：自尾十度至斗十一度）；……巳为鹑尾，楚之分（原小注：自张十五度至轸十一度）

---

① 钱宝琮：《甘石星经源流考》，原载《浙江大学季刊》第一期，1937年，今见《钱宝琮科学史论文选集》，北京：科学出版社，1983年版，第271—286页，引文见第278页。

……"①其余各"次"的次名,与十二支的对应关系,各"次"在二十八宿中的起讫度数,均见附表第一栏。

"十二次"是中国古代的一个天文学名词,它是由"岁星纪年"产生的。所谓"岁星",就是五大行星中的木星,其绕太阳一周为11.86年,以整数计就是12年。岁星每年在周天走一"次",十二年一周天,走完十二"次"。而要知道它每年所在天区的位置,则需以二十八宿为背景来观测。这样,二十八宿就被分配到十二次中去了。再者,中国古人认为太阳每天在天区运行一度,一年365 1/4天,周天也就是365 1/4度。将周天度数等分为十二份,于是便有了每"次"在二十八宿各宿间的起讫度数。一般认为,十二次产生于战国中期;至于将二十八宿分配到十二次中,现知始于班固撰《汉书·律历志》。②

为了核对广池本《大唐六典》十二次起讫度数的准确与否,我将汉至唐代共八种记载十二次起讫度数的文献编为一表(见附表),以便省览与分析。

---

① [日]广池千久郎训点,内田智雄补订:《大唐六典》,柏:广池学园事业部,1973年版,第226页下栏—227页上栏。

② 参见陈遵妫:《中国天文学史》第2册,上海:上海人民出版社,1982年版,第410—411页。

附：八种文献所载十二次起讫度数表

	《大唐六典》卷十	《晋书·天文上》①	《乙巳占》卷三②	《汉书·律历志下》③	《唐开元占经》卷六十四④	敦煌文献S.3326星图⑤	《旧唐书·天文志下》⑥	《新唐书·天文》⑦
析木（寅）	自尾十度，至斗十一度	同左	同左	初尾十度，终于斗十一度	同左	自尾十度，斗十二度	起尾七度，斗八度	同左
大火（卯）	自氐五度，至尾九度	同左	同左	初氐五度，终于尾九度	同左	同左	初氐二度，尾六度	同左
寿星（辰）	自轸十二度，至氐四度	同左	同左	初轸十二度，终于氐四度	同左	同左	起轸十度，氐一度	同左
鹑尾（巳）	自张十五度，至轸十一度	同左	同左	初张十八度，终于轸十一度	同左	同左	自张十五度，终轸九度	同左

① 标点本《晋书》，北京：中华书局，1974年版，第307—309页。
② 任继愈总主编：《中国科学技术典通汇·天文卷》第四册，郑州：河南教育出版社，1997年版，第489—493页。
③ 标点本《汉书》，北京：中华书局，1962年版，第1005—1006页。
④ 《中国科学技术典通汇·天文卷》第五册，郑州：河南教育出版社，1997年版，第541—550页。
⑤ 邓文宽：《敦煌天文历法文献辑校》，南京：江苏古籍出版社，1996年版，第1312—1316页。
⑥ 标点本《旧唐书》，北京：中华书局，1975年版，第58—93页。
⑦ 标点本《新唐书》，北京：中华书局，1975年版，第820—825页。

续表

鹑火（午）	自柳九度，至张十六度	同左	同左	初柳九度，终于张十七度	同左	同左	初柳七度，终于张十四度	同左
鹑首（未）	自井十六度，至柳八度	同左	同左	初井十六度，终于柳八度	同左	同左	起井十二度，终于柳六度	同左
实沉（申）	自毕十二度，至井十五度	同左	同左	初毕十二度，终于井十五度	同左	同左	起毕十度，终于井十一度	同左
大梁（酉）	自胃七度，至毕十一度	同左	同左	初胃七度，终于毕十一度	同左	同左	起胃四度，终于毕九度	同左
降娄（戌）	自奎五度，至胃六度	同左	同左	初奎五度，终于胃六度	同左	同左	起奎二度，终于胃三度	同左
娵訾（亥）	自危十六度，至奎四度	同左	同左	初危十六度，终于奎四度	同左	同左	起危十三度，终于奎一度	同左
玄枵（子）	自女八度，至危十五度	同左	同左	初女八度，终于危十五度	同左	同左	起女五度，终于危十二度	同左
星纪（丑）	自斗十二度，至女七度	同左	同左	初斗十二度，终于女七度	同左	同左	起斗九度，终于女四度	同左

从附表可以看出，汉至唐代十二次的起讫度数共有三个系统：《大唐六典》《晋书·天文志》和《乙巳占》是一个系统。它们中间仅"鹑尾"一次有差别，这正是我们将要校正的问题，容后再述。第二个系统是《汉书·律历志》和《唐开元占经》以及敦煌文献S.3326星图，三者间仅有小别。第三个系统便是两《唐书》"天文志"的材料。显然，《汉书·律历志》《晋书·天文志》二系的材料是较早的，据说来自《三统历》。[①]因此，现存这二系的材料差别很小，仅仅在"鹑尾""鹑火"两次的起讫度数上小有差别，其余全同。但两《唐书》一系与前二系差别就大了。原因是前二系所用是较古的材料，而两《唐书》所记是唐代的材料。《旧唐书·天文下》序云："至开元初，沙门一行（按，即张遂）又增损其书，更为详密，既事包今古，与旧有异同，颇裨后学，故录其文著于篇。"[②]说明使用的是开元年间一行编制《大衍历》时所测的数据。至于今度与古度的差别，当由"岁差"所引起，这里不赘。

如前所述，十二次度数是将周天度数等分的结果。所以，仔细读一下附表，就会发现，表中下面一次的"至××度"与上面一次的"自××度"度数都是衔接的，如"大火"次的"至尾九度"与"析木"次的"自尾十度"度数是衔接的，而且上面一次的起算度数大于下面一次的截止度数。这样一看，发现广池本《大唐六典》"鹑尾"一次的"自张十五度"出了问题。因为其下面一次为"鹑火"，截止度数是"至张十六度"，其上面一次的起度则应为"起张十七度"才是。《晋书·天文志》和《乙巳占》，这两种出自唐初天文星占学家李淳风之手的材料正作"自张十七度"，也是完全正确的。出问题的是广池本《大唐六典》。

我们再看一下陈仲夫先生的点校本。陈先生点校后的正文是："巳为鹑尾，楚之分（小字注：自张十七度至轸十一度）。"[③]在这句之下，陈先

① 标点本《晋书》，北京：中华书局，1974年版，第1307页。又，李淳风在《乙巳占》卷三"分野第十五"开头也说："今辄列古十二次、国号、星度，以为纪纲焉。其诸家星次、度数不同者，乃别考论，著于历象志云。"这也说明他使用的是较古的材料。

② 标点本《旧唐书》，北京：中华书局，1975年版，第1311页。

③ 〔唐〕李林甫等撰，陈仲夫点校：《唐六典》，北京：中华书局，1992年版，第304页。

生作了一条校勘记："自张十七度至轸十一度：'七'字原本讹作'五'，正德以下诸本皆然，据《晋书·天文志》改。"①与上文所论相较，可以看出，陈先生的校改是完全正确的。《大唐六典》的这条错误存在了许久，广池本也未改正，而最终由陈仲夫先生纠正了过来，厥功难泯。顺便说一句，陈先生是邓之诚（文如）先生的学生，功底深厚，但一生坎坷，多历磨难。我在北大读书时，曾听过陈先生的古汉语课。他在黑板上写的大字极为漂亮，当年还是毛头小伙子的我十分惊叹和钦佩。30年过去了，依然记忆犹新。

按理说，这个问题到此已经清楚了。但我还有一个问题。如所周知，《大唐六典》成书于开元二十七年（739）。而此时，僧一行主持编撰的《大衍历》也已修成（729年始行用），是唐代当时行用的历法。《大唐六典》卷十"太史局"亦云："大衍历：开元十四年（726），嵩山僧一行承制旨考定，最为详密，今见行焉。"②《大唐六典》的作者既认为《大衍历》"最为详密"，那么，为何在十二次的起讫度数上不用《大衍历》的数据，反而用西汉时代《三统历》的数据呢？岂非厚古而薄今？再者，由华化印度人瞿昙悉达编纂的《唐开元占经》成书于开元六年（718）至十六年（728）之间，与《大衍历》产生于同时，为何又取《汉书·律历志》一系的材料，也不肯用《大衍历》的数据呢？看来，《大衍历》最初的地位并非像后人看得那么高。这其中或许还有别的什么原因，也说不清。

三

第三则是关于敦煌文献S.3326星图的定名问题。

敦煌文献S.3326的内容由三部分构成：（1）气象占。内中有"臣淳风

① 〔唐〕李林甫等撰，陈仲夫点校：《唐六典》，北京：中华书局，1992年版，第319页，第[一〇一]条校记。

② [日]广池千九郎训点，内田智雄补订：《大唐六典》，柏：广池学园事业部，1973年版，第225页上栏。

言"（43行），尾部有给皇帝所上短奏，说明是李淳风从古书中抄撮的48条气象占验材料，上呈皇帝（唐太宗或唐高宗）参考使用的；（2）星图，共由十三幅分图组成，前十二幅图依十二次划分，最后是紫微垣星图；（3）画一神像持弓射箭，其右书"电神"二字，左书"其解梦及电经一卷"，似未抄完。显然，此卷现存内容是由几种天文气象占书籍汇抄而成的。

第二部分的星图十分或者说极端重要。它是现存中国乃至全世界时代最早的全天星图。其图用彩色绘成，用黑色代表三家星中的甘德星，以橙黄色、圆圈或外圆圈内橙黄点代表石申和巫咸星，石、巫二家星区分不十分严格。其星数在一千三百零几十颗，在三国陈卓"定纪"的1464颗星数内，故而是现存陈卓"定纪"后一份最古的星图。英人李约瑟在评价这件星图时说："了解到世界其他各地绘制天图的情况，我们就会明白，决不可轻视中国星图从汉到元、明这一完整的传统。公元940年左右的中国星图手稿是所有现存实物中最古老的一种。蒂勒（Thiele）、布朗（B. Brown）和《科学史导论》的作者萨顿（Sarton）都认为，从中世纪直到14世纪末，除中国的星图以外，再也举不出别的星图了。在这时期之前，只有粗糙的埃及示意图和主要具有美术性质的希腊天图，后者所表现的只是星座的形象示意图，而不是星辰本身。"[1]李约瑟认为S.3326星图成于"公元940年左右"是不确切的，我们后面将会谈到。但他对这份星图的价值所作的评估却毫不过分。

这份星图绘在"气象占"的后面，内容是完整的，但却未留下一个准确的名称。这样，我们在对其性质和功用进行判断时就会产生不少困难。中国学者最早研究这份星图的，是中科院院士、著名天文学史专家席泽宗教授。1966年席先生发表《敦煌星图》[2]一文，对这份星图的内容作了考

---

① ［英］李约瑟著，中国科学技术史翻译小组译：《中国科学技术史》第四卷"天学"第一分册，北京：科学出版社，1975年版，第252—253页。

② 见《文物》1966年第3期，第27—38转52页。

释和解读。后来，马世长学兄又发表《"敦煌星图"的年代》①一文，据卷中讳"民"不讳"旦"，卷末"电神"服饰特征等，认为此图当抄绘于公元705—710年间，而不同意李约瑟所说的公元940年左右。马先生用"敦煌星图"指代此图，且加了引号，说明他只是蹰继席泽宗先生的说法，而对此图的准确名称仍有保留意见。20世纪80年代至90年代初，我在编著《敦煌天文历法文献辑校》一书时，将此图称为"全天星图"，并解释说："此件旧题'敦煌星图'，仅是突出地体现了它发现于敦煌，实际上它包容了古代北半球肉眼所能看到的主要星官，虽与现今《全天星图》相比还不完整，但在古人的认识范围内，已是'全天星图'。因此，我们不再蹰用'敦煌星图'的说法，而改称为'全天星图'。"②我将此图称为"全天星图"后，已有一些学者说到或改用这个名字了。如施萍婷先生在其主编的《敦煌遗书总目索引新编》S.3326号下说："按，中国学者席泽宗、马世长，英国学者李约瑟对此件均有研究专文，定名为'敦煌星图'，邓文宽定名为'全天星图'。"③黄正建先生则径称为"全天星图"。④现在的问题是，定名为"敦煌星图"固然不确，改称为"全天星图"就是正确的吗？当年在为此星图改定名称时，自己觉得是可行的，因为其内容确实是"全天星图"。但时间过去了十几年后，渐觉不安，自己对自己屡屡提问：这样定名妥当吗？因为"全天星图"是一个很现代的名称。那么，这份星图的原始名称是什么呢？这正是我想继续探索的问题。

如前所述，马世长先生已考定此图抄绘于唐前期的公元705—710年间。而且此件第一部分的编者是唐初著名天文星占家李淳风（602—670），那么，此图就极可能同李淳风有关。因此，我们应当从唐初那些与李氏有关的典籍中寻找此图的原始名称。

众所周知，唐初由官方主持编修的《晋书》和《隋书》二"天文志"，

---

① 见《中国古代天文文物论集》，北京：文物出版社，1989年版，第195—198页。
② 邓文宽：《敦煌天文历法文献辑校》，南京：江苏古籍出版社，1996年版，第72页。
③ 施萍婷等：《敦煌遗书总目索引新编》，北京：中华书局，2000年版，第101页右栏。
④ 黄正建：《敦煌占卜文书与唐五代占卜研究》，北京：学苑出版社，2001年版，第51页。

均出自李淳风之手，李氏自己又有《乙巳占》一书传世。此外，李淳风也参与了"《隋书》十志"的编写工作。①当然，唐代在李氏之后更著名的星占著作是《唐开元占经》。它们与 S.3326 星图都是同时代存在或形成的，其间应有联系。我们即从上述这些文献入手寻找该星图的原名。

下面，我们举例将 S.3326 星图的说明文字、《乙巳占》、《晋书·天文志》和《唐开元占经》的对应文句作一些比较。

关于"实沉"之次：

S.3326 星图："自毕十二度至井十五度，于辰在申，为实沉。言七月之时，万物雄盛，阴气沉重，降实万物，故曰实沉。魏之分也。"

《乙巳占》卷三："毕、觜、参，晋魏之分野。自毕十二度至井十五度，于辰在申，为实沉。言七月之时，万物极盛，阴气沉重，降实万物，故曰实沉。"②

《晋书·天文志》："自毕十二度至东井十五度，为实沉，于辰在申，魏之分野，属益州。"③

《唐开元占经》卷六十四："毕、觜、参，魏之分野。自毕十二度至东井十五度，于辰在申，为实沉。言七月之时，万物极茂，阴气沉重，降实万物，故曰实沉。"④

关于"析木"之次：

S.3326 星图："自尾十度至斗十二（一）度，于辰在寅，为析木。尾，东方木宿之末；斗，北方水宿之初。次在其间，隔别水、木，故曰析木。燕之分也。"

《乙巳占》卷三："尾、箕，燕之分野。自尾十度至斗十一度，于辰在寅，为析木。尾，东方木宿之末；斗，北方水宿之初。次在其间，隔别

---

① 标点本《隋书》之"出版说明"，北京：中华书局，1973 年版。
② 任继愈总主编，薄树人主编：《中国科学技术典籍通汇·天文卷》第四册，郑州：河南教育出版社，1997 年版，第 492 页上栏。
③ 标点本《晋书》，北京：中华书局，1974 年版，第 308 页。
④ 任继愈总主编，薄树人主编：《中国科学技术典籍通汇·天文卷》第五册，郑州：河南教育出版社，1997 年版，第 547 页下栏。

水、木，故曰析木。"①

《晋书·天文志》："自尾十度至南斗十一度，为析木，于辰在寅，燕之分野，属幽州。"②

《唐开元占经》卷六十四："尾、箕，燕之分野。自尾十度至南斗十一度，于辰在寅，为析木。尾，东方木宿（按，'宿'后脱'之末'二字）；斗，北方之（按，此'之'字衍）水宿宿（按，衍一'宿'字）之初。次在其间，隔别水、木，故曰析木。"③

其余十"次"的比较从略，读者可看原文。

从以上两组对比即可看出，《乙巳占》《唐开元占经》的文字与S.3326星图的文字几乎完全一致，仅有少数几个字有异，如"井"又作"东井"，"斗"又作"南斗"。另有少数几个字在流传中鲁鱼亥豕，发生讹变。最明显的差别则是，《乙巳占》和《唐开元占经》是将分野置于句首，而S.3326星图则置于句末。不过，意义却完全相同。至于《晋书·天文志》的文字，则是将同样文句加以简化的结果。由此，我们可以大胆地说，李淳风在编《乙巳占》和《晋书·天文志》时，瞿昙悉达在编《唐开元占经》时，都曾使用过与S.3326星图完全相同的材料；换言之，S.3326星图是编写《乙巳占》《晋书·天文志》和《唐开元占经》所依据的原始材料之一种，殆无疑义。

前又说过，李淳风还参加过"《隋书》十志"的编写工作。也就是说，《隋书·经籍志》的"天文类"著作应该出于他之手，至少他看过或审定过。无论如何，这些"天文类"著作都同他有瓜葛。我们不能想象，他在编《晋书·天文志》和《乙巳占》时所用过的一些重要书籍，如上面的星图，在《隋书·经籍志》"天文类"中不出现。那么，我们就查看一下《隋书·经籍志》"天文类"中有关星图的著录情况。计有：

---

① 任继愈总主编，薄树人主编：《中国科学技术典籍通汇·天文卷》第四册，郑州：河南教育出版社，1997年版，第490页上栏。

② 标点本《晋书》，北京：中华书局，1974年版，第308页。

③ 任继愈总主编，薄树人主编：《中国科学技术典籍通汇·天文卷》第五册，郑州：河南教育出版社，1997年版，第543页上栏。

天文横图一卷（原小注：高文洪撰）；

天文十二次图一卷（原小注：梁有天宫宿野图一卷，亡）；

杂星图五卷；

摩登伽经说星图一卷；

星图二卷（原小注：梁有星书图七卷）；

二十八宿二百八十三官图一卷；

二十八宿分野图一卷。①

上面七种星图中，《摩登伽经说星图一卷》源自印度佛经，姑置不论。其余六种，何者是S.3326星图的原名呢？

我们看到，S.3326星图说明文字的内容包含有十二次名及其意义，分野，在二十八宿中的起讫度数。这些说明文字，李淳风在《乙巳占》中是放在"分野第十五"一目下的；②瞿昙悉达在《唐开元占经》中也是放在"分野略例"下的。③也就是说，这两位当时使用过这份星图的天文星占家是将它放在"分野图"的范围来认识的。从实际文字看，各古国分野范围与十二次对应，十二次的各自范围又依二十八宿划分。因此，上述六种有关星图的书名中，最能与此相应的恐怕是"二十八宿分野图一卷"了，此外，沾边的还有"天文十二次图一卷"，其余均相距甚远。

我最初怀疑此图的名称可能是"天文十二次图一卷"。为此我请教中国社会科学院历史研究所刘乐贤博士和法国远东学院华澜博士这两位年轻学者。他们认为，与其认为是"天文十二次图一卷"，还不如认为是"二十八宿分野图一卷"更合适。经过我们三人讨论，更经过上面的比较与论证，看来他们二人的看法是有道理的。

顺便指出，《二十八宿分野图一卷》在绘画史上也占有重要位置。唐·张彦远《历代名画记》卷三"述古之秘画珍图"下载："古之秘画珍

---

① 标点本《隋书》，北京：中华书局，1973年版，第1019—1021页。

② 任继愈总主编，薄树人主编：《中国科学技术典籍通汇·天文卷》第四册，郑州：河南教育出版社，1997年版，第489页上栏。

③ 任继愈总主编，薄树人主编：《中国科学技术典籍通汇·天文卷》第五册，郑州：河南教育出版社，1997年版，第541页下栏。

图固多，散逸人间，不得见之。今粗举领袖，则有……二十八宿分野图一……右略举其大纲，凡九十有七，尚未尽载。"①因此，这份星图不仅具有科学价值，也是上乘的绘画作品，其价值不容低估。

我现在将S.3326星图更名为"二十八宿分野图一卷"，是耶？非耶？我相信，即便仍不能视作定论，总比用"敦煌星图"或"全天星图"都更准确一些。否则，这么珍贵的古星图，我们连一个准确名称都给不出，实在也说不过去。

（原载邓文宽《敦煌吐鲁番天文历法研究》，兰州：甘肃教育出版社，2002年版，第25—37页）

---

① 〔唐〕张彦远：《历代名画记》，北京：京华出版社，2000年版，第41页。

敦煌本S.3326号星图新探
——文本和历史学的研究

现藏于英国图书馆的敦煌本S.3326号星图，自从20世纪50年代末英国科学史家李约瑟教授在其大著《中国科学技术史》第四卷"天学"中加以披露①以来，已有多位中外学者倾心研究②。这些工作，虽然曾经极大地推进了对这份古代星图认识的不断深入，但也还有不少认识未谛之处。本文即在前贤研究的基础上，再做一番工作，对于本件星图由谁绘成，作于何时，用途和名称是什么，由何人摹写或保存过等问题，表明自己的认识，以就教于海内外有识之士。

一 星图的原作者是唐初著名天文星占家李淳风

我将该星图每图之后的说明文字与《乙巳占》《晋书·天文志》《汉

---

① 见《中国科学技术史》翻译小组译：《中国科学技术史》第4卷"天学"，北京：科学出版社，1975年版，第211—213页。
② 参见席泽宗：《敦煌星图》，载《文物》1966年第3期，第27—38转52页；马世长：《敦煌星图的年代》，载《中国古代天文文物论集》，北京：文物出版社，1989年版，第195—198页；潘鼐：《中国恒星观测史》，上海：学林出版社，1989年版；邓文宽：《敦煌天文历法文献辑校》，南京：江苏古籍出版社，1996年版；邓文宽：《隋唐历史典籍校正三则——兼论S.3326星图的定名问题》，载《敦煌吐鲁番天文历法研究》，兰州：甘肃教育出版社，2002年版，第25—37页；让－马克·博奈－比多（Jean-Marc Bonnet-Bidaud）、弗朗索瓦丝·普热得瑞（Françoise Praderie）、魏泓（Susan Whitfield）：《敦煌中国星空：综合研究迄今发现最古老的星图》，黄丽萍译，邓文宽审校，载《敦煌研究》2010年第2期，第43—50页、第3期，第46—59页。

书·地理志》等典籍对比，认为星图的原作者是唐初著名天文星占家李淳风（602—670）。理据如下：

（一）本件星图每图之后的说明文字和李淳风《乙巳占·分野》文字基本一致。星图原为十三幅，最末一幅为"紫微宫图"，原本就无说明文字。其余由十二月至正月共十二幅图，均有说明文字。我们现摘录其中两幅图的说明文字，并与《乙巳占·分野》①加以比较：

S.3326 星图正月："自危十六度至奎四度，于辰在亥，为娵訾，娵訾者，叹貌，卫之分也（野）。"②

《乙巳占·分野》："危、室、壁，卫之分野。自危十六度至奎四度，于辰在亥，为娵訾。娵訾者，言叹貌也。"

S.3326 星图四月："自毕十二度至井十五度，于辰在申，为实沉。言七月之时，万物雄胜，阴气沉重，降实万物，故曰实沉。魏之分也（野）。"

《乙巳占·分野》："毕、觜、参，晋魏之分野。自毕十二度至井十五度，于辰在申，为实沉。言七月之时，万物极盛，阴气沉重，降实万物，故曰实沉。"

以上我们摘录了星图和《乙巳占》各自的两段文字，以便比较。应该说，基本内容是相同的。差别在于，《乙巳占》突出了二十八宿各宿的分野范围，星图则通过各次所占天区度数来表达，但内容却是一样的；再者，《乙巳占》将分野内容放在句首，而星图则移到了句末。

其他各月内容基本相似，故从略。

（二）星图分野所用古国名与《乙巳占》全同。《乙巳占·分野》开头

---

① 影印本《乙巳占》，见任继愈总主编，薄树人主编：《中国科学技术典籍通汇·天文卷》第4册，郑州：河南教育出版社，1997年版，第489—493页。以下引《乙巳占·分野》均见该书，不另作注。

② 邓文宽：《敦煌天文历法文献辑校》，南京：江苏古籍出版社，1996年版，第58—70页。以下引 S.3326 号星图文字，均见该书，不另作注。

便说："谨按：在天二十八宿，分为十二次；在地十二辰，配属十二国。至于九州分野，各有攸系，上下相应，故可得占而识焉。州郡国邑之号，并刘向所分，载于《汉书·地理志》。其疆境交错，地势宽窄，或有未同，多因春秋以后，战国所据，取其地名国号而分配焉。"依据李淳风的交代，试比较如后：

> S.3326 星图古国名依次是：齐、卫、鲁、赵、魏、秦、周、楚、郑、宋、燕、吴越；
>
> 《乙巳占·分野》古国名依次是：郑、宋、燕、吴越、齐、卫、鲁、赵、魏、秦、周、楚；
>
> 《汉书·地理志》分野古国名依次是：秦、周、郑（与韩同分）、齐、赵、燕、鲁、宋、卫、楚、吴、粤。①

由上可知，星图与两种古代典籍《乙巳占》《汉书·地理志》分野所用古国名近于一致，仅有很小的差别。而《史记·天官书》的分野用古代大九州地名，可知这是两套系统。

（三）星图说明文字的缩写本载于《晋书·天文志》。众所周知，成书于贞观二十二年（648）的《晋书》，其"天文志"虽后出，但却出于李淳风之手。该志有"十二次度数"一节。为便于比较，我们抄录其中两条于下：

> 自危十六度至奎四度为娵訾，于辰在亥，卫之分野，属并州（原附文今略）。
>
> 自毕十二度至东井十五度为实沉，于辰在申，魏之分野，属益州（原附文今略）。②

---

① 标点本《汉书》，北京：中华书局，1962年版，第1641—1671页。
② 标点本《晋书》，北京：中华书局，1974年版，第308页。

我们将这些文字同本节之第（一）小节所引 S.3326 星图的说明文字对比，就会看到，它们是星图说明文字、《乙巳占·分野》对应文字的缩写。其不同仅仅在于，增加了各古国在大九州中的归属，仅此而已。

更为有趣的是，李淳风在上引《晋书·天文志》"十二次度数"一节的开头便说："十二次。班固取《三统历》十二次配十二野，其言最详。又有费直说《周易》、蔡邕《月令章句》，所言颇有先后。魏太史令陈卓更言郡国所入宿度，今附而次之。"①由此可见，《晋书·天文志》"十二次度数"中的古国名原出于刘向、刘歆父子所编的《三统历》（《太初历》的修订版），班固将其移入《汉书·地理志》。而前引《乙巳占·分野》则说："州郡国邑之号，并刘向所分，载于《汉书·地理志》。"一处说刘向（《三统历》编者之一），另一处说《三统历》；一处说班固（《汉书》作者），一处又说《汉书·地理志》，这难道不都是一回事吗？同时，由前引《晋书·天文志》李淳风的话又知，他所用的十二次度数取自晋太史令陈卓"定纪"之数。也即是说，本件星图、《乙巳占》《晋书·天文志》这些大致相同的文字，其十二次所对应的古国名，取自《三统历》（载于《汉书·地理志》）；其十二次在二十八宿的起讫度数，则取自陈卓"定纪"之数。将它们放在一起，则是李淳风改编的结果。

（四）李淳风改编而成的说明文字，是配合星图占验使用的。由于《乙巳占》仅见文字而无星图，所以，人们极易忽略文字与星图间的配合关系。在前引《乙巳占·分野》开头的那段文字后，李淳风接着又说：

> 星次度数，亦有进退，众氏经文，莫审厥由。按，列国地名，三代同目，地势不改，人遂迁移，古往今来，封爵递袭，上系星野，沿而未殊。自秦燔简册，书史缺残，时有片言，理无全据，虽欲考定，敢不厥疑？惟有二十八宿，山经载其宿山所在，各于其国分星宿有变，则应乎其山；所处国分有异，其山亦上感星象。又，其宿星辰常

---

① 标点本《晋书》，北京：中华书局，1974 年版，第 307 页。

居其山，而上伺察焉。上下递相感应，以成谴告之理。或人疑之，以为不尔……今辄列古十二次、国号、星度以为纪纲焉。其诸家星次度数不同者，乃别考论，著于历象志云。

可知，李淳风十分相信"天人感应"的理论，认为天上星宿之变，必与地上人事相应，"以成谴告之理"，警醒地上当政者。这些文字和理念，只有配合星图才能使用。但配合文字的星图未能传世，却由这份出自敦煌的星图所揭示。既然李淳风改编后的说明文字抄在与其配合使用的星图上，并用于占验吉凶，那么这件星图若不属于李淳风，又能属于何人？

（五）大家知道，S.3326 号共有三部分内容：气象占、星图、"其解梦及电经一卷"（未抄完）。我们注意到，"气象占"第 38 条说明文字有"臣淳风言"云云；其末尾又说："古（右）以上合气象有卅八条，臣曾考有验，故录之也。未曾占考，不敢辄备入此卷。臣不揆庸寡，见敢绢（捐）愚情，掇而录之，具如前件。滥陈阶庭，弥加战越。死罪死罪，谨言。"可见，如果说 S.3326 号前部 48 条"气象占"是李淳风从古籍中摘录（"掇而录之"）而成的"气象占"，那么，将本件星图及其说明文字看作是由他改绘、改编（"编而次之"）而成的"星占"，恐不为过。因为他在《乙巳占序》中就说过"余不揆末学，集某所记，以类相聚，编而次之，采摭英华，删除繁伪，小大之间，折衷而已"。这简直就是李淳风改编星图及其说明文字的夫子自道。

综合以上各端，我认为 S.3326 号星图系李淳风改编而成。

二　星图的用途和名称

本件星图的用途和名称，也是长期困扰学者们的问题。天文学史专家席泽宗教授曾名之为"敦煌星图"[①]。我在编著《敦煌天文历法文献辑校》

---

① 参见席泽宗：《敦煌星图》，载《文物》1966 年第 3 期，第 27—38 转 52 页。

一书时，感觉这个名称仅能体现它出自敦煌，于是据其内容改名为"全天星图"①。可是，随着时间的推移，我日感不安。于是在 2001 年时又提出拟更名为"二十八宿分野图一卷"②。但当时仅作为一个设想提出，未敢遽定。自那时以后，又过去了 10 年，我自感这个定名是稳妥的，是有充分理据的。

在既往的研究史中，学者们（包括我本人）都是将 S.3326 前两部分分别对待的。这实在是误读。当我将前两部分当作一个整体看待并进行研读时，此件的名称、用途，以及两部分内容之间的内在关系，便逐渐明朗起来。

从本件的外观来看，第一部分末尾给皇帝的上言（"死罪死罪谨言"证明是进呈给皇帝的）共 2 行半内容，是与第二部分（即星图）的十二月图抄绘在一个图幅上的，星图也无单独的题名。这本身就已昭示，原件一、二部分是一个整体，不能分开看待。又从给皇帝的上言得知，前面是从古籍中选录的"气象"占文，共 48 条，自然最末一条就是第 48 条。由此倒数回去，发现第 48—32 条图文并茂，内容完整；第 31、32 条原本有图无文；第 29—24 条图存而说明文字多半残失，残文已不能连读；再往前，第 23—1 条全残。这便是其现存面貌。

那个给皇帝的上言，说作者从古籍中摘录的 48 条"气象"占图文，"曾考有验，故录之也；未曾占考，不敢辄备入此卷"。由"此卷"二字可知，原本这是一卷书，而且与"气象"占有关。

古人所说的"气象"，是指天上的云、气等自然现象，并以之占验吉凶休咎。本件从第 32 至第 48 条图文完整，共 17 条内容。其中第 32 条占"云"，第 33 至 48 条占"气"，第 32 条图下说明文字为：

> 凡戊己之日夜半，候四方有此云者，其分野大水，百川决溢。巫

---

① 邓文宽：《敦煌天文历法文献辑校》，南京：江苏古籍出版社，1996 年版，第 58、71—72 页。
② 邓文宽：《隋唐历史典籍校正三则——兼论 S.3326 星图的定名问题》，载氏著《敦煌吐鲁番天文历法研究》，兰州：甘肃教育出版社，2002 年版，第 25—37 页。

咸云：此海精之气也。海若行其气，随之，其云见处，必有大洪水，百川决溢，人民（"民"字原缺末笔）流亡，死者太半，白骨满沟壑也。

　　"夜半"时刻观测"云"的形状，自然是以星空为背景的。如果不以星空为背景，怎么知道这一形状的云所在天区位置，并进而确定其对应的"分野"（写卷有"其分野"云云）？这就是说，占"云"必须以星空为背景，而那个"星空"与地上的分野是一一对应的。这里我们注意到，李淳风的《乙巳占》中，第51条占"气"，第52条占"云"。但"云"与"气"本难区分，于是在"占云"条中也混入了"占气"的内容。①

　　就本件星图来说，现存部分使我们看到，占云离不开星图，那么占气又如何呢？尽管李淳风在他的书中将云、气分开，但占气也必须以星空（星图）为背景，则是毫无疑义的。试举《乙巳占》"候气占第五十一"中的两则内容："赤气出紫微宫中钩（勾）陈星上，兵起。"②紫微宫是北极所在区域，勾陈为星名；"黄气润泽入郎位中，郎位受赐。"③郎位也是一个星名。这些星所在的天区，均有与之对应的地面"分野"，由是才能占验该地由"气"主导的祸福。

　　也许有读者会说，写本现存16条"占气"说明文字中，没有一条是同天上星官有联系的。的确如此。现存这一部分占气内容没有需要直接看星图进而确定其分野范围的。但是，本件云气占部分共48条，残去了29条说明文字，另有两条漏抄，也就是说，在总共48条占辞中，现有31条无法见到其原来的内容，怎么可以认为占"气"内容完全与星图无关呢？况且《乙巳占》中占气与天图及分野相联系，这使我们推测，本件前端残

---

① 参《中国科学技术典籍通汇·天文卷》第4册《乙巳占》，郑州：河南教育出版社，1997年版，第555页上栏。

② 见《中国科学技术典籍通汇·天文卷》第4册《乙巳占》，郑州：河南教育出版社，1997年版，第553页下栏。

③ 见《中国科学技术典籍通汇·天文卷》第4册《乙巳占》，郑州：河南教育出版社，1997年版，第554页下栏。

失部分，亦应有占"气"使用星图及其分野的内容。

由上可知，S.3326 星图是一个"分野图"，它是为前面的"气象"（分为"云"和"气"）占验服务的。使用时，先看"云"或"气"的形状及颜色，再看它在天区出现的位置，并由此找出该天区对应的地面"分野"（按古国名划分），确定出现吉凶休咎的地区，从而完成占验活动。在这里，气象（云或气）、星图和分野（古国名）是三位一体的关系，密不可分，人为割裂是没有道理的。这个分野图的使用方法，我相信原作者李淳风在本卷开头曾有详细说明，可惜今已残失。

由于本件星图是为云气占服务的，处于从属位置，所以在这里不必单独题名。就整个写卷内容来说，其原始名称当以占云、占气为主题。前已言及，作者在给皇帝的上言中有"备入此卷"云云，可知原本这是一卷书。那么书名又是什么呢？我们注意到成书于唐显庆元年（656）的《隋书·经籍志》"五行类"有"《云气占》一卷"[①]，这或许就是其原始名称，亦未可知。

不过，虽然星图在该卷处于从属位置，在本卷中没有也不必具有题名，却不等于它原本就没有名称。我们已知，该图与"分野"关系密切；而事实上，其内容也正是二十八宿在各古国的分野。我们在本文第一节已经明确，无论是本件星图每幅之后的说明文字，还是《乙巳占·分野》中的同类文字，以及《晋书·天文志》"十二次度数"的文字，都是李淳风依据古籍改编的结果，只是在不同场合，由于篇幅大小不一，以及直接的用途有别，文字有繁有简、有前有后而已。但是，就其总体用途而论，都属于星占范畴。李淳风在《乙巳占·分野》里说："在天二十八宿，分为十二次；在地十二辰，配属十二国""惟有二十八宿，山经载其宿山所在，各丁其国分星宿有殳，则应乎其山。"二十八宿各次在天区所占的范围，与十二次对应的十二个古国名，这些内容在本件星图中不是完全相应，一概存在吗？此刻，我们注意到《隋书·经籍志》"天文类"有"二十八宿

---

① 标点本《隋书》，北京：中华书局，1973 年版，第 1038 页。

分野图一卷"。①这一名称与本件星图的内容、用途完全一致。而且我们要特别强调的是，《隋书·天文志》也是出于李淳风之手。作为当时编纂"五代史志"工作班子的成员之一，又是《隋书·天文志》的作者，"经籍志"虽不知出自何人之手，但李淳风参加过则是大致可以肯定的，尤其是天文和五行类书籍。因此，我认为将本件星图定名为"二十八宿分野图一卷"是恰当的。

三　星图的绘成年代

既然我们已经认识到本件星图由李淳风绘成，而且其内容同李氏的作品《乙巳占》属于同一血脉，那么，关于星图的绘成年代，我们就应当从李淳风的生平与《乙巳占》成书年代中寻找线索。

《乙巳占》成书于公元 645 年。该书纂成之后，李淳风曾有一篇"自序"，内云："余不揆末学，集某所记，以类相聚，编而次之，采摭英华，删除繁伪，小大之间，折衷而已。始自天象，终于风气，凡为十卷，赐名乙巳。"可知，此书"乙巳"之名，由皇帝恩赐而来。清《四库全书总目》说："淳风有乙巳占十卷。盖以贞观十九年（645）乙巳，在上元甲子中，书作于是时，故以为名。"②"三元甲子"为隋代术士袁充所创，以隋仁寿四年甲子岁（604）为上元元年，664 年入中元甲子，724 年入下元，784 年又入上元，往复不已。贞观十九年（645）正在上元甲子之中。李淳风关于本件星图的说明文字见载于《乙巳占·分野第十五》，且原本用于配合星图进行占验，这套文字又载于 S.3326 星图上，则本件星图最初绘成也不得迟于贞观十九年（645）。又，李淳风生于隋朝仁寿二年（602），唐太宗李世民登极时（贞观元年，627），他才 25 岁，年龄与学识尚难担负这项改编重任。我们又注意到，同卷"气象占"部分"民"字因避讳缺末笔，这当然只能是在李世民登极后才有的事情，所以"气象占"与本件星

---

① 标点本《隋书》，北京：中华书局，1973 年版，第 1021 页。

② 影印本《四库全书总目》，北京：中华书局，1965 年版，第 936 页下栏。

图均是在贞观元年后由李淳风改编而成的。概而言之，本件星图的初稿形成时间当在贞观元年（627）至十九年（645）的 19 年间。就整件《〈云气占〉一卷》来说，它是这 19 年间李淳风给唐太宗李世民的一个进呈本。

四　星图的抄绘人或收藏者

在既往的研究史中，此件一个极为重要的细节被忽略了，这或许是由于大家很难看到完整清晰的图版所致，但无论如何都是一个遗憾。据《英藏敦煌文献（汉文佛经以外部分）》①第五册第 43 页图版，该星图及其后之"电神"等，原件上下均有横画的细乌丝栏线。就在"其解梦（？）及电经一卷"下方偏左半行宽度栏线之外，有一清晰的"氾"字，无疑是一位氾姓人物所写。为了不再有遗漏，2011 年秋季谢静博士去伦敦探亲时，我托她到英国图书馆进行核实。据谢静告之，她看到了原件，仅有此一"氾"字，而无其他内容。

我们知道，氾姓自汉代以来就是敦煌大族之一，敦煌文献中有氾国中、氾府君、氾通子、氾瑗、氾辑、氾腾、氾瑭彦、氾愿长等人名或官员，S.1889 更是《敦煌氾氏人物传》。据此，我推测该星图及其前面的"气象占"等，均是由敦煌某位氾姓人物摹写、抄绘的。退一步说，即使这位氾氏不是摹写、抄绘者，他也是本件星图和云气占曾经的收藏者。无论如何，这份星图都同敦煌氾氏脱不了干系。另外，就本件星图的现存面貌而言，我更倾向于它是后人的摹本，而非李淳风的原本。因为十三幅图中竟有三幅"昏旦中星"漏书，进呈皇帝的写本不应该是这个样子的。

以上便是我这篇文章的基本观点，也是 10 余年来思索的结果。其基本理路是：将 S.3326 的"云气占"部分与星图部分当作一个整体看待，避免既往各取所需的研究方法；其次，将星图说明文字、《乙巳占》和《晋书·天文志》这些完全出自李淳风改编的文字，打通进行研究，找出它们

---

① 《英藏敦煌文献（汉文佛经以外部分）》第五册，成都：四川人民出版社，1992 年版。

之间的内在联系，从而对 S.3326 星图的相关问题作出判断。

（原载《敦煌吐鲁番研究》第十五卷，上海：上海古籍出版社，2015年版，第497—504页）

敦煌本北魏历日与中国古代月食预报

在五十余件敦煌历日文献中,《北魏太平真君十一年（450）历日和十二年（451）历日》是年代最早的一份，也是现知唯一的北朝历书实物，但原件下落至今不明（今存敦煌研究院）。1950年，台湾学者苏莹辉先生在《敦煌所出北魏写本历日》[①]一文中公布了一个录文；1992年，中国大陆学者刘操南先生在《敦煌本北魏太平真君十一年、十二年残历读记》[②]一文中公布了另一个录文。由于近十年来我一直致力于敦煌吐鲁番天文历法文献的研究，所以对这方面的新材料十分重视和敏感。两个录文的公布，尤其是刘操南先生新公布的录文，给我的工作提供了诸多方便。同时也发现两种录文均存在错误和未达一间之处。于是，在1992年9月中国敦煌吐鲁番学会举办的国际学术讨论会上，我提交了《敦煌所出北魏太平真君十一年、十二年历日抄本合校》的论文，并呼吁："望天下公私有知其下落者赐告笔者或馈赠照片，以便对这份珍贵的古写本历日进行更深入的研究。"我的报告甫一结束，日本著名"敦煌学"家池田温教授当即表示，他藏有此件历日的复印件，愿意送我研究。本文使用的原始资料就是由池田温先生提供的。在此，我谨向池田温先生表示诚挚的谢意。需要说明的是，据前述苏、刘二先生的录文，此两年历日共有27行文字，但现在只能看到前面24行，缺尾部3行。我曾就此请教过池田温先生。因他的复印

---

① 原载台湾《大陆杂志》一卷九期，后收入氏著《敦煌论集》，台北：台湾学生书局，1983年版，第305—308页。

② 载《敦煌研究》1992年第1期，第43—44页。

件也是别人赠送的，所以原因尚未查明。

此两年历日抄于《国语》卷三《周语下》韦昭解的背面，纸幅大小未详。正面《国语》文字隶意浓重，带有明显的北朝特征。背面历日近于行书，字迹也带有北朝特征。现据复印件重新释文并校补，对于前述两种录文的错失一并指出，出校记说明。原卷竖写，今改为横书；俗体字一律改为现行标准汉字；为便于省览，每行前加上了行号。

【释文】

1.太平真君十一年（1）历〔日〕（2）　　〔太〕（3）岁在庚寅大阴（4）大将军〔在子〕（5）

2.正月大一日壬戌收　九日立春正月节　廿五日雨水

3.二月小一日壬辰满　十日惊蛰（6）二月节　廿五日春分　廿七日社

4.三月大一日辛酉破　十一日清明三月节　廿六日谷雨

5.四月小一日辛卯闭（7）　十二日立夏四月节　廿七日小满

6.五月大一日庚申平　十三日望种（8）五月节　廿八日夏至

7.六月小一日庚寅成　十四日小暑（9）六月节　廿九日大暑

8.七〔月〕（10）大一日己未建　十五日立秋七月节　卅日处暑

9.〔闰〕（11）月小（12）一日己丑执　十五日白露八月节

10.八月大一日戊午收社　二日秋分　十七日寒露九月节

11.九月小一日戊子满　二日霜降　十七日立冬十月节

12.十月大一日丁巳破　四日（13）小雪　十九日大雪十一月节

13.十一月小一日丁亥闭（14）　四日冬至　十九日小寒十二月节

14.十二月大一日丙辰平　五日大寒　十（15）三日腊　廿一日立春正月节

15.太平真君十二年历日　其年改为正平元年（16）　太岁在辛卯　大将军在卯（17）　大阴在丑

16.正月小一日丙戌成　二日始耕（18）　六日雨水　廿一日惊蛰（19）二月节（20）

17.二月大一日乙卯建（21）　四日社　七日春分　十六日月食（22）　廿二日清明三月节

18.〔三〕（23）月大一日乙酉执　八日谷雨　廿三日立夏四月节

19.四月小一日乙卯开　八日小满　廿三日望种五月节

20.五月大一日甲申满　十日夏至　廿五日小暑六月节

21.六月小一日甲寅危　十日大暑　廿五日立秋七月节

22.七月大一日水未（24）闭（25）　十一日处暑　廿七日白露八月节

23.八月小一日水丑（26）定　十二日秋分　十六日社月食（27）　廿七日寒露九月节

24.九月大一日壬午成　十三日霜降　廿九日立冬十月节

（以下三行据两种录文校补）

25.十月小一日壬子除　十四日小雪　廿九日大雪十一月节

26.十一月大一日辛巳执　十五日冬至（28）　卅日小寒十二月节

27.十二月小一日辛亥开　十六日大寒（29）　十八日腊

【校记】

（1）年：原有，苏抄本脱。

（2）日：原卷及两种抄本均无，据下文第15行"太平真君十二年历日"例补。

（3）太：原卷及两种抄本均无，据下文第15行太平真君十二年历日之"太岁在辛卯"例补。

（4）大阴：古历年神多作"太阴"。大、太古语多不分，"大阴"即"太阴"。下不出校。

（5）在子：两种抄本均无。原卷二字残，但仔细辨认，仍可看出字痕。又，"寅"年太阴、大将军二年神均在"子"位，参拙作《敦煌古历丛识》之"年神方位表"，载《敦煌学辑刊》1989年第1期。"在子"二字可确认。

（6）蛰：刘抄本作"蜇"，误。

（7）闭：苏抄本释作"用"，刘抄本释作"开"，且眉批："开或作刃"，均误。参拙作《天水放马滩秦简〈月建〉应名〈建除〉》，载《文物》1990年第9期，第83—84页。

（8）望种：刘抄本眉批："芒字作望。"按，西北方音中"望"与"芒"音近，故得通借。此点蒙杭州大学黄征、张涌泉二先生见告，谨至谢忱。下不出校。

（9）暑：原字作"曻"，即"暑"之俗体，乃北朝写法。参秦公《碑别字新编》引《魏镇北大将军元思墓志》，北京：文物出版社，1985年版，第242页。下不出校。

（10）月：刘抄本眉批："月字原缺。"苏抄本有"月"字。按，原无，今据此两年历例补。

（11）闰：刘抄本眉批"闰字已蚀"，是。但将补字符号［ ］误放在下文"月"字上。苏抄本有"闰"字，今从复印件看已蚀。

（12）小：刘抄本作"大"，误。此闰七月朔日己丑，下月（八月）朔日为戊午，由两月朔日日期关系亦可知当作"闰月小"，原本不误。

（13）日：刘抄本作"月"，误。

（14）闭：刘抄本作"开"，苏抄本作"用"，均误。见校记（7）。

（15）十：刘抄本脱。

（16）其年改为正平元年：刘抄本眉批："其年八字，原为旁行，疑为增入。"苏抄本无。今从复印件可知，此八字确系增入，且笔迹与原抄本为同一人，刘抄本是。我在《关于敦煌历日研究的几点意见》（载《敦煌研究》1993年第1期）中说："苏抄本无此八字，可证确为后人增入。"因未见照片判断失当，今改正。

（17）卯：两种抄本同。按，原卷误。"卯"年大将军在"子"位，参前揭拙作《敦煌古历丛识》之"年神方位表"。此"卯"字系涉上文"太岁在辛卯"句致讹。

（18）始耕：刘抄本作"始祈"，苏抄本作"始秖"，释文均误。参前揭拙作《敦煌古历丛识》之"始耕即籍田"一节。

（19）蛰：刘抄本作"蜇"，误。

（20）二月节：原有，刘抄本脱。

（21）建：刘抄本同，苏抄本作"黑"。我在《关于敦煌历日研究的几点意见》一文中，认为"苏抄本为是"，并解释为北魏避昭成皇帝什翼犍名讳而改，系判断失当，今改正。

（22）月食：两种抄本均作"月会"，误。"食"字识读，得到祁德贵、苏士澍诸先生的帮助，谨致谢忱。

（23）三：两种抄本均有，复印件上已蚀。

（24）水未：即癸未。"水"系避讳改字。参前揭拙作《敦煌古历丛识》之"北魏避讳改干支"一节。

（25）闭：刘抄本作"开"，苏抄本作"用"，均误。见校记（7）。

（26）水丑：即癸丑。"水"亦避讳改字。见校记（24）。

（27）十六日社月食：刘抄本作"十六日社会乙"，且眉批："会下乙……书在旁，原为补字。"苏抄本作"十六日社念月"。均误。细审原卷，"十六日社"以下字先写作"食月"，又在右侧加一倒钩符号"乙"，故当读作"月食"。"食"字左下有一污点，或系抄写时不慎点入，造成识读困难。

（28）至：苏抄本有，刘抄本无。按，"冬至"为十一月中气，故苏抄本是。原卷如何，今未得知。

（29）大寒：苏抄本作"大腊"，误。按，"大寒"为十二月中气。原卷如何，今未得知。

【跋】

以下研究与本太平真君历日相关的四个问题。

（一）此北魏历日的出土地点

据苏莹辉先生在《敦煌所出北魏写本历日》一文中介绍，原写本于1944年冬由董作宾先生得于敦煌市廛；1948年，董先生将一份抄本寄示苏先生，并嘱其考证发表，从而推测说："其出处可能与敦煌艺术研究所新发现之写经六十余种同一来源。"而刘操南先生则云："1943年西安李俨乐知先生悉余之好历算也，书以递示，余移录之，而奉赵焉。"说明至晚在1943年李俨先生就已有这件历日的抄本。所谓"敦煌艺术研究所新发现之写经六十余种"，就是通常所说的土地庙遗书。而土地庙遗书却是1944年8月30日和31日才被发现的。[①]如果它属于土地庙遗书，断然不可能在1943年时就已经有了抄本。由此可以肯定，此北魏太平真君写本历日同出于敦煌莫高窟今编17号窟，即通常所说的"敦煌石室"。后来原件又流入社会，辗转流传，今已不知下落。

（二）历注中的"社"和"腊"

太平真君十一年历日在二月二十七日和八月一日，十二年历日在二月四日和八月十六日均注"社"。"社"即社日祭，为祭祀土地神的典礼。十一年二月壬辰朔，二十七日干支为戊午；八月一日干支亦戊午。十二年二月乙卯朔，四日干支戊午；八月水（癸）丑朔，十六日干支为戊辰。可知，此两年历日中四次"社"祭均在"戊"日。我国自汉以后，以立春后第五戊日为春社，以立秋后第五戊日为秋社。[②]此两年历中的"社"祭日与此相合不悖。但此前的汉简历日，尚未见以"社"日注历者。以"社"日注历，此北魏历日是现知最早的一份。

太平真君十一年历日在十二月十三日，十二年历日在十二月十八日均注"腊"，即腊祭百神日。两日干支均为戊辰。《初学记》卷四《腊第十三》："汉以戌日为腊，魏以辰，晋以丑。"[③]即腊祭汉在戌日，魏在辰日，

---

① 参见李正宇：《土地庙遗书的发现、特点和入藏年代》，载《敦煌研究》1985年第3期，第92—97页。

② 参见陈久金、卢莲蓉：《中国节庆及其起源》，上海：上海科技教育出版社，1989年版，第66页。

③ 影印本《初学记》，北京：中华书局，1962年版，第84页。

晋在丑日。此"魏"为三国曹魏而非北魏。但北魏即以"魏"为国名，其"腊"祭亦应在"辰"日。《旧唐书·礼仪四》："季冬（十二月）……辰日腊享于太庙。"[1]唐朝于"辰"日腊祭，沿用的亦是曹魏制度。

（三）北魏太平真君历日的历法依据

《魏书·律历志》载："太祖天兴初（398）命太史令晁崇修浑仪以观星象，仍用《景初历》。岁年积久，颇以为疏。世祖平凉土（440），得赵𣇈所修《玄始历》，后谓为密，以代《景初》。""高宗践祚（452），乃用敦煌赵𣇈《甲寅》之历。"[2]《魏书》这段记载可能有误。实际上，直到太平真君十二年（451），北魏仍在使用《景初历》。现据张培瑜教授据《景初历》术推算此北魏历日的月朔、节气、中气结果如下表：

纪年	月大小	朔日	节气	中气
太平真君十一年	正月大	壬戌	立春庚午	雨水丙戌
	二月小	壬辰	惊蛰辛丑	春分丙辰
	三月大	辛酉	清明辛未	谷雨丙戌
	四月小	辛卯	立夏壬寅	小满丁巳
	五月大	庚申	芒种壬申	夏至丁亥
	六月小	庚寅	小暑癸卯	大暑戊午
	七月大	己未	立秋癸酉	处暑戊子
	闰月小	己丑	白露癸卯	
	八月大	戊午	秋分己未	寒露甲戌
	九月小	戊子	霜降己丑	立冬甲辰
	十月大	丁巳	小雪庚申	大雪乙亥

① 标点本《旧唐书》，北京：中华书局，1975年版，第911页。
② 标点本《魏书》，北京：中华书局，1974年版，第2659、2660页。

续表

纪年	月大小	朔日	节气	中气
	十一月小	丁亥	冬至庚寅	小寒乙巳
	十二月大	丙辰	大寒庚申	立春丙子
太平真君十二年	正月小	丙戌	雨水辛卯	惊蛰丙午
	二月大	乙卯	春分辛酉	清明丙子
	三月大	乙酉	谷雨壬辰	立夏丁丑
	四月小	乙卯	小满壬戌	芒种丁丑
	五月大	甲申	夏至癸巳	小暑戊申
	六月小	甲寅	大暑癸亥	立秋戊寅
	七月大	癸未	处暑癸巳	白露己酉
	八月小	癸丑	秋分甲子	寒露己卯
	九月大	壬午	霜降甲午	立冬庚戌
	十月小	壬子	小雪乙丑	大雪庚辰
	十一月大	辛巳	冬至乙未	小寒庚戌
	十二月小	辛亥	大寒丙寅	立春辛巳

此表中的节气、中气栏，因太平真君十一年（450）闰七月，故自该年八月以下，"节气"栏为"中气"，"中气"栏为"节气"。

太平真君十二年（451）十二月小，辛亥朔，二十九日干支为己卯；"立春辛巳"实在次年正月二日。原历中仅有十二月中气大寒，无立春正月节。

以此表与北魏太平真君十一年、十二年历日对照，其月序、月大小、朔日干支、闰月位置、中节日序干支等历日事项无一不合。[①]由此可以确定，此北魏太平真君历日的历法依据是《景初历》。

（四）太平真君十二年（451）历日中的两次月食预报

太平真君十二年（451）历日共提到两次月食。一次在二月十六日庚午，即公元451年4月2日；另一次在八月十六日戊辰，即公元451年9月27日。当我初步认为这是两次月食后，为慎重起见，曾就该年的月食次数、见食范围等天文学问题，请教中国科学院紫金山天文台张培瑜教授。张先生在1993年3月10日的回信中答复说：

> 这年月食简况如下：公元451年总共只有二次月食发生，并且的确都是历书上记载的这两天。（1）451年4月2日，月偏食，发生在中午，北京时12：45望，食分0.653，初亏11：24，食甚12：53，复圆14：21。这次月偏食中国全境皆不得见。（2）451年9月27日，月偏食，发生在凌晨。北京时2：35望，食分0.814，初亏1：10，食甚2：41，复圆4：13，中国全境皆可见。我认为此历书所注的应是月食预报，不是观测记录。原因有二：第一，4月2日月食，中国绝不可见（因为月亮在地下），故定非月食记录。第二，9月27日月食，中国全境可见。但月食观测记录应记作"9月26日晚四更、五更食"，或"八月十五日晚日加丑月加未食"，不会记作十六日（9月27日）。但预报以历书计算为准，历书是以子夜（夜半）作为日的分界的。这确是一项重要的发现。即使月食预报，丝毫也不比月食记录逊色。这反映了我国是时对日月食的认识以及推算的精确程度。您的这一发现，值得庆贺。

张培瑜教授是我国著名历法专家和天文史学家，享誉国际天文史学界，他的意见值得重视。上文所引两次月食数据也是他的计算结果。张先

生认为这是两次月食预报而非月食记录也完全正确。经查对，我国历史文献中，公元451年只有一次月食记录，见于《宋书·律历下》："［元嘉］二十八年（451）八月十五日丁夜月食。"①这个"八月十五日丁夜"即公历9月26日夜间2时左右。由于记录时间是从天亮到天亮为一天，而预报则以夜半为日的分界，故比预报发生的月食早一天。这正与前述张培瑜先生的解释相符合。此外，北魏历日上的"月食"若是月食记录，则该年4月2日的月食也不应在传世文献中无任何记载。现将这两次月食的有关资料绘表如下（望和月食有关数据均为北京时）：

历史纪年	太平真君十二年 二月十六日	太平真君十二年 八月十六日
公元纪年	451年4月2日	451年9月27日
月食	月偏食	月偏食
望	12：45'	2：35'
初亏	11：24'	1：10'
食甚	12：53'	2：41'
复圆	14：21'	4：13'
食分	0.653	0.814
文献记载	无	《宋书·律历下》："［元嘉］二十八年八月十五日丁夜月食。"

如前所述，此北魏太平真君历日的历法依据是《景初历》。同样，这两次月食预报的推算依据也是《景初历》的有关数据。

《景初历》是三国曹魏尚书郎杨伟在东汉末年刘洪《乾象历》基础上

---

① 标点本《宋书》，北京：中华书局，1974年版，第310页。

创造的，开始行用于曹魏景初元年（237），故名。《景初历》改进了朔望月的数据，以365日为岁实，以29日为朔策，仍用汉以来的19年7闰法。它的另一特点是，年月日数的分数，虽各以纪法、日法的不同数值，而其他法数，均以日法为分母。南朝宋时何承天称《景初历》比《乾象历》优点更多，当是事实。因此，这部历法虽然在曹魏仅行用了28年，但西晋泰始元年（265）改用的《泰始历》，南朝宋永初元年（420）改用的《永初历》，实际都是《景初历》术，北魏使用它直到太平真君十二年（451）。这部历法前后实际行用了215年之久。①

《景初历》更主要的优点是对日月食的预推。推食分多少、日食亏起方位等是其特创。②它以朔望位置在黄白道交点十五度（在赤道上计算）以内为发生交食的必要条件，这同现代日食内限值十分密近。清代阮元在《畴人传》中曾评论说："至其推交会月蚀，以去交度十五为法，论亏之多少，以先会后交，先交后会，论亏起角之东西南北，皆密于前术，足以为后世法者也。"③北魏太平真君十二年（451）是《景初历》行用的最后一年，对月食的预报仍然如此准确，确令今人叹服！

敦煌本北魏太平真君十二年（451）历日上的两次月食预报，为迄今出土的汉简历日和敦煌吐鲁番历日所仅见，也是现知中国最早的月食预报材料，且极为准确，应当引起足够重视。

（原载《敦煌吐鲁番学研究论集》，北京：书目文献出版社，1996年版，第360—372页）

---

① 参见陈遵妫：《中国天文学史》第3册，上海：上海人民出版社，1984年版，第1444—1445页。

② 参见中国天文学史整理研究小组编著（薄树人主编）：《中国天文学史》，北京：科学出版社，1981年版，第79页。

③ 《畴人传》卷五《杨伟传》，上海：商务印书馆，1955年重印本，第61页。

附：

北魏历日曾有准确月食预报
——"敦煌学"研究新成果

　　我国古代对日食、月食的发生曾有过多次准确记录。但对日食、月食的预报，此前出土的汉简历日和敦煌吐鲁番历日上从未发现。最近，从敦煌本北魏太平真君十二年（451）历日上发现了两次准确的月食预报。这是中国文物研究所副研究员邓文宽的一项最新研究成果。

　　《北魏太平真君十一年（450）、十二年（451）历日》抄本，1900年发现于敦煌莫高窟，原件下落至今不明。苏莹辉先生在1951年，刘操南先生在1992年各自公布过一个抄本，但都因文字识读有误，未能发现这两次月食预报。不久前，日本著名"敦煌学"家池田温教授将这份历日拷贝件赠送给了邓文宽，邓文宽依据照片重新释文，悉心研究，终于将这两次月食预报揭示出来。

　　两次月食预报分别记录在《太平真君十二年（451）历日》的二月和八月。原文是："二月大　一日乙卯建　四日社　七日春分　十六日月食　廿二日清明三月节"；"八月小　一日水（癸）丑定　十二日秋分　十六日社　月食　廿七日寒露九月节"。记载月食的这两天分别是公元451年的4月2日和9月27日。根据中国科学院紫金山天文台张培瑜研究员提供的数据，这一年只有两次月食发生，而且的确就是历日上记载的这两天。4月2日的月食情况是：望（北京时，下同）12点45分，初亏11点24分，食甚12点53分，复圆14点21分，食分0.653；9月27日的月食情况是：望2点35分，初亏1点10分，食甚2点41分，复圆4点13分，食分0.814。两次都是月偏食。

这两次月偏食中，4月2日的一次因发生在北京时白天的中午，中国境内无法看到，所以也无文献记载。9月27日的一次，中国全境都可看到，文献也有著录，见于《宋书·律历下》："［元嘉］二十八年八月十五日丁夜月食。"（中华书局标点本《宋书》，第310页）这个"八月十五日"相当于公元451年的9月26日，由于月食记录是从天亮到天亮为一天，而月食预报以历法为依据，以"子夜"（夜半）作为日的分界，所以记录比预报早了一天，"丁夜"即夜间2点左右，与现代计算值完全一致。从文献著录情况可知，如果这只是两次月食记录，那么，4月2日的一次不应没有文献记载；事实上，这次月食中国境内也见不到。因此，它们只能是月食预报，而不可能是月食记录。

太平真君十二年（451），北魏使用《景初历》。《景初历》是三国曹魏尚书郎杨伟依据东汉末年刘洪《乾象历》加以创造的，曹魏景初元年（237）开始行用。这部历法具有许多优点。它在曹魏虽仅行用了28年，但西晋泰始元年（265）改用的《泰始历》，刘宋永初元年（420）改用的《永初历》，实际都是《景初历》术。北魏使用《景初历》一直到太平真君十二年（451）。这部历法前后实际行用了215年之久。《景初历》更主要的优点是对日食、月食的预报。推食分多少、日月食亏起方位等计算是其特创。它以朔望月的位置在黄白道交点十五度（在赤道上计算）以内为发生交食的必要条件，这同现代日食内限值十分密近，清代阮元在《畴人传》中对此评论道："至其推交会月食，以去交度十五为法，论亏之多少，以先会后交，先交后会，论亏起角之东西南北，皆密于前术，足以为后世法者也。"北魏太平真君十二年（451）是《景初历》行用的最后一年，对月食的预报仍然如此准确，确令今人为之叹服！

张培瑜研究员在评价这项成果时说："这确是一项重要的发现。……

反映了我国是时对日月食的认识以及推算的精确程度。您的这一发现，值得庆贺。"

（原载《光明日报》1993年7月18日第6版，署名"苏雅"）

跋敦煌文献中的两次日食记录

十三年前，我曾揭出敦煌文献中有两次准确的月食预报①，但我却未注意到敦煌文献中也有准确的日食记录。2006年4月，浙江大学许建平博士来电话询问P.2663尾部题写的有关问题，并告知那里有日食记事。我当即翻开施萍婷教授的《敦煌遗书总目索引新编》②，发现施先生已有释文。这引起了我的关注与兴趣，并着手进行研究。现将个人一得之见披露如后，还望雅士通人有以教之。

一　原件释文与疏证

P.2663为《论语卷第五》（尾题）残卷，存末尾十六行，内容为《论语·乡党篇》。③有关日食的记录写在尾题左侧的空白处。现将有关文字释录如后并进行必要的疏证：

1.（半行藏文题写）郎将。

2.□（1）后有丑年三月月（2）生六日学吴良弟（3）。

3.甲寅年二月月（4）生二日日食（5），未时日食。

---

① 《敦煌本北魏历日与中国古代月食预报》，收入邓文宽著：《敦煌吐鲁番天文历法研究》，兰州：甘肃教育出版社，2002年版，第189—200页。

② 《敦煌遗书总目索引新编》，北京：中华书局，2000年版，第249页左栏。

③ 参见李方：《敦煌〈论语集解〉校证》，南京：江苏古籍出版社，1998年版，第385页。

4.丙寅十二月二日巳（巳）时日食。

5.丙寅年十二月二日巳（巳）时日食。

【校记】

（1）□：此字草书未识出。

（2）月：此字原形为重文符号。

（3）弟：许建平在其博士论文《敦煌经籍叙录》（打印稿168页）释作"义"，此从施萍婷所释。

（4）月：此字原形为重文符号。

（5）"日食"二字右侧有一勾检符号。

我们知道，第1行的"郎将"是一个职官名称，但书写于此处，究何所指，尚无法说明。第二行的"丑年"是只用十二地支纪年的一种形式。我们从敦煌文献中看到，虽然吐蕃统治敦煌时也有用类似汉族六十甲子那样的纪年方式①，但更多的是单独用十二地支或十二生肖纪年。再加上第1行有半行古藏文题写，与单用地支"丑"纪年可相印证。"学吴良弟"中的"学"当是"学士郎"或"学郎"之省。由此可知，此件《论语卷第五》很可能是学郎吴良弟的课本。因《论语》正文与吴良弟题写的字迹迥异，所以，这个课本并非吴学郎手抄之物，有可能来自别处。

虽然吴良弟的题写并非我们要讨论的核心问题，但它仍提供了一个大的时代背景，我们在后面的研究中会参照它。

与我们的论题直接相关的是第3—5行的内容。经过对笔迹细致比对，我们发现，这3行文字笔迹与第2行吴良弟所写不同，而且这3行文字笔迹也不同，而是出自3人之手。概而言之，本件题写，至少是由4人题写而成。现将理由说明如下：

第一，2—5行中全有"月"字。2、3两行中的"月"字比较规范，但用笔不同；4、5两行的"月"字近于行书，但用笔也相异。

---

① 参见《敦煌学大辞典》"吐蕃纪年法"条，上海：上海辞书出版社，1998年版，第464页。

　　第二，第3行有"甲寅"，4、5两行有"丙寅"。但第3行之"寅"字为敦煌文献中习见的俗写，即上部宝盖写成"穴"字；而4、5两行的"寅"字与现行"寅"字一致，但二"寅"字也不同，第4行该字中部为"田"，第5行该字中部为"曰"。三个"寅"字三种写法，并非出自一人手笔。

　　第三，第2、3、5行各有"年"字，均近于正体书写，但用笔有别。

　　第四，第3、4、5行均有"食"字，但三个"食"字亦是三种写法，无法认作一人写成。

　　这样，我们就有理由认为，该卷尾部的题写是由四个人在不同年代分别写成的。

　　我们特别关注的是，第2行有"月生六日"，第3行有"月生二日"两个纪日日期。它们指几日呢？该如何理解？

　　过去，我们在敦煌文献中不时遇到"蓂生×叶"或"蓂凋×叶"的纪日方式，那是以理想中的蓂草日生一叶或日落一叶为依托进行设计的，事实上根本不存在。而"月生×日"是我在敦煌文献中首次遇到。实际上，它也是一种非常古老的纪日方式。

　　《黄帝内经·素问·缪刺论篇第六十三》："邪客于臂掌之间，不可得屈，刺其踝后，先以指按之痛，乃刺之。以月死生为数，月生一日一痏（音wěi），二日二痏，十五日十五痏，十六日十四痏。"唐代宗宝应元年（762）王冰为该书写成的注文说："随日数也，月半已前谓之生，月半已后谓之死，亏满而异也。"[1]成书于汉代的《黄帝虾蟆经》[2]，首篇记载了一整月中的虾蟆随月生毁图，初一至十五各日分别称作"月生一日，月生二日……月生十五日"，下半月则称作"月毁十六日、月毁十七日……月毁三十日"。[3]

　　如果我们再往前追索，还可看到，形成于战国末期的湖北云梦出土

---

①　郭霭春主编：《黄帝内经素问校注》下册，北京：人民卫生出版社，1992年版，第772页。

②　此书成书年代学界认识歧异较多，此从马继兴教授之说。

③　《黄帝虾蟆经》，北京：中医古籍出版社，1984年版，第1—32页。

《睡虎地秦简·日书》（甲种）中也有相同的纪日方法："作女子：月生一日、十一日、二十一日，女果以死，以作女子事，必死。"[1]

由以上例证可知，作为一种古老的纪日方法，所谓"月生一日"即初一日，"月生二日"即初二日，等等。[2]同理，P.2663尾部题写中的"月生六日"自然就是初六了，"月生二日"就是初二了。

第5行"十二月二日"中的第二个"二"字，原件笔画不清晰，故施萍婷先生空一字格，未释。笔者反复审览，难以释作"一"字。今从许建平博士所释作"二日"。

二 公元834年3月14日的日食记录

原卷第3行题写的日食是在"甲寅年"。如前所述，第1行有半行藏文题写，第2行又有"丑年"的纪年，表明此件年代很可能在吐蕃占领敦煌时期（786—848）。而这一时期中的"甲寅年"只有一个，即唐文宗大和八年甲寅岁（834），因此，它应该成为我们的首选年代。但是，为求稳妥，我们将可能的年代范围放宽一些进行检索。在刘次沅教授和马莉萍博士合编的《中国历史日食典》[3]上逐一寻检，结果如下：公元894年6月7日日食（农历甲寅年五月初一壬戌）；公元954年（甲寅年）无日食；公元1014年1月4日日食［农历上年（癸丑年）十二月初一戊午］；公元1074年（甲寅年）无日食；公元774年（甲寅年）无日食；公元714年8月15日日食（农历甲寅年七月一日丙戌）；公元654年（甲寅年）无日食。而公元834年3月14日的日食，合中原历甲寅年二月初一壬午日。

由上可知，公元654年、774年、954年、1074年均无日食发生，可以

---

① 睡虎地秦墓竹简整理小组编：《睡虎地秦墓竹简》，北京：文物出版社，1990年版，释文第207页。

② 在对"月生×日"的阐释中，我们较多地参考了刘乐贤博士的《马王堆帛书〈出行占〉补释（修订）》一文，载简帛网·简帛文库·帛书专栏。谨致谢忱。

③ 刘次沅、马莉萍：《中国历史日食典》，北京：世界图书出版公司，2006年版。以下简称《日食典》。

不予考虑；而894年日食在农历五月一日，714年在农历七月一日，1014年在上年十二月初一日，与此处的"二月月生二日日食"，即二月初二日日食均相去较远，唯一靠近的是834年二月初一日那次。

很显然，敦煌文献中的本次日食记录与中原历有"二日"与"一日"之别。从理论上说，日食只能发生在朔日即初一。但由于所制历日不准确，也有记在晦日（月末一日，即二十九日或三十日）或初二日的。根据我们多年对敦煌历日的研究，知道敦煌当地自编历日与中原历日常常有一到三日的差异。但是，公元834年，敦煌人自编的历日，即P.2765号《甲寅年历日》却是留传下来的。不过，该年二月初一日中原历与敦煌历干支均为壬午[①]，没有差别。我们只能遗憾地说，记录者将"月生一日"之"一"误书为"二"了。

不过，让我们十分欣慰的是，本次日食有时辰记录，即第3行的"未时日食"。我们知道，中古时代，用十二地支纪时是当时人的生活习惯。以夜半为"子"时，相当于今之23时至凌晨1时，"未时"即相当于今之中午13时至15时。为了对这两次日食获得更为准确的科学认识，我求教于国家授时中心、天文学家刘次沅教授[②]，2006年7月30日刘教授答复如下：公元834年3月14日的日环食，在敦煌一地，初亏为12点47分，食甚为14点21分，复圆为15点47分，食分为0.77。"食甚"即看到日食的最大面积，发生于14点21分，正在"未时"（13点—15点），可以说完全吻合。

那么，这次日食在历史典籍中是否有相关记载呢？回答是肯定的。《旧唐书》卷十七下《文宗下》为："二月壬午朔，日有蚀之。"[③]《旧唐书》卷三十六《天文下》为："大和八年二月壬午朔，开成二年十二月庚

---

① 同年中原历干支参见张培瑜：《三千五百年历日天象》，郑州：河南教育出版社，1990年版，第234页；敦煌历二月一日干支壬午见邓文宽：《敦煌天文历法文献辑校》，南京：江苏古籍出版社，1996年版，第145页。

② 在此，我谨对刘次沅教授的热情帮助表示诚挚的谢意。

③ 标点本《旧唐书》，北京：中华书局，1975年版，第553页。

寅朔，当蚀，阴云不见。"①《新唐书》卷八《文宗纪》："［大和］八年二月壬午朔，日有食之。"②《新唐书》卷三十二《天文二》为："大和八年二月壬午朔，日有食之，在奎一度。"③《唐会要》卷四十二"日食"条记作："文宗朝三：太和八年二月壬午朔，开成元年正月丙辰朔，二年十二月庚寅朔，司天奏：'是日，太阳亏，至时阴雪不见。'"④《资治通鉴》卷二四五唐纪六十一太和八年："二月壬午朔，日有食之。"⑤

比较以上史书所记，可以看出，这些记载颇有歧异。其中新、旧《唐书·文宗纪》和《通鉴》所记最为简略，仅云"日有食之"。这当是史家编书时过于省略的结果。而《旧唐书·天文志》和《唐会要》的记载接近未经过分剪裁的原始记录，它们告知：据预测，该日当有日食，但届时因天阴而未看见。至于《新唐书·天文二》说是"日有食之，在奎一度"，也当是预推的结果，因为司天台的观测结果是"阴云不见"。换言之，这次日环食，无论是在当时的都城长安，还是在皇家天文台（河南登封）都未实际观测到。

但是，生活在河西走廊西端沙州敦煌郡的唐人是看到了这次日食的，而且记载了其发生的时间是"未时（13点—15点）日食"，为其他史料所不及，这正是其珍贵之处。唯一的瑕疵是"月生一日"误书成"月生二日"，让人稍觉遗憾。

三　公元846年12月22日的日食记录

在本文第一节我已指出，P.2663尾部题写的第4、5行并非一人写成。但这两条日食记录的内容却完全相同，仅第4行漏一"年"字（当作"丙寅年"）。显然，这是在有人写过本次日食之后（第4行），另一人又重写

---

① 标点本《旧唐书》，北京：中华书局，1975年版，第1319页。
② 标点本《新唐书》，北京：中华书局，1975年版，第235页。
③ 标点本《新唐书》，北京：中华书局，1975年版，第831页。
④ 武英殿聚珍版《唐会要》，京都：中文出版社影印，1978年版，第761页。
⑤ 标点本《资治通鉴》，北京：中华书局，1956年版，第7895页。

了一遍。好在内容完全相同，我们放在一起，当作一次日食记录来研究。

本题写第1行的半行藏文和第2行的"丑年"纪年，很自然地使我们考虑它们书写于吐蕃统治敦煌时期（786—848）。而这期间，据《日食典》，786年无日食发生，首选年代便成了公元846年，即唐武宗会昌六年丙寅岁。

根据刘次沅教授提供的数据，公元846年12月22日发生的是日全食，在敦煌一地，初亏时间是上午9点13分，食甚是10点32分，复圆是11点57分，食分0.82。而P.2663尾部题写有"巳时（9点—11点）日食"，与日食实际发生的时间完全一致。

不过，公元846年12月22日在农历为甲寅年十二月一日戊辰，而非二日己巳，题记写作"二日"，也有一日误差。如前所言，此时敦煌行用的是自编历日，与同期中原历的朔日常有一到三日的差别。但敦煌文献中没有留下该年的当地历日，也未见到这一年的纪年资料。因此，我们还不能对"二日"与"一日"的差别做出完全准确的说明。

为求稳妥，我们将公元846年（丙寅年）前后几个丙寅年的日食情况，也在《日食典》上进行寻检，结果如下：906年4月26日日环食，合农历丙寅年四月一日癸未；966年无日食；1026年11月12日日环食，合农历丙寅年十月一日癸酉；786年无日食；726年1月8日日环食，合农历上年（乙丑年）十二月初一庚戌；666年无日食。情况表明，上述各年中，有日食的年月仅公元726年（上年农历十二月一日庚戌）的月日较靠近。但纪年干支当作"乙丑"而非"丙寅"，故不存在可能性。唯一的可能年代仍为公元846年。

这里，我们也要检查一下历史文献的记载情况，以便比较。对于这次口全食，《旧唐书·武宗纪》和《旧唐书·宣宗纪》会昌六年（846）十二月均无日食记录；[①]《旧唐书》卷三十六《天文下》记曰："会昌三年二月庚申朔，四年二月甲寅朔，五年七月丙午朔，六年十二月戊辰朔，皆

---

① 唐武宗死于会昌六年三月，当月宣宗继位。该年另九个月的史实记在"宣宗本纪"，故一并寻检。

食。"①《新唐书》卷八《武宗纪》：会昌六年（846）"十二月戊辰朔，日有食之"②。《新唐书》卷三十二《天文二》："［会昌］六年十二月戊辰朔，日有食之，在南斗十四度。"③《资治通鉴》卷二四八唐纪六十四：会昌六年（846）"十二月，戊辰朔，日有食之"④。《唐会要》卷四十二"日食"条则曰："武宗朝四：……六年十二月戊辰朔。"⑤

　　对于此次日食，历史文献记载不像公元834年3月14日那次日食有"阴云不见"之类的话，说明公元846年12月22日天气较好，生活在长安的人们和河南登封的观象人员是看到了这次日食的，并做了记录。其中《新唐书·天文二》记有"在南斗十四度"，指出了此次日食发生所在天区的位置。但所有资料均未记录发生日食的具体时间，只有敦煌文献有"巳时日食"的记载，价值已在历史文献之上了。

　　我国古代文献中的日食记录，每每失之过于简略。像《新唐书·天文志》，应是记载得最详细的，一般也只是告知日食发生的天区位置，而多数都不记日食发生的时刻。笔者详检有唐289年和五代53年的全部日食资料⑥，342年中仅有三次记载了日食发生的时间：《旧唐书》卷三十六《天文下》载：唐肃宗上元二年七月癸未朔（761年8月5日），"日有蚀之，大星皆见。司天秋官正瞿昙撰奏曰：'癸未太阳亏，辰正后六刻起亏，巳正后一刻既，午前一刻复满。亏于张四度，周之分野'"⑦。《旧唐书·天文下》又记：唐代宗大历三年三月乙巳朔（768年3月23日），"日有食之，自午亏，至（按，'至'后当脱一字）后一刻，凡食十分之六分半"⑧。《通鉴目录》记载：后唐明庄天成元年八月乙酉朔（926年9月10日）日

　　① 标点本《旧唐书》，北京：中华书局，1975年版，第1319页。
　　② 标点本《新唐书》，北京：中华书局，1975年版，第246页
　　③ 标点本《新唐书》，北京：中华书局，1975年版，第831页。
　　④ 标点本《资治通鉴》，北京：中华书局，1956年版，第8028页。
　　⑤ 武英殿聚珍版《唐会要》，京都：中文出版社影印，1978年版，第761页。
　　⑥ 依据北京天文台主编：《中国古代天象记录总集》，南京：江苏科学技术出版社，1988年版。
　　⑦ 标点本《旧唐书》，北京：中华书局，1975年版，第1324页。
　　⑧ 标点本《旧唐书》，北京：中华书局，1975年版，第1326页。

食，"食二分，甚在辰初"①。除了这三次日食有时刻记录，就再也没有了。敦煌文献可补834年3月14日日环食和846年12月22日日全食的发生时刻，本身就已弥足珍贵。

最后，我想对P.2663正文《论语卷第五》的年代谈一点认识。此篇正文文字规整，尾部日食题写与正文不可同日而语。我们已知发生日食的甲寅年是公元834年，其前一行（2行）的"丑年"就很可能是833年（癸丑年）。但这个"丑年"也可以再往前推几个，从而不具有唯一性。不过，我们可将公元834年作为此件正文形成的年代下限：晚于此年，该年日食尚未发生，日食记录就不会写在它的尾部空白处了。由此也可进一步推断，吴良弟其人当生活于公元834年前后，约当9世纪中叶。

（原载刘进宝、［日］高田时雄主编《转型期的敦煌学》，上海：上海古籍出版社，2007年版，第531—537页）

---

① 《通鉴目录》卷二十七，第22页。转引自《中国古代天象记录总集》，南京：江苏科学技术出版社，1988年版，第179页左栏。

传统历日以二十八宿注历的连续性

二十八宿用于注历，是自唐末开始传统历日新增的一项铺注内容。其法是按一定规则，将二十八宿各宿分别注于每日之下，循环往复地进行。其间有所断续，宋以后才连绵不断。那么，自南宋以来，这项历日内容是否长期连绵不断呢？从道理上说应该如此，但以往由于资料缺乏而难以证明。近年来，由于有几件西夏和宋以后的出土历日相继刊布，再结合传世历本和现行民用"通书"，对这个问题进行论证便成为可能。本文旨在以实证方式证明，自西夏乾祐十三年（1182）至20世纪末的1998年，中国传统历日以二十八宿注历是长期连续进行的，也未发生过错误。

为什么要以西夏乾祐十三年（1182）作为检验的起点呢？这是由于，当时僻居西北的西夏王朝受宋王朝影响，也在印制汉文历日，近年出土的汉文《西夏乾祐十三年壬寅岁（1182）具注历日》①，是迄今为止我们所能看到用二十八宿连续注历的最早历日实物。此件出土于内蒙古额济纳旗的黑城，是一件印本历日残片。原件今藏俄罗斯科学院东方学研究所圣彼得堡分所（今俄罗斯科学院东方文献研究所），编号"俄TK297"，年代由我考证而得②。从历日残存的二十八宿铺注内容，可以推知正月七日所注

---

① 图版见《俄藏黑水城文献·汉文部分》第4册，上海：上海古籍出版社，1998年版，第385页下栏—386页上栏。
② 参邓文宽：《黑城出土〈宋淳熙九年壬寅岁（1182）具注历日〉考》，载《华学》第4辑，北京：紫禁城出版社，2000年版，第131—135页。此文发表时，认为该历日属于南宋王朝所颁发，认识有误，今改为《黑城出土〈西夏乾祐十三年壬寅岁（1182）具注历日〉考》。

为"角"，而"角"宿是中国传统二十八宿的第一宿。由此确知，西夏乾祐十三年正月七日是历注中某一个二十八宿完整周期的开始。

这里还需特别说明的是，在上述这份《西夏乾祐十三年壬寅岁（1182）具注历日》之前，我们从敦煌历日里也发现过两件用二十八宿作注的残历日。一是 BD16365《唐乾符四年丁酉岁（877）具注历日》，另一件是 S.2404《后唐同光二年甲申岁（924）具注历日》。而在此二历之后，都有别的历日被发现，却没有用二十八宿注历。说明这两份历日用二十八宿作注仅是偶一为之，尚未连续使用。《西夏乾祐十三年壬寅岁（1182）具注历日》则不同，在它之后，又有两种汉文历日，即《西夏皇建元年庚午岁（1210）具注历日》和《西夏光定元年辛未岁（1211）具注历日》出土，均用二十八宿注历，说明至晚自1182年起，用二十八宿注历已是连续进行的了。这是我们从公元1182年开始进行检验的另一原因。

在《西夏乾祐十三年（1182）具注历日》之后，我们能看到的是传世本《宋宝祐四年丙辰岁（1256）会天万年具注历日》。此历日三月最末一天为"三十日辛酉木执轸"。[①] "轸"宿是二十八宿的最末一宿。这就是说，此日是历注中某一个二十八宿完整周期的结束。自西夏乾祐十三年（1182）正月七日至南宋宝祐四年（1256）三月三十日，共有27104天。[②] 27104天÷28天＝968（周）。可知，这期间共将968个二十八宿完整周期注于历日。

传世《宋宝祐四年丙辰岁（1256）会天万年具注历日》四月一日注"角"，又是一个二十八宿周期的开始。此下则是一件出自黑城的元朝历日[③]，它也是一件印本历日小残片，原件藏内蒙古文物考古研究所。经张

① 任继愈总主编，薄树人主编：《中国科学技术典籍通汇·天文卷》第1册，郑州：河南教育出版社，1997年版，第695页。

② 本文所用日期数据，全部依据张培瑜《三千五百年历日天象》一书统计而得，郑州：河南教育出版社，1990年版。

③ 图版见内蒙古文物考古研究所、阿拉善盟文物工作站：《内蒙古黑城考古发掘纪要》，所附"图三七历书（F19∶W18）"，载《文物》1987年第7期，第1—23页；附图见第21页右上。

培瑜教授考证，确定为元至正二十五年（1365）的历日。[①]此历七月五日为"七月五日辛酉木满轸"，可知是某一个二十八宿周期之末。自宋宝祐四年（1256）四月一日至元至正二十五年（1365）七月五日，共有39900天。39900天÷28天＝1425（周）。由此得知，这期间共将1425个二十八宿完整周期注于历日。

在元朝历日之后，我们找到了一件从吐鲁番出土的明永乐五年历日。此件现藏德国国家图书馆，编号为Ch.3506，照片由荣新江教授从德国购回，年代则由我考证得出。[②]此件也是一份印本历日的残片，其六月二十三日为"二十三日乙巳火开轸"，是某一个二十八宿周期之末。而前引元至正二十五年（1365）历日的七月六日注"角"，则为某个二十八宿周期之始。我们又可以据此对这两个年代之间的二十八宿周期进行计算。自元至正二十五年（1365）七月六日至明永乐五年（1407）六月二十三日，共有15344天。15344天÷28天＝548（周）。可知，这期间共将548个二十八宿完整周期注于历日。

大约从明朝中叶起，明清两朝近400年的历本被保存了下来。但是如果一天天地去对照原历，既无可能，也无必要。我们依然采取上面所用的方法进行抽样检查，并企求得出一个可信的结论。

清乾隆六十年（1795）《时宪书》的一部分内容，曾被已故天文学史专家陈遵妫先生用作书影照片加以刊布。[③]此历正月二十二日注"轸"，是某个二十八宿周期之末。而前引明永乐五年（1407）历日六月二十四日为"角"，是某个二十八宿周期之始。自明永乐五年（1407）六月二十四日至清乾隆六十年（1795）正月二十二日共有141540天。141540天÷28天＝5055（周）。可知，在这390多年时间里，共将5055个二十八宿完整周期注于历日。

---

① 张培瑜：《黑城新出天文历法文书残页的几点附记》，载《文物》1988年第4期，第91—92页。

② 参邓文宽：《吐鲁番出土〈明永乐五年丁亥岁（1407）大统历〉考》，载《敦煌吐鲁番研究》第5辑，北京：北京大学出版社，2001年版，第263—268页。

③ 陈遵妫：《中国天文学史》第3册，上海：上海人民出版社，1984年版，第1617—1620页。

中国传统民用"通书"中的数术内容，1949年后在大陆地区被废弃。因此，二十八宿注历这项历日文化在中国大陆未能沿用下来。但在中国的香港、台湾、澳门等地，在日本、新加坡、泰国等东亚和东南亚国家，民用"通书"中依然包含着二十八宿注历的内容。我们对其连续性检验如下：

1970年香港出版的"永经堂"民用"通书"，其农历正月十三日为"十三己巳木轸平"，可知为某个二十八宿周期之末。而前引清乾隆六十年（1795）《时宪书》正月二十三日注"角"。自清乾隆六十年（1795）正月二十三日至1970年农历正月十三日，共有63924天。63924天÷28天＝2283（周）。其间曾将2283个二十八宿完整周期注于历日。

1995年，台湾正海出版社出版的高铭德先生编《台湾农民历》，其正月十六日注"轸"，又是某个二十八宿周期之末。而前引香港"永经堂"1970年民用通书正月十四日注"角"。自1970年农历正月十四日到1995年正月十六日，共有9128天。9128天÷28天＝326（周）。其间共将326个二十八宿完整周期注于历日。

日本"高岛易观象学会本部"编纂的《平成十年（1998）观象宝运历》，其旧历一月十五日注"轸"，为二十八宿某周期之末。而前引1995年《台湾农民历》之正月十七日注"角"。自1995年正月十七日至1998年正月十五日，共有1092天。1092天÷28天＝39（周）。可知，其间又将39个二十八宿完整周期注于历日。

将以上分段计算的结果综合起来便是：自西夏乾祐十三年（1182）正月七日，至公元1998年农历正月十五日，共有298032天，其间共将10644个二十八宿完整周期注于历日［298032天÷28天＝10644（周）］。

以上我们对西夏乾祐十三年（1182）至公元1998年，这816年间传统历日使用二十八宿注历的情况进行了检验。所使用的历日实物既有传世的，也有出土的；既有中国历史上不同民族曾经行用过的，也有当今我国港、澳、台地区和日本仍在实行的。结果表明，自南宋（西夏乾祐十三年相当于南宋淳熙九年）以来，传统历日使用二十八宿注历一直连绵未断，而且正确无误。毋庸置疑，它是一项历史悠久的历日文化内容。

但是，中国古人给传统天文学中的二十八宿配以吉凶宜忌的内容，却不是从南宋才开始的。就目前已知的材料看，至晚到战国末年就已存在。1975年，湖北云梦睡虎地出土的秦简《日书》已有此项内容的记载。[①]千余年后，至唐末，敦煌地区也已有编历者将此项内容引入历日，但还仅是偶一为之，尚未连续使用；南宋后便一直延续不断，直至当下。

（原载《历史研究》2000年第6期，第173—175页）

---

① 见睡虎地秦墓竹简整理小组编：《睡虎地秦墓竹简》，北京：文物出版社，1990年版，第237—238页。

对两份敦煌残历日用二十八宿作注的检验

——兼论BD16365《具注历日》的年代

二十多年前，我曾利用出土的、传世的和当代我国港、澳、台地区以及日本的民用通书，进行综合研究，证明自西夏乾祐十三年（1182）至公元1998年的816年间，传统历日以二十八宿注历是连续进行的，也不曾出现错误。[①]但那时受认识和资料的局限，对早期敦煌历日使用二十八宿作注的情况未曾关注。本篇即对两份敦煌残历日用二十八宿作注的情况进行检验，看看它们是否正确，并对产生错误的原因试作分析。

在进行具体检验之前，有必要先确定用二十八宿注历正确与否的标准。

二十八宿用于注历是有规律可循的。这个规律便是它与另外两种历注间存在着固定对应关系。确认了这种对应关系，历本上用二十八宿作注正确与否便一目了然。现将这两种对应关系解释如下。

第一种是二十八宿与七曜日（日、月、火、水、木、金、土，即一星期七天）的对应关系。二十八宿是中国传统天文学的内容，但七曜日却是一种外来文化。就目前能看到的资料而言，在敦煌地区，全晚唐末七曜日即已被用来注历。这两项历注有一个共同特点，即用于注历时都是将其完整的周期依次配入各日之下，反复进行，自身周期内并不重复。因为28

---

① 邓文宽：《传统历日以二十八宿注历的连续性》，载《历史研究》，2000年第6期，第173—175页。

是7的整4倍，所以，二者间就形成了固定对应关系。最最重要的是，二十八宿的首宿（角宿）应该配七曜日的哪一日？这个问题解决了，其下依次配入即可。我们知道，二十八宿之"角亢氐房心尾箕"是"东方苍龙"七宿；而在中国古代方位与五行的对应关系里，又是"东方甲乙木"，"角"和"木"均属"东方"，所以"角"必须与"木"相配。而七曜日的顺序又是日（星期日）、月（星期一）、火（星期二）、水（星期三）、木（星期四）、金（星期五）、土（星期六），这样，二十八宿与七曜日间便有了下列固定对应关系：

表一　二十八宿与七曜日对应关系表

木(四)	金(五)	土(六)	日	月(一)	火(二)	水(三)
角	亢	氐	房	心	尾	箕
斗	牛	女	虚	危	室	壁
奎	娄	胃	昴	毕	觜	参
井	鬼	柳	星	张	翼	轸

有了这种对应关系，即使历本上没有用七曜日作注，但只要当日有二十八宿注历，我们就能立即获知当日是星期几，反之也是一样。尤其是"日曜日"（星期日）必在房、虚、昴、星四日，是一项重要知识，在我们研究古代历日时会十分有用。

第二种是"七元甲子"。所谓"七元甲子"，指的就是七个甲子周期（420天）里，各纪日干支与所注二十八宿间的对应关系，附带也包含了七曜日与二十八宿的对应关系。420天是六十甲子的7倍（七元），也是七曜日的60倍，还是二十八宿的15倍。从纯数学的角度讲，420是7、28和60这三个数的最小公倍数。六十甲子、二十八宿和七曜日在历本上是循环使用的，自身周期内又不重复，于是形成了七元甲子（420天）内各纪日干支和二十八宿间的固定对应关系。

对于"七元甲子",清朝人曾有过解说。《协纪辨方书》卷一(本原一)"二十八宿配日"条说:"《考原》(按,即《星历考原》,官修于清康熙年间)云:'日有六十,宿有二十八,四百二十日而一周。四百二十者,以六十与二十八俱可以度尽也。故有七元之说。一元甲子起虚,以子象鼠而虚为日鼠也;二元甲子起奎,三元甲子起毕,四元甲子起鬼,五元甲子起翼,六元甲子起氐,七元甲子起箕。至七元尽而甲子又起虚,周而复始。但一元起于何年月日则不可得而考矣。'"[1]对于七元甲子里各元之首日即甲子日所配二十八宿,如一元甲子日配"虚"等,若仅仅停留在文字表述上,便会觉得一头雾水。于是,我将一元到七元各甲子60日中,纪日干支与二十八宿的对应关系作了表格化处理(见本文表二《七元甲子表》),上引《星历考原》的内容便十分清楚了。在这七个表格的各甲子之间,干支是连续的,二十八宿也是连续的,每个甲子日所配星宿与《星历考原》也一一相合。这就是说,从理论认识上看,所言七元甲子里纪日干支与二十八宿间的对应关系是成立的。但是,仅作理论解说仍然不够,我们还必须用古代实用历本加以印证,才能最终确定其可考性。幸运的是,作为传世最早的官颁历本《南宋宝祐四年(1256)会天万年具注历日》[2],就含有相对完整的二十八宿注历,其各甲子日所注二十八宿情况如下:八月六日甲子注"虚",十月七日甲子注"奎",二月二日甲子注"翼",四月三日甲子注"氐",六月五日甲子注"箕"。由于一年不会有420天,所以见不到注"毕"和"鬼"的那两个甲子周期(宝祐三年和五年历日应该能见到)。作了这样的对照之后,我们可以确认,本文表二《七元甲子表》是能够成立的,是正确的。

明确了二十八宿与七曜日的对应关系、七元甲子里各个纪日干支与二十八宿的对应关系后,我们就可以对那两份敦煌残历日用二十八宿注历是否正确进行检验了。

---

[1] 李零主编:《中国方术概观·选择卷》(上),北京:人民中国出版社,1993年版,第98页。

[2] 任继愈总主编,薄树人主编:《中国科学技术典籍通汇·天文卷》第1册,郑州:河南教育出版社,1997年版,第691—704页。

  第一份是 S.2404《后唐同光二年甲申岁（924）具注历日并序》。①此历日由著名敦煌历法专家翟奉达"撰上"。历本首部稍残，但不严重，所以序言部分基本完整。但正文部分却仅存正月的一到四日（四日亦有残缺），以下全失。不过，就在这四日中，却有两日注了二十八宿：一日注"虚"，二日未注，三日注"室"，四日因残而不可知。最初，我未注意到这两处历注的意义，是法国汉学家华澜教授给我指出的，这里要向他致以深切的感谢。虽然二日未注，但在二十八宿中，"斗牛女虚危室壁"是北方玄武七宿，"虚危室"是连续的，所以，将一日与三日所注的"虚"和"室"理解为二十八宿是没有错误的，关键是看它正确与否。正月一日顶端注一"莫"字，是七曜日星期一的外来名字，也称太阴日或月曜日。而初一日的纪日干支是辛丑。查本文所附《七元甲子表》，辛丑日所注二十八宿是：一元注角，二元注柳，三元注轸，四元注房，五元注斗，六元注危，七元注娄，辛丑日无注"虚"者。但"虚"后一日即是"危"，也就是说，本历正月一日当注"危"（在六元辛丑日，星期一）而非"虚"，"虚"应注在同光元年（923）的除夕日（十二月二十九日或三十日）才是。本历日正月一日辛丑又注"莫"，查陈垣《廿史朔闰表》，该日合公元924年2月9日；再查《日曜表》，此日恰是星期一（莫）。这就再次表明，该历正月一日应注"危"而非"虚"，注"虚"错。进而言之，此历日以下各日所注二十八宿，若按照正确的标准，均应上提一日。

  第二份是国家图书馆藏 BD16365 号。此件为各自仅存5行和6行的两个小断片，分别属于历日的三月和四月。我曾考订该历的年代为唐乾符四年（877）。②后来赵贞先生对我所定年代表示怀疑。所以，必须先将该残历的准确年代加以确定，才能讨论其用二十八宿作注的正确与否。赵贞说：

  ① 释文见邓文宽：《敦煌天文历法文献辑校》，南京：江苏古籍出版社，1996年版，第374—382页。

  ② 邓文宽：《两篇敦煌具注历日残文新考》，载《敦煌吐鲁番研究》第十三卷，上海：上海古籍出版社，2013年版，第197—201页。

鉴于敦煌历的朔日与中原历常有一两日的误差，我们姑且以中原历四月壬申朔（相比中原历，敦煌历晚一日）为参照，检索《二十史朔闰表》，可知归义军时期有乾符四年（877）、后唐天福四年（939）和北宋景德三年（1006），均为四月壬申朔。以《日曜表》来复核，发现只有乾符四年的四月乙未是"蜜"日（公元877年6月9日）。邓文宽据此将BD16365定为《唐乾符四年丁酉岁具注历日》，这当然是对的。但不可否认，敦煌历日中还存在朔日干支比中原历朔早一日的情况，比如敦煌历四月癸酉朔，中原历甲戌朔，那么比照《二十史朔闰表》，可知归义军时期符合条件的年份有唐景福元年（892）、后汉乾祐二年（949）和宋大中祥符九年（1016）。同样以《日曜表》来复核，只有景福元年四月乙未（即公元892年5月21日）为蜜日，亦符合星宿的标注。据此，似乎也不能排除BD16365为《唐景福元年壬子岁（892）具注历日》的可能性。[①]

可见，在赵贞先生看来，这份残历日既可能是唐乾符四年（877）的，也可能是唐景福元年（892）的，从而其年代不再具有唯一性。赵贞先生研究残历时，主要关照的是两个要素：一是敦煌历日与中原历日的朔日有一到二日乃至三日的差别，二是相关日期能否与《日曜表》相合。诚然，就方法而言，考订残历年代时，关照上述两个要素是必须的，但又是不够的。历日虽残，但残存内容可能同时提供好几个有价值的信息。这些信息既是考订残历年代的条件和依据，同时所考订出的年代也要能让这些信息获得通解。学术规范要求，整理和研究出土文献时，要依次做到识字、释义和通文。我想这个原则在考订残历年代时同样适用。如果所定年代不能让残历日中的某些重要信息获得通解，那就说明这个年代一定是错的，不足采信。

---

① 赵贞：《国家图书馆藏BD16365〈具注历日〉研究》，载《敦煌研究》2019年第5期，第86—95页，引文见92页。

　　残历第二片二十日壬辰注有"芒种五月节小暑至"。首先需要说明的是，在中国古代的七十二个物候中，"小暑至"是"小满四月中"的第三候，"芒种五月节"的第一候是"螳螂生"，所以，此处将物候注为"小暑至"是错误的。根据残历现存的其他条件，我们已考出这一片为四月的历日，赵贞先生亦无异议。那么，为何"芒种五月节"却注在了四月二十日呢？中国古代的二十四节气，理论上农历每月含一个节气和一个中气，如"立春"正月节，"雨水"正月中，"芒种"五月节，"夏至"五月中，等等。但实际编在历本上时，"节气"（非中气）所在日期常常是在本月上半月和上月下半月之间游动。这是为什么呢？经验告诉我们，凡是将节气提前注在上月之下半月者，应该是在它不久前的几个月内曾置过闰月，否则就不会出现这种"错位"现象。残历"芒种五月节"注在四月二十日，就已提示我们，其前不久有过闰月。查陈垣先生《廿史朔闰表》[1]和张培瑜先生《三千五百年历日天象》[2]，中原历唐乾符四年（877）均是闰二月，癸酉朔；而景福元年（892）无闰月，再前一年即大顺元年（891）也无闰月，只是到景福二年（893）才闰五月，戊辰朔。如同敦煌历日的朔日与中原历有一到三日之差，敦煌历的闰月与中原历也常有一到二月之别。换言之，这件敦煌残历日所在的唐乾符四年（877）年初或再早一点也曾置闰，或在二月，或在二月前后的两个月内，这才是残历将"芒种五月节"注在四月二十日的真正原因。同理，乾符四年（877）中原历"芒种五月节"注在了四月十七日戊子（比敦煌历还早三日），也是因为该年有闰二月所导致。而景福元年（892）根本就不存在将"芒种五月节"注在四月二十日的前提条件（详前）。我们再查一下节气表，中原历景福元年（892）"芒种五月节"是在农历五月四日丁未[3]，比这份敦煌残历日所注的四月二十日晚了十四天，它们能是同一年的中原历和敦煌历吗？

　　综上可知，将这份敦煌残历的年代定在唐景福元年（892）无法自洽，

从而是错误的。残历的年代只能是唐乾符四年丁酉岁（877）。

在将残历年代确认之后，我们再去检验它用二十八宿作注正确与否。残历第二片现存状况是：四月二十日壬辰注井，二十一日癸巳注鬼，二十二日甲午注柳，二十三日乙未注星。其中二十三日合公元877年6月9日，是星期日。前已指出，在二十八宿与七曜日的关系中，房、虚、昴、星四日是星期日，所以二十三日注"星"是正确无误的。但我们将二十三日的纪日干支乙未与《七元甲子表》对照时，却发现了问题。在《七元甲子表》里，乙未日一元注壁，二元注昴，三元注井，四元注张，五元注亢，六元注尾，七元注女，无一日注"星"者。而甲午在乙未前一日，一元注室，二元注胃，三元注参，四元注星，五元注角，六元注心，七元注牛。残历二十三日注"星"，又是星期日，并不矛盾，错误出在纪日干支上。如果本日干支是甲午，即"二十三日甲午星"（见"四元甲子"甲午日），那就没有错误了。现存历日残片上甲午不在二十三日，而在二十二日，说明残历的干支有一日之误。

残历纪日干支有一日之误，这个错误是如何产生的呢？我推测有两种可能：一是抄历人抄写时看串了行，漏抄了某日的干支，结果是将后面各日干支提前了一日；另一种可能是，编历者相关知识不够，编历时本身就出了错误。而以第二种可能性为大。从上面的论述可知，若依照正确的标准，该历四月二十三日干支应为甲午，逆推可得，四月朔日在壬申，与中原历朔在同一日。

"七元甲子"是一项非常重要的历法知识，但以往学者们包括我本人均不够重视。本文复原出《七元甲子表》后，以它为工具，检验了两份敦煌残历日用二十八宿作注的正确程度，结果是均有错误。这两份残历特别是唐乾符四年（877）历日，是目前所见用二十八宿作注的最早资料，但将二十八宿引入历本作注时却出现了错误。这说明当时的编历者对"七元甲子"认识不足。也许当时人尚未认识到"七元甲子"那种严格的对应关系，甚至还没有"七元甲子"这个概念。但"七元甲子"本身是一种客观存在，后人用得多了，对它的认识加深了，自然也就不会再出现早期使用者的那些错误，这也正是人类认识提高的一般规律。这样理解，千余年后的我们，也就无由苛责古代那些编历先行者了。

表二 《七元甲子表》

（各纪日干支与二十八宿对应关系表，星期日在房、虚、昴、星四日）

一元甲子									
甲子 虚	乙丑 危	丙寅 室	丁卯 壁	戊辰 奎	己巳 娄	庚午 胃	辛未 昴	壬申 毕	癸酉 觜
甲戌 参	乙亥 井	丙子 鬼	丁丑 柳	戊寅 星	己卯 张	庚辰 翼	辛巳 轸	壬午 角	癸未 亢
甲申 氐	乙酉 房	丙戌 心	丁亥 尾	戊子 箕	己丑 斗	庚寅 牛	辛卯 女	壬辰 虚	癸巳 危
甲午 室	乙未 壁	丙申 奎	丁酉 娄	戊戌 胃	己亥 昴	庚子 毕	辛丑 觜	壬寅 参	癸卯 井
甲辰 鬼	乙巳 柳	丙午 星	丁未 张	戊申 翼	己酉 轸	庚戌 角	辛亥 亢	壬子 氐	癸丑 房
甲寅 心	乙卯 尾	丙辰 箕	丁巳 斗	戊午 牛	己未 女	庚申 虚	辛酉 危	壬戌 室	癸亥 壁

二元甲子									
甲子 奎	乙丑 娄	丙寅 胃	丁卯 昴	戊辰 毕	己巳 觜	庚午 参	辛未 井	壬申 鬼	癸酉 柳
甲戌 星	乙亥 张	丙子 翼	丁丑 轸	戊寅 角	己卯 亢	庚辰 氐	辛巳 房	壬午 心	癸未 尾
甲申 箕	乙酉 斗	丙戌 牛	丁亥 女	戊子 虚	己丑 危	庚寅 室	辛卯 壁	壬辰 奎	癸巳 娄
甲午 胃	乙未 昴	丙申 毕	丁酉 觜	戊戌 参	己亥 井	庚子 鬼	辛丑 柳	壬寅 星	癸卯 张

续表

甲辰翼	乙巳轸	丙午角	丁未亢	戊申氐	己酉房	庚戌心	辛亥尾	壬子箕	癸丑斗
甲寅牛	乙卯女	丙辰虚	丁巳危	戊午室	己未壁	庚申奎	辛酉娄	壬戌胃	癸亥昴

三元甲子									
甲子毕	乙丑觜	丙寅参	丁卯井	戊辰鬼	己巳柳	庚午星	辛未张	壬申翼	癸酉轸
甲戌角	乙亥亢	丙子氐	丁丑房	戊寅心	己卯尾	庚辰箕	辛巳斗	壬午牛	癸未女
甲申虚	乙酉危	丙戌室	丁亥壁	戊子奎	己丑娄	庚寅胃	辛卯昴	壬辰毕	癸巳觜
甲午参	乙未井	丙申鬼	丁酉柳	戊戌星	己亥张	庚子翼	辛丑轸	壬寅角	癸卯亢
甲辰氐	乙巳房	丙午心	丁未尾	戊申箕	己酉斗	庚戌牛	辛亥女	壬子虚	癸丑危
甲寅室	乙卯壁	丙辰奎	丁巳娄	戊午胃	己未昴	庚申毕	辛酉觜	壬戌参	癸亥井

四元甲子									
甲子鬼	乙丑柳	丙寅星	丁卯张	戊辰翼	己巳轸	庚午角	辛未亢	壬申氐	癸酉房
甲戌心	乙亥尾	丙子箕	丁丑斗	戊寅牛	己卯女	庚辰虚	辛巳危	壬午室	癸未壁
甲申奎	乙酉娄	丙戌胃	丁亥昴	戊子毕	己丑觜	庚寅参	辛卯井	壬辰鬼	癸巳柳
甲午星	乙未张	丙申翼	丁酉轸	戊戌角	己亥亢	庚子氐	辛丑房	壬寅心	癸卯尾

续表

甲辰箕	乙巳斗	丙午牛	丁未女	戊申虚	己酉危	庚戌室	辛亥壁	壬子奎	癸丑娄
甲寅胃	乙卯昴	丙辰毕	丁巳觜	戊午参	己未井	庚申鬼	辛酉柳	壬戌星	癸亥张

五元甲子									
甲子翼	乙丑轸	丙寅角	丁卯亢	戊辰氐	己巳房	庚午心	辛未尾	壬申箕	癸酉斗
甲戌牛	乙亥女	丙子虚	丁丑危	戊寅室	己卯壁	庚辰奎	辛巳娄	壬午胃	癸未昴
甲申毕	乙酉觜	丙戌参	丁亥井	戊子鬼	己丑柳	庚寅星	辛卯张	壬辰翼	癸巳轸
甲午角	乙未亢	丙申氐	丁酉房	戊戌心	己亥尾	庚子箕	辛丑斗	壬寅牛	癸卯女
甲辰虚	乙巳危	丙午室	丁未壁	戊申奎	己酉娄	庚戌胃	辛亥昴	壬子毕	癸丑觜
甲寅参	乙卯井	丙辰鬼	丁巳柳	戊午星	己未张	庚申翼	辛酉轸	壬戌角	癸亥亢

六元甲子									
甲子氐	乙丑房	丙寅心	丁卯尾	戊辰箕	己巳斗	庚午牛	辛未女	壬申虚	癸酉危
甲戌室	乙亥壁	丙子奎	丁丑娄	戊寅胃	己卯昴	庚辰毕	辛巳觜	壬午参	癸未井
甲申鬼	乙酉柳	丙戌星	丁亥张	戊子翼	己丑轸	庚寅角	辛卯亢	壬辰氐	癸巳房
甲午心	乙未尾	丙申箕	丁酉斗	戊戌牛	己亥女	庚子虚	辛丑危	壬寅室	癸卯壁

续表

甲辰奎	乙巳娄	丙午胃	丁未昴	戊申毕	己酉觜	庚戌参	辛亥井	壬子鬼	癸丑柳
甲寅星	乙卯张	丙辰翼	丁巳轸	戊午角	己未亢	庚申氐	辛酉房	壬戌心	癸亥尾

七元甲子									
甲子箕	乙丑斗	丙寅牛	丁卯女	戊辰虚	己巳危	庚午室	辛未壁	壬申奎	癸酉娄
甲戌胃	乙亥昴	丙子毕	丁丑觜	戊寅参	己卯井	庚辰鬼	辛巳柳	壬午星	癸未张
甲申翼	乙酉轸	丙戌角	丁亥亢	戊子氐	己丑房	庚寅心	辛卯尾	壬辰箕	癸巳斗
甲午牛	乙未女	丙申虚	丁酉危	戊戌室	己亥壁	庚子奎	辛丑娄	壬寅胃	癸卯昴
甲辰毕	乙巳觜	丙午参	丁未井	戊申鬼	己酉柳	庚戌星	辛亥张	壬子翼	癸丑轸
甲寅角	乙卯亢	丙辰氐	丁巳房	戊午心	己未尾	庚申箕	辛酉斗	壬戌牛	癸亥女

（原载《敦煌研究》2023年第5期，第1—7页）

莫高窟北区出土《元至正二十八年戊申岁（1368）具注历日》残页考

迄止2004年底，《敦煌莫高窟北区石窟》（以下简称《北区石窟》）全三卷出齐，提供了许多新资料，为"敦煌学"研究平添了不少内容，可喜可贺。其中第三卷刊有印本历日残页一小片。[1]据《北区石窟》介绍，此件残宽11.1厘米，残高11.2厘米，可知是很小的一块。然而据图版可知，此件属于版刻印本历日，且其左侧有竖条边框，知其为某一页历日靠近左侧的残存物。原件的确切年代未见有人考定，今据笔者所见，略加考证如后。

这里，我们先将原件文字加以释读。原《北区石窟》已有释文一份，我的释文若有区别，则以校记形式进行说明。原历日残失掉的日期干支等内容，今据残历自身条件进行推补。推补文字放入［］中，不出校记。

　　［前缺］

1. ［二十日丁巳土定］柳（1）　宜祭祀、临▢▢▢▢▢▢

2. ［二十一日戊午火执］星　宜祭祀、上官、赴▢▢▢▢▢▢

---

①　彭金章、王建军：《敦煌莫高窟北区石窟》第三卷，北京：文物出版社，2004年版。历日残片见图版三九，第464：5；释文见第81页。

3. ［二十二日己未］火（2）破张　宜祭祀、破屋▢▢▢▢▢▢

4. ［二十三日庚申］木危翼　昼三十九刻，夜六十一（3）［刻]。
▢▢▢▢▢

5. ［二十四日辛酉］木成轸　宜祭祀、解除、沐浴（4）
▢▢▢▢▢造

6. ［二十五日壬戌］水（5）收角　宜收敛货财、捕捉（6）、畋
猎、▢▢▢▢

7. ［二十六日癸］亥水开亢　宜祭祀、袭爵、受封、临政、亲
民、沐浴、治病▢▢▢▢

8. ［二十七日］甲子金闭氐　日入（7）申正三刻。宜祭祀、求
嗣、出行、沐浴、立券▢▢▢▢

9. ［二十八日］乙丑金建房　宜祭祀、解、安宅舍，忌出行
▢▢▢▢▢

10. 二（8）十九日丙寅火除心　宜袭爵（9）、受封、临政、亲
民、解除、会宾（10）▢▢▢▢

　　［后缺］

【校记】

（1）柳：原字残沥。《北区石窟》作▢，未识出。

（2）火：原字残沥。《北区石窟》作残文，未识出。

（3）一：《北区石窟》漏释，作残文。

（4）沐浴："浴"字残沥。《北区石窟》二字均作残文。

（5）水：原字残沥。《北区石窟》作▢，未识出。

（6）捕捉：《北区石窟》作"备▢"，误。

（7）氐日入：三字《北区石窟》作▢▢，未识出。

（8）二：原字残存下面一画，《北区石窟》识作"一"，非是。

（9）袭爵：《北区石窟》作▢▢▢，未识出。

（10）宾：原字残去下半，《北区石窟》作残文，未识出。

原历残存10行文字，每行内容多少不等。经补充缺文，可知其为某年某月二十至二十九日共10天的历日内容。因第二十九日左侧为竖条边框，又知该月为一小月。并由此推得残历朔日为戊戌，下月朔日为丁卯。

残历的月份。如上所述，残历是某月最后10天的内容。那么，它属于农历几月份呢？我们知道，干支纪日中的地支与建除十二客之间，在星命月份中有固定对应关系。[1]残历二十六日亥与开，二十七日子与闭，二十八日丑与建，二十九日寅与除相对应，表明此段历日在星命月十二月中，即在"小寒十二月节"之后不久。

但我们却不能简单地认为此页历日属于农历十二月。这是因为，我国传统农历自西汉《太初历》始，便以二十四节气注历。理论上每月有一个节气和一个中气，如"立春正月节"和"雨水正月中"。但节气在历日中的具体位置却在变化。原因在于，每个平气的日期为365.2422日÷24=15.218425日。两个节气（非中气）间就有30天还多。但在农历中，每月小月只有29天，大月至多30天，由此造成节气日期不能完全固定，需要用置闰的办法进行调节。这样，虽然我们依据建除与纪日地支间的固定对应关系确认残历是"小寒十二月节"后的一段，但仍不能认为残历就是十二月的。如果此前几个月内有过闰月，则此"小寒十二月节"就会提前注在十一月的下半月。那么，残历到底是农历十二月的还是十一月的呢？我们注意到，残历第4行（即二十三日）有"昼三十九刻，夜六十一刻"的历注。中国古代用百刻纪时制，夏至白昼长，六十刻，夜晚为四十刻；冬至夜晚长，六十刻，白昼为四十刻。残历上的昼夜时刻与冬至十分靠近，则我们就有理由认为它属于农历十一月份，而非十二月份。

残历的年代。前已考知，这份十一月的历日朔日为戊戌，且该月为小

---

[1] 邓文宽：《敦煌天文历法文献辑校》，南京：江苏古籍出版社，1996年版，第741页附录六《各星命月中建除十二客与纪日地支对应关系表》。

月；下月即十二月朔日为丁卯。我们以此与张培瑜教授《三千五百年历日天象》①一书的朔闰表进行对照，在公元960至1910年的范围内，相合者有公元1120年、1244年、1311年、1368年、1554年、1678年共6个年份。换言之，残历年代应在此6年中加以寻求。

以往我在考定残历年代时，最后确定年代的手段便是"蜜"日（星期日）注，而本残历未见有"蜜"日注。不过，本历日却有二十八宿注历，是可以被我们间接加以利用的。我们知道，古代七曜日的次序是：日、月、火、水、木、金、土。同时又知道，二十八宿中的"角宿"是东方七宿的首宿，东方在五行中又属于"木"（"东方甲乙木"），则"角"宿注历时必须与七曜日的"木"日相对应。又由于二十八是七的整四倍，所以用于注历的二十八宿与用于注历的七曜日间便有了下列固定对应关系：

七曜日	木	金	土	日	月	火	水
二十八宿	角	亢	氐	房	心	尾	箕
	斗	牛	女	虚	危	室	壁
	奎	娄	胃	昴	毕	觜	参
	井	鬼	柳	星	张	翼	轸

显然，房、虚、昴、星四宿所在的日期属于日曜日，亦即"蜜"日或星期日。

残历二十八日历注为"房"宿，则知某年农历十一月二十八日为星期日。往上推，便知本月二十一日、十四日、七日均为蜜日。我们将这一结果与前述6个可能的年份加以对照，发现仅公元1368年，即元至正二十八年农历十一月七日是蜜日，其余5年全不相合。公元1368年农历有闰七月，十一月朔日戊戌，合西历12月11日，初七日干支甲辰，合西历12月

① 张培瑜：《三千五百年历日天象》，郑州：河南教育出版社，1990年版。

17日。查陈垣先生《廿史朔闰表》后面所附《日曜表》,此日恰为星期日。残历年代为元至正二十八年戊申岁(1368)得以最后确定。

我们将此件定为元代残历,与学者们认为此件所出的莫高窟北区第464窟最晚时代属于元代①,亦相吻合。

最后,我们拟对残历所注昼夜时刻再略作说明。残历第4行(二十三日)注有"昼三十九刻,夜六十一刻"。这该如何理解呢?《元史·历志一》"昼夜刻"云:

> 春秋二分,日当赤道出入,昼夜正等,各五十刻。自春分以及夏至,日入赤道内,去极浸近,夜短而昼长。自秋分以及冬至,日出赤道外,去极浸远,昼短而夜长。以地中揆之,长不过六十刻,短不过四十刻。地中以南,夏至去日出入之所为远,其长有不及六十刻者;冬至去日出入之所为近,其短有不止四十刻者。地中以北,夏至去日出入之所为近,其长有不止六十刻者;冬至去日出入之所为远,其短有不及四十刻者。今京师冬至日出辰初二刻,日入申正二刻,故昼刻三十八,夜刻六十二;夏至日出寅正二刻,日入戌初二刻,故昼刻六十二,夜刻三十八。盖地有南北,极有高下,日出入有早晏,所以不同耳。②

细读这段文字,便可知道,此历是以当时京师(元大都,今北京)昼夜时刻为准的。冬至时,白昼三十八刻,夜晚六十二刻。残历已过去冬至一些日子,故昼刻加长为三十九,夜刻减短为六十一了。

有关元代的历日,此前在黑城出有元至正二十五年(1365)印本历日残页。③我们从莫高窟北区看到的本件残历,比黑城所出者仅晚三年。将两份印本残历的图版加以比较,觉得版式、字痕、内容都很相近,它们同

---

① 彭金章、王建军:《敦煌莫高窟北区石窟》第三卷,北京:文物出版社,2004年版,第108页。
② 《元史·志第四·历一》。见标点本《元史》,北京:中华书局,1976年版,第1150页。
③ 张培瑜:《黑城新出天文历法文书残页的几点附记》,《文物》1988年第4期,第91—92页。

属于元朝末年的历日，而且是郭守敬所编《授时历》的实行历日，这对我们认识元历的真面目颇有帮助。

（原载《敦煌研究》2006年第2期，第83—85页）

跋日本"杏雨书屋"藏三件敦煌历日

　　20世纪80年代初，当我着手进行敦煌天文历法文献整理与研究时，首先要做的事，是尽可能地从敦煌文献目录中将有关号码选出。当时就注意到《敦煌遗书总目索引》所收《敦煌遗书散录》第0229号著录为《本草（背写历日）》，第0230号著录为《戊寅年历日》。①由于编在《李氏鉴藏敦煌写本目录》，可知此二件历日曾经被德化（今江西九江）李盛铎收藏。但当时不知这批藏品的下落，所以《敦煌天文历法文献辑校》②一书未能收录，实是憾事。

　　2010年4月，在浙江大学召开的敦煌学国际会议上，日本学者高田时雄教授介绍了羽田亨收藏的敦煌文献（即"杏雨书屋"藏品）的出版情况，方广锠教授也做了相应的补充发言。不久前，我到中国国家图书馆敦煌吐鲁番资料中心去查资料，终于看到了已经出版的《敦煌秘笈》影片册一和二③及全部羽田亨藏品七百余号的目录一册。浏览所及，三件敦煌历日赫然在册，而且从其所钤"李盛铎印"获知，此即《敦煌遗书散录》第0229、0230所著录者！石室秘宝在沉睡了近百年之后重见天日，我怎能不为之三呼"万岁"！现在对这三件敦煌历日进行研究，将相关认识书录于后。至于其释文，这里不再一一录出，我将刊布于浙江大学古籍所编集的

---

　　① 《敦煌遗书总目索引》，北京：商务印书馆，1962年版，第318页。
　　② 邓文宽：《敦煌天文历法文献辑校》，南京：江苏古籍出版社，1996年版。
　　③ [日]武田科学振兴财团、杏雨书屋编：《杏雨书屋藏敦煌秘笈》，大阪：武田科学振兴财团，2009年版。

《敦煌文献合集·子部·天文历法卷》。①

一 《宋乾德三年乙丑岁（965）具注历日》

　　本件与写在它后面的另一件共同组成《敦煌遗书散录》第0230号。《敦煌秘笈》影片册一则标号为"羽041V"，且题名为"戊寅年历日"。② 严格说来，这是不准确的。这一号码共包含两项内容，前者即《宋乾德三年乙丑岁（965）具注历日》，紧随其后的才是"戊寅年历日"草稿。为加区别，我将《宋乾德三年乙丑岁（965）具注历日》标为"羽041V（一）"，将"戊寅年历日"草稿标为"羽041V（二）"。

　　"羽041V（一）"原钤"李盛铎印"一方。历日残存九月十九日至十月二十九日，其内容格式与P.3403《宋雍熙三年丙戌岁（986）具注历日一卷并序》相仿佛，属于"繁本历日"一类。九月虽仅存十二日，但十月却从月序到月末都是完整的。由"十月小，建丁亥"，反推回去，知正月月建为戊寅。根据S.0612背"五子元例正建法"，其对应的年天干应当是乙或庚（"乙、庚之岁戊为头"）。又由十月九宫图为五黄居中，反推回去，知正月九宫图亦是五黄居中，对应的年地支为丑、未、辰、戌。③将上述所得年天干和年地支相配，可得乙丑、乙未、庚辰、庚戌，这四个干支年份便是残历自身可能的年代。再由残历所记并推得：该历九月大，[戊辰朔]；十月小，戊戌朔；十一月 [?]，[丁卯朔]。以此三个月月朔与前述四个干支年份对照，在陈垣先生《廿史朔闰表》上786年（吐蕃占领敦煌之始）至1002年的范围内相对照，与宋乾德三年（965）相近似。以往我们在最后确定残历的年代时，要利用"蜜"日注。此件残历无蜜日注记，故尔尤从利用。但残历十月五日壬寅注"立冬十月节"，却是一个有

---

① 许建平主编：《敦煌子部文献汇辑集校》，将由中华书局出版。
② ［日］武田科学振兴财团、杏雨书屋编：《杏雨书屋藏敦煌秘笈》影片册一，大阪：武田科学振兴财团，2009年版，第279页。
③ 参邓文宽：《敦煌天文历法文献辑校》，南京：江苏古籍出版社，1996年版，第746页附录——《年九宫、正月九宫与年地支对应关系表》。

价值的信息。既往的经验告诉我们，敦煌本地历日与同年中原历日朔日多有一二日乃至三日的差别，但干支却连续无误。而中古时代，二十四节气仍用平气，每气间隔15.218425日，是一个基本的天文常数。所以敦煌历与中原历节气所在日期亦不会相差太远。查张培瑜教授《三千五百年历日天象》[1]一书，宋乾德三年（965）中原历立冬在十月六日壬寅，与敦煌历干支相同，日期则晚一日，完全合乎常理。由此，我们有理由将这件残历定名为"宋乾德三年乙丑岁（965）具注历日"。这也说明，《敦煌秘笈》影片册一定名"戊寅年历日"是无法将此件涵盖进去的。

此外，我们注意到，S.5494为"乾德三年（965）具注历日"封题，年代与本件一致。但此封题是否就属于本件历日，疑不能定，故此仍分别处理。

二 《宋太平兴国三年戊寅岁（978）历日》草稿

"羽041V（二）"紧随"羽041V（一）"书写，且两件字迹相同，知为同一人所抄写。为何前件只抄到十月底，而不抄十一、十二两月历日，却立即改抄本件历日草稿，今已无法详知。

此件尾残，存26行文字，前20行完整，后6行尤其是后5行上部残失较多。原件开头为"戊寅年二月十九日酉破"，此下基本遵循这一格式，只写每日的地支和建除十二客，别的内容不具。这种写法，在敦煌历日中是首次见到。为何不从岁首或二月一日开抄，而是从二月十九日写起，今亦无从知晓。从现存内容可以看出，建除十二客排列的基本规则之一——节气所在之日（即"星命月"的第一日）所注建除要重复其前日一次，并未遵循，而是将建除十二客连续分配于每日之下。这当然是错误的。但由二月十九日地支和其余各月一日纪日地支，我们可以获知：二月朔日地支为卯，三月酉，四月寅，五月申，六月丑，七月午。

---

① 张培瑜：《三千五百年历日天象》，郑州：河南教育出版社，1990年版，第256页。

在从公元786年至1002年的范围内，共有四个戊寅年，即唐贞元十四年（798）、唐大中十二年（858）、后梁贞明四年（918）和宋太平兴国三年（978）。根据陈垣先生《廿史朔闰表》，公元798年中原历二月壬子朔，比敦煌历早三日；该年中原历闰五月，此件历日无闰月，故此年应当先予排除。858年中原历二月甲子朔，其纪日地支亦早本件敦煌历三日，但中原历闰二月，本件历无闰月，故此年亦在排除之例。918年中原历二月甲辰朔，本件历朔在卯日，比中原历地支早一日。再往前看，中原历正月是乙亥朔。如果敦煌历正月朔日亦在乙亥，二月朔日又在卯日，则正月只有二十八天，显然是不可能的。当然，敦煌历正月朔日也可能不是乙亥，而是甲戌，若此，则正月即为二十九天。这就是说，公元918年是其年代可能者之一。我们再看978年。该年中原历二月丙辰朔，本件敦煌历朔在卯日，早一日。中原历正月朔日丙戌，距干支乙卯正好二十九天，是一个小月。当然，该年敦煌历正月朔日也可能不是丙戌。换言之，公元918年与978年这两个戊寅年均在可选之例。不过，我们注意到，同一抄手写在此件之前的残历日是公元965年的，这就增加了本件是978年的可能（比前份残历晚13年）。而918年距残历已过去了47年，可能性偏小。据上所论，我们定此件为《宋太平兴国三年戊寅岁（978）历日》草稿。

敦煌文献S.0612为《宋太平兴国三年戊寅岁（978）应天具注历日》，是一件来自中原王朝的官历。经推算，该历正月朔日丙戌，与《廿史朔闰表》相同，其余月份未详。而本件历日草稿显非来自中原，而是敦煌当地历日编纂者使用的。如果敦煌历正月朔日亦在丙戌，则可推得：正月小，丙戌朔；二月大，[乙卯朔]；三月小，[乙酉朔]；四月大，[甲寅朔]；五月小，[甲申朔]；六月小，[癸丑朔]；七月[?]，[壬午朔]。与同年中原历相比较，敦煌历二月、四月、五月、六月朔日各早一日，七月朔日早二日。

三 年次未详具注历日抄

此件"杏雨书屋"编号为"羽040V"，亦即《敦煌遗书散录》之0229

号。所存历日系由完本历日摘抄而来，而非完整的具注历日。原件前部已残，历日双栏书写。现存上栏前半部分为七月历日，后半部分为九月的前十日，下栏为八月历日。七月历日存十五日至廿九日，八月历日存十三日至卅日。那么，其月份是如何确定的呢？我们注意到上栏前半段在"廿三日乙卯水破"下注有"八月节"，下栏在"廿四日乙酉水闭"下注有"九月节"。我国自汉武帝太初元年（前104）颁行《太初历》起，开始用二十四节气注历。理论上说，每月都有一个节气和一个中气，如"立春正月节"和"雨水正月中"，"惊蛰二月节"和"春分二月中"。①但当时使用平气。一个回归年365.2422日，平均每个节气间隔15.218425日，两节间便有30日还多。可是，一个朔望月仅有29.5306日，全年12个月共有354天或355天，于是必须置闰。可是节气安排仍是那个15天多一节或一气。这样，节和气在历本上的日子便不固定了。节气（非中气）在每年的历本上，既可能在其理论上应在的月份，或者一遇闰月，便被提前到上个月的下半月，如本件残历日所见八月节注在七月廿三日，九月节注在八月廿四日。之所以如此，是由于几个月前曾有过闰月的结果，过几个月才会与其本来应在的月份相对应。这正是我们将残历定为七、八、九月的根据。

还需指出的是，九月四日起，日序早写了一日，当予纠正。

根据残历现存内容，可以推得：七月小，[癸巳朔]；八月大，[壬戌朔]；九月 [？]，[壬辰朔]。但因条件太少，其准确年代尚难确定。

（原载黄正建主编《中国社会科学院敦煌学回顾与前瞻学术研讨会论文集》，上海：上海古籍出版社，2012年版，第153—156页）

---

① 汉代雨水和惊蛰位置互换。

两篇敦煌具注历日残文新考

我自1983年起，开始着手敦煌天文历法文献的整理与研究，迄今已经过去了29年。虽说也曾在其他分支学科有所涉足，但主要精力还是投入在天文历法方面。单从整理的角度而言，由于当年使用的照片质量欠佳，多有令人扼腕或英雄气短之处。敦煌历日文献的大部分已被伯希和携去，现藏法国国家图书馆。2000年，我到法国巴黎高等研究实验学院做访问学者，有机会从法国国家图书馆将原件调出，逐字加以核对，并做了记录。近年来，受张涌泉、许建平二教授的垂爱，为他们做《敦煌文献合集·子部·天文历法卷》的整理工作，得到机会将旧作加以修订。这期间，我除了改正自己的错误，也发现了他人的错误或不达一间之处，或者又有新的历日资料被发现。这里写出两篇考证文字，以飨读者。

一　法藏P.3054 pièce 1残历的年代

这是一件只存10行文字的具注历日残片，当年编撰《敦煌天文历法文献辑校》时，我是当作"年次未详历日残片"来处理的。原件模糊不清，释读极为困难，因此，此件当年的释文让我颇不满意。2000年10月9日，我从法国国家图书馆将原件调出，逐字辨识，虽然还有七八个字认不出来，但多数基本获得了正确释读，为研究工作打下一个好的基础。

如前所述，我原来认为已知条件有限，准确年代难于考订。本次重新

整理，经过努力，竟考出了其准确年代，即唐乾符三年（876）的具注历
日。

原件前缺，现存10行主要为年历总序的部分文字，以及正月月序的
一部分内容。其中重要的信息有：年为八宫，正月为二宫，正月初三立
春，全年十二个月的月大小和太阴日受岁。我们正是要凭借这些已知的条
件，结合必要的中古历法知识，将其准确年代考证出来。

我们知道，敦煌当地具注历日的最大时限范围是公元786年（吐蕃占
领敦煌之始）至1002年。从陈垣先生《廿史朔闰表》上查出，在这一时
限范围内，年为八宫、正月为二宫的年份共有二十四个，即：公元795年
乙亥、804年甲申、813年癸巳、822年壬寅、831年辛亥、840年庚申、
849年己巳、858年戊寅、867年丁亥、876年丙申、885年乙巳、894年甲
寅、903年癸亥、912年壬申、921年辛巳、930年庚寅、939年己亥、948
年戊申、957年丁巳、966年丙寅、975年乙亥、984年甲申、993年癸巳、
1002年壬寅。

本件历日正月初三立春，而993年的敦煌历日已经存在，且立春日为
正月初六，[1]故993年当先排除。中古时代，历法普遍使用平气，每气间
隔15.218425日，这是一个基本的天文常数。敦煌历日与中原历日干支虽
有一到二日乃至三日之差，但节气日所差不会太远。因此，我们要看哪些
年立春日与本历立春日相差太远，先将其加以排除。经在张培瑜教授《三
千五百年历日天象》[2]一书上寻检，下列年份的立春日是：804年上年十二
月十六日立春，813年上年十二月二十六日立春，831年上年闰十二月十
五日立春，840年上年十二月二十四日立春，858年正月十四日立春，867
年上年十二月二十三日立春，885年正月十二日立春，894年上年十二月
二十一日立春，912年正月十一日立春，921年上年十二月二十日立春，
930年上年十二月二十九日立春，939年正月初九立春，948年上年十二

① P.3057，释文见邓文宽：《敦煌天文历法文献辑校》，南京：江苏古籍出版社，1996年版，第664—667页。

② 张培瑜：《三千五百年历日天象》，郑州：河南教育出版社，1990年版。

十九日立春，957年上年十二月二十八日立春，975年上年十二月十七日立春，984年上年十二月二十七日立春，1002年上年闰十二月十五日立春。这17个年份立春日与残历正月三日立春均相差太远，亦在排除之列。至此，可能的年份只剩公元795、822、849、876、903、966共六个年份了。

残历告知了全年十二个月的月大小，没有闰月。一般来说，敦煌历日与中原历闰月或在同月，或相差一个月，至多两个月。而我们从《三千五百年历日天象》上看到：795年农历闰八月，822年闰十月，849年闰十一月，966年闰八月。故这四个年份亦当排除，至此，只余公元876和903两年是可选年份了。

先看公元903年癸亥岁。残历明确告知该年"正月小"。敦煌文献P.3017《金字大宝［积］经内略出交错及伤损字数》题记云："天复三年岁次癸亥（903）二月壬申朔二十三日……"二月朔日壬申，正月又是小月，则正月朔日必是癸卯。查《廿史朔闰表》，中原历同月朔日亦是癸卯，说明903年敦煌历与中原历正月朔在同一日，也就是同在癸卯日"受岁"。残历的表述则是"太阴日受岁"，即正月朔日是星期一。该癸卯日合公元903年2月1日。然而查《日曜表》，此日却是星期二，即七曜日的"云汉火直日"，而非"太阴日"（月曜日）。这一矛盾说明，残历日不是唐天复三年癸亥岁（903）的历日，唯一的选择只有唐乾符三年（876）了。

我们从陈垣先生《廿史朔闰表》上看到，唐乾符三年（876）中原历朔日己卯，合西历公元876年1月30日。查《日曜表》，此日恰为星期一，即七曜日的"月曜日"（太阴日）。反之，亦可获知，敦煌历该年"受岁日"（正月朔日）与中原历亦在同日，即己卯日。

至此，残历的年八宫，正月二宫，正月三日立春（同年中原历亦在正月三日立春），太阴日受岁，与唐乾符三年完全吻合。换言之，唐乾符三年是该历日残文准确年代的唯一选择。

在前述考察中，已知正月朔日是己卯，残历又告知了全年十二个月的大小，从而推知：正月小，［己卯朔］；二月大，［戊申朔］；三月小，［戊寅朔］；四月大，［丁未朔］；五月大，［丁丑朔］；六月小，［丁未朔］；七月大，［丙子朔］；八月大，［丙午朔］；九月小，［丙子朔］；十月大，［乙巳朔］；十一月小，［乙亥朔］；十二月大，［甲辰朔］。与同年中原历相比较，敦煌历二、三、四月朔日各早一日，六、八、九、十、十一月朔日各迟一日。

至此，我们不仅考出了残历的准确年代，而且又考出了全年各月的朔日。在前述考证的基础上，我们将此件定名为"唐乾符三年丙申岁（876）具注历日一卷并序"。

关于该历日残文的年代，此前曾有两位外国学者发表过意见。法国远东学院华澜博士曾怀疑该历的年代是公元876年，但他加了问号，表示尚不确定。[①]此外，我们也未见到他的考证程序。另一位是日本学者西泽宥综先生。西泽先生在其大作《敦煌历日综论——敦煌具注历日集成》（下卷）[②]刊布了他的释文，且定为《唐天复三年癸亥岁（903）历日》。他也是先筛选出公元876年和公元903年这两个年份。在最后判断时，他注意到与该残历同卷的《开蒙要训》背面有二十几行断续的记事，内有"癸亥年十月廿九日"一条，纪年与天复三年（903）相合，从而形成了他的按断。但P.3017题记中的"天复三年岁次癸亥二月壬申朔"这一关键性的资料却被忽略了，从而误将该历日的年代定为唐天复三年（903）。

附带言及，本件历日释文相当困难。我虽然对照过原件，比西泽宥综先生的释文有所提高，但提高得也很有限。这里，我谨向西泽先生表示深深的敬意。

二　中国国家图书馆藏BD16365残历的年代

此件现藏中国国家图书馆，系首次刊布。在撰写此文之前，我尚未知

---

① ［法］华澜：《敦煌历日探研》，载《出土文献研究》第七辑，上海：上海古籍出版社，2005年版，第196—253页。对本件残历年代的见解见第200页。

② ［日］西泽宥综：《敦煌历日综论——敦煌具注历日集成》，2006年，日本东京"自家版"，第11—14页。

晓，是由方广锠教授告知的。因此，我先要向方教授表示深切的谢意。原件现存两个断片：1至5行为第一断片，6至11行为第二断片。第一片中，纪日地支与建除即辰与建、巳与除、午与满、未与平相对应，知其属于三月的一段历日。①戊午日注"望"，知此日为十五日或十六日。由此可推得，三月朔日为癸卯或甲辰。第二片亦失日期，但10行乙未日之人神流注为"在肝"，则此日必是二十三日。②由此可将此日前后日序补出。又由建除十二客与纪日地支之对应关系，知此6天历日均在"星命月"之四月。又由"芒种五月节"注在四月廿日，知此前不久发生过闰月，致使节气提早进入上月之下半月，则此六天历日为四月十九日至二十四日者。由二十三日干支乙未，可推得四月朔日为癸酉。以三、四两月朔日，与《廿史朔闰表》对照，同唐乾符四年（877）相近似。残历虽不见"蜜"日注，但却有二十八宿注历。根据七曜日与二十八宿的固定对应关系，房、虚、昴、星四日必在蜜日。残历四月廿三日注"星"，则此日当为蜜日。往前推，四月十六日、九日、二日（甲戌）均为蜜日。此月二日合公元877年5月19日，查《日曜表》，恰为星期日，从而可确认此历为唐乾符四年（877）具注历日。与同年中原历日相比较，敦煌历四月朔迟一日。

残历3行所注"辟夬"、9行所注"侯大有内"，属于中国古代的"卦气"注历；各日宜忌用事下的九、八、七、六、五、四、三、二、一等数字，属于"日九宫"。这些内容除在S.2404《后唐同光二年甲申岁（924）具注历日并序》正月前三日见到外，其余各历均未曾见。尤其是倒数第三项（即日九宫下）各日所注二十八宿，更是弥足珍贵。在既往的研究史中，天文史学家们普遍认为，二十八宿注历是为了"演禽术"的需要，从南宋才开始出现的。而在敦煌历日中，不仅在同光二年（924）具注历日中看到有三天二十八宿注历（三日后全残），现在又将这个年代提前了四

---

① 参见邓文宽：《敦煌天文历法文献辑校》，南京：江苏古籍出版社，1996年版，第741页附录六《各星命月中建除十二客与纪日地支对应关系表》。

② 邓文宽：《敦煌天文历法文献辑校》，南京：江苏古籍出版社，1996年版，第744页，附录九《逐日人神所在表》。

十八年，本历的学术价值由此可见一斑。

当年在编著《敦煌天文历法文献辑校》一书时，我尚未见到本件残历。又因S.P.6号本身错误很多，因此我曾怀疑印本《唐乾符四年丁酉岁（877）具注历日》并非来自中原，很可能是某位翟姓制历者根据中原历日改编而成的。①本篇乾符四年（877）写本历日的出现，证明我早期的认识是错误的。现在可知，唐乾符四年（877）敦煌使用的仍是当地自编的写本历日；而同年那个印本中原历日，是后来翟奉达从某种途径获得并作为制历参考使用的。

（原载《敦煌吐鲁番研究》第十三辑，上海：上海古籍出版社，2013年版，第197—201页）

---

① 邓文宽：《敦煌天文历法文献辑校》，南京：江苏古籍出版社，1996年版，第225—226页。

"吐蕃纪年法"的再认识

吐蕃民族的历史，始终是"敦煌学"研究的重要课题之一。这不仅因为从公元786年（唐贞元二年）至848年（唐大中二年）吐蕃是敦煌的统治民族，而且这段时间及其前后的历史包含着丰富的汉藏文化交流融合的内容。其中关于吐蕃民族的纪年方法，一直是学者们关注的问题之一。当年在编撰《敦煌学大辞典》时，我曾负责撰写了"吐蕃纪年法"词条，原表述是：

> 吐蕃统治敦煌时期的纪年方法。自唐初起，吐蕃王朝同中原王朝间来往密切，汉族的医药、历法等知识传入今西藏地区。吐蕃统治者积极吸收汉族传统的干支纪年法，但亦有所改变。自唐贞元二年（786）至大中二年（848），吐蕃贵族一直是敦煌的统治民族。这一时期，除当地汉人自编历日仍在使用干支纪年法外，吐蕃统治者使用一套具有民族特色的纪年方法。其具体方法是：汉族的十干变成木、火、土、铁、水并各分阴阳，仍具十数；汉族的十二地支以相应的十二生肖相替代，二者相配，仍得六十周期的纪年方法，与汉族六十甲子的对应关系如表：（今略）。本表读法是：吐蕃的"木阳鼠年"即相当于汉族的"甲子"年；"木阳狗年"即相当于汉族的"甲戌"年，其余类同。[1]

---

[1] 季羡林主编：《敦煌学大辞典》，上海：上海辞书出版社，1998年版，第464页。

这里我首先要做检讨的是，表中的"木阳""木阴"等，均当改作"阳木""阴木"等。《辞典》出版不久，我就发现了这个错误，当即通知副主编严庆龙先生，要求在再印时更正（已更正）。同时，吐蕃民族的纪年方法，除了上述词条的表述外，还应加上直接用十二地支或十二生肖纪年。这也是应该体现在词条里的，我却未写进去，当是失误。

显然，对于吐蕃这种纪年方法，我认为是他们积极吸收汉族的干支纪年法并加以改造的结果，这套方法用于纪年始于吐蕃民族。

不久前，李树辉先生对上述词条的表述提出了质疑。李先生在《敦煌研究》2006年第1期发表了《"阴阳·五行·十二兽相配纪年法"非吐蕃所创》一文（以下简称"李文"）。其主题思想是："阴阳、五行和十二地支均为汉族传统文化。汉文、粟特文和回鹘文文献的记载也表明，'阴阳·五行·十二兽（地支）相配纪年法'为汉族道家所创，是汉族僧侣所习用的纪年形式。如若根据创制者和最初的使用者命名，可称之为'汉族僧侣纪年法'，而不宜称作'吐蕃纪年法'。"[1]

李文的发表引起我的重视。为了探求学术真理，我又查阅了大量书籍，并求教了有关专家。最终的看法是，李文的基本观点难于立论，这一套纪年方法仍当称作"吐蕃纪年法"。

李文立论的主要根据有两个方面。其一为，"该纪年法至晚自5世纪后半叶开始，便为敦煌和高昌的汉人所使用，且一直使用到唐初"。为证实这一论点，李文举证了吐鲁番文书中的9条资料，时间自公元423年至622年，涉及的干支有：423年水亥岁（癸亥岁）、443年水未年（癸未年）、543年水亥年（癸亥年）、493年水酉年（癸酉年）、483年水亥年（癸亥年）、573年水巳岁（癸巳岁）、583年水卯岁（癸卯岁）、623年水未岁（癸未岁）。毫无疑义，以上各例纪年干支均由改"癸"为"水"形成。对此，李文解释道："以上纪年中的'水'字，学者们多认为系因避北魏

---

① 《敦煌研究》2006年第1期，第72页"内容摘要"。以下凡引李文不再作注。

道武帝拓跋珪名讳由'癸'字而改（'癸''珪'同音），五行说'壬癸为水'，故改用'水'字。这种纪年形式虽肇始于北魏，因避讳而为，但可视为'阴阳·五行·十二兽相配纪年法'的间接证据。"

这里，李文存在着论证方法的不足和逻辑缺失问题。

作者认为北魏因避道武帝拓跋珪名讳，据"壬癸为水"改"癸"为"水"，是可以成立的。但由此认为，这种改字"可视为'阴阳·五行·十二兽相配纪年法'的间接证据"，便走得太远了。我们知道，在中国古代阴阳家那里，方位、干支、五行、五音相配时有如下关系：东方甲乙木（角音），南方丙丁火（徵音），中央戊己土（宫音），西方庚辛金（商音），北方壬癸水（羽音）。这种配合关系，就传世文献来说，至晚在《淮南子·天文训》中已有记载[1]；就出土资料来说，约在公元前278年至前246年间形成的睡虎地秦简《日书》中也有部分反映[2]。也就是说，将天干分为五组，每组两个，与五行（木、火、土、金、水）相配，早在战国秦汉时即已存在。而我们现在要讨论的问题是，这种我称之为"吐蕃纪年法"的纪年方法里，用以代替十干者，是将五行各分阴阳而成的。这里特别重要的是将五行各分阴阳用以代替十干。但李文所举的资料至多只能证明中国古代十干与五行的简单配合关系，并在北魏避讳时曾加应用，丝毫不见五行各分阴阳用以代替十干的踪影。同时，"吐蕃纪年法"又用十二生肖代替十二地支，在作者所举9条材料中，连一点蛛丝马迹也没有。可是作者却说，这是他所认为的"'阴阳·五行·十二兽相配纪年法'的间接证据"。作者所用资料不能应对他的立论命题，这不免使我感到十分遗憾。

李文立论的第二组资料依据是敦煌吐鲁番所出具注历日。李文说："敦煌吐鲁番文献中保存有大量的历书，许多当地编撰的历书都采用的是'日期、大十、地支、五行、建除十二客'相配的方法……其中有5点颇值得注意……五行名均依次使用了两次，正与回鹘和吐蕃使用的'阴阳·五行·十二兽相配纪年法'相合……"李文进一步设问并论证说："敦煌、

---

[1] 陈广忠：《淮南子译注》，长春：吉林文史出版社，1990年版，第108页。
[2] 见李零主编：《中国方术概观·选择卷》（上），北京：人民中国出版社，1993年版，第62页。

吐鲁番汉文文献中是否有直接使用'阴阳·五行·十二兽（地支）相配纪年法'的材料呢？编号为S.2506、P.2810a、P.2810b、P.4073、P.2380的5件文书的内容，为唐代与《庄子》并重非常流行的道经《文子·下德篇》及写经题记；B面为《唐开元九年（721）至贞元四年（788）大事记》……这5件文书不仅全使用了这一纪年方法，五行名世（字？）连续使用了两次，而且连续记载了唐开元九年至贞元四年64年间的大事。"为了进一步支持自己的观点，李先生又举王国维对S.2506的论述："每年下纪甲子名及所属五行。盖占家所用历，以验祸福者，非史家编年书也……"李文接着说："称其为'占家所用历'，与笔者的观点正相吻合。5件文书A面的内容正是道教的经典《文子·下德篇》，且写经题记也明确表示，进行初校、再校、三校的人为'道士'。笔者推测，该纪年法为道家所创，并为敦煌、吐鲁番地区（亦可能为全国）的道家所沿用。自河西陷蕃，当地同中原王朝的联系被阻断后，该纪年法便与翟奉达、翟文进、王文君、安彦存等人编撰的历书同时为民间所采用。"

读完李文的上述内容，我心情不免有几分沉重。因为，不论是国学大师王国维，还是该文作者李树辉先生，都将代替天干的五行和代替五音的五行混为一谈了。

在敦煌吐鲁番所出的数十件中古具注历日中，每天纪日的那一栏中，一般由"日序加干支（不是李文所说的'天干加地支'，而是一个完整的'纪日干支'）加纳音加建除"组成，其中"纳音"原应为宫、商、角、徵、羽，但却用土、金、木、火、水分别加以替代。李文所举的S.2506号纪年干支加"五行"实际也是该干支与其对应的"五音"配在一起，而非干支与"五行"配合的结果。宋人沈括曾解释说："六十甲子有纳音，鲜原其义。盖六十律旋相为宫法也。一律含五音，十二律纳六十音也。凡气始于东方而右行，音起于西方而左行，阴阳相错，而生变化。所谓气始于东方者，四时始于木，右行传于火，火传于土，土传于金，金传于水。所谓音始于西方者，五音始于金，左旋传于火，火传于木，木传于水，水传于土。"①清儒钱大昕在《潜研堂文集》卷三"纳音说"中也有详明的解说，兹不详具。我曾将敦煌文献中的"六甲纳音"绘为一表②，亦可参看。而李文所举S.2506等五件文书中的纪年干支所配"五行"，正是"六甲纳音"。

我们所讨论的"吐蕃纪年法"，将五行配上阴阳后，其与天干的对应关系为：甲—阳木，乙—阴木，丙—阳火，丁—阴火，戊—阳土，己—阴土，庚—阳铁，辛—阴铁，壬—阳水，癸—阴水；而"六十甲子纳音"法的对应关系则为"甲子、乙丑金，丙寅、丁卯火"等。前一知识中的五行只同天干有关，而与地支无涉；后一知识中的"五行"却与一个完整的干支（包含天干与地支）相连，且用以代替五音。这两种知识是不能互代的。试举二例以见其不同。在我所编制的《六十甲子纳音表（附干支与五行对照表）》③中，"丁亥"这个干支，天干"丁"为"火"，地支"亥"为"水"，而"丁亥"这一干支的纳音为"土"。纳音"土"与天干"火"怎能互代？再如，"辛酉"中的"辛"为"金"，"酉"亦为"金"，但"辛酉"这一干支的纳音为"木"。纳音"木"与天干"金"又怎能混为一谈？

正因为在对敦煌文献原始含义的理解上发生了基本的知识性错误，所以李文用以支持自己观点的材料（S.2506等），同他的论题之间已不搭界，自然无法获得支撑。进而认为"道士"所进行的初校、二校、三校，可以证明这种纪年法源自道家，就更加难以成立了。

当我初次拜读李文时，也曾推想，如果这种纪年法果真出自道家，那么在道教文献和文物中应该有所体现。于是，我去电话请教中国社会科学院宗教所的王卡教授、中国社会科学院历史所的王育成教授、首都师范大学历史系的刘屹博士。这三位道教文献与文物研究专家的共同答复是："没见过。"

顺便说明一下，李文还出现了一个常识性的错误，虽然已非本文主

① 李文泽、吴洪泽：《文白对照〈梦溪笔谈〉全译》，成都：巴蜀书社，1996年版，第69页。

② 邓文宽：《敦煌天文历法文献辑校》，南京：江苏古籍出版社，1996年版，第747页附录十二《六十甲子纳音表、干支五行对照表》。

③ 邓文宽：《敦煌天文历法文献辑校》，南京：江苏古籍出版社，1996年版，第747页附录十二《六十甲子纳音表、干支五行对照表》。

旨，但为避免产生误导，还是指出为好。李文云："甲子纪年早在甲骨文中便已出现。"我们知道，甲骨文中已有完整的六十干支表，但干支用于纪年却是很晚的事情。已故天文学史专家陈遵妫先生曾指出："一般认为东汉四分历，开始以六十干支纪年，谓之青龙一周。自此以后，连续至今没有间断。"①用干支纪年始于东汉，这已是学术界的共识。那么，此前古人用什么方法纪年呢？是"岁星纪年法"和"太岁纪年法"。今天，很多历表上先秦年代亦有干支，但那是后人推补上去的，万万不可上当。

既然李文的立论困难重重，不能成立，那么这一套纪年法又是如何产生的呢？

我们先看一下当今最流行的几种工具书对这种纪年方法的解释：

《中国大百科全书·天文学》有已故科技史专家严敦杰教授所写的"藏历"条目，内云："今西藏自治区拉萨大昭寺前保存有长庆年唐蕃会盟碑，碑文为藏文，碑中有藏历与唐历的对照。碑文中说：'大蕃彝泰七年，大唐长庆元年，即阴铁牛年，孟冬月十日也。'孟冬月为冬季第一个月。藏历纪年以五行、十干、十二支配合。十干配五行，木以甲阳乙阴，火以丙阳丁阴，土以戊阳己阴，金以庚阳辛阴，水以壬阳癸阴。干支纪年以五行区别阴阳，不用十干之名。十二支则用十二兽名。故上阴铁牛年（铁为金）即为辛丑，与唐长庆元年干支相合。"②

由著名天文学家叶叔华教授主编的《简明天文学词典》亦设"藏历"词条，内云："《藏历》亦采用干支纪年，但以'阴阳'与'木、火、土、金、水'五行相配代替十干，以十二生肖（鼠、牛、虎……）代替十二支，再以阴阳五行与十二支相配成特殊的干支：甲子为阳木鼠，乙丑为阴木牛，丙寅为阳火虎……例如，1986年的《夏历》为丙寅年，《藏历》则为阳火虎年。"③

中国历史大辞典编纂委员会所编《中国历史大辞典》同样设了《藏

---

① 陈遵妫：《中国天文学史》第3册，上海：上海人民出版社，1984年版，第1359页注③。
② 《中国大百科全书·天文学》，北京：中国大百科全书出版社，1980年版，第558页右栏。
③ 《简明天文学词典》，上海：上海辞书出版社，1986年版，第595页。

历》一条，中曰："《藏历》亦采用干支纪年，以'阴阳'与'木、火、土、金、水'五行相配代替十天干，以十二生肖（鼠、牛、虎……）代替十二地支，再以天干、地支相配成：阳木鼠、阴木牛、阳火虎……其对应如下两表（今略）。"①

如果我理解不误的话，上述三种辞书与我在《敦煌学大辞典》中对"吐蕃纪年法"所作的表述属于大同小异。只不过我强调了"吐蕃统治者积极吸收汉族传统的干支纪年法，但亦有所改变"。

我这样说，根据何在？

这里，要想将相关问题解释清楚，仅仅从汉文典籍着眼是不够的，我们有必要借助藏学研究者的成果来说明问题。

《西藏研究》1982年第2期发表了藏族学者催成群觉、索朗班觉两位先生的《藏族天文历法史略》②一文，同文附有汉族学者陈宗祥与藏族学者却旺二先生所作的校释。该文虽然不长，却较为系统地论述了藏族天文历法的发展简史，其中说到：

> 公元704年，赤德祖赞时期黄历历书《暮人金算》《达那穷瓦多》《市算八十卷》《珠古地方的冬、夏至图表》《李地方的属年》《穷算六十》等典籍传至吐蕃地区。③

陈宗祥、却旺二先生为《穷算六十》作了如下的解释：

> 《穷算六十》的"穷部"byung rtsi 是个姓氏。"穷算六十"与"李地方"的算法不同。其主要特点是十二生肖与五行配合算的。每两年配一"行"。例如去年（按，指1978年）土马，1979年是土羊，1980年是铁猴，1981年是铁鸡……12×5＝60。④

---

① 《中国历史大辞典》，上海：上海辞书出版社，2000年版，第3251页。
② 载《西藏研究》1982年第2期，第22—35页。
③ 《西藏研究》1982年第2期，第25页。
④ 《西藏研究》1982年第2期，第32页。

这至少可以说明，在公元704年，即中原王朝武则天统治的末期，有一套变异了的《六十甲子表》传入藏区。这套表格的内容是，以五行（木、火、土、铁、水）各用两次，仍具十数，又以十二生肖代替十二地支。虽然这套方法的原始产生地，我们尚不能指证，但认为它来自汉地，大概不会有错。

不过，有了这一套变异的干支搭配，却不等于说它立即就被用来纪年。就像六十干支表远在甲骨文中已经出现，但用于纪年却始于东汉《四分历》一样，这套变异了的干支用于纪年并引入历法，约在百年之后。催成群觉和索朗班觉的文章进一步指出：

> 吐蕃赞普赤松德赞点燃了算学的明灯，曾把四名吐蕃青年派往内地，投向塔提里学习算学经典。其中朗措东亚（lang tsho ldong yag）之孙定居在康区。他的后代木雅·坚参白桑（mi nyag rgyal mtshan dpav bzang）从康区来到西藏，居住在玉波札朗的山洞（今称札朗县的"握嘎山洞"）。坚参白桑对初译汉历的五行推算、黄历等是很精通的。他到西藏后反复研究当地的天文历算、气象和地理。他深入实际，吸取群众的经验，连放羊者、渔民也成为他访问的对象。他根据青藏高原的特点，结合汉历和黄历，以木鼠为年首进行推算，撰写了有关天文和历法的书。后来出现了坚参白桑的后裔，诵持密咒的伦珠白，和许多精通天文星算的学者，并推行了"山洞算法"。[①]

木雅·坚参白桑，就是我们要找的那个人！是他认真学习了汉地的天文算学，吸纳了汉历和黄历的知识，创造了"以木鼠为年首进行推算"的历算方式。而这一套方法已见于公元704年传入藏区的《穷算六十》，百年后成为藏人的纪年方式，并沿用至今。诚如中国天文学史整理研究小组

---

① 《西藏研究》1982年第2期，第27页。

编著（薄树人主编）的《中国天文学史》所指出的那样："藏族不但完全接受了十二生肖法，而且还配上也是来自汉族的金、木、水、火、土这五行和阴阳，构成了六十循环的纪年法。这是汉族六十干支法的一种生动具体的形式。"[①]

这里还需说明的是，赤松德赞的在位时间为公元755—797年[②]，相当于唐玄宗天宝末年至唐德宗贞元中期。既然朗措东亚等四人是他在位时派往汉地学习天文历算的，而且朗措东亚的子孙辈创造性地借用了汉地已经变异的六十甲子以纪年，其开始使用时间当在公元8世纪下半叶至9世纪初前后。不过，其最下限的时间不能晚于公元823年，即唐穆宗长庆三年。因为长庆三年（823）所立，著名的《唐蕃会盟碑》已使用我所称的"吐蕃纪年法"以纪年代。

与"吐蕃纪年法"相比，《穷算六十》的六十周期表，虽然每连续二年用五行中的一"行"，但该"行"却未见分出"阴阳"。我不知道是催成群觉等先生未表达出来，还是原本就是如此？若果原本未分阴阳，对连续两年使用的一"行"分一下阴阳，则十分简单。因为那时吐蕃人已经吸收了许多汉地阴阳文化的知识。

催成群觉等在论文中又据《西藏王统记》记载指出，早在唐初文成公主进藏前后，松赞干布就曾派过四位青年赴汉地学习算学等学问。此后"在西藏传播最广泛的有：以五行计算的算学，十二个生肖纪年法，人寿六十花甲，八卦、九宫黄历推算，二十四个节气，'牛算'等。其中十二个生肖纪年法和六十周期纪年法，在群众中有深刻影响。……西藏的广大地区是以十二个生肖来记年，以五行配合来分别的记岁法，群众中如今仍在应用。"[③]

藏学专家王尧教授亦曾指出：1434年成书的《汉藏史系》（rgya-bod yig-tshang）记载，松赞干布时，四位派去汉地学习的青年，所习内容有

① 《中国天文学史》，北京：科学出版社，1981年版，第116页。
② 藏族简史编写组：《藏族简史》，拉萨：西藏人民出版社，1985年版，第57页。
③ 《西藏研究》1982年第2期，第25页。

《摄集证树之木续》《神灯光明之火续》《甘露净瓶之水续》《隐匿幻艳之土续》《黑色丹铅之铁续》以及其他十支古籍秘诀等。[①]五行学说在藏区流布之广泛由此可见一斑。换言之，在连续两次使用的同一"五行"中，区分一下阴阳应当是十分简单的事情。

根据以上所述，我在"吐蕃纪年法"词条中说"吐蕃统治者积极吸收汉族传统的干支纪年法，但亦有所改变"，"吐蕃统治者使用一套具有民族特色的纪年方法"，恐怕没有什么大错吧？

不过，吐蕃民族的这一纪年形式在藏区并不十分流行，藏历专家黄明信先生在《西藏的天文历算》一书中指出："六十干支纪年——用金、木、水、火、土各分阴阳以表示十天干，虽已见于会盟碑，但在当时未必曾经通行，现在我们所见到的确实可靠的吐蕃王朝时期的文献里，除会盟碑一例外，只有使用十二动物纪年的，而没有表示十天干的阴阳五行的。""尤有甚者，《敦煌古藏文历史文书大事编年》记公元650—763年110余年间的大事，写于金成公主进藏后50余年，纪年仍只用十二动物属肖，没有一处，一处也没有用到阴阳五行表示的天干。"[②]若然，我在"吐蕃纪年法"词条中，就更应该强调吐蕃使用十二生肖与十二地支纪年。进而我更感到自己所写词条存在不周之处。

木雅·坚参白桑依据汉族变异了的六十甲子表所创的这一套纪年方法，虽然在藏区不很流行，但在靠近藏区的其他一些少数民族中却得到了传播。

20世纪70年代末，我在中国科学院北京天文台工作期间，为配合《中国天文学史》一书的编写，曾与几位同事共同进行过一些少数民族天文历法的考察工作。陈宗祥、王胜利二位先生与我一起到过大小凉山彝族地区。在甘洛县文化馆，我们见到一本"毕摩"（巫师）推算祸福的彝文

---

① 王尧：《河图·洛书在西藏》，载《中国文化》总第五期，1991年12月，第135—137页。

② 黄明信：《西藏的天文历算》，西宁：青海人民出版社，2002年版，第93—94页。需要补充说明的是，迄今所见，"吐蕃纪年法"除见于《唐蕃会盟碑》外，还见于敦煌莫高窟第365窟藏文题记：用"阳水鼠年"指公元832年（壬子年），"阳木虎年"指公元834年（甲寅年）。详见黄文焕：《跋敦煌365窟藏文题记》，载《文物》1980年第7期，第47—49页。

《年算历》，其中所用的纪年方法与"吐蕃纪年法"完全相同。①只不过，我们当时未用"阴阳"，而是用"公母"去区分。由于我不懂彝文，只能听从彝文专家的意见。今天来看，所谓"公"与"母"，实质上就是"阳"与"阴"，还是用"阴阳"为好。

所谓的"吐蕃纪年法"，在云南纳西族文献中亦有记载。纳西历史专家朱宝田先生和天文史专家陈久金教授在他们合作的《纳西族东巴经中的天文知识》一文中也指出："人们也曾设法将汉区的六十干支介绍到纳西地区，但由于干支的名称没有具体的意义，记忆起来很是不便，因而便试图从其他途径来间接地传播和应用这种知识。幸好藏族人民已经对六十干支作了适合藏民使用的改革，将十二属相代替地支，以五行加阴阳代替十干，这就大大地方便了人们的记忆，因而纳西人便从藏民那里学得了以五行配十二属相组成的六十个序数作为纪年的周期。……藏民学习了五行思想以后，是以铁代金的，六十纪时序数传入纳西地区以后，也保持了以铁代金的习惯。"②

在另外一处，陈久金教授又指出："这种六十周期的配合方法，在古羌语系民族，例如藏族、党项族、彝族中均有发现。"③

综合上述所论，大概在唐代武则天统治末期，一种变异了的六十干支表由汉地传入藏区。约在8世纪下半叶至9世纪初前后，藏人木雅·坚参白桑据之创造了"吐蕃纪年法"。此法在吐蕃地区使用虽少，但却传入了西南地区的其他少数民族，变成各民族文化的一部分。可以说，由汉到藏，再传布到其他一些民族，使人不能不认为这是中国古代史上汉族与西南各少数民族互相学习、共同进步的极为辉煌灿烂的一页！

（原载《敦煌研究》2006年第6期，第97—102页）

---

① 陈宗祥、邓文宽、王胜利：《凉山彝族天文历法调查报告》，载《中国天文学史文集》第二集，北京：科学出版社，1981年版，第101—148页，"彝族纪年六十周期表"见113页。

② 朱宝田、陈久金：《纳西族东巴经中的天文知识》，载《中国天文学史文集》第二集，北京：科学出版社，1981年版，第35—45页。

③ 陈久金主编：《中国少数民族科学技术史丛书·天文历法卷》，南宁：广西科学技术出版社，1996年版，第356页。

吐蕃占领前的敦煌历法行用问题

　　我自1983年起，即将主要精力用在了敦煌历日的整理和研究上，迄今已过去30年之久。坦率地讲，由于敦煌本地自编历日多在吐蕃占领和归义军时期，我的研究重点也就放在了这一时段。至于吐蕃占领（786）之前，敦煌使用的是何种历法，我一直未加深究。但依常理来说，敦煌自唐初以来的百余年间，一直是在唐王朝的有效管控之下，奉唐正朔，实行唐王朝的历法，应该没有问题。不久前，公维章博士对这一看法提出了质疑，认为："敦煌至迟自公元8世纪初盛唐时期开始，就已使用自编历书，一直持续到宋初，前后达三个世纪之久。"[①]实在说，这是一个很大的结论，应予重视。以下我将对吐蕃占领前的敦煌历法行用问题进行梳理，一方面回应公博士的质疑；另一方面，也借机补上我自己对吐蕃占领前敦煌历法行用状况知之甚少这一欠缺，并就教于天下有识之士暨同好者。

一　唐前期吐鲁番地区行用的是唐王朝历法

　　一个地区究竟使用的是何种历法，最直接的证据应该是当时当地使用的实用历本。可惜的是，现在从敦煌所出的实用历本，除《北魏太平真君十一年（450）十二年（451）历日》外，其余都是唐朝中后期至宋初的，

---

　　① 公维章：《从〈大历碑〉看唐代敦煌的避讳与历法行用问题》，载《敦煌研究》2012年第1期，第80—85页，引文见83页。以下引该文一般简称"公文"。

而吐蕃占领前的实用历本一件也未见着。不过，在地处敦煌西面的吐鲁番地区却出土了好几种唐代的实用历本。这里要特别强调的是，吐鲁番在敦煌以西，那时唐代军队和行政官员要到达吐鲁番，基本都要经过河西走廊包括敦煌。所以，考察吐鲁番的历法行用情况，对于了解敦煌历法行用情况具有参考意义。如果吐鲁番地处敦煌之东，我们这样的考察便毫无意义。

迄今为止，在吐鲁番地区共出土了四件唐代实用历本，它们是：

1. 1973年，从阿斯塔那210号墓出土了《唐显庆三年戊午岁（658）具注历日》①；

2. 1973年，从阿斯塔那507号墓出土了《唐仪凤四年己卯岁（679）具注历日》②；

3. 1996年，从台藏塔出土了《唐永淳二年（683）、三年（684）具注历日》③；

4. 1965年，从阿斯塔那341号墓出土了《唐开元八年庚申岁（720）具注历日》④。

以上四件具注历日均是残片。经过学者们的研究，证明它们都是唐代官颁具注历日。从历法史的角度去看，这些历日共涉及两部历法：一是唐初傅仁均的《戊寅历》，主要指显庆三年那份；而从高宗麟德三年（666），唐朝改用李淳风的《麟德历》，直至开元十六年（728）。可见，上列后三份具注历日均是《麟德历》的实用历本。

---

① 释文见国家文物局古文献研究室、新疆维吾尔自治区博物馆、武汉大学历史系编：《吐鲁番出土文书》（释文本）第6册，北京：文物出版社，1985年版，第73—76页；研究文章见邓文宽：《敦煌吐鲁番天文历法研究》，兰州：甘肃教育出版社，2002年版，第241—250页。

② 释文见《吐鲁番出土文书》（释文本）第5册，北京：文物出版社，1985年版，第231—235页；研究文章见邓文宽：《敦煌吐鲁番天文历法研究》，兰州：甘肃教育出版社，2002年版，第241—250页。

③ 见陈昊：《吐鲁番台藏塔新出唐代历日研究》，载《敦煌吐鲁番研究》第十卷，上海：上海古籍出版社，2007年版，第207—220页。

④ 释文见《吐鲁番出土文书》（释文本）第8册，北京：文物出版社，1987年版，第130—131页；研究文章见邓文宽：《敦煌吐鲁番天文历法研究》，兰州：甘肃教育出版社，2002年版，第251—254页。

概而言之，出土历日实物证明，唐前期，吐鲁番地区奉唐正朔，使用的是唐朝官颁历日。

那么，敦煌地区又如何呢?

二　吐蕃占领前敦煌历法行用实况

公博士立论的依据，主要是《唐陇西李府君修功德碑》（简称《大历碑》）尾题和另外两条敦煌文献题记（具体详后）。我认为，要想对吐蕃占领前敦煌历法行用实况做出判断，仅仅依靠这三条资料是远远不够的。我们应该在更大的范围内加以收集，然后进行比较鉴别，做深入分析，方可下断语。

我所使用的资料主要来自两方面：一是敦煌文献，二是敦煌碑刻。敦煌文献中题记资料虽然为数甚多，但对本课题的研究来说，真正有用的却不多。因为多数题记有年号、年数以及纪年干支，但纪月、纪日却用的是序数，如"五月十七日"，既不知月朔干支，又不知当日的纪日干支，与中原历的历表无法进行比较。所以，就我们研究的问题来说，只有同时具有年干支、月朔干支和纪日干支的资料才是真正有价值的。根据这一认识，我在敦煌文献和碑刻中共拣得16条有用资料，以下将依据年次逐一抄录，并以按语的方式进行必要说明。由于这些资料多来自敦煌文献题记，而一些写经题记全文很长，与本课题关系不大，所以我只摘抄那些真正有用的部分，其余从略。①

1.公元693年。S.2278《佛说宝雨经》卷第九尾题："大周长寿二年岁次癸巳九月丁亥朔三日己丑，佛授记寺译（后略）。"

按，将陈垣先生《廿史朔闰表》②（以下简称陈表），张培瑜先生《三

---

① 在拣选资料的过程中,较多地参考了薄小莹:《敦煌遗书汉文纪年卷编年》,长春:长春出版社,1990年版。谨致谢忱。

② 陈垣:《廿史朔闰表》,北京:中华书局,1962年版。

千五百年历日天象》①（简称张表），方诗铭、方小芬二位《中国史历日和中西历日对照表》②（简称方表），与该年纪年干支、九月朔日及三日干支进行对照，结果是与三表全合。又，这是武周时代的写经题记，内用武周新字。

2. 公元695年。S.2278《佛说宝雨经》卷第九尾题："（前略）证圣元年岁次癸未四月戊寅朔八日乙酉，知功德僧道利检校写，同知法琳勘校。"

按，本年年干支、月朔干支，在陈表、张表、方表上完全相同。但证圣元年干支为"乙未"，写本误作"癸未"。内亦用武周新字。

3. 公元695年。北图新0029号《妙法莲华经》卷第五题记："大周证圣元年岁次乙未四月戊寅朔二十一日戊戌，弟子薛崇徽奉为尊长敬造。"

按，同为证圣元年，此件年干支为乙未，亦证上条"癸未"之误。此外，年干支、四月朔日干支及二十一日干支，与陈、张、方三表全合。此件亦用武周新字。

4. 公元698年。原立于敦煌莫高窟第332窟的《圣历碑》记有："维大周圣历元年岁次戊戌伍月庚申朔拾肆日癸酉敬造。"

按，此件出自敦煌本地。该年纪年干支、五月朔日干支、十四日干支，与陈表、张表、方表全合。三表全年各月朔日干支也相同。

5. 公元703年。S.3712《金光明最胜王经》卷第八尾题："大周长安三年岁次癸卯十月己未朔四日壬戌，三藏法师义净奉制长安西明寺新译，并缀正文字（后略）。"

按，与此条年月日干支完全相同的题记共拣出16条，为节省篇幅，仅录此一条，余从略。③又，其年干支、十月朔日及四日干支，与陈表、张表、方表全同。此件亦用武周新字。

6. 公元707年。沪812404 / 26号《金刚般若波罗蜜经》尾题："大唐

① 张培瑜：《三千五百年历日天象》，郑州：河南教育出版社，1990年版。

② 方诗铭、方小芬：《中国史历日和中西历日对照表》，上海：上海辞书出版社，1987年版。

③ 除此条外，其余15条分别见S.1252、S.4268、ДИ-366 / 750、散0885 / 中村、新1172、北1751 / 劫119 / 雨39、北新0743、龙谷26 / 526、S.0523、S.3870、S.4989、龙谷27 / 527、P.2585、散0698 / 傅、S.6033各号，详见前引薄小莹《敦煌遗书汉文纪年卷编年》第49—51页。

景龙元年岁次丁未十二月乙丑朔十五日乙卯，同谷县令薛崇徽为亡男英秀敬写。"

按，此年年干支、月朔干支，在陈表、张表、方表全同。十五日当为己卯，写本误作乙卯。不过，敦煌文献中天干乙、己二字误写者实例很多，兹不详举。

7.公元708年。S.2136《大般涅槃经》卷第十尾题："维大唐景龙二年岁次戊申五月壬辰朔廿六日丁巳，弟子朝议郎成州同谷县令上柱国薛崇徽敬写（后略）。"

按，与此条尾题内容全同的又见于北图新1149号，今不录。此年陈表、张表、方表月朔全同。题记干支与三表均合。

8.公元709年。甘博017号《道教盟约》卷首："大唐景龙三年岁次己酉正月己未朔四日壬戌沙州敦煌县平康乡修武里神泉观道士清信弟子索澄空（后略）。"

按，此年陈表、张表、方表朔日全同，题记干支与三表亦相合。

9.公元709年。P.2437a《老子德经下》尾题："大唐景龙三年岁次己酉五月丁巳朔十八日甲戌，沙州敦煌县洪润乡长沙里女官清信弟子唐真戒（下略）。"

按，与此件题记年月日全同者，又见于P.2347b《十戒经》首题，今不录。此年陈表、张表、方表五月朔日均为丙辰，而写卷作丁巳，朔晚一日。如依五月丙辰朔，则十八日当作癸酉；写本十八日作甲戌，比历表亦晚一日。但写卷五月朔与十八日干支却是一致的。另外，此件是公文立论的主要依据之一，我们将在下节详加讨论。

10.公元711年。P.3417《王景仙受十戒牒》卷首云："大唐景云二年太岁辛亥八月生三月景（丙）午朔廿四日己巳，雍州栎阳县龙泉乡凉台里男生清信弟子王景仙（后略）。"

按，此年月朔干支在陈表、张表、方表全同。该年仅三月朔日为丙午，知"八月生"三字为衍文。三月丙午朔，二十四日恰为己巳。

11.公元714年。P.2350b《十戒经》尾题："太岁甲寅正月庚申朔廿二日辛巳，沙州敦煌县龙勒乡常安里男官清信弟子李无上（后略）。"

按，与此件年月日干支完全相同者，还有敦煌县洪池乡神农里女官阴志清写的《十戒经》尾题（见罗振玉《贞松堂藏西陲秘籍丛残》第四册），今不录。唐前期的甲寅年，除开元二年（714）外，另有永徽五年（654）和大历九年（774）。但永徽五年正月朔日为戊申，大历九年正月朔日为庚子，均不相合；而开元二年正月朔日为庚申，是唯一相合者。该年各月朔日干支与陈表、张表、方表完全一致。

12. 公元732年。BD15003号张思寂写《金刚般若波罗蜜经》尾题："开元廿年岁次壬申正月乙巳朔廿六日庚午功毕。"

按，该年各月月朔与陈表、张表、方表全同。题记正月朔日和廿六日干支无误。

13. 公元735年。P.2457《阅紫录仪三年一说》尾题："开元廿三年太岁乙亥九月丙辰朔十七日丁巳，于河南府大弘道观敕随驾修祈禳保护功德院，奉为开元神武皇帝写一切经（后略）。"

按，该年陈表、张表、方表朔日干支全同。年干支乙亥无误。但三表九月朔日为癸丑而非丙辰；十七日丁巳亦误，癸丑朔，则十七日当为己巳。

14. 公元751年。S.6453《老子道德经》上下卷题记："大唐天宝十载岁次辛卯正月乙酉朔廿六日庚戌，敦煌郡敦煌县王（玉）关乡（以下原缺）。"

按，与此件题记年月日干支完全相同者，又见于P.2255《老子道经上德经下》首题（抄写人为神沙乡阳沙里神泉观索栖岳）、S.6454《十戒经》尾题（抄写人为玉关乡丰义里开元观张玄晉），该年干支、月朔干支与陈表、张表、方表小相同。止月朔日乙酉，则二十六日为庚戌，亦无误。

15. 公元756年。P.2832《祭文》首题："维至德元载岁次景（丙）申十一月辛亥朔廿一日辛未，挚友交谨以清酌珍羞之奠，敬祭于□□陇西索氏之灵（后略）。"

按，陈表、张表、方表该年月朔干支全同。朔日辛亥，则二十一日为辛未，亦无误。

16.公元757年。P.2735《老子道德经河上公注》尾题："至德二载岁次丁酉五月戊申朔十四日辛酉，敦煌郡敦煌县敦煌乡忧洽里清信弟子吴紫阳（后略）。"

按，陈表、张表、方表该年月朔干支全同。五月朔日戊申，则十四日辛酉，亦无误。与此条题纪年月日干支全同者，又见于P.3770《十戒经》尾题，今不录。

对于公维章文作为主要依据的敦煌碑刻《唐陇西李府君修功德碑》（简称《大历碑》）的尾题，我决定不予采用。原尾题是："大历十一年龙集景（丙）辰八月有十五日辛未建。"除原碑现存外，此件又见于写本P.3608、P.4640和S.6203。其中S.6203为："大唐［大历］十一年龙集景辰八月日建。""大历"二字原残，也不见十五日及其干支。但整体上看，此件只有年干支和十五日的干支，而无八月朔日干支。经对比，证明该年各月朔日干支在陈表、张表、方表上全同。公文据十五日干支辛未，推得八月朔日为丁巳，而陈表上八月朔日却为丙辰，比丁巳早了一日。不过，是否存在另一种可能，即八月朔日原本就是丙辰，十五日干支本也是庚午，却被误书为辛未呢？由于这里出现问题的真实原因尚未明了，所以既不能作为公文立论的坚实依据，也不能作为我们讨论吐蕃占领前敦煌历法行用的依据。

我觉得，以上这些资料恐怕还不是同类资料的全部。尤其自20世纪90年代以来，又有不少敦煌文献被陆续公布了出来。我是仅就手头能见到的资料进行裒辑的，难免会有遗漏。但是，由于我们拣选资料的标准比较苛刻，所以，估计即便未能收罗彻底，也不会遗漏很多。再者，就我们所要讨论的问题来说，这些资料也已大致够用。

这16条资料中，除了第12条来源地不明外，第1、2、3、5、6、7、10各条均来自唐都长安及其附近，第13条则来自河南府，真正出自敦煌的，只有第4、8、9、11、14、15、16共7条。纪年、纪月、纪日干支也有好几处错误，如第2条年干支乙未误作了癸未，第6条十五日之己卯误作了乙卯，第13条九月朔日干支和十七日干支均误。这些错误多是因抄写人不慎造成的。当然，此类错误古今均有。今人多用阿拉伯数字记写年月日，不也经常出错吗？更何况古人用干支记录，文化也远不如今日普及，出现错误也就在所难免了。

当我们对这些资料进行综合分析时，便会看到：

首先，唐朝的行政建制变化在敦煌得到了有效执行。第8、9、11三条云"沙州敦煌县"，反映的是州县制；第14、16条云"敦煌郡敦煌县"，反映的是郡县制。《旧唐书·玄宗纪》：天宝元年（742）二月丙申，"天下诸州改为郡，刺史改为太守"[①]。《旧唐书·地理一》同州条："天宝元年，改同州为冯翊郡，乾元元年（758）复为同州。"[②]可知，乾元元年又改回到州县制。唐代实行郡县制仅17年，但毫无疑义，它在敦煌地区被有效执行过。

其次，唐代改"年"为"载"也被有效执行。第14条有"天宝十载（751）"，第15条有"至德元载（756）"，第16条有"至德二载（757）"云云。《旧唐书·玄宗下》："〔天宝〕三载（744）正月丙辰朔，改年为载。"[③]《旧唐书·肃宗纪》："改至德三载（758）为乾元元年。"[④]可知，唐朝以"载"代年，行用凡16年，在敦煌地区也是严格执行了的。

再次，第1、3、5条纪年全称"大周"，其余多称"大唐"。我们知道，武则天曾改唐为周，实行周历（以建子月为年首）。而称"大周"和实行周历几乎是同时存在的。历史上称"大唐"与奉唐正朔，即执行唐代官颁历日，不也是完全顺理成章的吗？也许有人会说，为何称"大蕃"（如位字79号唐悟真抄写的氏族资料尾题）的同时，又存在汉人自编历日呢？这是因为，吐蕃人的语言和文字在它统治下的敦煌汉人地区无法全面推行，才允许汉人自编历日的。但在被统治的汉人看来，他们依然是统治

---

① 标点本《旧唐书》，北京：中华书局，1975年版，第215页。
② 标点本《旧唐书》，北京：中华书局，1975年版，第1400页。
③ 标点本《旧唐书》，北京：中华书局，1975年版，第217页。
④ 标点本《旧唐书》，北京：中华书局，1975年版，第251页。

民族吐蕃治下的臣民，故称"大蕃"。就这一称谓而言，"大周""大蕃"与"大唐"之称，均表示臣服之意。更何况，唐代改州为郡、改年为载（称"年"或"载"本身就是历法问题）以及恢复原来的建制，在敦煌地区都曾有效贯彻执行；就是公维章用力研究过的避讳问题，在敦煌地区也是严格执行了的；唐代的历法在这里反而可以不被实行吗？

至于第9条资料，其月朔及纪日干支均与陈垣先生《廿史朔闰表》有一日之差，也是公文立论的主要依据，我们将在下节详加讨论并给予回答。

三　黄一农对《麟德历》"朔差一日"的解释

唐朝建国之初，行用的是傅仁均的《戊寅元历》，因为武德元年（618）干支为戊寅，故名。但行用既久，其法与实际天象差距愈大，故唐高宗麟德三年（666）[1]改行著名天文星占家李淳风的《麟德历》，直至开元十六年（728）。上节我们胪列的材料中，从第1条（693）起，至第11条（714），均在《麟德历》的实行年代范围之内，当然，也包括公文作为主要依据的第9条（709）。

台湾天文学史专家黄一农教授，对李淳风的《麟德历》做过极为深入的研究，于1992年发表了《中国史历表朔闰订正举隅——以唐〈麟德历〉行用时期为例》[2]一文，对于本课题研究极富参考价值。以下我们将较多地引用黄一农先生的见解，以便回应公文的质疑。

我们先关注一个因闰月记载差一月而诱发的历表问题。唐高宗仪凤三年（678）是有闰之年，但闰在何月，《旧唐书·高宗纪》有仪凤三年

---

[1]　关于《麟德历》的启用时间，《中国大百科全书·天文卷》（北京：中国大百科全书出版社，1980年版，第560页）认为在麟德二年（665），误。唐高宗《颁行麟德历诏》发布时间为麟德二年九月辛卯，末句为"起来年行用之"（影印本《唐大诏令集》，北京：中华书局，2008年版，第457页），可知其启用时间为麟德三年（666）。

[2]　台湾汉学研究中心编：《汉学研究》第10卷第2期（总第20号），1992年版，第279—306页。以下引黄一农观点，均见此文。

（678）"闰十月戊寅，荧惑犯钩钤"①的记事；但《新唐书·高宗纪》仪凤三年（678）有"闰十一月丙申，雨木冰"②的记事。检查本文前引的三种历表，张、方二表均闰十一月，而陈表在该年闰十一月的同时，又注明"旧纪闰十"，即《旧唐书·高宗纪》闰十月，遂使该年闰月成为疑案。敦煌文献P.2005《沙州都督府图经》有"仪凤三年闰十月奉敕"云云；《唐上柱国王君（王强）墓志铭》正文先出现"仪凤三年闰十月五日"，后出现"以其年岁次戊寅闰〔十月〕甲申朔十九日"，最末又云"仪凤三年闰十月十九日葬"一句。③可知，就实行历法而论，唐仪凤三年（678）闰十月而非十一月，但在今人编制的历表上却都是闰十一月。更为有趣的是，黄一农教授说道："由于各通行历表中均将仪凤三年的闰月错置，为了解邻近各月的朔日干支是否有误，笔者（黄一农本人，下同）在表二中整理出仪凤二年（677）至四年（679）（六月改元调露）间实际行用的朔闰资料，我们可以发现在此短短三年间，竟然有七个月与各历表不合，其中除仪凤二年二月外，其余六例均集中在仪凤三年。"后人编制的历表与历史实际间有如许多的差异，不能不给研究者以警醒！

其次，黄一农教授又充分利用近代公布的碑刻资料，与据《麟德历》所推得的结果进行比较，得到如下认识：

在将这些实际行用的纪日资料与笔者以麟德历术所推的结果相比较后，发现在麟德三年至景龙元年的四十二年间（666—707），文献中共记有三〇三个月的朔日干支，若剔除前论仪凤三年以及下节即将讨论的圣历元年两特殊情形后，只余七个月与推步有差。然而从景龙二年至开元十六年的二十一年间，在文献中记有月朔干支的一五一个月中，却有三十八个月与麟德术法所推不合，甚至连景龙二年、开元四年、开元十年以及开元十二年各年的置闰月份，亦均较文献所记提

①　标点本《旧唐书》，北京：中华书局，1975年版，第104页。
②　标点本《新唐书》，北京：中华书局，1975年版，第74页。
③　见毛汉光：《唐代墓志铭汇编附考》第9册，台湾商务印书馆，1987年版，第269—270页。

前一月。显然，原先行用的《麟德历》在景龙二年以后已有所变革。

"变革"了什么呢？黄一农先生认为是实行了"虚进一日"的"进朔法"，从而造成朔差一日。他说：

> 由于在景龙二年后，笔者所推朔日干支与实际行用有差的月份，多发生在推步的合朔时刻位于下午六时至午夜的状况下，故此应与进朔法的使用攸关。进朔法未见新、旧《唐书》中叙及，但《元史》中有云："讫麟德元年（笔者按，应为三年），始用李淳风的《甲子元历》①，定朔之法遂行。淳风又以晦月频见②，故立进朔之法，谓朔日小余在日法四分之三已上者，虚进一日。"③亦即当所推的合朔时刻在一日的四分之三（相当于下午六时）之后，即以次日为朔日，如此将可避免晦日仍见月亮的情形。唯《元史》中并未曾明确地指出进朔法的行用日期。

黄一农教授从《元史》中发掘出关于《麟德历》曾经行用"进朔法"的史料十分重要，对于认识《麟德历》的编制、改进，以及历术与实行历日的差别都是关键。黄教授在掌握了"进朔法"的奥秘后，继续进行深入分析。他说：

> 经仔细研究文献中的纪日资料后，发现在景龙二年至开元四年间（其中景云二年的情形较为不同，稍后将另外论及，故此处暂未计入），共有二十六个月符合进朔的条件，其中有十四个月可在文献中查得其朔日干支，而这些实际的纪日几乎全都与"虚进一日"的结果

---

① 《麟德历》又称"甲子元历"。
② 月晦时不应见到月亮。
③ 所引《元史》文字又见于《历代天文律历等志汇编》，北京：中华书局，1976年版，第3356页。

相符，仅开元二年六月例外……经笔者以电脑回推麟德历术行用迄今的朔闰，并考校文献中尚存的大量纪日叙述后，发现《麟德历》……推步的方法亦屡有改动，如在景龙二年至开元四年间以及开元九年至十六年间，即曾加用进朔法。且因附会或避忌等因素，部分朔闰亦曾被强改，如高宗曾改嗣圣元年正月癸未朔为甲申朔，武则天为使冬至恰发生于正月甲子朔，即硬改圣历元年前后的朔闰，又，开元十三年亦因避正旦日食，而将原本所推的闰正月挪前一月。

我们要提醒读者注意的是，黄一农先生发现在景龙二年（708）至开元四年（716），《麟德历》"曾加用进朔法"。上节所列第9条资料年代为"景龙三年（709）"，恰在这一时段范围之内。将这条资料的"五月丁巳朔"与本文后面所附的"黄一农历表"进行比较，完全吻合！说明这条资料不仅没有问题，而且也是《麟德历》在这一时段使用过"进朔法"的有力证明；它在敦煌地区被运用，也是敦煌使用唐代官颁历日的重要证据。质言之，公维章博士的"问题"，在他的文章发表之前20年，黄一农教授就已经解答过了。

为了全面认识《麟德历》的实行情况，黄一农教授依据《麟德历》历术、文献资料，尤其是"进朔法"，对该历行用年间（666—728）的历表进行了修订。他说："在这六十三年间，共有五十一个月的朔日干支与现行各历表不合，其中仪凤三年（678）甚至连置闰亦相差一月，不合的比例约占6.5%，亦即平均每约十五个月中即有一个月的朔闰有差。"由于大陆学者很难见到黄一农先生的研究成果，我特将他的历表附在本文之末，供大家研究问题时参考。为表示尊重，我称之为"黄一农历表"。

四　检查历史年月日记载是否正确的标准问题

当我认真拜读过公文之后，认识到他检查记载年月日的历史资料是否正确时，共使用了两个标准：一是施萍婷先生对敦煌历日特征的概括，二是陈垣先生的《廿史朔闰表》。然而，在对这两条标准的认识和应用上，却都发生了偏差。

20世纪80年代初期，施萍婷先生曾经花了很大力气研究敦煌历日，卓有成效，笔者曾受益良多。施先生曾将敦煌自编历日的特征概括为：

> 第一，中原历和敦煌历的朔日干支没有一年是完全吻合的；第二，凡置闰之年，不吻合的比例就大，反之就小；第三，朔日可以不同，但干支纪日始终不错……第四，干支纪月在敦煌历中始终不错（传抄过程中抄写者的错误应当别论）。①

施先生的这些概括性意见，是从敦煌当地自编历日中总结出来的，也是完全符合实际的。但是，这个认识却不能用来研究吐蕃占领前的敦煌历法行用问题。事实证明，虽然敦煌也在实行着唐王朝的官颁历日，但也还是有这样那样的错误发生。即使如景龙三年那样，在今人编制的历表上五月朔差一日（在"黄一农历表"上根本不差），也是别有原因，而不能简单地作为敦煌地区自编历日的证据。再者，敦煌历同中原历朔差一到二日、闰差一月时有发生，原因何在？迄今也未研究清楚。在这种情况下，便以它作为检查标准，就不免差之毫厘，谬以千里了。

其次，再说说陈垣先生的《廿史朔闰表》以及本文前面反复提及的张表、方表等。《廿史朔闰表》完成于1925年，它是陈垣先生的重要学术成果之一，广受瞩目。胡适之先生曾赞扬说："此书在史学上的用处，凡做过精密的考证的人皆能明了，无须我们一一指出"，"我们应该感谢陈先生这一番苦功夫，作出这种精密的工具来供治史者之用"。但是，陈先生此表可否作为检查历史资料正确与否的唯一标准呢？恐怕未必。黄一农教授在上引他的《中国史历表朔闰订正举隅》一文中又说：

---

① 施萍婷：《敦煌历日研究》，引文见氏著《敦煌习学集》，兰州：甘肃民族出版社，2004年版，第73页。

至于以西历纪元后为主的历表，近人所著相当多，其形式虽互见异同，但内容多大同小异，今学界几将这些历表奉为圭臬，少见讨论其中内容正误者。然而文献中却屡见有纪日叙述与这些通行历表不符的情形。笔者曾在台北中央图书馆善本室发现一本未记年号的明代残历，编目为第6294号，此历存四至十二月，经研析其内容后，知其应为英宗天顺六年（1462）历日，但该历记十一月辛卯朔，而各历表中却同误为壬辰朔。

检索我手边的陈表、张表、方表，明英宗天顺六年（1462）十一月均作壬辰朔。那么，我们是应当遵从实用历本作辛卯朔呢，还是应从各家历表作壬辰朔？当然是前者而非后者。因为只有实用历本才能反映历史的本真面貌，各家历表乃据历术所推得，恐难免同历史的真实面貌间产生出入。

具体到陈表所排的《麟德历》朔闰，黄一农更进一步地指出：

> 陈垣似乎以刘羲叟的《长历》为其排定唐代朔闰的主要依据，然而经详细比对后，笔者却发现在《麟德历》行用的六十多年间（666—728），《二十史朔闰表》中竟然有二十七个月的朔日干支与刘羲叟的《长历》有差，反而其间仅开元四年闰十二月的朔日与汪曰桢的《历代长术辑要》不合，且此一不合，很可能是陈氏不小心误读了汪曰桢的记述所致。

除了指出陈表存在的问题之外，针对一些学者唯历表是从的盲目性，黄一农教授批评说："碑刻等文献中所留存的纪日叙述，因是时人据当时历日所记，故应最能反映实际的情形，但此等丰富的一手资料却未曾受到应有的重视。今之学界多过于依赖通行的各历表，以致常见有反以各历表作为校勘古文献中纪日叙述之绝对标准者。"这对某些唯历表是从者，不能不是一个深刻的警示。

这里，我想透露已故周绍良先生的一个学术"秘密"，借以认识内行人的工作态度。1982年，我到国家文物局古文献研究室工作，恰逢周老领着我同事中几位年轻人在整理唐代墓志。次年我即着手整理研究敦煌历日。周老知道我要研读历日，于是将他自己编的有唐289年的历表借我阅览。与公开出版的历表不同，这是一本手抄书；每月除了有朔日干支，而且也将各日干支全部排出，手工装订成一册，足见周老用功之勤苦。几个月后我便将此抄本归还给了他老人家。20年后，大约在2003年前后，也就是周老辞世的前几年，我同他谈起这本历表，并建议出版。周老对我说："我的历表与陈垣先生《廿史朔闰表》不完全相同。可是，当年我所依据的碑刻资料没有记下来。现在年月已久，我也记不起来了，所以不能出版。"由此可知，周绍良先生也是依据出土文献资料来修订历表的，而不是相反。

孟子说："尽信书，则不如无书。"诚哉，斯言！

附：黄一农历表（666—728年）

[说明：为了适应大陆学者的习惯，我将原表的体例稍微做了修改，但一律遵从原义：1.朔日干支为黑体字者，是作者据麟德历术（已考虑进朔法的使用）所推与文献中的月朔干支不合者；2.武周时期行用周历者，将其正月、腊月分别用"正""腊"标于该月月朔之前；3.闰月月朔干支前的数字表示该年闰几月。]

	正	二	三	四	五	六	七	八	九	十	十一	十二	闰月
乾封元年	戊辰	戊戌	丁卯	丁酉	丙寅	丙申	乙丑	甲午	甲子	癸巳	癸亥	壬辰	
二年	壬戌	壬辰	辛酉	辛卯	辛酉	庚寅	庚申	己丑	戊午	戊子	丁巳	丁亥	十二丙辰
三年	乙酉	乙卯	乙酉	乙卯	甲申	甲寅	癸未	癸丑	壬午	壬子	辛巳	辛亥	
总章二年	庚辰	庚戌	己卯	己酉	戊寅	戊申	戊寅	丁未	丁丑	丙午	丙子	丙午	
三年	乙亥	甲辰	甲戌	癸卯	壬申	壬寅	壬申	辛丑	辛未	庚午	庚子	庚午	九辛丑
咸亨二年	己亥	戊辰	戊戌	丁卯	丙申	丙寅	乙未	乙丑	乙未	甲子	甲午	甲子	

年													附注
三年	甲午	癸亥	壬辰	壬戌	辛卯	庚申	庚寅	己未	己丑	戊午	戊子	戊午	
四年	戊子	丁巳	丁亥	丙辰	丙戌	甲申	甲寅	癸未	癸丑	壬午	壬子	壬午	五乙卯
五年	壬子	辛巳	辛亥	庚辰	庚戌	己卯	戊申	戊寅	丁未	丁丑	丙午	丙子	
上元二年	丙午	乙亥	乙巳	乙亥	甲辰	甲戌	癸卯	壬申	壬寅	辛未	辛丑	庚午	
三年	庚子	己巳	己亥	戊戌	戊辰	丁酉	丁卯	丙申	丙寅	乙未	乙丑	甲午	三己巳
仪凤二年	甲子	**甲午**	癸亥	壬辰	壬戌	壬辰	辛酉	辛卯	庚申	庚寅	己未	己丑	
三年	**己未**	**己丑**	**戊午**	丁亥	丙辰	**丙戌**	乙卯	乙酉	**甲寅**	**癸未**	癸未	癸丑	十癸丑
四年	壬午	壬子	辛巳	庚戌	庚辰	己酉	己卯	己酉	戊寅	戊申	戊寅	丁未	
调露二年	丁丑	丙午	丙子	乙巳	甲戌	甲辰	癸酉	癸卯	壬申	壬寅	壬申	壬寅	
永隆二年	**壬申**	辛丑	庚午	庚子	己巳	戊戌	戊辰	丁卯	丙申	丙寅	丙寅	丙寅	七丁酉
开耀二年	乙未	乙丑	甲午	甲子	癸巳	壬戌	壬辰	辛酉	辛卯	庚申	庚寅	庚申	
永淳二年	己丑	己未	己丑	戊午	戊子	丁巳	丙戌	丙辰	乙酉	乙卯	甲申	甲寅	
嗣圣元年	**甲申**	癸丑	癸未	壬子	壬午	辛巳	庚戌	庚辰	己酉	己卯	戊申	戊寅	五壬子
垂拱元年	丁未	丁丑	丙午	丙子	丙午	乙亥	乙巳	甲戌	甲辰	癸酉	癸卯	壬申	
二年	壬寅	辛未	辛丑	庚午	庚子	**己巳**	己亥	己巳	戊戌	戊辰	**戊戌**	丁卯	
三年	丙申	乙未	乙丑	甲午	甲子	癸巳	癸亥	壬辰	壬戌	壬辰	辛酉	辛卯	正丙寅
四年	庚申	庚寅	己未	戊子	戊午	丁亥	丁巳	丙戌	丙辰	丙戌	丙辰	乙酉	
永昌元年	乙卯	甲申	甲寅	癸未	壬子	壬午	辛亥	辛巳	庚戌	庚戌	正庚辰	腊己酉	九庚辰
载初元年	己卯	戊申	戊寅	丁未	丁丑	丙午	乙亥	甲辰	甲戌	甲辰	正癸酉	腊癸卯	
天授二年	癸酉	癸卯	壬申	壬寅	辛未	庚子	庚午	己亥	戊辰	戊戌	正戊辰	腊丁酉	
三年	丁卯	丁酉	丁卯	丙申	丙寅	甲子	甲午	癸亥	壬辰	壬戌	正壬辰	腊辛酉	五乙未
长寿二年	辛卯	辛酉	庚寅	庚申	己丑	己未	戊子	戊午	丁亥	丁巳	正丙戌	腊丙辰	
三年	乙酉	乙卯	甲申	甲寅	甲子	癸丑	癸未	壬子	壬午	辛亥	正辛巳	腊庚戌	
证圣元年	庚辰	己酉	戊申	戊寅	丁未	丁丑	丁未	丙子	丙午	乙亥	止乙巳	腊甲戌	二己卯
万岁登封元年	甲辰	癸酉	壬寅	壬申	辛未	辛丑	庚午	庚子	庚午		正己亥	腊己巳	
万岁通天二年	戊戌	戊辰	丁酉	丙寅	丙申	乙丑	乙未	甲子	甲午	甲子	正**甲子**	腊癸巳	十甲午
圣历元年	壬戌	壬辰	辛酉	庚寅	庚申	己丑	己未	戊子	戊午	丁亥	正丁巳	腊丁亥	

年													闰
二年	丁巳	丙戌	丙辰	乙酉	甲寅	甲申	癸丑	壬午	壬子	壬午	正辛亥	腊辛巳	
三年	辛亥	辛巳	庚戌	庚辰	己酉	戊寅	戊申	丙午	丙子	乙巳	乙亥	乙巳	七丁丑
久视二年	乙亥	甲辰	甲戌	甲辰	癸酉	壬寅	壬申	辛丑	庚午	庚子	己巳	己亥	
长安二年	己巳	戊戌	戊辰	戊戌	丁卯	丁酉	**丁卯**	丙申	乙丑	乙未	甲子	癸巳	
三年	癸亥	癸巳	壬戌	壬辰	辛卯	辛酉	庚寅	庚申	己丑	己未	戊子	丁巳	四辛酉
四年	丁亥	丙辰	丙戌	丙辰	乙酉	乙卯	甲申	甲寅	甲申	癸丑	癸未	壬子	
神龙元年	壬午	辛亥	庚辰	庚戌	己卯	己酉	戊寅	**戊申**	戊寅	丁未	丁丑	丁未	
二年	丙子	乙亥	甲辰	甲戌	癸卯	癸酉	壬寅	壬申	壬寅	辛未	辛丑	辛未	正丙午
三年	庚子	庚午	己亥	戊辰	戊戌	丁卯	丙申	丙寅	丙申	乙丑	乙未	乙丑	
景龙二年	乙未	甲子	甲午	癸亥	癸巳	壬戌	辛卯	庚申	庚寅	己丑	己未	己丑	九庚申
三年	己未	戊子	戊午	丁亥	丁巳	丙戌	乙卯	乙酉	甲寅	甲申	癸未		
四年	癸丑	壬午	壬子	壬午	辛亥	辛巳	庚戌	己卯	己酉	戊寅	戊申	丁丑	
景云二年	**丙午**	丙子	丙午	丙子	**丙午**	乙亥	甲戌	癸卯	癸酉	壬寅	壬申	辛丑	六乙巳
三年	辛未	庚子	庚午	己亥	己巳	己亥	戊辰	戊戌	丁卯	丁酉	丙寅	丙申	
先天二年	乙丑	乙未	甲子	癸巳	癸亥	癸巳	壬戌	壬辰	壬戌	辛卯	辛酉	庚寅	
开元二年	庚申	己丑	戊子	丁巳	丁亥	丙辰	丙戌	丙辰	丙戌	乙卯	乙酉	甲寅	二己未
三年	甲申	癸丑	癸未	壬子	辛巳	辛亥	庚辰	庚戌	庚辰	己酉	己卯	己酉	
四年	戊寅	戊申	丁丑	丁未	丙子	乙巳	乙亥	甲辰	甲戌	癸卯	癸酉	癸卯	十二癸酉
五年	壬寅	壬申	辛丑	庚午	庚子	己巳	戊戌	戊辰	丁酉	丁卯	丁酉	丙寅	
六年	丙申	丙寅	丙申	乙丑	甲午	甲子	癸巳	癸亥	壬辰	辛酉	辛卯	辛酉	
七年	庚寅	庚申	庚寅	己未	己丑	戊午	戊子	丙戌	丙辰	乙酉	乙卯	甲申	七丁巳
八年	甲寅	甲申	癸丑	癸未	癸丑	壬午	壬子	辛巳	庚戌	庚辰	**庚戌**	己卯	
九年	己酉	戊寅	戊申	丁丑	丁未	丁丑	丙午	丙子	乙巳	乙亥	甲辰	甲戌	
十年	癸卯	癸酉	壬寅	**壬申**	辛丑	庚子	庚午	庚子	己巳	己亥	戊辰	戊戌	六辛未
十一年	丁卯	丁酉	丙寅	乙未	乙丑	甲午	甲子	甲午	癸亥	癸巳	癸亥	壬辰	
十二年	壬戌	辛卯	辛酉	庚寅	己未	己丑	戊午	戊子	丁巳	丁亥	丁巳	**丙戌**	十二丙辰
十三年	丙戌	**丙辰**	乙酉	甲寅	癸未	癸丑	壬午	辛亥	辛巳	辛亥	辛巳	庚戌	
十四年	庚辰	庚戌	己卯	己酉	*己卯*	丁未	丁丑	丙午	乙亥	乙巳	乙亥	甲辰	

十五年　甲戌　甲辰　甲戌　癸卯　癸酉　壬寅　辛未　辛丑　庚午　己巳　己亥　戊辰　九己亥

十六年　戊戌　戊辰　丁酉　丁卯　丙申　丙寅　乙未　甲子　甲午　癸亥　癸巳　壬戌

（原载《敦煌研究》2013年第3期，第144—152页）

一种不曾存在过的历史纪年法

——《古突厥社会的历史纪年》献疑

　　路易·巴赞（Louis Bazin，1920—2011）教授是一位非常著名的法国学者，以研究突厥历史而享誉学林，被誉为法国乃至欧洲突厥学的一代宗师。巴赞教授的代表作是其法国国家级博士论文《古突厥社会的历史纪年》，由法国国立科研中心出版社和匈牙利科学院合作，于1991年正式出版。其汉文译本，由中国社会科学院历史研究所耿昇教授完成，最早由中华书局出版①；最近，中国藏学出版社再版了这个译本②。

　　由于个人术业所在，《古突厥社会的历史纪年》汉译本首次出版时，就有学界朋友希望我写一篇书评。但因该书所涉语言类知识颇多，而这一方面又是我的短项，故而未敢领命。2014年，该书由中国藏学出版社再版，我到书店淘书，因封面换了颜色，书名也有改动，就糊里糊涂地又买了一本。回家一看，确实是买重了（此类事在我是经常发生的）。一本书买了两次，说明在我的潜意识中认为它很重要，所以，必须认真去读，否则，对不起这部名气巨大的学术著作。拜读之后，觉得确实有些话想说出来，以就教于中外学坛的博学通人。

---

① ［法］路易·巴赞著，耿昇译：《突厥历法研究》，北京：中华书局，1998年版。
② ［法］路易·巴赞著，耿昇译：《古突厥社会的历史纪年》，北京：中国藏学出版社，2014年版。本文以下所引该书观点，均以此书为准。

一 解读巴赞教授的六十纪年周期表

读过该书，冷静沉思之后，我发现巴赞教授在为相关突厥文、回鹘文等多种出土碑铭定年时，使用了一种历史上根本不曾存在过的"六十纪年周期"。下面，我将引证巴赞教授的有关认识，以及他对自己这种方法在定年时的运用，加以分析和讨论，指出其中存在的问题，并找出问题产生的根源，从而回归到正确的定年方法上来。如果我的认识有错，或者误解了巴赞教授的本意，欢迎中外学坛的同仁予以批评和指教，我将洗耳恭听，时刻准备检讨并改正自己的错误。

巴赞教授在第五章"晚期回鹘人的历法科学"之第12自然节中①，说明了他的定年方法。他说：

> 在甲子或干支纪年中，将"生肖+五行（12×5=60种不同的结合）之结合借鉴自汉族星相学。我发现它作为历法的复杂分类因素而出现在回鹘文献中了。从开始研究起，对它的解释就被西方学者们严重地误解了，他们曾认为可以把中国传统自然科学中的10"干"（天干分类）和"五行"（木、火、土、金和水）两两相对地结合机械地运用于其对应关系中。然而，在与我本书有关的时代，这种对应关系（BC6）仅对于哲学—巫术思辨才有效，而绝非是对历法有效。在历法中却运用了另一种更要复杂得多和更要"博学"得多的方法，而且直到19世纪时依然行之有效，黄伯禄神父对此作了全面描述（BC8-9）。
>
> 我自己在着手研究的最初几年，也曾陷入对该词的一种误解之中（这在原则上是很符合逻辑的），仅是在发现了自己导致了某些无法解决的矛盾时，才从这种错误中幡然醒悟。

---

① ［法］路易·巴赞著，耿昇译：《古突厥社会的历史纪年》，北京：中国藏学出版社，2014年版，第286—287页。

　　我于下文将简单地阐述一番两种对音体系之间的差异，对于其中的汉文方块字，则要参阅前引黄神父书中的几段文字。

　　第1种对应方法：五气（五行）+10干（天干）分类法。天干（10）自行连续地分配在"五气"之间。其具体情况如下：1+2，木；3+4，火；5+6，土，7+8，金；9+10，水。以前引数字（以0代10）而结束的60甲子编号，就相当于上文列举的继它们之后的五行之一，如，第34为火，28为金。

　　为了避免一段引文过长，先引到这里。对于古代历日内容和结构不很熟悉的读者，阅读上述引文会存在一些困难。其实，这段文字内容并不复杂。这"第1种对应方法"就是巴赞教授在前面批评过的"从开始研究起，对它的解释就被西方学者们严重地误解了"的天干与五行相配的方法。天干是甲、乙、丙、丁、戊、己、庚、辛、壬、癸，五行是木、火、土、金（铁）、水。依照传统的五行理论，每一个五行可配两个天干，如甲、乙配木，丙、丁配火，戊、己配土，庚、辛配金（铁），壬、癸配水。[①]巴赞教授将天干排为由1到10的序号，故他的"1+2，木"，也就是"甲和乙，木"；"3+4，火"，也就是"丙和丁，火"，如此等等。这样，十个天干就可以由对应的五行替代了。他说的"第34为火"，指第34号干支丁酉，其天干"丁"配"火"；"28为金"指第28号干支辛卯，其天干"辛"配"金"，看本文后附表一会立即明白。

　　下面接着引述巴赞教授的原文：

　　第2种对应方法：五气（五行）+60甲子纪年对于五气（五行）不再是在天干的周期中，而是在60甲子的周期中划分（天干中的每一种都要相继与五气中的三种相联系）。

---

　　① 　参见陈遵妫：《中国天文学史》第3卷，上海：上海人民出版社，1984年版，第1652页注①。

表一

十二属	+木=	+火=	+土=	+金=	+水=
鼠	n°49	n°25	n°37	n°1	n°13
牛	n°50	n°26	n°38	n°2	n°14
虎	n°27	n°3	n°15	n°39	n°51
兔	n°28	n°4	n°16	n°40	n°52
龙	n°5	n°41	n°53	n°17	n°29
蛇	n°6	n°42	n°54	n°18	n°30
马	n°19	n°55	n°7	n°31	n°43
羊	n°20	n°56	n°8	n°32	n°44
猴	n°57	n°33	n°45	n°9	n°21
鸡	n°58	n°34	n°46	n°10	n°22
狗	n°35	n°11	n°23	n°47	n°59
猪	n°36	n°12	n°24	n°48	n°60

（表一即路易·巴赞《古突厥社会的历史纪年》中的表格）

这第二种复杂而又"科学"的分类体系，才是中世纪回鹘人"官方"习惯中用于历法的唯一方法。另外一种方法更为简单和通俗一些，稍后随着历史传到了吐蕃、印度支那等地。这两种方法仅在60年的16年中偶然地相会，永远不会融合在一起。

可以说，这第二种方法便是巴赞教授的六十纪年周期，而且他认为是"中世纪回鹘人'官方'习惯中用于历法的唯一方法"，所以我们必须读懂它。

第一，他认为在这种方法中，"不再是在天干的周期中，而是在60甲子的周期中划分"。

什么意思呢？我理解是，在这种方法中，不再考虑天干与五行的配合；括弧内是说，在一个完整的六十干支表中，每个天干与"五气"（五行）中的三个相遇。比如天干"甲"，仅与金、水、火这三个五行相遇。请参考下文附表（一）"汉族六十干支表（附天干地支与五行对照及各干支纳音）"的左侧上下六格，干支序号是1、11、21、31、41、51，虽然天干"甲"用了六次，但相配的"五气"（实是纳音，详下文）仅有火、金与水三个。

第二，巴赞教授所绘的这个表格，左侧由上至下为代替地支的十二生肖，上面由左至右的木、火、土、金、水不是代替天干的，因为他的表已将天干排除在外，而是代表汉地六十干支所配纳音的（各干支的纳音见附表一），这个纳音又是用五行（他称为"五气"）代替的；表中间由上述二者详加所得的数字序号，相当于汉地六十干支序号。所以，把这个表的三部分内容合起来便是：鼠加木等于汉地干支第49号，猪加水等于汉地干支第60号，等等。读者若有兴趣，可以与本文附表一《汉族六十干支表》所列各干支及其序号逐一进行对照，只是对照时，需把十二地支换成对应的生肖罢了。

第三，为了准确理解巴赞教授这个六十周期表，按照他生肖加纳音（用五行代替）的思路，我将他的六十周期表绘成本文的附表二。为了进行比较，我又将巴赞教授认为从一开始就"误读"了的天干（用五行代替）加地支（用生肖代替）的方法绘成本文的附表三。对附表二和附表三我全部加上从1到60的序号，以便对它们之间，以及它们与汉地六十甲子之间的关系进行比较。这样，对于不熟悉历日内容的读者会方便很多，因为只看号码就能立即找到。

将附表二、附表三进行比较后，发现在一个六十周期中，仅有16个是相同的，序号是：3、4、15、16、17、18、29、30、33、34、45、46、47、48、59、60。正由于此，巴赞教授在前述引文的末尾才说："这两种方法，仅仅在60年的16年中才会偶然地相吻合，永远不会融合在一起。"

第四，巴赞教授六十周期的根本特征是"生肖加纳音（用五行代替）"，不再考虑天干的作用。

下面我将依据传世和出土文献提供的资料展开讨论，看看这个纪年方法能否成立。

二 以五行代替天干在8世纪初年已用于历日

巴赞教授在前引文字中批评第一种纪年方法，也就是他认为一开始就被一些学者误读了的"五行（代替天干）加生肖"的纪年方法（即本文附表三）时说："在与我本书有关的时代，这种对应关系（BC6）仅对于哲学—巫术思辨才有效，而绝非是对历法有效。"事实恐非如此。他所说的"与我本书有关的时代"，应该指8世纪中叶，因为由他定年的鄂尔浑1、2两号碑分别在公元732和735年，以及其他文献，时间多在8世纪中叶。然而，用五行代替天干这种方法在8世纪初就已经用在历日中，且"对历法有效"了。

1982年，藏族学者催成群觉和索朗班觉发表了《藏族天文历法史略》[①]一文，内云：

> 公元704年，赤德祖赞时期黄历历书《暮人金算》《达那穷瓦多》《市算八十卷》《珠古地方的冬、夏至图表》《李地方的属年》《穷算六十》等典籍传至吐蕃地区。

可知，8世纪初叶传入吐蕃的"黄历历书"有多种多样，其中的《穷算六十》值得注意。在同一篇文章中，陈宗祥（汉族）和却旺（藏族）二位先生为《穷算六十》作了如下的解释：

> 《穷算六十》的"穷部"byung rtsi 是个姓氏。"穷算六十"与"李

地方"的算法不同。其主要特点是十二生肖与五行配合算的。每两年
配一行。例如去年（按，指1978年）土马，1979年是土羊，1980年
是铁猴，1981年是铁鸡……等。12×5=60。[1]

查历表，1978年是农历戊午年，1979年是己未年，1980年是庚申年，
1981年是辛酉年。除去地支被生肖代替外，天干戊、己、庚、辛分别被
土、土、铁（金）、铁（金）所代替，完全符合天干与五行的搭配关系
（详见附表一和附表三的55、56、57、58各号）。

就目前材料而言，我们虽然不能指证这一套知识和纪年方法的最初出
处，但它们属于汉族传统的数术文化当无疑问。由上引可知，以五行代替
天干并配生肖，形成一种改编版的六十干支如附表三，在8世纪初不仅已
经产生而且业已传入吐蕃。虽然说吐蕃未能立即使用这套改编版的干支进
行纪年，但这套知识既已产生并传播开来，那么它在数十年后的8世纪中
叶传入回鹘并用于纪年则是完全可能的。回鹘文献中的那些与《穷算六
十》相同的纪年资料便是证明。再者，这段时间，生活在鄂尔浑河流域的
回鹘民族与中原唐王朝之间交往甚为密切；而且，从大的视野去看，回鹘
属于广义突厥民族的一部分，但汉地早在公元586年就已向突厥颁历，[2]
百余年后，改编版的汉地六十干支传入回鹘并被使用，亦在情理之中。

由此可见，巴赞教授为自己设立的认识前提是难以成立的。

三　六甲纳音的出现、入历和读法

我不得不很遗憾地指出，在讨论回鹘历史纪年法时，巴赞教授始终未
用"纳音"这个概念，而是在指称事实上的"纳音"时使用了"五气"
"五行"这些容易导致混乱的说法。但事实上，这全是汉民族数术文化中

---

[1]　催成群觉、索朗班觉：《藏族天文历法史略》，载《西藏研究》1982年第2期，第32页。

[2]　标点本《资治通鉴》卷一百七十六长城公至德四年（586）正月："庚午，隋颁历于突厥。"北京：中华书局，1956年版，第5485页。

的"纳音",与六十干支（又称六十甲子）相结合，便是"六甲纳音"或"纳甲"。只是在历注中，五音（宫、商、角、徵、羽）分别用五行（各自对应的五行依次是土、金、木、火、水）进行了代替。中外不少学者于此不明就里，反而同代替天干的五行（木、火、土、金、水）相混淆，从而生发出一些原本不该发生的错误。

迄今为止，我们仍不知六甲纳音最初是如何产生的。但至晚在出土的公元前3世纪睡虎地秦简《日书》中，就已有了按"五音"对六十干支的分组，现引录如下（为便于比较，我在每个干支后的括弧中均加了干支序号，下同）：

禹须臾：辛亥（48）、辛巳（18）、甲子（1）、乙丑（2）、乙未（32）、壬申（9）、壬寅（39）、癸卯（40）、庚戌（47）、庚辰（17），莫（幕）市以行有九喜（九七背壹）；

癸亥（60）、癸巳（30）、丙子（13）、丙午（43）、丁丑（14）、丁未（44）、乙酉（22）、乙卯（52），甲寅（51）、甲申（21）、壬戌（59）、壬辰（29），日中以行有五喜（九八背壹）。[①]

（以下略）

我们将上面两组干支与本文前面引述的巴赞教授那个用干支序号编成的表加以比较，发现第一组干支全在该表属"金"（商音）的那一栏（简文不全，缺癸酉和甲午）；第二组则全在属"水"（羽音）的那一栏。其余略去的三组，分别在该表的"木"（角音）、"火"（徵音）和"土"（宫音）各栏，有兴趣的读者可以自己去比较，这里从略。

可知六甲纳音这种数术文化知识先秦时代即已存在。但是，它又是在何时作为历注之一引入历日的呢？就目前出土资料而言，最晚在《唐显庆三年（658）具注历日》中就已存在。

---

① 睡虎地秦墓竹简整理小组编：《睡虎地秦墓竹简》，北京：文物出版社，1990年版，第222页。

该历日出土于吐鲁番阿斯塔那210号古墓，其第16行云："廿一日辛丑土执，岁后，母仓、归忌、起土吉"；第17行云："廿二日壬寅金破岁后，疗病、葬吉。"①其中各干支后的"土"和"金"便是该干支的纳音。同样从吐鲁番古墓出土的《唐开元八年（720）具注历日》也有相同的内容，如"十二日癸巳水闭没岁位"②。这说明，六甲纳音这一数术文化，至晚在7世纪中叶已作为历注内容之一纳入历日，到巴赞教授研究的那些文献所在的8世纪中叶，应该已成为一项常见知识。

更为重要的，还在于这种六甲纳音的内部关系和它的读法。就我掌握的知识，六甲纳音中的"音"（用五行代替）是配给每一个干支的，比如：甲子、乙丑这两个干支分别配"金"，丙寅、丁卯配"火"，如此等等。我们在敦煌出土的唐宋写本历日中也见到了它的读法。比如，藏在英国图书馆的S.1473加S.11427b背《宋太平兴国七年壬午岁（982）具注历日并序》，其卷首云："太平兴国七年壬午岁具注历日并序_{干水支火纳音木}"③；藏在法国国家图书馆东方珍本部的P.3403《宋雍熙三年丙戌岁（986）具注历日并序》，开首即云："雍熙三年丙戌岁具注历日并序_{干火支土纳音土}"④。引文中的小字就是该年的纪年干支及其对应纳音的读法。再看本文附表一第19号干支，可知壬、午对应的五行分别是水和火，故称"干水支火"；"壬午"这个干支的纳音为"木"（代替角），故云"纳音木"。第23号干支丙戌，丙、戌对应的五行分别是火和土，故称"干火支土"；"丙戌"的纳音为"土"，故称"纳音土"。这种读法，无论是出土的唐宋元实用历本，还是传世的明清历日，以及今日仍在我国港、澳、台地区广泛使用的民用通书暨日本历书中，依然未变。

我们认为，一个纳音是对一个完整的干支而言的。而巴赞教授却认为，那个代替五音的五行只是对一个干支中的地支而言的。按他的理解，

---

① 国家文物局古文献研究室、新疆维吾尔自治区博物馆、武汉大学历史系编：《吐鲁番出土文书》（释文本）第6册，北京：文物出版社，1985年版，第74页。

② 《吐鲁番出土文书》（释文本）第8册，北京：文物出版社，1987年版，第130页。

③ 参见邓文宽：《敦煌天文历法文献辑校》，南京：江苏古籍出版社，1996年版，第560页。

④ 邓文宽：《敦煌天文历法文献辑校》，南京：江苏古籍出版社，1996年版，第588页。

在"甲子金"这一组纳音中,"金"只与地支"子"相配,而不是与"甲子"这个意义完整的干支相配。当然,这里的"子"可以用生肖"鼠"代替。于是,他将"鼠"加"金",也就是将地支和纳音合在一起,产生了一个新的组合,认为在回鹘历法中就是用这个组合来纪年的。本文前面复原出的附表二就是这么产生的。

我们再看巴赞教授是如何用他的纪年周期去为相关文献定年的。在吐鲁番地区出土过三条庙柱文,一条为汉文,两条为回鹘文。回鹘文之一云:"在吉祥年己火羊年,二月,新月三日,当此人获得了(后略)。"①按照我的读法,此处当读作"己羊火年","己"这个天干尚未用五行代替(详下节),"羊"代替"未",还原出来便是"己未火",表1第56号与此正同。而按照巴赞教授的方法,则读作"羊火年"(或"火羊年"),在他的表(本文表二)上正巧也是56号。不过,我想问,如果这里的纪年是"羊火"(或"火羊")这个组合,那么天干"己"在这里是作什么用的?这能作出合理的解释吗?在下节我们将会看到,用汉族原来的天干与十二生肖进行组合,形成改编版的回鹘六十干支,既用于纪年,也用于纪日,正是回鹘历法的重要特色。

另一条回鹘文《金光明经》有:"牛年,五气之火,十干分类的'己'。"②按我的读法,应该读作"己牛火年"(干支第26号)。但若按照巴赞教授的读法,便成了"牛火年"(或"火牛年")。好在这里天干未用五行取代。若用五行代之,因"己"为"土",就会变成"土牛火年",不涉及纳音的话,便应读作"土牛年"(见附表三第26号);而在巴赞教授那里,却是"火牛年"(见附表二第26号),"土牛"变成了"火牛",再以此为据进行定年,就未免相去甚远了。

综上可知,这里根本的差别是:六甲纳音中的五音(用五行代替)是

① [法]路易·巴赞著,耿昇译:《古突厥社会的历史纪年》,北京:中国藏学出版社,2014年版,第303页。
② [法]路易·巴赞著,耿昇译:《古突厥社会的历史纪年》,北京:中国藏学出版社,2014年版,第304页。

与一个完整的干支相配呢，还是仅与其中的地支相配？怎样才算是正确的认识？

关于六十干支（甲子）纳音，清儒钱大昕有过精辟的论述，他在《潜研堂文集》卷三"纳音说"一目中指出：

> 纳音者，又以六十甲子配五音……五音始于宫，宫者，土音也，庚子（37号）、庚午（7）、辛丑（38）、辛未（8）、戊寅（15）、戊申（45）、己卯（16）、己酉（46）、丙辰（53）、丙戌（23）、丁巳（54）、丁亥（24），乃六子所纳之干支，古为五声之元，于行属"土"，于音属"宫"，所谓一言得之者也（后略）。[①]

这一组干支在六甲纳音中全属于配"土"，亦即"宫"音那一组。

此外，在中国民间算命先生那里，这种配合关系也有30句口诀，如"甲子、乙丑海中金""丙申、丁酉山下火""戊辰、己巳大林木"等等。显然，也都是将完整的干支与"五音"（用五行代替）相配的，而不曾将天干与地支分开过。

总之，无论是从出土的睡虎地秦简《日书》，还是中古时代的实用历本、清代学者的著述，以及当代东亚地区仍在行用的通书，或在民间术士那里，我们得到的认识，全是一个完整的干支配一个音，而不是只将地支（或生肖）与五音相配。更不存在用生肖配五音这样一种组合去纪年，这在文献记载和出土资料中都从未有过。

四　回鹘六十干支表复原

出土文献和碑铭资料表明，突厥和回鹘曾经广泛使用过十二生肖纪

---

① 〔清〕钱大昕撰，吕友仁校点：《潜研堂文集》，上海：上海古籍出版社，2009年版，第47—49页。

年，其名称和次序与汉地十二生肖完全相同，[①]所以，关于这一纪年形式，此处从略，不再讨论。

既然我们认为巴赞教授那个六十纪年周期难以成立，那么就应该找出回鹘人曾经使用过的纪年形式。因此，必须先从出土资料中找出那些构成纪年规律的历法要素，然后再根据它们加以复原。下面我们将每类资料引出一条，并进行分析。

1.敦煌藏经洞出土，现藏巴黎法国国家图书馆东方珍本部的 P. Ouïgour 2 号回鹘文文献，其4—5行有："土猴年 tončor 月有（姓）朱者只身来此（后略）。"[②]此件既出土于敦煌藏经洞，则其年代不能晚于11世纪初，因为现知有纪年的敦煌汉文文献纪年最晚为公元1002年。这里的"土猴"，"土"代替天干，"猴"代替地支，二者的结合就构成了下表（附表四）第45号。因为"猴"与五行"土"（代天干）相配仅此一位，换成汉历，便是"戊申"，请与附表一、附表三、附表五的第45号进行对照。回鹘此种六十干支纪年形式，如果单独抽出来，事实上就是本文附表三所具有的内容。

2.前引吐鲁番出土回鹘文庙柱文之一："己火羊年，二月，新月三日，当此人获得了（后略）"[③]，依照我的理解，当读作"己羊火年"。其中"己羊"是纪年干支，处在附表四的第56号。因为"羊"代替地支"未"，所以换成汉历，就是己未年。己未在附表一、附表三、附表五上都在第56

---

①　参见周银霞、杨富学：《敦煌吐鲁番文献所见回鹘古代历法》，载《敦煌研究》2004年第6期，第62—66页。

②　杨富学、牛汝极：《沙州回鹘及其文献》，兰州：甘肃文化出版社，1995年版，第88—89页。同类资料，还有"土兔年""火羊年""土牛年"等。见 F. W. K. Müller, *Zwei Pfahlinschriften aus den Turfanfunden*, Berlin, 1915, p.24. 转自杨富学：《维吾尔族历法初探》，载《新疆大学学报》1988年第2期，第63—68页。

③　同类资料还见于羽田亨的记述："从当地回鹘摩尼教徒中使用的一种历书，这种历用粟特语写成，每日同时记有粟特、中国、突厥三种名称，即每日上先记粟特语的七曜日的名称，次记相应的中国天干即甲乙丙丁等音，其次配以鼠、牛、虎、兔等突厥日记日用的十二兽名，再在其上译中国的五行名称即木、火、土、金、水为粟特语，隔二日用红字记之。"见[日]羽田亨著、耿世民译：《中国文化史》，乌鲁木齐：新疆人民出版社，1981年版，第88页。可知，此历日的要素也是天干和十二生肖相配合，另记有纳音（用五行替代），天头有七曜日（星期）注记。

号。至于"火"，它就是己未这个干支的纳音"徵"，用"火"代替了，也见于附表一第56号。这条资料与第1条的不同之处在于，第1条"土猴"中的五行"土"代替天干"戊"，但此条仍旧保留了汉族的天干原名，不用五行代替；再者，还保留了汉地原有的六甲纳音内容。顺便指出，我们在本文第三节曾引过吐鲁番阿斯塔纳210号古墓出土的《唐显庆三年（658）具注历日》，那里面的纪日方式也是干支加纳音。若与同是吐鲁番出土的这条回鹘文庙柱文做比较，就会发现，其差别仅仅是将地支换作了生肖，天干和纳音则完全相同，这是富有思考意义的。既然在公元840年回鹘占领吐鲁番之前将近200年，汉地的这种历法知识就已传播到了那里，回鹘占领后能不受其影响吗？

3. 吐鲁番出土回鹘文《文殊所说最胜名义经》（编号TM14［U4759］）题记有："在大都白塔寺内于十干的壬虎年七月，将其全部译出。"回鹘文《玄奘传》内有"腊月戊龙日"云云。可见，汉族天干配十二生肖（代替地支）这种组合在回鹘人那里不仅曾经用于纪年，也用于纪日。与第2条资料相比，仅是少了用来代替纳音的五行，此外完全相同。这条有"壬虎年七月"的资料，有关专家推断为1302年，[①]相当于14世纪初。

通过上引三种形态的回鹘文纪年资料可以看到，第一，汉地原来的地支已经完全由生肖取代了，不再有任何表现；第二，汉地的天干则有两种表现形式：一种是用对应的五行来代替，如第1条资料；一种是继续保留汉地原名不变，如第2、3条资料；第三，汉地的六甲纳音被照搬进回鹘历法中去了，见于上引第2条资料。简言之，汉地的天干（或用五行代替）、地支（全用生肖代替）、六甲纳音（一如汉地，仍用五行代替）全都引进了回鹘历法。用巴赞教授的话说就是："8世纪时于突厥人官方文献中沿用的历法，是对于唐朝官历的一种准确改编。"[②]

根据上述回鹘历法资料，我现在将其绘成附表四《回鹘六十干支表

---

① G. Kara und P. Zieme, *Fragmente tantrischer Werke in uigurische Übersetzung（Berliner Turfan-texte Vii）*, Berlin: Akademie-Verlag, 1976, S.66, z.101—108.

② ［法］路易·巴赞著，耿昇译：《古突厥社会的历史纪年》"汉译本序"，写于1994年12月。

（附天干与五行对照及各干支纳音）》。

这个回鹘六十干支表将已知回鹘用干支纪年、纪日的内容几乎全部包含了进去。不过，在不同时代，所用纪年形式有别。极为粗略地划分，大致是：漠北回鹘汗国时期（744—840），由汉地传入的干支中的天干已用五行代替，如1号干支读作"木鼠"（内容同附表三）；840年西迁后，使用了天干加生肖再加纳音这种组合，如1号干支是"干甲支鼠纳音金"；到了元代，又将纳音舍弃不用了，如1号干支只是简单地读作"甲鼠"。但任何时候，1号干支都没有变成由生肖"鼠"与纳音"金"去组合，读作"鼠金"或者"金鼠"。如果将天干用对应的五行去代替，1号干支也只能读作"木鼠"，不能也不曾读作"金鼠"。其余各个干支与此均同。

为了在更大的范围内认识汉族六十干支对周边民族的影响，我现在把吐蕃（藏族前身）的六十干支绘成附表五，以便与回鹘六十干支表进行比较。将附表四、附表五加以对照，可得如下认识：

1.回鹘和吐蕃都曾将汉地的天干用五行代替。其不同处在于：回鹘也曾直接用汉地原来的天干，但在吐蕃未曾发生；吐蕃曾运用汉地的五行知识将代替天干的五行分作"阳"和"阴"，但在回鹘未曾发生。

2.回鹘只用汉地的十二生肖，完全放弃了原来的地支；吐蕃虽主要使用生肖，但也曾单用地支纪年，如敦煌文献有"辰年牌子历"，这或许是那一时段在其治下有汉人的缘故。

3.回鹘历中曾经保留了汉地的六甲纳音，但吐蕃历不曾保留。[①]

显然，回鹘和吐蕃这两个民族在接受了汉地的六十干支后，并未生硬地照搬，而是根据自己的生活习惯和对汉文化的理解，进行了适当损益和改造。但其六十干支的文化内涵，仍旧完全处于汉地六十干支及其纳音，还有五行和生肖知识的范围之内。只要将附表四、附表五与附表一比较一

---

① 我注意到，敦煌藏文文献P.t.127v包含两项内容，一是用十二生肖组成的六十周期代替六十甲子（吐蕃有单用生肖纪年的习惯），再是在每年之下用五行表示的纳音，五行也各分阴阳。一些西方学者认为这也是用于历史纪年的，其实不确。近来中国学者刘英华先生发表了《敦煌本藏文六十甲子纳音文书研究》，给予了有力的辨证，指出这件写本的用途是进行占卜，而非用于历史纪年，文载《中国藏学》2015年第1期，第160—174页。

下就能明白，这里不再辞费。

五 《古突厥社会的历史纪年》与《中西历日合璧》

在本文第一节引述巴赞教授的论述时，我们注意到他说："在历法中却运用了另一种更要复杂得多和更要'博学'得多的方法，而且直到19世纪时依然行之有效，黄伯禄神父对此作了全面描述。"在该书的其他地方，他也一再表示自己的见解是受到了黄神父的启发，而且再三表达感激之情。故此，我们必须对黄伯禄及其相关著作加以了解。

黄伯禄（1830—1909），江苏海门人，字志山，号斐默，受洗名伯多禄。他1843年入张朴桥修道院，为首批修生之一，习中文、拉丁文、哲学和神学等课程。1860年晋升为铎品，后在上海、苏州等地传教。1875年任徐汇公学校长，兼管小修院。1878年任主教秘书和神学顾问，并专务写作。其一生出版作品极多，有些收入了光启社出版的法文版《汉学丛书》，《中西历日合璧》（图6）①是其于1885年用拉丁语出版的著作——此即巴赞教授依托和参考的主要书籍。

既然黄神父该书对巴赞教授影响如此之大，我们就必须弄清黄氏的观点。该书涉及中国古历的核心内容有四个方面：1.十天干与五行及方位的对应关系，2.十二地支与生肖、五行及方位的对应关系，3.六十干支表，4.清代历史纪年表（以及一些预推的年表）。其中对巴赞教授影响最大的是六十干支表那部分。为了讨论问题的方便，我将黄伯禄书中的表格原封不动地移录过来，成为本文的附表六（黄伯禄《中西历日合璧》中的干支表）。

这个表的核心内容仍是用汉字表示的，各个项目说明则用拉丁语。其实，它仍是一个汉地的六十干支表，只是在每个干支右侧附加了两项内

---

① 中译本《古突厥社会的历史纪年》将"中西历日合璧"译作"中国与欧洲的历法"。颇感遗憾的是，此书中国国家图书馆也未收藏。为使本课题能够进行下去，我从孔夫子旧书网上高价购得一册，其间青年学者刘波给了我许多帮助，谨致诚谢。

容：一是该干支中的地支与十二生
肖的对应关系，如子鼠、丑牛、寅
虎、卯兔等；二是该干支的纳音
（用五行代替），如甲子、乙丑金，
丙寅、丁卯火等等。这些内容在汉
地传统历日中均为习见项目，毫无
奇特之处（请参阅本文附表一）。
黄伯禄在将这些中文名词译成拉丁
语时，将"纳音"直译成了"五
行"（elementa），因为这里的纳音
就是用五行代替的。这也说明他对
"纳音"这项数术文化尚无真切清
楚的了解，只是从表面去认识，未
免皮相。可是，经过巴赞教授的组
合，情况就发生了变化。怎么回事

图6 《中西历日合璧》书影
（作者藏书）

呢？他将该表每一号干支中的附加内容即地支对应的生肖，与纳音加以合
并，便产生了本文表二那个"六十纪年周期表"。而且，本文第一节引述
的他那个用干支序数形成的表，即生肖加"气"（实是纳音：木、火、土、
铁、水）等于干支序号，起初我很不理解，为什么将生肖放在前面，而把
五行（他叫作"气"）放在后面？现在终于看清，这是在没有弄明白黄伯
禄六十干支表与其附加内容关系的情况下，简单照抄的结果，只要将本文
附表二与附表六加以对照，便会一目了然。但在中国历法史上，从未存在
过用生肖和纳音进行组合并用于纪年的事情。至于用"五行加生肖"以代
替干支，本质上仍是对古已有之的汉族六十干支的改编（如附表三）。我
只能十分遗憾地说，巴赞教授没有弄明白黄伯禄表上的"五行"是代替
"纳音"的，与代替天干的五行完全不是一回事；而且，这个纳音只能相
对于一个完整的干支而言，不能把它配在代替地支的生肖上进行组合。单
就这一点而言，黄伯禄原表没有太大的错误，因为毕竟他没有进行这样的

组合，只是巴赞教授对该表进行了过度解读而已。反过来说，如果黄伯禄神父真正懂得历日中的纳音知识，他就不应该在他的表中称纳音为"五行"，而应该直接称作"纳音"。如果他能这样做，也许就不至于对不谙中文的巴赞教授产生误导。从这个意义上说，这项学术错误的发生，黄伯禄神父也有不可推卸的责任。总之，无论是黄神父，还是巴赞教授，都不具有对中国古代数术文化"纳音"及其在历日中安排的知识，这是很惋惜的。

仔细想来，巴赞教授之所以会出现这个错误，一是因为他对中国古代历日的丰富内容、结构及其内部关系不很熟悉，二是他过分自信地认为公元 8 世纪中叶还没有产生以五行代替天干、以生肖代替地支，如"甲子"变成"木鼠"，"乙丑"变成"木牛"这种改编版的六十干支（即附表三），而且已用于纪年。但藏学研究的成果表明，早在公元 704 年即 8 世纪之初，这种改变版的六十干支（《穷算六十》）就已传入吐蕃。我推测，它的实际产生年代可能还要再早一些，估计当在 7 世纪的中叶或下半叶。当巴赞教授看到黄伯禄的六十干支表上有附加的"生肖"和"五行"（实际是纳音）时，对照回鹘文献上出现的"五行加生肖"如"火羊""土猴"等纪年，便认为它就是黄伯禄干支表上附加的那些东西。这不能不是绝大的误会，让人深感遗憾。

（原载《敦煌研究》2016 年第 2 期，第 125—136 页）

附表一 汉族六十干支表（附天干、地支与五行对照及各干支纳音）

甲（木）	乙（木）	丙（火）	丁（火）	戊（土）	己（土）	庚（金）	辛（金）	壬（水）	癸（水）
子（水）	丑（土）	寅（木）	卯（木）	辰（土）	巳（火）	午（火）	未（土）	申（金）	酉（金）
金1	金2	火3	火4	木5	木6	土7	土8	金9	金10
戌（土）	亥（水）	子（水）	丑（土）	寅（木）	卯（木）	辰（土）	巳（火）	午（火）	未（土）
火11	火12	水13	水14	土15	土16	金17	金18	木19	木20
申（金）	酉（金）	戌（土）	亥（水）	子（水）	丑（土）	寅（木）	卯（木）	辰（土）	巳（火）
水21	水22	土23	土24	火25	火26	木27	木28	水29	水30
午（火）	未（土）	申（金）	酉（金）	戌（土）	亥（水）	子（水）	丑（土）	寅（木）	卯（木）
金31	金32	火33	火34	木35	木36	土37	土38	金39	金40
辰（土）	巳（火）	午（火）	未（土）	申（金）	酉（金）	戌（土）	亥（水）	子（水）	丑（土）
火41	火42	水43	水44	土45	土46	金47	金48	木49	木50
寅（木）	卯（木）	辰（土）	巳（火）	午（火）	未（土）	申（金）	酉（金）	戌（土）	亥（水）
水51	水52	土53	土54	火55	火56	木57	木58	水59	水60

附表二　路易·巴赞的六十纪年周期表

鼠 金 1	牛 金 2	虎 火 3	兔 火 4	龙 木 5	蛇 木 6	马 土 7	羊 土 8	猴 金 9	鸡 金 10
狗 火 11	猪 火 12	鼠 水 13	牛 水 14	虎 土 15	兔 土 16	龙 金 17	蛇 金 18	马 木 19	羊 木 20
猴 水 21	鸡 水 22	狗 土 23	猪 土 24	鼠 火 25	牛 火 26	虎 木 27	兔 木 28	龙 水 29	蛇 水 30
马 金 31	羊 金 32	猴 火 33	鸡 火 34	狗 木 35	猪 木 36	鼠 土 37	牛 土 38	虎 金 39	兔 金 40
龙 火 41	蛇 火 42	马 水 43	羊 水 44	猴 土 45	鸡 土 46	狗 金 47	猪 金 48	鼠 木 49	牛 木 50
虎 水 51	兔 水 52	龙 土 53	蛇 土 54	马 火 55	羊 火 56	猴 木 57	鸡 木 58	狗 水 59	猪 水 60

说明:

1.路易·巴赞原表中的 n° 表示的那些数字,是汉族六十干支的序数;

2.路易·巴赞表是"生肖(代替地支)加五行(代替纳音)"的组合;

3.与附表三逐一比较(比较时将表二调为"五行加生肖",本质意义不变),不同者有下列各号:1、2、5、6、7、8、9、10、11、12、13、14、19、20、21、22、23、24、25、26、27、28、31、32、35、36、37、38、39、40、41、42、43、44、49、50、51、52、53、54、55、56、57、58(共44个);相同者有下列各号:3、4、15、16、17、18、29、30、33、34、45、46、47、48、59、60(共16个)。

附表三 路易·巴赞认为8世纪中叶尚不存在的改编版六十干支表

木鼠1	木牛2	火虎3	火兔4	土龙5	土蛇6	铁马7	铁羊8	水猴9	水鸡10
木狗11	木猪12	火鼠13	火牛14	土虎15	土兔16	铁龙17	铁蛇18	水马19	水羊20
木猴21	木鸡22	火狗23	火猪24	土鼠25	土牛26	铁虎27	铁兔28	水龙29	水蛇30
木马31	木羊32	火猴33	火鸡34	土狗35	土猪36	铁鼠37	铁牛38	水虎39	水兔40
木龙41	木蛇42	火马43	火羊44	土猴45	土鸡46	铁狗47	铁猪48	水鼠49	水牛50
木虎51	木兔52	火龙53	火蛇54	土马55	土羊56	铁猴57	铁鸡58	水狗59	水猪60

说明：

1.该表以五行（木、火、土、铁、水）代替天干，每"行"各用两次，与附表一相同；

2.该表以生肖代替地支；

3.该表实质是对汉地六十干支表的改编。

附表四　回鹘六十干支表（附天干与五行对照及各干支纳音）

甲(木)鼠金1	乙(木)牛金2	丙(火)虎火3	丁(火)兔火4	戊(土)龙木5	己(土)蛇木6	庚(铁)马土7	辛(铁)羊土8	壬(水)猴金9	癸(水)鸡金10
甲(木)狗火11	乙(木)猪火12	丙(火)鼠水13	丁(火)牛水14	戊(土)虎土15	己(土)兔土16	庚(铁)龙金17	辛(铁)蛇金18	壬(水)马木19	癸(水)羊木20
甲(木)猴水21	乙(木)鸡水22	丙(火)狗土23	丁(火)猪土24	戊(土)鼠火25	己(土)牛火26	庚(铁)虎木27	辛(铁)兔木28	壬(水)龙水29	癸(水)蛇水30
甲(木)马金31	乙(木)羊金32	丙(火)猴火33	丁(火)鸡火34	戊(土)狗木35	己(土)猪木36	庚(铁)鼠土37	辛(铁)牛土38	壬(水)虎金39	癸(水)兔金40
甲(木)龙火41	乙(木)蛇火42	丙(火)马水43	丁(火)羊水44	戊(土)猴土45	己(土)鸡土46	庚(铁)狗金47	辛(铁)猪金48	壬(水)鼠木49	癸(水)牛木50
甲(木)虎水51	乙(木)兔水52	丙(火)龙土53	丁(火)蛇土54	戊(土)马火55	己(土)羊火56	庚(铁)猴木57	辛(铁)鸡木58	壬(水)狗水59	癸(水)猪水60

说明：这一时期代替天干庚、辛的是"铁"而非"金"，与吐蕃相同。

附表五 吐蕃六十干支表（附分为阳阴的五行与天干对照表）

阳木（甲）鼠1	阴木（乙）牛2	阳火（丙）虎3	阴火（丁）兔4	阳土（戊）龙5	阴土（己）蛇6	阳铁（庚）马7	阴铁（辛）羊8	阳水（壬）猴9	阴水（癸）鸡10
阳木（甲）狗11	阴木（乙）猪12	阳火（丙）鼠13	阴火（丁）牛14	阳土（戊）虎15	阴土（己）兔16	阳铁（庚）龙17	阴铁（辛）蛇18	阳水（壬）马19	阴水（癸）羊20
阳木（甲）猴21	阴木（乙）鸡22	阳火（丙）狗23	阴火（丁）猪24	阳土（戊）鼠25	阴土（己）牛26	阳铁（庚）虎27	阴铁（辛）兔28	阳水（壬）龙29	阴水（癸）蛇30
阳木（甲）马31	阴木（乙）羊32	阳火（丙）猴33	阴火（丁）鸡34	阳土（戊）狗35	阴土（己）猪36	阳铁（庚）鼠37	阴铁（辛）牛38	阳水（壬）虎39	阴水（癸）兔40
阳木（甲）龙41	阴木（乙）蛇42	阳火（丙）马43	阴火（丁）羊44	阳土（戊）猴45	阴土（己）鸡46	阳铁（庚）狗47	阴铁（辛）猪48	阳水（壬）鼠49	阴水（癸）牛50
阳木（甲）虎51	阴木（乙）兔52	阳火（丙）龙53	阴火（丁）蛇54	阳土（戊）马55	阴土（己）羊56	阳铁（庚）猴57	阴铁（辛）鸡58	阳水（壬）狗59	阴水（癸）猪60

说明：此表用于纪年时读作：阳木鼠年（1号干支）、阴木牛年（2号干支）、阴水猪年（60号干支）等等。

附表六　黄伯禄《中西历日合璧》中的六十干支表

生肖	Animal	Signum cycli (1)	Elem.	Signum cycli (2)	Elem.	Signum cycli (3)	Elem.	Signum cycli (4)	Elem.	Signum cycli (5)	Elem.
鼠	Mus.	1 甲子	金	13 丙子	水	25 戊子	火	37 庚子	土	49 壬子	木
牛	Bos.	2 乙丑	金	14 丁丑	水	26 己丑	火	38 辛丑	土	50 癸丑	木
虎	Tigris.	3 丙寅	火	15 戊寅	土	27 庚寅	木	39 壬寅	金	51 甲寅	水
兔	Lepus.	4 丁卯	火	16 己卯	土	28 辛卯	木	40 癸卯	金	52 乙卯	水
龙	Draco.	5 戊辰	木	17 庚辰	金	29 壬辰	水	41 甲辰	火	53 丙辰	土
蛇	Serpens.	6 己巳	木	18 辛巳	金	30 癸巳	水	42 乙巳	火	54 丁巳	土
马	Equus.	7 庚午	土	19 壬午	木	31 甲午	金	43 丙午	水	55 戊午	火
羊	Ovis.	8 辛未	土	20 癸未	木	32 乙未	金	44 丁未	水	56 己未	火
猴	Simius.	9 壬申	金	21 甲申	水	33 丙申	火	45 戊申	土	57 庚申	木
鸡	Gallus.	10 癸酉	金	22 乙酉	水	34 丁酉	火	46 己酉	土	58 辛酉	木
犬	Canis.	11 甲戌	火	23 丙戌	土	35 戊戌	木	47 庚戌	金	59 壬戌	水
猪	Sus.	12 乙亥	火	24 丁亥	土	36 己亥	木	48 辛亥	金	60 癸亥	水

敦煌历日与当代东亚民用"通书"的文化关联

中国传统民用历日的内容，自古迄于20世纪中叶是连绵不断的，而且在东亚地区有着极为广泛的影响。不过，1949年后却发生了一些变化。那就是，传统历日在中国大陆以外的东亚地区仍旧兴盛不衰，但在中国大陆地区，其数术文化内容因受到批判而被抛弃，从而出现了中断。因此，历日中一些本来极为普通而在民众中十分普及的内容，对于大陆的多数人，尤其是对于年轻一代，就变得十分陌生了。本人也不例外。1994年末至1995年初，我受香港中华文化促进中心之邀，在著名学者饶宗颐先生指导下作为期三个月的研究工作，开始关注香港流行的"通书"。经与敦煌历日比较，我惊奇地发现，香港民用"通书"与敦煌历日主体文化内容是一致的，遵循着完全相同或基本一致的编排规则，甚至其中某些编错的地方，我也可以依据敦煌历日去加以纠正。此后数年中，我一直着力收集东亚地区现行民用"通书"的实物样本并加以研究。其间曾得到日本学者妹尾达彦先生、新加坡古正美博士、台湾宗山居士（高仰崇）、中山大学林悟殊教授、中国社会科学院历史研究所王育成教授的协助与支持。因此，本课题之所以能够顺利进行，是与上述一些朋友的支持分不开的，这里首先要向他们深致谢忱。

一 敦煌历日与"通书"文化内容之比较

我们拿来与敦煌历日进行比较的当代东亚民用"通书"主要有：（1）日本平成十年（1998）高岛易观象学会本部编纂的《平成十年观象宝运历》；（2）日本平成十一年（1999）高岛易断所本部编纂的《平成十一年神圣馆开运历》；（3）1995年台湾大义出版社出版，刘德义编著的《大义福禄寿历书》；（4）1995年台湾华淋出版社编辑出版的《我国民历》；（5）1995年台湾正海出版社出版，高铭德编著的《台湾农民历》；（6）1970年香港蔡伯励择日堪舆馆编纂的"永经堂"《日历通胜》；（7）1995年香港郑智恒易理命相玄学院出版，郑智恒编著的《猪年运程》；（8）1999年新加坡增订本《万字通胜》。以上8种通书，除《猪年运程》系笔者购自香港市廛，其余7种全部得自前述几位朋友的馈赠。也就是说，它们的来源有较大的随意性，并非为了论证之需要而挑拣的。另一方面，我所掌握的这8种通书，在整个东亚地区名目繁多的"通书"或"通胜"中恐怕微不足道，算不得丰富，但就我们这里要说明的问题来看，恐怕也还是够用的了。

下面我们将对一些主要项目进行比较。

（一）建除十二客

关于建除十二客，我已在多篇文章中有过论列。[①]现在只想强调以下几点：

第一，日本以及我国香港、台湾民用"通书"与敦煌历日均以建除十二客注历，而且遵循着共同的排列规则；

第二，在这些历书中，建除注历只与纪日地支相配，而同纪日天干无涉；

第三，根据"星命月"（详下）进行安排，而不依历法月份进行；

---

① 参见邓文宽：《跋吐鲁番文书中的两件唐历》，载《文物》1986年第12期，第58—62页；《敦煌古历丛识》，载《敦煌学辑刊》1989年第1期，第107—118页；《天水放马滩秦简〈月建〉应名〈建除〉》，载《文物》1990年第9期，第83—84页；《关于敦煌历日研究的几点意见》，载《敦煌研究》1993年第1期，第69—72页。

第四，不考虑每年"立春正月节"那天所在的历法月份，但见"立春正月节"后的第一个"寅"日即注"建"字，顺序下排；

第五，凡节气（非中气）之日，所注建除字需重复前日一次，再接续下排；

第六，每年十二个月，地支和建除都是十二个，因为使用了上一项的重复方法，故形成了各星命月里建除十二客与纪日地支间的固定对应关系。

就建除十二客所用的十二个字来说，除日本历书"收"字作"纳"，其余全同。

日本《簠簋》一书在解释完建除十二客各自所主吉凶之后，又强调说："所谓此十二运者任节，故譬虽至月，节不到，则不可成当月，运宜可准先月者也。"[①]这句话颇值得注意。其意思是说，上面建除十二客是按节气进行的。虽然进入某月，然而未至节气所在之日，仍不能算当月，节气日之前各日算作前一个月。就是强调说，建除安排是依"星命月"进行的。这与港、台通书，与敦煌具注历日完全一致。

（二）九宫图形

从现有材料看，九宫最晚产生于西汉，马王堆帛书中即出土一件九宫基本图形（五居中央）[②]，构图规则是："二、四为肩，六、八为足，左三右七，戴九履一，五居中央。"画成图形如图一：

四	九	二
三	五	七
八	一	六

图一

巽	离	坤
震	中	兑
艮	坎	乾

图二

绿	紫	黑
碧	黄	赤
白	白	白

图三

①　引自《簠簋》，见［日］中村璋八：《日本阴阳道书的研究》，东京：汲古书院，1985年版，1994年第2次发行，第262—263页。

②　见《马王堆汉墓文物》，长沙：湖南出版社，1992年版，第134—135页。

九宫基本图形也可以换成八卦表示，即坎一、坤二、震三、巽四、五中、乾六、兑七、艮八、离九（图二）。到了唐代，又有人用颜色代替数字，即一白、二黑、三碧、四绿、五黄、六白、七赤、八白、九紫。基本图形换成颜色表示即图三。以上三种九宫图形的对应关系自古迄今不变，也是其余八宫图形形成的基础。

关于九宫图形的构图规则。这九幅图表面上花里胡哨，但却是按照同一个严格的构图原则画成的。陈遵妫先生曾在《中国天文学史》第三册里有过解说。①我现在根据自己的理解重新表述如下：九宫图形的画法遵循如下步骤：（1）先确定中宫数字，要画几宫图就在中宫位置填上几；（2）由左上斜到右下，三个数字要相连（以下几步均是数字相连）；（3）右下到右中；（4）右中到左下；（5）左下到上中；（6）上中到下中；（7）下中到右上；（8）右上到左中。其步骤可表示如图四。

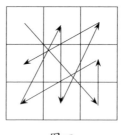

图四

求取任何一个公元年代的九宫图形。

九宫配年是从公元604年开始的，又从605年起不断以从九到一的次序倒转，故可用下列公式求得：

（公元年-604）÷9＝X……余数。我们要找的是余数。余几，就从九倒数几个数，所得便是该公元年应配入的九宫图形。例如：（1980-604）÷9＝152……余8，从九倒数八个数得二，则1980年应配入二宫图形。

（1995-604）÷9＝154……余5，从九倒数五个数得五，则1995年应配

① 陈遵妫：《中国天文学史》第3册，上海：上海人民出版社，1984年版，第1663页。

入五宫图形（基本图形）。用这个公式验算敦煌历日或东亚民用通书，以及推算未来任何年代的九宫图形都适用。

现在我们再根据九宫图形的这些特点对东亚民用通书与敦煌具注历日加以比较，可得如下认识：

1.这些历书均是以隋仁寿四年甲子岁（604）为起点，按照九宫排列规则进行的。

2.敦煌历日一般强调的是年九宫、月九宫。对日九宫强调得很少，但偶尔也有提及，见于S.1473《宋太平兴国七年壬午岁（982）具注历日》序："今年年起八宫，月起六（八）宫，日起一宫。"①

日本"通书"同时重视年九宫、月九宫和日九宫。

台湾"通书"各家着眼点不尽相同。《我国民历》和《台湾农民历》有年九宫和日九宫，而无月九宫，《福禄寿历书》则年、月、日九宫一应俱全。

香港"永经堂"《日历通胜》有年九宫和月九宫，而无日九宫；《猪年运程》则有年九宫和日九宫，但无月九宫。

由上可知，就九宫而言，各地各家虽小有区别，但总体上差别不大，是沿着一个总的套路发展下来的。对此，陈遵妫先生曾指出："日本把九星配于年及日，不大用以配月，我国不仅配月，有时还用以配时。配于年月日的九星术，叫做三轮，始于唐代；配于年月日时的，叫做四柱，始于宋代。"②今日东亚民用"通书"各地各家在编历时体现了各自的视角，但总体上源自唐代，殆无疑义。

关于日九宫的安排规则。由于敦煌历日提到日九宫的材料过少，我们还难于对其排列规则进行最后确认。但是，既是中国传统历日的一个分支，估计它也不会脱离中国中原历日构成的基本规则。对于中国古代历日安排日九宫的规则，陈遵妫先生也曾论道："九星除配年与月外，也有用以配日的。它取靠近冬至的甲子日，以它为阳始遁而是阴始得势的日子，

① 邓文宽：《敦煌天文历法文献辑校》，南京：江苏古籍出版社，1996年版，第562页。
② 陈遵妫：《中国天文学史》第3册，上海：上海人民出版社，1984年版，第1661页。

以一白水星定为入中宫的星；翌日入中宫的星为二黑土星，再翌日为三碧木星，随后为四绿木星，五黄土星等等。即以九星图形（5）[1]配给靠近冬至的甲子日，随后顺次配以（4）、（3）、（2）、（1）、（9）、（8）[2]等等；这样则一百八十天，干支与九星恢复原状，甲子日入中宫的星复为一白水星。靠近夏至的甲子日，入中宫的星虽然没有规定，但一定是九紫火星，其翌日乙丑入中宫之星为八白土星，接着是七赤金星、六白金星、五黄土星等等；这样可知九星配合的移动方法和冬至以后不同。"[3]以此与日本平成十年、十一年历对照，完全吻合。

香港《猪年运程》日九宫排列与日本历同。但是，台湾"通书"却是按另一套规则排列的。对此，《福禄寿历书》曾详做解释云："值日九星：每日均有一星掌事，该星便是日九星。换言之，每日均有一星飞入中宫，该中宫之星即为日九星。值日九星可分为顺行与逆行两种，其推法如下：凡冬至后甲子日起一白星，乙丑日起二黑……雨水后甲子日起七赤星，乙丑日起八白……谷雨后甲子日起四绿星，乙丑日起五黄……以上均顺布九星。夏至后甲子日起九紫星，乙丑日起八白……处暑后甲子日起三碧星，乙丑日起二黑……霜降后甲子日起六白星，乙丑日起五黄……以上均逆布九星。"[4]我们虽然不能确指这套日九星安排规则的来源，但它是由传统日九星术衍化出来的，当无疑问。传统日九星只以冬至、夏至二中气附近的甲子日为始点进行安排，现在则除冬至、夏至外，又以雨水、谷雨、处暑、霜降四中气之后的甲子日为始点进行安排了。其总体设计，仍未脱离传统历书的窠臼，只是变得花样更多，更复杂而已。

（三）星命月

"星命月"这个概念是我使用的，于书未征，仅仅是为了表述方便而已。陈遵妫先生在解释建除十二直的排列规则时说："它的循环排列是每

---

① 据陈先生书前所画九宫图，此(5)即指"一白中宫"图。

② 顺次指"二黑中宫""三碧中宫""四绿中宫""五黄中宫""六白中宫""七赤中宫"各图。

③ 陈遵妫：《中国天文学史》第3册，上海：上海人民出版社，1984年版，第1661页。

④ 刘德义：《大义福禄寿历书》，台湾大义出版社，1995年版，第123页下栏。

逢一个月的开始就重复一次，这里所谓一个月的开始是指星命家的月，即以节气起算。"①我将陈氏所说"星命家的月"简化为"星命月"而运用之。可以说，陈先生已使用在先，并非我的首创。

但是，星命月不仅是一个客观存在，而且在历日安排上极端重要：几乎所有的神煞与选择项目都是以它为依据的。那么，星命月是如何计算的呢？简言之，它是以各月"节气"（非中气）为每月之始，至下一节气（非中气）前一日为一月。全年十二个星命月如下表（表一）所示：

表一　各星命月起止日期表

星命月份	起止日期
正月	立春日至惊蛰前一日
二月	惊蛰日至清明前一日
三月	清明日至立夏前一日
四月	立夏日至芒种前一日
五月	芒种日至小暑前一日
六月	小暑日至立秋前一日
七月	立秋日至白露前一日
八月	白露日至寒露前一日
九月	寒露日至立冬前一日
十月	立冬日至大雪前一日
十一月	大雪日至小寒前一日
十二月	小寒日至立春前一日

由上表可知，星命月是以本月节气所在之日为开始的，而不管该节气日排在历表中农历的哪一天。

① 陈遵妫：《中国天文学史》第3册，上海：上海人民出版社，1984年版，第1647页注⑤。

关于日本通书用星命月，我们在比较各历建除时已提到过。现在再具体到通书本身。日本平成十年历公历二月栏下注有："二月四日立春开始，三月五日结束。"查此历日，公历二月四日为农历一月八日，即立春日，公历三月六日为"启蛰"即农历惊蛰，五日为惊蛰前一日。故本年公历二月四日至三月五日为星命月之正月。历日注明"二月四日立春开始，三月五日结束"，也就是说这是星命月正月的日期范围，使用历书时当以此为据。其余十一个月也有类似的说明，意义同此，不赘。

香港《猪年运程》曾分论各月运道。而在"农历二月己卯"下注明："一九九五年三月六日—四月四日"。我们查此"通书"后面历表，农历二月初一辛卯日是在公历三月一日，显然，前述所注二月范围不是指农历月。再查历表，公历三月六日为"惊蛰"二月节，四月五日为"清明"三月节，其前一日为四月四日。由此可知，《猪年运程》所说各月运道完全是按照星命月进行的，农历月份反而退居次要位置了。

台湾通书星命月情况亦相仿佛。

星命月份在敦煌所出具注历日中也是十分醒目地加以说明的。比如，P.3403《宋雍熙三年丙戌岁（986）具注历日一卷并序》云："自去年十二月十八日立春，已得正月之节……"[1]历日是在提示人们，自农历正月十九日已进入星命月之二月了，看历日时当以二月之神煞与选择视之。所有敦煌历日的星命月份，都是以各月节气所在之日为始，而以下一节气所在日之前一日为终，如我们在前面用表所示。

（四）六甲纳音

六甲纳音也是一项古老的文化内容，现在所见文字材料以云梦睡虎地秦简为最早。[2]至于其编排规则，清儒钱大昕在《潜研堂文集》卷三《纳音说》中曾给予精确的文字表述，我曾据钱说绘成表格，与敦煌历日对

① 邓文宽：《敦煌天文历法文献辑校》，南京：江苏古籍出版社，1996年版，第593页。

② 见李零主编：《中国方术概观·选择卷》（上）第49页"禹须臾"一节，北京：人民中国出版社，1993年版。并参饶宗颐：《秦简中的五行说与纳音说》，载《古文字研究》第十四辑，第261—280页；刘乐贤：《五行三合局与纳音说》，载《江汉考古》1992年第1期，第89—91页。

照，无不相合；再与东亚民用通书对照，也毫厘不爽。①

既称之为"纳音"，则必同五音（宫、商、角、徵、羽）有关。又因五音可同五行相配，故又用五行代替五音。其配合关系是：宫—土、商—金、角—木、徵—火、羽—水。敦煌历日和东亚通书都不直接用五音，而是用五行代替五音。

不过，单有一个《六甲纳音表》，读历仍有不便之处。因为任何一个干支也可同五行配合，如甲子读成"干木支水"，己巳读成"干土支火"，癸亥读成"干水支水"等。

我们可在《六甲纳音表》上附加天干、地支对应的五行，形成表二：

表二 六甲纳音表（附干支与五行对应关系）

甲木 子水 （金）	乙木 丑土 （金）	丙火 寅木 （火）	丁火 卯木 （火）	戊土 辰土 （木）	己土 巳火 （木）	庚金 午火 （土）	辛金 未土 （土）	壬水 申金 （金）	癸水 酉金 （金）
甲木 戌土 （火）	乙木 亥水 （火）	丙火 子水 （水）	丁火 丑土 （水）	戊土 寅木 （土）	己土 卯木 （土）	庚金 辰土 （金）	辛金 巳火 （金）	壬水 午火 （木）	癸水 未土 （木）
甲木 申金 （水）	乙木 酉金 （水）	丙火 戌土 （土）	丁火 亥水 （土）	戊土 子水 （火）	己土 丑土 （火）	庚金 寅木 （木）	辛金 卯木 （木）	壬水 辰土 （水）	癸水 巳火 （水）
甲木 午火 （金）	乙木 未土 （金）	丙火 申金 （火）	丁火 酉金 （火）	戊土 戌土 （木）	己土 亥水 （木）	庚金 子水 （土）	辛金 丑土 （土）	壬水 寅木 （金）	癸水 卯木 （金）
甲木 辰土 （火）	乙木 巳火 （火）	丙火 午火 （水）	丁火 未土 （水）	戊土 申金 （土）	己土 酉金 （土）	庚金 戌土 （金）	辛金 亥水 （金）	壬水 子水 （木）	癸水 丑土 （木）

---

① 后知〔清〕李光地等奉敕编纂的《御定星历考源》卷一"纳音五行"也有同样的表格。我的表格比之增加了各干支对应的五行，读历时更为方便而已。

续表

甲木寅木（水）	乙木卯木（水）	丙火辰土（土）	丁火巳火（土）	戊土午火（火）	己土未土（火）	庚金申金（木）	辛金酉金（木）	壬水戌土（水）	癸水亥水（水）

上表的读法是：（1）每格左边是干支，右边是其对应的五行；（2）每格下面括号中的字便是该干支的纳音（用五行表示）。如第一格甲子读作"干木支水纳音金"，第二格乙丑读作"干木支土纳音金"，其余类此。

下面我们将运用表二对敦煌历日和东亚通书进行检验。

敦煌出土《后唐同光四年丙戌岁（926）具注历日一卷并序》原题："大唐同光四年具［注］历［日］一卷（原注：干火支土纳音土）……"[①]查表二，干支丙戌确为干火支土纳音土，二者相合。《后周显德三年丙辰岁（956）具注历日并序》原题："显德三年丙辰岁具注历日并序（原注：干火支土纳音土）……"[②]查表二亦相合。

香港"永经堂"《日历通胜》云："天干属金，地支属土，纳音属金。"此历为1970年即庚戌年历书，查表二，庚戌读作"干金支土纳音金"，二者相合。《猪年运程》原在"前言"中有云："乙亥年是为木火之年。"查表二，乙亥为"干木支水纳音火"，如排除纳音不论，单说五行，则乙亥是木水而非木火，制历者失检。

台湾《大义福禄寿历书》原注："干木支水纳音属火。"因此历为乙亥年历，故完全正确，不赘。《台湾农民历》和《我国民历》因是同年历书，所注此项全同，而且正确无误。

遗憾的是，我手中保存的两份日本平成十年、十一年的通书，均未见"六甲纳音"注历的痕迹。是否由于这两本历书的编撰者不太看重纳音在历书中的用途呢？不得而知。同样，我们也不能依据这两本历书就认为当代日本通书全无纳音内容，因为毕竟我所见到的日本通书十分有限，还不

---

① 见邓文宽：《敦煌天文历法文献辑校》，南京：江苏古籍出版社，1996年版，第387页。
② 见邓文宽：《敦煌天文历法文献辑校》，南京：江苏古籍出版社，1996年版，第469页。

能排除别的编历者也有用纳音注历的可能。

由上述讨论可知,敦煌历日与当代东亚民用通书的"六甲纳音"项目完全相同,即遵循着共同的规则。

(五)选择

从秦汉时代起,历日中用于选择的神煞名目不断增多,光敦煌历日即达200余项。这里我们主要就敦煌历日中的年神、月神排列规则与东亚民用通书进行比较,别的暂略。

我们从敦煌历日排出其规律的年神计39项,另有几项因资料过少而未排出规律。现将已排出规律的列为表三。在表三之右侧附上比较结果,有同项内容者画"√",否则出缺。

表三 年神方位之比较

年神 ＼ 年地支 方位	子	丑	寅	卯	辰	巳	午	未	申	酉	戌	亥	日本历	香港历	台湾历
岁德	巳	午	未	申	酉	戌	亥	子	丑	寅	卯	辰	√		
太岁	子	丑	寅	卯	辰	巳	午	未	申	酉	戌	亥	√	√	√
岁破	午	未	申	酉	戌	亥	子	丑	寅	卯	辰	巳	√	√	
大将军	酉	酉	子	子	子	卯	卯	卯	午	午	午	酉	√	√	
奏书	乾	乾	艮	艮	艮	巽	巽	巽	坤	坤	坤	乾		√	√
博士	巽	巽	坤	坤	坤	乾	乾	乾	艮	艮	艮	巽		√	√
力士	艮	艮	巽	巽	巽	坤	坤	坤	乾	乾	乾	艮	√		√
蚕室	坤	坤	乾	乾	乾	艮	艮	艮	巽	巽	巽	坤	√		√
蚕官	未	未	戌	戌	戌	丑	丑	丑	辰	辰	辰	未			
蚕命	申	申	亥	亥	亥	寅	寅	寅	巳	巳	巳	申			
丧门	寅	卯	辰	巳	午	未	申	酉	戌	亥	子	丑			

续表

方位 / 年地支　　年神	子	丑	寅	卯	辰	巳	午	未	申	酉	戌	亥	日本历	香港历	台湾历
太阴	戌	亥	子	丑	寅	卯	辰	巳	午	未	申	酉	√		
官符	辰	巳	午	未	申	酉	戌	亥	子	丑	寅	卯		√	
白虎	申	酉	戌	亥	子	丑	寅	卯	辰	巳	午	未	√		
黄幡	辰	丑	戌	未	辰	丑	戌	未	辰	丑	戌	未	√		
豹尾	戌	未	辰	丑	戌	未	辰	丑	戌	未	辰	丑	√		
病符	亥	子	丑	寅	卯	辰	巳	午	未	申	酉	戌	√		
死符	巳	午	未	申	酉	戌	亥	子	丑	寅	卯	辰	√		
劫煞	巳	寅	亥	申	巳	寅	亥	申	巳	寅	亥	申	√	√	
灾煞	午	卯	子	酉	午	卯	子	酉	午	卯	子	酉	√	√	
岁煞	未	辰	丑	戌	未	辰	丑	戌	未	辰	丑	戌	√	√	
伏兵	丙	甲	壬	庚	丙	甲	壬	庚	丙	甲	壬	庚			
岁刑	卯	戌	巳	子	辰	申	午	丑	寅	酉	未	亥	√		
大煞	子	酉	午	卯	子	酉	午	卯	子	酉	午	卯			
飞鹿	申	酉	戌	巳	午	未	寅	卯	辰	亥	子	丑			
害气	巳	寅	亥	申	巳	寅	亥	申	巳	寅	亥	申			
三公	卯	辰	巳	午	未	申	酉	戌	亥	子	丑	寅			
九卿	丑	寅	卯	辰	巳	午	未	申	酉	戌	亥	子			
九卿食舍	寅	卯	辰	巳	午	未	申	酉	戌	亥	子	丑			
畜官	辰	巳	午	未	申	酉	戌	亥	子	丑	寅	卯			
发盗	未	申	酉	戌	亥	子	丑	寅	卯	辰	巳	午			
天皇	午	未	申	酉	戌	亥	子	丑	寅	卯	辰	巳			
地皇	酉	申	未	午	巳	辰	卯	寅	丑	子	亥	戌			

续表

方位 / 年地支 / 年神	子	丑	寅	卯	辰	巳	午	未	申	酉	戌	亥	日本历	香港历	台湾历
人皇	子	丑	寅	卯	辰	巳	午	未	申	酉	戌	亥			
上丧门	戌	丑	辰	未	戌	丑	辰	未	戌	丑	辰	未			
下丧门	丑	戌	未	辰	丑	戌	未	辰	丑	戌	未	辰			
生符	卯	辰	巳	午	未	申	酉	戌	亥	子	丑	寅			
王符	子	丑	寅	卯	辰	巳	午	未	申	酉	戌	亥			
五鬼	辰	卯	寅	丑	子	亥	戌	酉	申	未	午	巳		√	

在进行上述统计对比时，我们是将各地区数量不等的通书按地区综合计入的，而不限于某地区的某一历书。结果是，在敦煌历日里曾经使用过的 39 个年神中，两本日本历书尚存有 15 个，占 38.46%；香港历书有 12 个，占 30.77%；台湾历书有 5 个，占 12.82%。由于敦煌历日各年神是在近 200 年中 40 余份历日的总计，而所使用的日本、台湾、香港通书数量均很少，所以这种统计的科学性不宜估计过高。它只是表示，敦煌历日和当代东亚通书中均包含一些共同的年神项目，且均按共同规则来排列（如表三）。

从唐代迄今，历史毕竟过去了 1300 多年。虽说中国传统历书总体上从形制到内容是被继承下来的，且在当代东亚地区影响十分广泛；但是，各地民用通书的部分内容却发生了嬗变，这是十分自然的事。一些被制历者认为已陈旧的内容减少或被完全淘汰了，又有一些新的神煞被创造出来取而代之，历日的历史就是这样一步步演变过来的。

下面我们再对"月神日期方位"加以比较。

月神在敦煌历日中最常见的有 8 个，如表四所示。我们也在其后侧将比较结果列出。

表四　月神方位日期之比较

方位 月份 日期 月神	正月	二月	三月	四月	五月	六月	七月	八月	九月	十月	十一月	十二月	日本历	香港历	台湾历
天德	丁	申	壬	辛	乾	甲	癸	艮	丙	乙	巽	庚	√	√	√
月德	丙	甲	壬	庚	丙	甲	壬	庚	丙	甲	壬	庚	√		√
合德	辛	巳	丁	乙	辛	巳	丁	乙	辛	巳	丁	乙	√		√
月厌	戌	酉	申	未	午	巳	辰	卯	寅	丑	子	亥	√		
月煞	丑	戌	未	辰	丑	戌	未	辰	丑	戌	未	辰	√		
月破	申	酉	戌	亥	子	丑	寅	卯	辰	巳	午	未	√		
月刑	巳	子	辰	申	午	丑	寅	酉	未	亥	卯	戌	√		
月空	壬	庚	丙	甲	壬	庚	丙	甲	壬	庚	丙	甲	√		√

从上表可以看出，月神在日本当代通书中地位已退居到十分次要的位置。当代日本通书最看重的是所谓"六辉"，即先胜、友引、先负、佛灭、大安和赤口，在历表中有专门的"六辉"一栏。台湾历书已很少关注传统历书中的月神；香港历书虽然固有的八个月神名目仍存，但也已与各种日神混合使用，显然退居次要地位了。但在敦煌具注历日中，完本历日中八个月神几乎在每月的月序中都要出现，处在十分显赫的位置。这些，如同年神发生的部分嬗变一样，也是历书内容在历史长河中渐次衍变的结果。

（六）历书编排形式

在讨论敦煌历日与当代东亚民用通书的文化关联时，历日的主要文化内容无疑是其核心部分，但从其编排形式我们也可窥知其关联的一个侧面。由于敦煌历日多数集中在唐后期至宋初的近200年中，而且越是往后，其内容越是繁复，所以我们用那些最能代表敦煌历日全面物理形态的历日，如P.3403《宋雍熙三年丙戌岁（986）具注历日一卷并序》，与东亚民用通书加以比较。当然，我们选用的东亚民用通书的形制亦非完全相同，我们只取那些与敦煌历日有可比性的历日项目进行比较。

图五

1. 日出日入方位与时刻。敦煌历日的日出入是以方位表示的。因为在每份具注历日的开端，均绘有一个年神方位图，日出日入方位亦通过此图来显示，其方位图如图五，其各月出入位置如表五：

表五　各月日出日入方位

月份	日出方位	日入方位
正月	乙	庚
二月	卯	酉
三月	甲	辛
四月	寅	戌
五月	艮	乾
六月	寅	戌
七月	甲	辛
八月	卯	酉
九月	乙	庚
十月	辰	申
十一月	巽	坤
十二月	辰	申

敦煌历日告诉人们的是日出日入的大致方位，有些粗疏。东亚民用通书告诉人们的是日出日入的准确时刻，这或许对民居、出行生活具有更大的指导意义。比如，日本平成十年通书告知，在东京，二月一日、十一日和二十一日，日出日入各在几点几分。其余各月均有告白。《台湾农民历》《我国民历》和《大义福禄寿历书》均是在二十四节气当日注明当天的日出日入时刻。两份香港通书却未注明日出入时刻或方位。由此可见，当代东亚各地通书不仅关心的内容有异，而且随着时代变迁，人们在历日中标明日出日入的方式和内容也已改变。

2. 年神方位图。方位图如图五所示，共用了十二个地支，戊、己之外的八个天干，另有乾、坤、巽、艮四个八卦，共组成二十四个方位。①在此基础上，因各年年神所在位置有别，便需据本文的表三在方位图上确定其位置，进而判断吉凶。图五中部九格是年九宫。我们惊奇地发现，敦煌历日与当代日本、香港、台湾通书的方位图完全一致。历书中大量数术文化内容要通过方位图去观察、去阅读，因此，共同的文化内涵要求必须有共同的表现形式，这就是方位图如此一致的真实原因。

3. 岁时记事。古代历日中有"岁时记事"一类内容，我们在敦煌历日中仅见到一例：S.0612《宋太平兴国三年戊寅岁（978）应天具注历日》序有云："六日得辛，七龙治水。"②由此我们得知此历当年正月六日为辛卯，七日壬辰，从而推知正月朔日为丙戌。此历不是敦煌当地自编历日，而是一份由中原地区传去的历日，因此较多地体现了当时中原历日的内容。我手中的三份台湾通书也有相似的内容，如《我国民历》云："七龙治水，大（六？）姑把蚕，十日得辛，蚕食七叶，四牛耕地。"可推知正月一日为壬戌。香港"永经堂"《日历通胜》亦有云："十二龙治水，五日得辛，九牛耕地，三姑把蚕，蚕食四叶。"可推知正月朔日为丁巳。这些岁时内容虽无科学性可言，但我们却可通过比较看出其关联。

---

① 图五上的离、坎、兑、震与干、支所示方位重合，一般不计。

② 见邓文宽：《敦煌天文历法文献辑校》，南京：江苏古籍出版社，1996年版，第516页。

4.历日栏次。完本敦煌具注历日一般分八栏,自上至下依次是:(1)"蜜"日(星期日)注;(2)日期、干支、纳音、建除;(3)弦、望、灭、没、往亡、籍田、社日、释奠等注记;(4)节气和物候;(5)吉凶注;(6)昼夜时刻;(7)人神;(8)日游。日本平成十一年历书也分八栏,自上至下依次为:(1)公历日期;(2)曜日(星期几);(3)该日干支;(4)九星(日九宫);(5)六辉(即汉历之六曜);(6)行事。内含节气、上弦、下弦、望、朔晦、各种节日、吉凶选择等;(7)旧历月日;(8)建除十二直。香港《猪年运程》共十三栏,自上至下依次为:(1)公历月日;(2)星期;(3)日吉神将;(4)是日吉时;(5)是日忌事;(6)(旧历)日序、干支、纳音、二十八宿值星及建除;(7)紫白日星(日九宫);(8)是日宜事;(9)冲忌;(10)财神方;(11)喜神方;(12)鹤神方;(13)胎神。台湾《大义福禄寿历书》共十栏,自上至下为:(1)节日;(2)公历日期、星期;(3)神煞名;(4)吉中吉时与凶时;(5)选择忌事;(6)旧历日序、干支、纳音、二十八宿值星、建除、节气与物候、特殊日期如"土王用事"等;(7)日九宫;(8)选择宜事;(9)冲煞;(10)胎神。

从敦煌历日与当代东亚民用通书的栏次设置可知,千余年来,历日中的一些内容已发生嬗变。比如,敦煌历日所关注的日游和人神已经消失,而唐后期开始新加入的二十八宿值日却很"火爆"。但是也有一些却是经久不衰的,比如旧历日序、干支、纳音、建除、二十四节气、七十二物候,甚至"星期"这种由西方舶来的文化,在唐代历日中使用过一阵子后曾被放弃,后来又被"拾"了起来,以至成为当代生活与工作的重要时间依据,在通书中十分显赫。我们不能不承认历史是发展的,所以历日中的不少内容已经变化;我们也必须承认,历日文化是有传承联系的,否则我们就无法从敦煌历日与当代东亚民用通书中找到那么多共同的内容。

那么,敦煌历日与当代东亚民用通书的文化关联是如何产生的呢?

二 唐代《宣明历》——连接敦煌历日与东亚民用通书的纽带

当我们在寻求敦煌历日与东亚民用通书的文化关联时，我们发现，唐代的《宣明历》是这几种历日文化的交汇点。关于唐代的改历情况，《新唐书·历志一》载："唐终始二百九十余年，而历八改。初曰《戊寅元历》，曰《麟德甲子元历》，曰《开元大衍历》，曰《宝应五纪历》，曰《建中正元历》，曰《元和观象历》，曰《长庆宣明历》，曰《景福崇玄历》而止矣。"①而在这八种历中，麟德、大衍和宣明是三大著名历法。至于《宣明历》在唐代的实行时间，《新唐书·历志六》又云："起长庆二年（822），用《宣明历》。自敬宗至于僖宗，皆遵用之。虽朝廷多故，不暇讨论，然《大衍历》后，法制简易，合望密近，无能出其右者。讫景福元年（892）。"②可知，《宣明历》在唐朝共行用了71年。至于《宣明历》的优点，则在于它改进了《麟德历》《大衍历》日月五星运动的法数和周期，精度有所提高；计算简化了僧一行的内插公式，使理论易于了解，应用更加简便；更重要的是，在日食计算中首倡时、气、刻三差，使日食计算有了很大进步。③

如果说《宣明历》在有唐一代仅行用了71年的话，那么，它在唐朝以外的日本、朝鲜半岛行用的时间就十分长久了；它对敦煌本地历日的编撰也产生过十分重要的影响；在中国港澳台地区，我们至今仍能看到《宣明历》的投影。以下我们将分别加以说明。

（一）关于《宣明历》对唐末五代宋初敦煌本土历日的文化影响

敦煌当地自编行用的历日，自9世纪初至10世纪末，有将近200年的时间跨度。这两个世纪中，敦煌情况也曾发生过不少变化。公元786年至

---

① 标点本《新唐书》，北京：中华书局，1975年版，第534页。

② 标点本《新唐书》，北京：中华书局，1975年版，第744页。

③ 参张培瑜等：《宣明历定朔计算和历书研究》，载《紫金山天文台台刊》第11卷第2期，1992年6月，第121—155页。

848年为吐蕃占领时期，851年张氏归义军政权成立后，虽然名义上臣属于唐朝，但并不完全奉唐正朔，而是延续吐蕃统治时的习惯，继续自编自行历日，直至10世纪末，实际处于半独立状态。吐蕃统治敦煌时，中原与敦煌来往极少，不易得到822年开始行用的《宣明历》，《宣明历》对敦煌当地自编历日的影响主要发生在9世纪中叶至10世纪的后半期。这里，我们介绍两件相关的敦煌文献为证。

S.P.6《唐乾符四年丁酉岁（877）具注历日》是一件唐王朝官颁历日，而且是《宣明历》的实行历本。[①]此历正文之外，有收藏者书写的题记2行："四月十六日都头、守州学博士兼御史中丞翟（此下一草书字未认出）书。报麹大德永世为父子，莫忘恩也。"

同件的背面又有如下内容："翟都头赠送东行麹大德，且充此文书一本。后若再来之日，更有要者，我不惜与也。得则莫改行相，称为父子之义也。"

从上面两条题记，我们可以看出，都头翟某对高僧麹某感激涕零，以致二人之间结下"父子之义"。翟都头将某种"文书一本"赠给了麹大德，而且自己表示，只要他还要，自己将"不惜与也"。而他是将这些话写在这份《宣明历》的实行历书上的。于是，我们有理由认为，这份唐王朝官颁历日可能是由麹氏高僧送给翟氏都头的，翟氏如获至宝，才写了上面那两条题记。

那么，这位翟都头是何许人？他是在什么时间得到这份历日的呢？

在讨论敦煌具注历日时，我们自然会想到那位著名的编历专家翟奉达。翟奉达主要活动于10世纪的前半叶。而就现有材料而言，翟奉达有过"州学博士"和"兼御史中丞"的官衔，但尚未看到他有"都头"一职。第一条题记中的"翟□书"，翟下一字是关键字，但尚难准确识读，因此，还不能把得到这份《唐乾符四年丁酉岁（877）具注历日》的翟都头指认为翟奉达。不过，我们知道，翟氏家族属于敦煌望族之一，这位翟

---

① 参前引张培瑜等：《宣明历定朔计算和历书研究》。又，严敦杰：《跋敦煌唐乾符四年历书》，载《中国古代天文文物论集》，北京：文物出版社，1989年版，第243—251页。

都头和翟奉达，以及翟奉达的侄子翟文进，都是敦煌当地历日的编纂者，否则，他得到唐王朝的实行历日，那么激动，对赠送者那么感激不尽，是无法解释的。

根据上面的讨论，我们有理由认为，敦煌翟氏编历者，在编历时是参考了唐王朝《宣明历》的实行历日的。我在整理敦煌历日时，将敦煌当地历日中的数术文化、编排方法，与此《宣明历》实行历日做过比较，结果是几无区别。当然，此乾符历下面那些具体的数术内容则不见于敦煌本土的历日，但就历日部分来说差别不大，也可见它们之间存在着文化关联。

（二）关于日本通书与《宣明历》的文化关联

日本历法的情况，我们要较多地借助于中外学者的研究成果来加以说明。[1]下面我将直接抄录《中日文化交流史大系·科技卷》的几段文字。

> 根据有据可查的史料，日本从690年开始行用中国的元嘉历起，到1684年采用日本自己的贞享历为止，其间一直是直接使用中国的历法，共近千年之久。此间，除元嘉历、仪凤历之外，还陆续采用过僧一行的大衍历、郭献之的五纪历、徐昂的宣明历。……宣明历在日本的行用时间最长，它制定于822年，861年开始在日本采用，直至江户中期，行用时间达823年之久。9世纪以后，中国屡经改历，而日本却一直沿用徐昂的宣明历。[2]

以上是日本行用唐朝《宣明历》的基本情况。下面再看一下日本历书的编制机构与编历过程：

> 阴阳寮是大和朝廷掌管天文、历、漏刻和阴阳卜筮的一个机构，

---

[1]　主要参考李廷举、［日］吉田忠主编：《中日文化交流史大系》(8)，即《科技卷》，杭州：浙江人民出版社，1996年版。《中日文化交流史大系》全十卷由著名学人周一良教授总主编。

[2]　李廷举、［日］吉田忠主编：《中日文化交流史大系》(8)，杭州：浙江人民出版社，1996年版，第27—28页。

是模仿唐朝的体制设立的。不过,在《唐六典》中却见不到"阴阳寮"这样的称呼。如果把《唐六典》和日本的《养老律令》(718)加以比较就可看出,"阴阳寮"实际上就是中国的"太史局"。中国太史局的首长名之为"太史令";日本阴阳寮的首长则名之为"阴阳头"。不过阴阳寮也并非简单地模仿太史局,而是根据日本的国情,略有变通。例如,中国除太史局之外,还另设有太卜署,专司巫、卜的职务;而日本的阴阳寮则是把太史局和太卜署的功能全纳入一个统一的体制之中。①

日本历书的历注几乎全部来自中国:

　　日本的历注几乎全是模仿中国。当时最著名的历注书是《簠簋》,其全名为《三国相传阴阳輨 [辖] 簠簋内传金乌玉兔集》,据说是由阴阳家、天文博士安倍晴明编撰。参与贞享改历的阴阳头安倍泰福(安倍晴明的后裔)声称:"《簠簋》,真言宗僧作之,安家无之,天文吉备公入唐传来,晴明受之,祭事被事,安家一子相传也。"不论此说的真伪程度如何,它作为一部秘传书是以唐代的历经(《宣明历经》)为原本,大概不成问题。②

　　而现存《簠簋》一书每卷之末的尾题均作"三国相传宣明历经注卷第×终"。③

我们知道,日本在行用中国《宣明历》822年后,又吸收了中国元朝

　　① 李廷举、[日]吉田忠主编:《中日文化交流史大系》(8),杭州:浙江人民出版社,1996年版,第29—30页。
　　② 李廷举、[日]吉田忠主编:《中日文化交流史大系》(8),杭州:浙江人民出版社,1996年版,第32—33页。
　　③ 见[日]中村璋八:《日本阴阳道书的研究》,东京:汲古书院,1985年版,第256—329页。

《授时历》之优点，产生了涩川春海编撰的日本自己的《贞享历》。①而此后的历书编制机构发生过变化，在江户时代设立了"天文方"代替"明阳寮"。天文方的工作情况如下：

> 幕府设立天文方之后，结束了阴阳寮垄断天文历学的局面。按过去王朝时代的传统，改历、颁历的工作全是在京都土御门、幸德井家族的世袭控制之下。贞享改历以后，在天文历学中属于观测、计算之类科学性工作的实权，几乎全部转移到关东的天文方。在颁历的时候，先是由江户的天文方计算、编制历的上段属于科学的部分（如月的大小、节气、日月食等），然后再送往京都的阴阳寮添加历的中下段，属于迷信性质的历注。②

很显然，日本的贞享改历，主要是将历日的科学部分，吸收《授时历》而加以改进，而属于数术文化的历注部分，基本仍旧遵循此前行用的《宣明历》内容。因此，我们可以大胆地说，日本历日文化之根即在于唐之《宣明历》。

（三）关于朝鲜半岛之通书与唐代《宣明历》的文化关联

在研究这个课题时，我一直考虑要顾及朝鲜半岛的通书情况，但至写作时止，仍未获得朝鲜与韩国的民用通书。因此，这里我们要借助前贤的研究成果加以说明。研究中朝关系史的专家杨昭全先生指出："新罗曾派人赴唐学习历法，并采用唐之历法。公元647年，新罗之德福从唐学习李淳风创造之麟德历回国。是年，新罗遂改用麟德历（《三国史记》卷7，新罗本纪7）。其后，新罗宪德王时（810—826），又改用唐穆宗时（821—824）创造之宣明历，后沿用至高丽朝：'高丽不别治历，承用唐宣明历，

---

① 李廷举、[日]吉田忠主编：《中日文化交流史大系》(8)，杭州：浙江人民出版社，1996年版，第33—34页。

② 李廷举、[日]吉田忠主编：《中日文化交流史大系》(8)，杭州：浙江人民出版社，1996年版，第37—38页。

自长庆壬寅下距太祖开国殆逾百年.'(《高丽史》卷50，历志1。）" ①

历法史专家张培瑜先生曾论道："高丽建国即用宣明历，直到忠宣王（1309—1313）改用元授时历。而交会术仍循宣明归术，直至1392年为李氏朝鲜取代止，行用了也约400年。" ②

可知，《宣明历》在半岛曾行用400年之久。虽然也像日本一样后来改用了中国的《授时历》，但《宣明历》的影响却是根深蒂固的。

（四）关于香港、澳门、台湾通书与唐代《宣明历》的文化关联

本文使用了香港和台湾的通书，而未获得澳门使用的通书，是个缺憾。但就经验与文化来说，澳门使用的通书与香港所用不应有太大区别，这是可以预料的。中国历代统治王朝均视颁布历书为权力所及的重要象征。因此，这三地所用中国历书应该是宋元明清各朝所用官历以及由此派生出的各种私家通书，它自属于中国自古以来的文化系统，殆无疑义。自然，如果追根溯源的话，我们也可以追溯到唐代的《宣明历》，以至更早。不过，对于本课题的研究来说，我们追溯到《宣明历》也就够了，因为我们要寻找的是这些历日文化的交汇点。

通过上面的讨论，我们已可清楚地看出，唐代《宣明历》是连结敦煌历日与当代东亚、东南亚民用通书的纽带。如果不是这样，我们便无法说明它们之间为何会有那么多相同或一致的文化现象。为了将我们的结论表述得更为清楚，这里特别绘制了图六，以供参考。

---

① 杨昭全：《中朝关系史论文集》，北京：世界知识出版社，1988年版，第33页。
② 张培瑜等：《宣明历定朔计算和历书研究》，载《紫金山天文台台刊》第11卷第2期，1992年6月，第121页。

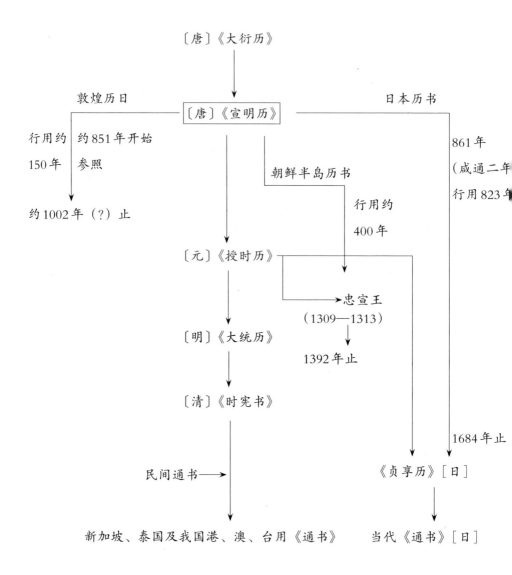

图六　敦煌历日与东亚通书之关系

（原载北京大学中国传统文化中心编《国学研究》第八卷，北京：北京大学出版社，2001年版，第335—355页）

敦煌历日与出土战国秦汉《日书》的文化关联

两年前，我曾撰写过《敦煌历日与当代东亚民用"通书"的文化关联》[①]一文，旨在探寻敦煌具注历日与现今仍在广为流行的东亚"通书"的内在联系，亦可视作是在寻求敦煌或中古历日文化的"流变"。而眼前的这篇文章，则是在寻求敦煌历日文化的"渊源"。此姊妹篇性质的论文，可将中国古代历日文化的渊源与流变上下串通，从中可见其发展变化的大致脉络。

一　出土《日书》的基本情况

战国秦汉《日书》的重新面世，是距今才二十多年前的事情。1975年12月，湖北云梦县睡虎地秦墓出土了一大批竹简，内有《日书》甲、乙两种，其中甲种失题，但乙种却有清楚明确的尾题"日书"二字，[②]从而使此前与此后同类竹简文字定名有据。20世纪70年代后，同类简牍文字不断被考古工作者发现，内容大为丰富。迄今为止，出土的战国秦汉《日书》大约有如下各种·

[①]　载北京大学中国传统文化研究中心编:《国学研究》第八卷,北京:北京大学出版社,2001年版,第335—355页。又作为法国远东学院北京中心《历史、考古与社会——中法系列学术讲座》第十号单独出版,北京:中华书局,2006年9月。

[②]　见睡虎地秦墓竹简整理小组编:《睡虎地秦墓竹简》,北京:文物出版社,1990年版,第255页。

1. 1973年河北定县八角廊汉墓一种（西汉晚期）；

2. 1975年12月湖北云梦睡虎地秦墓两种（战国晚期）；

3. 1978年安徽阜阳双古堆汉墓一种（西汉晚期）；

4. 1981年5月湖北江陵九店砖瓦厂楚墓一种（战国中晚期）；

5. 1983年底至1984年初湖北江陵张家山汉墓一种（西汉初期）；

6. 1985年秋和1988年初江陵张家山汉墓一种（西汉初期）；

7. 1986年4月甘肃天水放马滩秦墓两种（战国晚期—秦始皇三十年）；

8. 1993年湖北江陵王家台15号秦墓一种（战国晚期—秦）；①

9. 2000年3月湖北随州孔家坡汉墓一种（西汉初期）。②

在以上九批十一种战国秦汉《日书》中，尤以睡虎地秦墓和放马滩秦墓所出最具代表性。所以，李零先生主编的《中国方术概观·选择卷》③所收《日书》，也主要是这两批考古资料，同时兼及其他。

二 《日书》的性质与功能

《日书》是古人选择吉凶宜忌的数术类著作，类似于后世的"选择通书"。《史记》有《日者列传》一篇，司马迁解释说："齐、楚、秦、赵为日者，各有俗所用，欲循（一作'总'）观其大旨，作'日者列传'第六十七。"④司马迁正是有感于各国都有占日以定吉凶者，方有此作。《墨子·贵义篇》记载了这么一件事：墨子要往北去齐国，遇一"日者"，说今日"帝"杀黑龙于北方，而您面色很黑，故不可北行。墨子不听，往北行去，结果没去成，只好返回。唐人司马贞为《史记》作"索隐"称：

---

① 以上八批《日书》参见胡文辉：《中国早期方术与文献丛考》，广州：中山大学出版社，2000年版，第142页。

② 湖北省文物考古研究所、随州市文物局：《随州市孔家坡墓地M8发掘简报》，《文物》2001年第9期，第22—31页。

③ 李零主编：《中国方术概观·选择卷》（上），北京：人民中国出版社，1993年版。

④ 标点本《史记》，北京：中华书局，1959年版，第3318页。

"名卜筮曰'日者'以《墨》，所以卜筮占候时日通名者故也。"①可知，"占候时日"是"日者"的职业特征，显然，《日书》正是他们占候时日的依据了。可惜早期这类书籍一份也未传世，只是到了20世纪下半叶，地不爱宝，古人的著作在地下沉睡过两千多年后又重光于世，这不能不说是当代研究者的幸运。

那么，古代的《日书》在当时是如何被占日者使用的呢？既是用来占"日"，则必须配合当时的实用"历日"才能使用。而近世以来，如同《日书》不断被发现，秦汉时代的实用历本也屡屡面世。迄止20世纪末，人们已经能够看到秦始皇三十四年（前213）的实用历本了。②众所周知，秦汉时代的主要文字载体是竹木简牍，因此，考古发现的实用历本都是写在竹简和木牍上的。而竹简和木牍上的文字容量是极为有限的，不可能像后世"具注历日"用纸书写，把许多"历注"（包括吉凶选择）直接抄于每日之下。换言之，《日书》虽然是配合历日使用的，但其存在形式却是与历日分开的。③也正因此，我们从出土秦汉历日上能够直接看到的历注内容非常少，如银雀山二号汉墓所出汉武帝《建元七年（元光元年）历日》④、尹湾汉墓所出《元延三年五月历日》⑤所见。另一方面，二者虽然分开存在，但《日书》的应用价值却是离不开历日的。敦煌所出"具注历日"就是将《日书》一类的选择内容，逐日抄到历日上的。也就是说，由于文字载体由竹木简牍变化为纸张，原先那些单独存在的《日书》类选择内容⑥被直接抄到历日上面去了。不过，这仅仅是存在形式有了变化，而功能无

---

① 标点本《史记》，北京：中华书局，1959年版，第3215页。

② 参见《关沮秦汉墓简牍》，北京：中华书局，2001年版。

③ 随州市孔家坡墓地M8发现《日书》简703枚，历日简8枚，共置于头箱（总器号M8·58、56），是《日书》与历日对照使用的有力证明。

④ 关于此历日的定名，参邓文宽：《出土秦汉简牍"历日"正名》，载《文物》2003年第4期，第44—47转51页。

⑤ 参见《尹湾汉墓简牍》，北京：中华书局，1997年版。

⑥ 《隋书·经籍志三》著录有："《杂忌历》二卷（魏光禄勋高堂隆撰），《百忌大历要抄》一卷，《百忌历术》一卷，《百忌通历法》一卷，《历忌新书》十二卷，《太史百忌历图》一卷。"（见标点本《隋书》，北京：中华书局，1973年版，第1035页。）这些著作的性质与《日书》无异，应该是隋唐人使用的选择类著作，可惜未能传世。

别。这是我们将敦煌历日与出土《日书》进行比较的认识基础，也是首先要加以说明的。

三　敦煌历日与战国秦汉《日书》的文化关联

在上述认识的基础上，我们拟就敦煌历日与战国秦汉《日书》内容相同或相近的部分逐一加以比较，以揭示其文化关联。

（一）建除十二客

建除十二客恐怕是迄今所知最古老的一项历日文化内容。《史记·日者列传》载："孝武帝时，聚会占家问之：某日可取妇乎？五行家曰可，堪舆家曰不可，建除家曰不吉，丛辰家曰大凶，历家曰小凶，天人家曰小吉，太一家曰大吉。"可知，"建除"是战国秦汉时代占候时日的"日者"队伍之一家。事实也确实如此，它是将"建除"等十二个字各主一定吉凶，按一定规则逐日排入历日中，然后进行选择的。

在出土《日书》中，人们看到了几种大同小异的"建除"内容。[①]其中睡虎地秦简《日书》中的"秦除"，与甘肃放马滩《日书》甲种的"建除"，[②]同敦煌历日中的建除内容最为相近。一般来说，敦煌历日是将建除等十二个字注在每日之下的，而《日书》则是给出了其排列规则。不过，将敦煌历日和《日书》的建除归纳一下，二者的排列情况即可编为表一：

---

① 详参刘乐贤：《睡虎地秦简日书研究》中《日书》甲种之"除篇"和"秦除篇"；乙种之"除乙篇"和"徐（除）篇"，台北：文津出版社，1994年版。
② 见李零主编：《中国方术概观·选择卷》（上），北京：人民中国出版社，1993年版，第6—7页。

表一

纪日地支 星命月＼建除	建	除	满（盈）	平	定	执（挚）	破	危	成	收	开	闭
正	寅	卯	辰	巳	午	未	申	酉	戌	亥	子	丑
二	卯	辰	巳	午	未	申	酉	戌	亥	子	丑	寅
三	辰	巳	午	未	申	酉	戌	亥	子	丑	寅	卯
四	巳	午	未	申	酉	戌	亥	子	丑	寅	卯	辰
五	午	未	申	酉	戌	亥	子	丑	寅	卯	辰	巳
六	未	申	酉	戌	亥	子	丑	寅	卯	辰	巳	午
七	申	酉	戌	亥	子	丑	寅	卯	辰	巳	午	未
八	酉	戌	亥	子	丑	寅	卯	辰	巳	午	未	申
九	戌	亥	子	丑	寅	卯	辰	巳	午	未	申	酉
十	亥	子	丑	寅	卯	辰	巳	午	未	申	酉	戌
十一	子	丑	寅	卯	辰	巳	午	未	申	酉	戌	亥
十二	丑	寅	卯	辰	巳	午	未	申	酉	戌	亥	子

所谓"秦除"，即"秦的建除"。虽在秦统一中国之前有几种大同小异的"建除"流行，但秦朝统一中国后，肯定和张扬的是自己的文化，所以直到后世，秦的建除也就流传了下来，而其他几种近似的"建除"内容便湮没不闻了。

关于"秦除"与放马滩"建除"以及它们与敦煌历日建除的异同，尚需说明如下：

A. 表一所列建除十二个字以敦煌历日为基础，睡虎地《日书》"秦除"之"满"作"盈"，"破"作"披"；放马滩"建除"之"满"作"盈"，"破"作"彼"；"披""彼"二字与"破"互通。至于"盈"改为"满"，当由西汉人避惠帝刘盈名讳而改。《淮南子·天文训》所载"寅为建，卯为除，辰为满……""盈"亦避讳改为"满"，与后世建除正相一致。

B.敦煌历日中的"建除"与《日书》"建除"都有"叠日法"，但所叠日期有别。所谓"叠日"，即重复前日所注的建除一次。东汉之前，是每月朔日叠上月晦日一次；东汉之后，却是将二十四节气中的节气（非中气）之日所注建除，叠值其前日的建除一次。而这种叠日法，单从表一是看不出来的，只有结合具体的历注才能确定。[①]敦煌历日所用的当然是后一种方法。

那么，建除等十二个字所主吉凶宜忌又是如何呢？

睡虎地《日书》之"秦除"又云："建日，良日也。可以为啬夫，可以祠。利枣（早）不利莫（暮）。可以入人，始寇（冠）、乘车。有为也，吉。""平日，可以取妻、入人、起事。"[②]其余十个建除字各自都有所主的吉凶事项，今从略，以免辞繁。

上述"建除"所主吉凶内容，清楚地表明它是供选择使用的，对我们理解建除的性质提供了直接帮助。

敦煌历日中的"建除"注于各日之下，也是供选择使用的。如S.2404《后唐同光二年甲申岁（924）具注历日一卷并序》即云："建日不开仓，除日不出财，满日不服药，平日不修沟，定日不作辞，执日不发病，破日不会客，危日不远行，成日不词讼，收日亦不远行，开日不送丧，闭日不治目。"[③]当然，这只是一些比较简单的用法。敦煌文献中还有一些更复杂的建除内容，如S.0612背有"推五音建除法"，当同其时历日中的建除选择有关，这里不再赘论。

可以肯定地说，敦煌历日中的建除同战国秦汉《日书》中的建除存在着直接的文化渊源关系，殆无疑义。

---

① 见金良年：《建除研究——以云梦秦简〈日书〉为中心》，载《中国天文学史文集》第六集，北京：科学出版社，1994年版，第261—281页。

② 睡虎地秦墓竹简整理小组编：《睡虎地秦墓竹简》，北京：文物出版社，1990年版，第183页。

③ 参见邓文宽：《敦煌天文历法文献辑校》，南京：江苏古籍出版社，1996年版，第374—382页，引文见第379—380页。

（二）月煞

月煞是敦煌历日中的八个月神之一，其每月所在日期、方位有别。如P.3403《宋雍熙三年丙戌岁（986）具注历日并序》的正月月序内容就有："天德在丁，月德在丙，合德在辛（小注略），月厌在戌，月煞在丑，月破在申，月刑在巳，月空在壬。"[①]月煞在全年十二个月（指"星命月"而非历法月）中的方位、日期依次是：正月丑，二月戌，三月未，四月辰，五月丑，六月戌，七月未，八月辰，九月丑，十月戌，十一月未，十二月辰。

睡虎地秦简《日书》的"土忌篇"和"到室篇"都有月煞内容。"土忌篇"云："正月丑，二月戌，三月未，四月辰，五月丑，六月戌，七月未，八月辰，九月丑，十月戌，十一月未，十二月辰，毋可有为，筑室，坏；树木，死。""到室篇"在校正后，除有完全相同的排列规则，其吉凶解说则是："凡此日不可以行，不吉。"[②]《居延新简》所收"破城子探方四三"第257号简内容亦是"月煞，丑、戌"[③]。月煞是月中凶神，古人行事，多所避忌。王充《论衡·讥日篇》批评说："假令血忌、月煞之日固凶，以杀牲设祭，必有患祸……如以杀牲见血，避血忌、月煞，则生人食六畜，亦宜避之。"[④]说明其时血忌与月煞避忌甚盛。

从上可知，敦煌历日中的月煞与《日书》中的月煞同样有直接的文化关联。当然，就目前看，《日书》中的月煞还只是一个单纯的忌日，尚未具备敦煌历日月中之神的地位，这或许是它们的不同之处。

（三）六甲纳音

六甲纳音也是一项十分古老的文化内容。汉初成书的《淮南子》一书之"天文训"中，有关于五音十二律配六十甲子的关系说明，被今人陈广

---

① 每个月神在各月的方位、日期，可参《敦煌天文历法文献辑校》第738页附录三"月神方位、日期表"。

② 见《睡虎地秦墓竹简》，北京：文物出版社，1990年版，第196、201页。

③ 《居延新简》，北京：文物出版社，1990年版，第116页。

④ 北京大学历史系《论衡》注释小组：《论衡注释》，北京：中华书局，1979年版，第1358—1359页。

忠先生绘为一表。①但敦煌历日中的"六甲纳音"却非直接来自这套内容。敦煌历日中的六甲纳音与《日书》中的"禹须臾"使用的"六甲纳音"恐为同一来源。

"须臾"即快捷简便之意，与后世"立成"同义。《后汉书·方术传》序云："其流又有风角、遁甲、七政、元气、六日七分、逢占、日者、挺专、须臾、孤虚之术……"唐代章怀注云："须臾，阴阳吉凶立成之法也。今书《七志》有《武王须臾》一卷。"②故而，刘乐贤先生认为，"称为'禹须臾'或'武王须臾'，是把这一类迷信假托于禹或武王。"③

《日书》中共有两种"禹须臾"，均与占候出行吉凶有关。今移录含"六甲纳音"者，原文如下：

> 禹须臾：辛亥、辛巳、甲子、乙丑、乙未、壬申、壬寅、癸卯、庚戌、庚辰，莫（暮）市以行有九喜。
>
> 癸亥、癸巳、丙子、丙午、丁丑、丁未、乙酉、乙卯、甲寅、甲申、壬戌、壬辰，日中以行有五喜。
>
> 己亥、己巳、癸丑、癸未、庚申、庚寅、辛酉、辛卯、戊戌、戊辰、壬午，市日以行有七喜。
>
> 丙寅、丙申、丁酉、丁卯、甲戌、甲辰、乙亥、乙巳、戊午、己丑、己未，莫（暮）食以行有三喜。
>
> 戊申④、戊寅、己酉、己卯、丙戌、丙辰、丁亥、丁巳、庚子、庚午、辛丑、辛未，旦以行有二喜。⑤

法国汉学家马克·卡林诺斯基（Marc Kalinowski）教授最早发现上述

① 陈广忠：《淮南子译注》，"五音十二律旋宫以当六十甲子表"，长春：吉林文史出版社，1990年版，第144页。

② 标点本《后汉书》，北京：中华书局，1965年版，第2703、2704页。

③ 刘乐贤：《睡虎地秦简日书研究》，台北：文津出版社，1994年版，第63页。

④ 戊申：原释文作"戊甲"，查图版，原文作"申"，"甲"系排字或释文错误。

⑤ 《睡虎地秦墓竹简》，北京：文物出版社，1990年版，第222页。

五组干支是依"六甲纳音"法排列的。①为了证明敦煌历日中的"六甲纳音"与此同一性质，我们先将敦煌历日中的"六甲纳音"内容归纳为表二：②

表二

甲子金	乙丑金	丙寅火	丁卯火	戊辰木	己巳木	庚午土	辛未土	壬申金	癸酉金	甲戌火	乙亥火
丙子水	丁丑水	戊寅土	己卯土	庚辰金	辛巳金	壬午木	癸未木	甲申水	乙酉水	丙戌土	丁亥土
戊子火	己丑火	庚寅木	辛卯木	壬辰水	癸巳水	甲午金	乙未金	丙申火	丁酉火	戊戌木	己亥木
庚子土	辛丑土	壬寅金	癸卯金	甲辰火	乙巳火	丙午水	丁未水	戊申土	己酉土	庚戌金	辛亥金
壬子木	癸丑木	甲寅水	乙卯水	丙辰土	丁巳土	戊午火	己未火	庚申木	辛酉木	壬戌水	癸亥水

表二每格含一个干支以及该干支的纳音（以五行替代）。我们将表二内容同上引《日书》中"禹须臾"所含各干支加以比较，就会发现，第一组干支属于宫音（以土代替），第二组干支属于商音（以金代替），第三组干支属于角音（以木代替），第四组干支属于徵音（以火代替），第五组干支属于羽音（以水代替），只是第一组脱了癸酉和甲午，第三组脱了壬子，第四组脱了戊子而已。因此，合乎逻辑的结论应该是，敦煌历日与秦简《日书》"禹须臾"所含六甲纳音有共同来源。

至于"六甲纳音"的用途，《日书》中与占测出行有关，概因时人对

---

① Marc Kalinowski: "Les traités de Shuihudi et l'hémérologie chinoise à la fin des Royaumes-Combattans," 载《通报》1986年第72卷，第175—228页。

② 参见邓文宽：《敦煌天文历法文献辑校》，南京：江苏古籍出版社，1996年版，第747页。

出行极为看重；①而在敦煌历日中，很可能是用于推测人命吉凶祸福的。它说明时过数百年后，"六甲纳音"的用途已经部分地起了变化。

（四）日忌与选择

中国古代历日文化内容的核心是"选择"，亦即趋吉避凶。上文已讨论过的建除、月煞和六甲纳音无不具有这样的意义。但在各类择吉术中，以日为单位的选择术又占有主导地位。无论是在敦煌具注历日中，还是在出土战国秦汉《日书》中，日忌和选择都是重头内容。这里仅就二者相关联者加以讨论与说明。

往亡。《日书》中涉及往亡的至少有四段文字，②今将其最具代表性者抄录如后："正月七日、二月十四日、三月廿一日、四月八日、五月十六日、六月廿四日、七月九日、八月十八日、九月廿七日、十月十日、十一月廿日、十二月卅日。是日在行不可以归，在室不可以行，是是大凶。"③敦煌历日中也有"往亡"的历注，其多数所注日期是：立春后七日，惊蛰后十四日、清明后二十一日；立夏后八日，芒种后十六日，小暑后二十四日；立秋后九日，白露后十八日，寒露后二十七日；立冬后十日，大雪后二十日，小寒后三十日。④表面上看，《日书》与敦煌历日中的往亡安排不一致，其实是相通的。因为《日书》所注日期是历日日期，敦煌历日所注为"星命月"日期，而《日书》时代，"星命月"尚未产生，故而有表面上的不同。当然，敦煌历日中也有少量仍按历日日期注往亡的，这里不赘。

至于"往亡"的立意，本在于不可以出行。《资治通鉴》卷一百一十五晋安帝义熙六年（410）二月，"丁亥，刘裕悉众攻城。或曰：'今日往亡，不利行师。'（胡注：《历书》二月以惊蛰后十四日为往亡日）裕曰：

---

① 参见刘增贵：《秦简〈日书〉中的出行礼俗与信仰》，载台北《历史语言研究所集刊》第七十二本第三分册，第503—540页。

② 见刘乐贤：《睡虎地秦简〈日书〉中的"往亡"与"归忌"》，载《简帛研究》第二辑，北京：法律出版社，1996年版，第116—124页。

③ 《睡虎地秦墓竹简》，北京：文物出版社，1990年版，第223页。

④ 邓文宽：《敦煌天文历法文献辑校》，南京：江苏古籍出版社，1996年版，第743页"气往亡表"。

'我往彼亡，何为不利！'四面急攻之。"①明代流行的《居家必用事类全集·丙集》对"往亡"的解释亦言："往亡日，不可拜官上任、远行还家，嫁娶、出入并凶。"②由上可见，"往亡"的含义在《日书》与敦煌历日中是相同的。

归忌。归忌与往亡一样，都是古代十分流行的日忌项目。王充曾批评说："途上之暴尸，未必出以往亡；室中之殡枢，未必还以归忌。"③《日书》云："正月乙丑，二月丙寅，三月甲子，四月乙丑，五月丙寅，六月甲子，七月乙丑，八月丙寅，九月甲子，十月乙丑，十一月丙寅，十二月甲子，以以④行，从远行归，是谓出亡归死之日也。"⑤《后汉书·郭陈列传》载："桓帝时，汝南有陈伯敬者，行必矩步……还触归忌，则寄宿乡亭。"唐代章怀注引《阴阳书·历法》曰："归忌日，四孟在丑，四仲在寅，四季在子，其日不可远行归家及徙也。"⑥而敦煌具注历日"归忌"日期恰同章怀所引。同《日书》比较，可以看出，《日书》时代的"归忌"仅限于一些干支日期，日数较少，而至唐宋，归忌日只定于地支而不计天干，日数增加了许多。但其所在日期之地支与《日书》无别，可以看出其渊源之历史痕迹。至于"归忌"之立意，前引文字中已经说明，不赘，大约自战国至唐宋是没有什么变化的。

天李。天李即天理，"李"字通"理"。《管子·法法》有"禹为司空，契为司徒，皋陶为李。"戴望注："古治狱之官，作此李官。"中古时代主管监狱的部门被称作"大理寺"，亦是其意。由是可知，天李是一个十分凶恶的神煞。其排列规则《日书》云："天李正月居子，二月居子（卯），三月居午，四月居酉，五月居子，六月居卯，七月居午，八月居酉，九月居子，十月居卯，十一月居午，十二月居辰（酉）。凡此日不可入官及入

---

①　标点本《资治通鉴》，北京：中华书局，1956年版，第3626页。

②　见《北京图书馆古籍珍本丛刊》第61册，北京：书目文献出版社，1988年版，第101页。

③　《论衡·辨祟篇》，见《论衡注释》，北京：中华书局，1979年版，第1396页。

④　刘乐贤谓"下一'以'字衍"。见《睡虎地秦简日书研究》，台北：文津出版社，1994年版，第286页。

⑤　《睡虎地秦墓竹简》，北京：文物出版社，1990年版，第223页。

⑥　标点本《后汉书》，北京：中华书局，1965年版，第1546—1547页。

室，入室必灭，入官必有罪。"①它在敦煌具注历日中也是一个常见的丛辰项目，其排列规则与《日书》全同。但宋以后，已不用天李注历，而由"天狱"代替。②如前所述，"天理"就是主管天上牢狱的神名，改称"天狱"亦顺理成章，并不为怪。

四激。《日书》云："夏三月丑激，春三月戊（戌）激，秋三月辰激，冬三月未激。……凡激日，利以渔猎、请谒、责人、执盗贼，不可祠祀，杀生（牲）。"③四激在敦煌具注历日中也写作"四击"，但使用的次数却不多；《宋宝祐四年丙辰岁（1256）会天万年具注历日》亦称作"四击"④。至于其排列规则，则与《日书》全同。其立意，《医心方》引汉代的《虾蟆经》云："四激日：春戌、夏丑、秋辰、冬卯（未）。"并加按语说："右四时忌日，今古传讳，不合药、服药也。"可知四激日同中医有关。今本《黄帝虾蟆经》亦有："春戌日，夏丑日，秋辰日，冬卯（未）日，右四时忌日，不可炙判。"⑤

四废。四废日出现于《日书》之"帝篇""室忌篇""盖屋篇"等多处。其在"帝篇"内容为："春三月……四废庚、辛；夏三月……四废壬、癸；秋三月……四废甲、乙；冬三月……四废丙、丁……四废日，不可以为室、覆屋。"⑥可以看出，《日书》中的四废日以天干为定，而与地支无涉。但敦煌历日中的四废日却是干支日期，其春三月在庚申、辛酉日，夏三月在壬子、癸亥日，秋三月在甲寅、乙卯日，冬三月在丙午、丁巳日。这些日子的天干与《日书》所定全同，亦可看出其由《日书》脱胎而来。

至于四废日的立意，刘乐贤博士做了极为明确的解说，今引录于下："这个名目因何而设？《永乐大典》卷二〇一九七《诸家选日八十三》云：'春以庚金为废，夏以壬水为废，秋以甲木为废，冬以丙火为废。'按：春

① 《睡虎地秦墓竹简》，北京：文物出版社，1990年版，第226页。

② 刘乐贤：《睡虎地秦简日书研究》，台北：文津出版社，1994年版，第299页。

③ 《睡虎地秦墓竹简》，北京：文物出版社，1990年版，第202页。

④ 见任继愈总主编，薄树人主编：《中国科学技术典籍通汇·天文卷》第1册，第694页三月七日历注。郑州：河南教育出版社，1997年版。

⑤ 《黄帝虾蟆经》，北京：中医古籍出版社，2016年版，第46页。

⑥ 《睡虎地秦墓竹简》，北京：文物出版社，1990年版，第195页。

三月于五行属木，庚辛五行属金，木、金相克；夏三月五行属火，壬癸属水，火、水相克；秋三月五行属金，甲乙属木，金、木相克；冬三月五行属水，丙丁属火，水、火相克，所以，四废日者，谓四季各月的五行与其日的天干所属五行相克。"①因其为"废"日，故而"不可以为室，覆屋"。

十二支日避忌。古代日者除了设计过许多神煞名目外，又为天干、地支、弦、望、晦、朔、二十八宿等设计了众多宜忌内容。十二支日避忌即其一，睡虎地秦简甲种《日书·毁弃》载：

> 毋以子卜筮，害于上皇。
>
> 毋在丑徐（除）门户，害于骄母。
>
> 毋以寅祭祀凿井，廊以细□。
>
> 毋以卯沐浴，是谓血明，不可□井池。
>
> 毋［以］辰葬，必有重丧。
>
> 毋以巳寿（祷），反受其英（殃）。
>
> 毋以午出入臣妾、马［牛］，是胃（谓）并亡。
>
> 毋以木（未）斩大木，必有大英（殃）。
>
> 毋以申出入臣妾、马牛、货材（财），是胃（谓）□□□。
>
> 毋以酉台（始）寇（冠）带剑，恐御矢兵，可以渍米为酒，酒美。②

显然，这组简原脱戊、亥二日的日忌内容。在敦煌具注历日中，我们也看到了关于十二支日日忌的说明，如 S.2404《后唐同光二年甲申岁（924）具注历日一卷并序》云："子日不卜问，丑日不买牛，寅日不祭祀，卯日不穿井，辰日不哭泣，巳日不迎女，午日不盖屋，未日不服药，申日不裁衣，酉日不会客，戌日不养犬，亥日不育猪及不伐罪人。"③P.2661也

---

① 刘乐贤：《睡虎地秦简日书研究》，台北：文津出版社，1994年版，第130页。

② 《睡虎地秦墓竹简》，北京：文物出版社，1990年版，第197页。

③ 邓文宽：《敦煌天文历法文献辑校》，南京：江苏古籍出版社，1996年版，第380页。

有内容相近的文字。虽然说，至唐宋时代，十二支的日忌内容与秦汉时代
已有变化，但其基本立意却是相通的。

弦、望、晦、朔日避忌。这也是古代历日中常见的避忌内容。《日书》
云："弦、望及五辰不可以兴乐□，五丑不可以巫，啻（帝）以杀巫减
（咸）。""墨（晦）日利坏垣、彻屋、出寄者，毋歌。朔日利入室，毋哭。
望，利为囷仓。"①睡虎地秦简乙种《日书》云："正月、七月朔日，以出
母（女）、取妇，夫妻必有死者。以筑室，室不居。凡月望，不可取妇、
家（嫁）女、入畜生。"②而在敦煌历日中，弦、望、晦、朔日的宜忌也是
规定得明明白白的。如 P.3403《宋雍熙三年丙戌岁（986）具注历日并序》
说："朔日不会客及歌乐，晦日不裁衣及动乐……弦、望日不合酒酢及杀
生。"③其各日的宜忌与《日书》已然有别，反映出随着时代的推移而引起
的部分变化，但其基本立意也还是相通的。

四　用事内容及语言

古代历日中所设神煞，是同"用事"选择吉凶相联系的。比如，敦煌
本 S.0095《后周显德三年丙辰岁（956）具注历日并序》正月有："七日庚
子土开，启原祭，地囊、嫁娶、移徙吉"；"廿日癸丑木开，天恩、修造、
治病、符吉"④。"地囊""天恩"系神煞名，嫁娶、移徙、修造、治病等
系用事。当我们将敦煌具注历日与《日书》中的"用事"语词相比较时，
发现有大量雷同的内容，诸如：祭祀、入学、冠带、拜官、嫁娶、移徙、
安床、解除、沐浴、剃头、除手足甲、裁衣、缮城、筑堤防、竖柱、上
梁、经络、市买、纳财、开渠、穿井、安碓硙、扫舍、伐木、疗病、殡埋
（葬埋）、坏垣、筑屋等。这些内容固然是古代社会日常生活的常见事项，

---

① 《睡虎地秦墓竹简》，北京：文物出版社，1990 年版，第 186、227 页。
② 《睡虎地秦墓竹简》，北京：文物出版社，1990 年版，第 241 页。
③ 邓文宽：《敦煌天文历法文献辑校》，南京：江苏古籍出版社，1996 年版，第 592 页。
④ 邓文宽：《敦煌天文历法文献辑校》，南京：江苏古籍出版社，1996 年版，第 474、475 页。

在数千年的农业社会中变化不大，但它也是古代历日文化相承性的一种表现，恐怕也是不争的事实。从历日文化关联的角度讲，它也体现了其中的一个侧面。

以上就敦煌历日与战国秦汉《日书》文化内容相同或相近的部分做了比较，从中可见它们之间的内在联系，也再次证实了笔者的一个基本看法：战国秦汉时代，限于竹木简牍的文字容量，虽然《日书》与历日是配合着使用的，但在书写形式上却是分开的。只是到了用纸张作为基本书写质材的时代，才有可能将历日内容与《日书》选择内容合并书写在一起，完成由"历日"到"具注历日"的转变。

附带指出，我们曾注意到，秦汉时代的一些历注确实来源于《日书》，如"反支"和"天李"。这两个丛辰项目见于睡虎地甲种《日书》[1]，同时又见于同时代的实用历本[2]，说明历日中所用历注源自《日书》。但是也有一些历注项目，如"解衍""复""月省""八魁""血忌"等，迄今仅见于秦汉时代的历注[3]，却不见于已经出土的各种《日书》。它说明，这些丛辰项目当源自另外一些已佚的《日书》，或者与《日书》性质相同的数术文献。本文只限于将敦煌历日与已经出土的《日书》做些比较并寻找其关联，至于那些目前还不能直接归入《日书》的历注项目，虽然它们共见于秦汉实用历本和敦煌具注历日，则暂不讨论，这是要向读者特别说明的。

（原载《姜亮夫 蒋礼鸿 郭在贻先生纪念文集》，上海：上海教育出版社，2003年版，第292—301页）

---

① 参见刘乐贤：《睡虎地秦简日书研究》，台北：文津出版社，1994年版，第297、300页。

② 历日注"反（支）"，参见吴九龙：《银雀山汉简释文》插页"元光元年历谱（复原表）"，北京：文物出版社，1985年版；"天李"注历，见《居延新简》"十二日辛卯成天李"，北京：文物出版社，1990年版，第448页。

③ 参见张培瑜：《出土汉简帛书上的历注》，载《出土文献研究续集》，北京：文物出版社，1989年版，第135—147页；又参邓文宽：《尹湾汉墓出土历谱补说》，载《简帛研究二〇〇一》（下册），桂林：广西师范大学出版社，2001年版，第451—455页。

中国古代历日文化对柬埔寨的影响

——〔元〕周达观《真腊风土记》读记

元朝人周达观的《真腊风土记》，实在是一部奇书。全书记载真腊国（今柬埔寨）社会风情40则，8500字左右，实在比不得今人一篇文章的篇幅。然而，却因了它，19世纪的法国博物学家亨利·穆奥（Herni Mouhot）按图索骥，寻找出在热带丛林中沉睡了数百年之久的吴哥古迹，给人类文明增加了一份巨大的文化遗产，足见此书价值不可小觑。

不久前，我自费前往吴哥古迹参观访古。由于十多年来一直关心中国古代历日文化在东亚及东南亚地区的影响，所以，我曾托中国政府吴哥保护工作站雇用的柬埔寨籍华裔蔡先生寻找一份当代柬埔寨人使用的历日（或称"通书"），未果。后来发现，我借住的中国文物研究所刘江先生的房间就挂着一本柬埔寨一家华人银行印制的2006年挂历。摘下来仔细观看，大体包含三种内容：一是公历（西历）日期和星期，这在全世界是一致的，无特殊之处；二是柬埔寨节日，包括国王和王后的生日；三是中国的农历，包括农历月日和春节日期，其余内容不见。由于内容简单，所以也并未引起我的重视。

回来后，因为撰写游记（《文明的辉煌与断裂》），将《真腊风土记》细读一遍。这一读，才发现在周达观的笔下，早有中国古代历日文化对柬埔寨发生影响的记录，仅仅是我疏忽和未能及时拜读而已。

《真腊风土记》第十三则"正朔时序"有相关记载，今择其要者抄录如下：

> 每用中国十月以为正月。是月也，名为佳得。
>
> 国中人亦有通天文者。日月薄蚀皆能推算，但是大小尽却与中国不同。中国闰岁，则彼亦必置闰，但只闰九月，殊不可晓。一夜只分四更。每七日一轮。亦如中国所谓开、闭、建、除之类。番人既无姓名，亦不记生日。多有以所生日头为名者，有两日最吉，三日平平，四日最凶。何日可出东方，何日可出西方，虽妇女皆能算之。十二生肖亦与中国同，但所呼之名异耳。如以马为"卜赛"，呼鸡为"蛮"，呼猪为"直卢"，呼牛为"箇"之类也。①

读罢这段文字，我真是兴奋莫名。这里涉及的几乎全是中国古代历日文化的内容。现将其疏释如后，并对前人的某些解释申述我的不同见解。

（一）柬埔寨人当时行用的是中国秦朝的历法。"每用中国十月以为正月。是月也，名为佳得。""中国闰岁，则彼亦必置闰，但只闰九月，殊不可晓。"周达观"殊不可晓"的这段历日内容，实际就是中国秦朝的历日制度。依据"三正说"，夏历正月为年首，殷历十二月为年首，周历十一月为年首，秦历则以十月为年首。这一点得到近世出土秦汉历日的充分证明。1993年湖北关沮周家台30号秦墓出土的《秦始皇三十四年（前213）历日》即以十月为年首，并将闰月作为"后九月"放在年末。②同墓出土的《秦二世元年（前209）历日》虽无闰月，但也是将十月放在岁首的。③湖北云梦睡虎地出土的秦简《编年记》第三简记有："五十六年，后九月，昭死。正月，遬（速）产。"④闰月也设作"后九月"并置于岁末。山东银

---

① 夏鼐：《真腊风土记校注》，收入《中外交通史籍丛刊》，北京：中华书局，2000年版，"正朔时序"原文见第120—122页。

② 彭锦华：《周家台30号秦墓竹简"秦始皇三十四年历谱"释文与考释》，载《文物》1999年第6期，第63—69页，"后九月"见66页下。

③ 《文物》1999年第6期，彩版三《木牍（30：22）局部》。

④ 睡虎地秦墓竹简整理小组编：《睡虎地秦墓竹简》，北京：文物出版社，1990年版，释文第6页。

雀山二号汉墓出土的《元光元年（前134）历谱》也是将闰月称作"后九月"并放置在九月之后的。[①]出土资料和文献记载在在表明，以十月为岁首，将闰月置于年末，设为"后九月"，是秦朝历法的基本特征，沿用至汉初百余年。只是到了汉武帝太初元年（前104），改行《太初历》，才将年首放在夏历建寅月（正月），并在无中气之月置闰，行用至今。

周氏《真腊风土记》说："每用中国十月以为正月。是月也，名为佳得。"根据周氏原文记载，他是在元成宗铁穆耳元贞元年（1295）奉诏做准备，次年（1296）随使团出访真腊，逗留年余，于1297年返回元朝的。真腊人称每年岁首十月为"佳得"，当是记音，因为真腊文字与汉文迥异。此二字实际当作"嘉德"。《左传·桓公六年》："〔六年春正月〕奉酒醴以告曰：嘉栗旨酒。谓其上下皆有嘉德，而无违心也。"[②]显然，此时"嘉德"还是指美德，并作为祭祀用语来使用。至汉代，"嘉德"意义已有变化。后汉崔骃《缝铭》曰："惟岁之始，承天嘉德。皇灵愿国，丝缦充赞以朝迪。"[③]此时，"嘉德"与"岁始"相连，几乎成了其代名词。由此我以为，柬人将十月，即他们当时行用中国秦历的年首称作"嘉德"，正是"岁始"之义，二者十分契合一致。"嘉德"是其本字，"佳得"乃周达观不稽之音讹也。

百余年前的1902年，法国著名汉学家伯希和（Paul Pelliot）先生曾将《真腊风土记》译为法文并加注释。[④]此后他又不断修订，但直至告别人世亦未完成。身后，由戴密微（P. Demieville）和戈岱司（G. Coedes）整理，作为遗著第三种于1951年出版。戈岱司本人对《真腊风土记》也情有独

---

① 吴九龙：《银雀山汉简释文》插页《元光元年历谱（复原表）》，北京：文物出版社，1985年版。我称该历本为《建元七年（元光元年）历日》。

② 影印本《十三经注疏》，北京：中华书局，1980年版，第1750页上栏。

③ 〔清〕严可均校辑：《全上古三代秦汉三国六朝文·全后汉文》卷四十四，北京：中华书局，1958年影印本，第716页上栏。

④ 伯希和：《真腊风土记笺注》，载河内《远东法国学校校刊》第二卷；冯承钧译文，载《西域南海史地考证译丛》第二卷第七编，北京：商务印书馆，1995年版，第120—171页。与本文讨论问题直接相关的部分见150—152页。

钟，曾作过两次补注。[①]但是，由于戴、戈二氏不了解中国古代历法，所以未能就周达观的这段记载给予正确解读。伯希和说："按，佳得应为Ka-tik（今读若Kadak）即梵文之迦剌底迦（Kartika）月是已。但现在柬埔寨人之正月为cet月，即梵文之制呾罗（caitra）月是已，此月在阳历三四月间。"伯氏从梵文去找"佳得"对音，自然不甚了了。他不知当时真腊人使用的乃中国秦历，且"佳得"为"嘉德"之同音异写。

至于戈岱司，则走得更远。戈氏云："在周达观时，真腊每年开始于迦剌底迦月，但当时铭刻中所记年月，大部分仅用制呾罗年（即与今年柬埔寨同［笔者按，'年'字似当在'寨'下］，新年开始于制呾罗月）。用迦剌底迦年者，在铭刻中仅见一例。此或由于每年之开始（至少官方新年）由国王任意决定，依时代而异。周达观所记各月之节日及月份，乃指真腊历，不指中国历。"[②]恰恰相反，周达观所记乃真腊人行用的中国秦历，而非真腊历。

我国著名考古学家、中外关系史专家夏鼐先生在其所著《真腊风土记校注》一书中，引过伯、戈二氏的注释及补注后，发表了如下见解："许肇琳亦以为佳得乃柬语katik之对音，但此为腊月而非正月。柬语'正月'为migasa（末伽萨），可能周氏张冠李戴（《浅释》[③]第20页）。今按柬埔寨古今历法不同。吴哥时代可能以'佳得'月为正月，但真腊铭刻中，多以制呾罗月为正月。伯氏、戈氏以为现今柬埔寨人仍以此月为正月。许氏云云，或近年其历法又有变更欤？末伽萨月在迦剌底迦年为二月，在制呾罗年为九月，皆非正月。要之，不能谓'周氏张冠李戴'。"[④]夏先生认为

---

① George Coedes: "Études Cambodgiennes,"载河内《远东法国学校校刊》第18卷第9分册，第1—28页，《真腊风土记》补注见第4—9页；冯承钧译文，载《西域南海史地考证译丛》第一卷第二编，北京：商务印书馆，1995年版，第114—119页。

② 戈岱司：《真腊风土记再补注》，载《通报》1933年第30卷，第226页。转自夏鼐：《真腊风土记校注》，第122—123页。

③ 指许氏《〈真腊风土记〉中柬埔寨语浅释》，1979年中山大学油印初稿。夏氏简称为《浅释》。

④ 夏鼐：《真腊风土记校注》，收入《中外交通史籍丛刊》，北京：中华书局，2000年版，第123页。

周达观没有张冠李戴是正确的认识，但也感到矛盾重重，难获正解。而我们用中国秦历以及"佳得"乃"嘉德"的对音给予释读，便通畅无碍了。

这里有一个问题。周达观去真腊时已是13世纪之末，而中国早在公元前2世纪时已改用《太初历》，放弃秦历，不再使用了。虽然13世纪时柬埔寨人行用中国秦历，但恐怕不能说此前千余年他们已开始行用中国秦历。我怀疑，至13世纪时，真腊同中国来往已经很多。真腊的天文历算者此前从某种途径获得了在中国已废的秦代历法并加以行用，而未行用中国王朝已改进了多次的当代历法。所谓礼失求诸野，此之谓也。

（二）"每七日一轮"，即星期制度。伯氏云："按，即印度之星期，每日以行星一名名之。"①对此，夏先生补充并纠正说："今按印度每周七日以七曜日名之。其中五日为五行星，余二日为日曜日及月曜日，并非每日皆以行星之一名之也。"②夏氏看法正确，不可将日、月均视作"行星"。星期制度是外来文明，9世纪末敦煌当地自编具注历日已在使用。但因与中国人的"旬假制"有别，后来又被中国人放弃不用。重新行用是辛亥革命后普遍行用公历时的事。柬人用星期制度，自然是外来文化，并非受汉历之影响。但它是直接来自印度或西方，还是伴随使用汉历而间接引入？现在无法说明。如果它是间接从中国引入的，那么认为此亦为受中国古代历日文化的影响，或不为过。

（三）建除十二客。周达观云："亦如中国所谓开、闭、建、除之类。"伯氏、戈氏、夏氏对这句话都未加注释。起初，我将此句与上句"每七日一轮，亦如……"连读，意思是，每七天一个周期，也就像中国所谓建除十二客之类。仔细玩味，发现这样读不妥。为何？因为七曜日用于注历时是按七曜周期下排，无重复之日。但建除却不然，每个"星命月"之第一日必须重复上个星命月最末一日所注建除一次，如惊蛰二月节那一天所注与其前一日所注建除相同，这是由它的排列规则所决定的。正由于此，建

---

① 伯希和著，冯承钧译：《真腊风土记笺注》，载《西域南海史地考证译丛》第二卷第七编，北京：商务印书馆，1995年版，第152页。

② 夏鼐：《真腊风土记校注》，北京：中华书局，2000年版，第127页。

除与星期制度无可比性，必须单独说明。亦即是说，周达观所看到其时行用的真腊历日，其中也有用建除十二客注历的内容。建除十二客共十二个字，其排列次序为建、除、满、平、定、执、破、危、成、收、开、闭。因周氏对此排序不熟悉，故说成"开、闭、建、除之类"。虽不准确，但也无伤大雅。

迄今所见，建除十二客是中国古代历日文化中最古老的一项内容。它在睡虎地秦简和甘肃天水放马滩秦简《日书》中已有记载。[①]至晚从汉代开始，它已直接用于注历。[②]一直到当代日本，我国的台湾、香港、澳门，泰国等正在行用的"通书"，建除仍是一项常见的历注。[③]换言之，建除注历在东亚、东南亚地区的历注中影响广泛。周达观所见柬人行用的中国历日制度，包含有建除历注，顺理成章，自不待言。

（四）"往亡"与"归忌"。周氏又云："何日可出东方，何日可出西方，虽妇女皆能算之。"伯、戈、夏三氏于此亦未解读。实在说，这正是中国古代历注中的"往亡"与"归忌"。"往亡"与"归忌"是相对而言的，"往亡"即不宜去，"归忌"则是不宜回。秦汉时代人们对出行与回归的宜与不宜十分看重，这在战国秦汉《日书》中已有反映。[④]东汉思想家王充在《论衡·辨祟篇》中批判说："涂上之暴尸，未必出以往亡；室中之殡枢，未必还以归忌。"[⑤]虽然王充的批评十分正确，但在社会生活中，俗人仍十分看重往亡与归忌。及至后世，它们便被堂而皇之地编入"具注历日"，成为人们日常出行与回归的指导了。周达观说"虽妇女皆能算之"，说明它在柬埔寨时人中的影响十分深广。至于有关往亡原始立义及

---

①　见李零主编《中国方术概观·选择卷》（上），北京：人民中国出版社，1993年版，第6—7、17—18、56—57页。

②　参见陈久金《敦煌、居延汉简中的历谱》，载《中国古代天文文物论集》，北京：文物出版社，1989年版，第111—136页。

③　见邓文宽《敦煌历日与当代东亚民用"通书"的文化关联》，载氏著《敦煌吐鲁番天文历法研究》，兰州：甘肃教育出版社，2002年版，第79—104页。

④　李零主编《中国方术概观·选择卷》（上），北京：人民中国出版社，1993年版，第32、66页。

⑤　北京大学历史系《论衡》注释小组《论衡注释》，北京：中华书局，1979年版，第1396页。

排列规则的讨论，读者可参看刘乐贤博士《简帛数术文献探论》第七章"往亡考"一节，[①]此处不赘，以免辞费。我只想说明，中国历注中的往亡与归忌在13世纪时的柬埔寨已十分普及。

（五）十二生肖与十二生肖塔。周氏又云："十二生肖亦与中国同，但所呼之名异耳。"伯氏就"十二生肖"注云："按柬埔寨与占婆、暹罗并用十二生肖，与中国同。其合干支为一甲子，与中国制无异，似由中国输入者也。现在柬埔寨之十二生肖，为一牛（chlau）、二虎（khal）、三兔（thas）、四龙（ron）、五蛇（msan）、六马（momi）、七山羊（mome）、八猴（rok）、九鸡（roka）、十狗（ca）、十一猪（kor）、十二鼠（cut）。"[②]伯氏所见的十二生肖在20世纪初时，除鼠由首位变为末位外，其余次序与我国全同。此外，他还就其所见，证明越南、泰国不仅与中国十二生肖相同，而且六十甲子在那里也十分盛行，为我们论证中国古代历日文化对柬埔寨有重大影响，平添了一份证据。不过，周达观所见的十二生肖次序如何，他未交待，我们不能猜测，故尚未了然。

毋庸赘言，十二生肖是中国古代历日文化的一项重要而且极其普及的内容。因为每一个中国人出生后，一有记忆，父母便要告知你的属相。十二生肖的传世文献记载，最早见于东汉王充《论衡·物势篇》，但出土材料已将其形成体系的年代加以提前。迄今所知最早关于生肖的完整资料见于甘肃天水放马滩秦简《日书》。[③]

这里，我想就十二生肖在柬埔寨的影响提供一项文物佐证。在大吴哥城中心阅台（今称"斗象台"或"象群广场"）的对面（东面），有用角砾石垒砌而成的石塔，共十二座，以该都城东西门之间为中轴线，左右各六座，被人们称作"十二生肖塔"。关于这十二座小塔，周达观在《真腊风土记》第十四则"争讼"中作了如下记述："又两家争讼，莫辨曲直。

① 刘乐贤：《简帛数术文献探论》，武汉：湖北教育出版社，2003年版。详见第297—313页。
② 见伯希和著，冯承钧译：《真腊风土记笺注》，载《西域南海史地考证译丛》第二卷第七编，北京：商务印书馆，1995年版，第152页。
③ 李零主编：《中国方术概观·选择卷》（上），北京：人民中国出版社，1993年版，第8—9页。

国宫之对岸有小石塔十二座，令二人各坐一塔中。塔之外，两家自以亲属互相提防。或坐一二日，或坐三四日。其无理者，必获证候而出，或身上生疮疖，或咳嗽发热之类。有理者略无纤事。以此剖判曲直，谓之天狱。盖其土神之灵，有如此也。"[1]

对于"小石塔十二座"，伯希和注云："按今王宫之前，实有砖塔十二座。"[2]于此，夏鼐先生作了一条长校注：

> 今按：王宫之前十二座小塔，据巴曼提《吴哥指南》，乃红礁石（laterite）所建（1950年版85页）；陈正祥实地观察，亦认为乃红礁石建造（《研究》[3]55页注167），则周氏不误而伯氏误也。此十二塔位于王宫之前，分列御道（即胜利大街）之两侧，即在王宫前"大广场"内，靠近王宫之一边。……此十二小塔，今名绳索舞人塔（柬埔寨语：prasat suor prat）。本地人俗传古时演杂技走绳，以皮索横架两塔之间，走绳者手持孔雀羽数束，在索上来回走动，且走且舞，故名。实则此为齐东野语，不足信也。塔建于阇耶跋摩七世（1181—1215）时，可能为大广场中举行盛会时达官贵人所住憩之所，并非庙宇或佛塔（见巴氏《吴哥指南》85—86页）。
>
> 按：张衡《西京赋》有"走索"一名。薛综注云："所谓舞绹者也"，则此十二塔亦可依世俗传说而称之为"舞绹塔"。《真腊风土记》以为塔为争讼者所暂居以候神断之所，则为另一种传说，或较近于事实欤！陈正祥云："有人认为是该国当时十二省用以向国王宣誓效忠的誓坛。同时被用作仓库，照《风土记》所说，似乎又兼为监狱。"（《研究》55页注167）。实则《风土记》所云，乃争讼者所暂居以候神断之所，并非关禁判罪者之监狱。其建筑形式，不似仓库；石塔东

① 夏鼐：《真腊风土记校注》，北京：中华书局，2000年版，第129页。
② 伯希和著，冯承钧译：《真腊风土记笺注》，载《西域南海史地考证译丛》第二卷第七编，北京：商务印书馆，1995年版，第153页。
③ 指陈正祥：《真腊风土记研究》，香港：香港中文大学出版社，1975年版。夏氏简称为《研究》。

侧另有所谓"仓库"（kleang）者二座。至于誓坛之说，其建筑形式，亦不类祭坛，且当时该国属郡（省），不止十二，见第三十三则"属郡"。故十二塔之真正用途，实殊难言，姑且阙疑可也。

我在柬埔寨参观时，曾对此十二石塔拍了几张照片。从照片上看，此十二塔无论如何都不可能是誓坛、监狱、仓库，抑或官员举行盛会时的休憩之所，无须赘辩。至于像周达观所记其被用作神明判罪的"天狱"，或如民间传说其为演杂技走索之用，都不无可能。不过，我认为即使这些用途全有过，也当是后起的。然其本始用途为何？

与我同在中国文物研究所供职数十年的古建保护专家姜怀英高工告诉我，此组石塔名为"十二生肖塔"。他是1996年开始到吴哥，担负中国政府吴哥保护项目负责人的，在那里工作了10年之久。姜工的这个认识或许也是来自传说，尚未获得书证。但我认为，它比上引其他各种解释更趋合理。我不知道，当年这十二座石塔的顶部是否各供奉着一个生肖雕像？今因塌毁而难确证。不过，可以想象，当年的主广场平台以大象群雕为主题，其对面的十二座石塔上各塑一个生肖，从艺术角度看，恐怕是十分协调的。当然，艺术美感比不得科学考索，这所谓"十二生肖塔"还有待确证，但至少在认识上为我们开了一条新路。

综上所述，元人周达观在其《真腊风土记》第十三则"正朔时序"中所述13世纪末叶，柬埔寨行用的历法与岁时，除星期制度外，均是受中国古代历日文化影响的产物，殆无疑义。

（原载上海古籍出版社编《中华文史论丛》2007年第2期，第207—218页）

俄藏敦煌和黑城汉文历日对
印刷技术史研究的意义

  20世纪的最后30年间，人类在印刷技术方面经历了一场翻天覆地的革命——电脑打字、激光照排等新技术的应用，极大地提高了排字速度和印刷的精美程度。就汉字的命运来说，这场革命也宣告了"汉字必须走拼音化道路"的失败。这不仅仅是技术手段的改进，而且已经和将要产生巨大的经济效益。作为这场革命的亲历者，应该说我们是十分幸运的。

  电脑打字、激光照排等先进事物革命的对象，便是那个行用了近千年的"活字印刷术"。原因非常简单，因为活字印刷术已然成了落后的事物，它的"命"被"革"掉自在情理之中。且莫说活字排版不仅速度慢，就是反复化铅铸字造成的污染也已经成为公害。20世纪70年代末至80年代初，我住的居民大院与文物印刷厂仅一墙之隔，印刷厂经常在自己的墙角下化铅铸字，空气污染使隔墙的住户十分不满，以至于多次发生纠葛。那年月我们要去参加学术会议，总要去誊印社找人打字印成论文，真是十分麻烦。现在用电脑打好字，电传到办公室，有的就在家中，自己就可以印出来，便捷之极。

  今天，"活字印刷术"被革了命，退出了历史舞台，是因为它落后。但这并不等于说它一直落后。现在的它是落后了，但在其产生的初始阶段和存在期间，却也曾经十分先进，并且为人类文明进步做出过巨大贡献。诚如17世纪英国启蒙思想家弗朗西斯·培根说过的那样："我们应该注意到这些发明的力量、功效和结果，但它们远不如三大发明那么惹人注目。这三大发明古人并不知道，它们是印刷术、火药和指南针。因为这三大发明改变了整个世界的面貌和状态。"①后来人们又认识到造纸技术也是一项重大发明，从而合称为"四大发明"，作为中华民族对人类文明的贡献而载入史册。简言之，"活字印刷术"在今日的落后丝毫也不减弱它在历史上的辉煌，恰如人类社会史上的奴隶制和封建制，都曾经被新制度所取代，但它们也曾经作为新制度取代过别的已经落后的制度。如同太阳，傍晚时夕阳西下，奄奄一息，但它在早晨却曾经气势磅礴，光芒万丈呢。

众所周知，历史上的印刷技术曾经经历过雕版印刷和活字印刷两个阶段。雕版印刷产生的具体年代，由何人首先使用，迄今都未能给予明确的解说。一般来说，科技史界认为雕版印刷术产生于隋到唐初的一段时间之内。由于文献记载不足，人们只好仰赖于地下出土实物的证明。1999年之前，我们能看到有绝对纪年的雕版印刷实物，便是出自敦煌藏经洞、现存英国国家图书馆的《唐咸通九年（868）〈金刚般若波罗蜜经〉》②。该经末尾有题记曰："咸通九年四月十五日，王玠为二亲敬造普施。"比这个时间更早的，是1966年从韩国庆州释迦塔出土的《无垢净光大陀罗尼经》，因使用了武周新字，故学者们认为最大的可能是公元702年雕印于唐代东都洛阳。③毫无疑义，这件印刷品的年代是很早的，但却无法确定其绝对年代。1999年10月，我从当时新公布的俄藏敦煌文献中，考出Дх02880号为《唐大和八年甲寅岁（834）具注历日》印本残片。④应该说，这是迄今我们所能见到的绝对年代最早的雕版印刷品实物。毋庸赘言，这个俄藏汉文历日残片在印刷技术史研究上的意义是不言而喻的。

---

① ［英］弗郎西斯·培根《新工具》格言129条。转引自［美］斯塔夫里阿诺斯著，吴象英、梁赤民译：《全球通史——1500年以前的世界》，上海：上海社会科学院出版社，1988年版，第454页。

② 编号S.P.2。

③ 卢嘉锡总主编，潘吉星著：《中国科学技术史·造纸与印刷术卷》，北京：科学出版社，1998年版，第296页。

④ 邓文宽：《敦煌吐鲁番天文历法研究》，兰州：甘肃教育出版社，2002年版，第205—209页。

至于活字印刷技术，文献记载为北宋布衣毕昇所发明，①但早期的活字印刷品实物却几无留存。长久以来，学者们一直在努力寻找早期活字印刷品实物，却收获甚微。十二年前，西夏文和西夏史专家史金波教授发表了《现存世界上最早的活字印刷品——西夏活字印本考》②一文，研究了一批俄藏西夏文文献，以及近年在中国新出土的西夏文文献，证明它们大概是十二至十三世纪的活字印刷品。遗憾的是，这批活字印刷品没有一件能够确定其绝对年代。进入新世纪后，史教授又于2001年发表《黑水城出土活字版汉文历书考》③一文，所依据的也是俄藏黑水城出土文献。除TK297为公元1182年雕版印刷的汉文历日④外，其余TK269、5285、5229、5469和ИНФ.8117（1，2）、5306等6件，全是公元1211年的活字印本汉文历日，史教授题名为"西夏光定元年辛未岁（1211）具注历日"⑤。就现存黑水城出土的西夏历日来看，大约有西夏文印本历日、西夏文-汉文合璧写本历日、汉文写本历日和汉文印本历日等四种形态。⑥可见当时西夏所用历日非常丰富。如果说1997年史教授研究的那批西夏文活字印刷品尚难给出准确年代的话，那么这件《西夏光定元年辛未岁（1211）具注历日》的年代则是确定无疑的，它也是迄今所见年代最早的活字印刷品实物，从而弥足珍贵。

由上可知，无论是敦煌石室所出雕版印刷的《唐大和八年甲寅岁（834）具注历日》，还是黑水城出土的活字印刷《西夏光定元年辛未岁（1211）具注历日》，在印刷技术史的研究方面，如今都具有标志性意义，而这两份汉文历日如今都收藏在俄罗斯科学院东方文献研究所。

由这两份历日出发，站在研究印刷技术史的角度，我认为需要思考三

---

① 〔宋〕沈括：《梦溪笔谈》卷十八"技艺·活板印刷"。此书版本极多，此据李文泽、吴洪泽译：《文白对照梦溪笔谈》，成都：巴蜀书社，1996年版，第238—239页。

② 载《北京图书馆馆刊》1997年第1期，第67—80页。

③ 载《文物》2001年第10期，第87—96页。

④ 邓文宽：《敦煌吐鲁番天文历法研究》，兰州：甘肃教育出版社，2002年版，第262—270页。

⑤ 参见史金波：《西夏的历法和历书》，载《民族语文》2006年第4期，第41—47页。

⑥ 参见史金波：《西夏的历法和历书》，载《民族语文》2006年第4期，第41—47页。

个问题：

一 为什么迄今为止，我们找到的绝对年代最早的印刷品实物，都是历日，而不是其他类型的印本文献？

大家知道，印刷技术是以能够成批量地复制同一内容与形式的文字材料为特征的。什么文字材料需求量大，它就要更多地依赖印刷技术。今天在中国，一本书如果只印几百本，出版社当然不乐意接受；如果印几十万乃至上百万本，出版社自然会有巨大的积极性。中古时代，什么东西需求量大从而需要大批量地加以复制呢？恐怕一是佛经，二是历日。但佛经毕竟是外来文化，中土有人信，也有人不信。而历日却不同。当代人使用的历日内容较为简单，可是在唐宋时代，历日却是指导家居生活的民用小百科全书，大凡取土盖房，莳菜下种，婚丧嫁娶，上官出行，一切行动都要参考历日来决定宜与不宜，进行选择，从而成了居家必备的手册。由于需求量大，自然就要靠印刷技术来满足。唐文宗大和九年（835）十二月丁丑，剑南东川节度使冯宿在奏文中说："准敕禁断印历日版，剑南两川及淮南道皆以版印历日鬻于市。每岁司天台未奏颁下新历，其印历已满天下……"①私印历日"满天下"就是当时历日需求旺盛的形象写照。此其一。其二，历日的年代具有唯一性，而佛经等其他内容的印刷文献，除了有特别的纪年，如唐咸通九年（868）《金刚经》的尾题，或者有某种特别的符号，如韩国庆州市释迦塔出土的《无垢净光大陀罗尼经》有武周新字，一般小残片数量再多，也很难确定其准确年代。历日却不同，它不仅本身年代具有唯一性，也由于我们掌握了一套科学定年的方法，即使它非常残破，哪怕只有几行字，只要所需的信息具备，我们就有能力定出其准确年代来。这也是迄今为止绝对年代最早的印刷品都是历日的重要原因。

---

① 影印本《册府元龟》卷一六〇《帝王部·革弊二》，北京：中华书局，1960年版，第1932页上栏。

二 为什么迄今为止，具有标志性意义的汉文历日 都庋藏在俄罗斯，而不在别的国家？

我们知道，俄藏印本《唐大和八年甲寅岁（834）具注历日》，是1914—1915年间，奥登堡（S. Oldenburg）率领的考察队从敦煌取走的；而活字版《西夏光定元年辛未岁（1211）具注历日》，是另一俄国人科兹洛夫于1909年率领蒙古—四川探险队，从中国黑水城（今内蒙古额济纳旗）取走的。他们取走这两份汉文历日的地方，自己都不是最早涉足者，在他们之前的捷足先登者大有人在。用今天北京人的话说，他们都是"捡漏"的。同时，他们也不懂汉文，不可能像伯希和那样以他的三原则（1. 有纪年；2. 藏外佛经；3. 域外文字）来进行挑拣。但他们却"捡"着了"宝贝"，这不能不归于他们的"好运气"。不能否认，考古与探险能否成功，与当事人的运气关系密切。辽宁金牛山猿人头盖骨出土前，已经有好几拨人在那里发掘过，表层的泥土都被别人清理了，北京大学吕遵谔教授和他的女弟子黄蕴平只是再向下挖了一米多，猿人头盖骨便出土了，这不是他们的好运气又是什么？同样，奥登堡和科兹洛夫的收获也只能归于他们的"好运气"了。

三 我们距找到最早的活字印刷品实物还有多远？

我在本文前面曾经说过，关于雕版印刷术的历史缺少文献记载。但与此不同，关于汉文活字印刷技术，历史却是有明确记载的。沈括在《梦溪笔谈》卷十八《技艺·活板印刷》一目下说：

> 板印书籍，唐人尚未盛为之。自冯瀛王始印五经，已后典籍，皆为板本。庆历中（1041—1048），有布衣毕昇，又为活板。其法用胶泥刻字，薄如钱唇，每字为一印，火烧令坚。先设一铁板，其上以松脂腊和纸灰之类冒之，欲印则以一铁范置铁板上，乃密布字印。满铁

范为一板，持就火炀之，药稍熔，则以一平板按其面，则字平如砥。若止印三二本，未为简易，若印数十百千本，则极为神速。常作二铁板，一板印刷，一板已自布字，此印者才毕，则第二板已具，更互用之，瞬息可就。每一字皆有数印，如"之""也"等字，每字有二十余印，以备一板内有重复者。不用则以纸贴之，每韵为一贴，木格贮之。有奇字素无备者，旋刻之，以草火烧，瞬息可就……

这是记载活字印刷术的产生最为完整可信的文献资料。"庆历"乃北宋仁宗赵祯的年号，凡八年。根据这段文字，学者们一般将活字印刷术产生的年代定在公元1040年稍后。①显然，我们从俄藏黑水城发现的《西夏光定元年辛未岁（1211）具注历日》，距活字印刷术产生的最初时间，已经过去了170年左右。这段时间之内，活字印书规模日盛，蔚为壮观，②不必细述。但遗憾的是，大批活字印刷品实物却未能留存下来。就研究的角度言，我们当然希望能够将活字印刷实物的年代加以提前。不过，这不能凭空想象，还必须依靠出土实物来说话。个人认为，如果将来再有这类实物出土的话，不排除会是有纪年的佛经和四部书，但历日恐怕仍排在首选位置。为什么呢？因为出土的佛经和四部书完整的可能性极小，有准确纪年的可能性就更小。历日则不同，它本来印刷的数量就大，重新出现的概率自然也就高一些；再者，即使它是残片，经过考证，定出准确年代的可能性也大得多。究竟如何，仍需我们拭目以待。

（原载［俄］波波娃、刘屹主编：《敦煌学：第二个百年的研究视角与问题》，圣彼得堡：Slavia出版社，2012年版，第33—35页）

---

① 参见柳诒徵：《中国文化史》，上海：上海科学技术文献出版社，2008年版，第594页。

② 柳诒徵：《中国文化史》，上海：上海科学技术文献出版社，2008年版，第595—598页。

敦煌发现的五代历日及其
承载的文化交流信息

这是一份从敦煌藏经洞发现的五代历日，年代是后晋天福四年（939），现藏中国国家图书馆，编号是"新1492"（=BD15292），是敦煌发现的六十余份古代历日之一种。

此件历日首尾均残。从内容完整的历日可知，它已失去很长的序言，历日部分也仅存正月廿七日至二月廿三日，全年大部分内容都已失去。每日内容从上到下大致可分为四部分：（1）"蜜"日注；（2）日期干支等；（3）廿四节气和七十二物候；（4）吉凶宜忌的选择。从这些内容可知，中古时代的历日，除了用于确定时间、安排农活，也用于指导百姓的日常生活和行事，具有生活小百科全书的性质。

如果说上述历日内容的后三部分是植根于中华大地的本土文明，那么顶端所注的那个"蜜"字，就完全是由西方传进来的域外文明了。它给人最直观的感觉是，每间隔六天标注一次，连同"蜜"字所在的那天共是七日一周期。与完本敦煌具注历日比较可知，这个"蜜"日就是星期日，一周里的其余六天名称分别是：莫（星期一）、云汉（星期二）、嘀（星期三）、温没斯（星期四）、那颉（星期五）和鸡缓（星期六）。据研究，一星期七天的这种读音，属于粟特语的音译。中亚粟特人以善于经商而活跃于丝绸之路上并名声大噪，长达数百年之久。这就是说，源自西亚的星期制度，沿着丝绸之路一路东传，经过粟特人的中转，最终以粟特语读音直译的形式，落在了唐五代中国人的民用历日上。

"星期"一词源自古代犹太人和《圣经》关于创世的记载。《圣经》说，上帝为创造世界工作了六天，第七天休息。至公元321年，康斯坦丁大帝在罗马历中引进了七天一周的星期制度，并将太阳日（星期日）作为一周的首日。后来，另一位君士坦丁大帝改信基督教，规定星期日是休息和做礼拜的日子，①延续至今，几乎全球都在遵行。

不过，星期制度最初传到中国时，并不是用来安排休息和做礼拜的。如同中古历日里大量的阴阳数术文化项目，多用作趋吉避凶的选择内容，星期制度最初也被中国人在"选择"范畴里加以利用，如说："第一蜜，太阳直日，宜出行，捉走失。吉事重吉，凶事重凶"；"第三云汉，火直日，宜买六畜、合火（伙）下书契、合市吉，忌针灸，凶。"②这说明，一种外来文明，要被别的文明消化理解并吸收，是相当困难的。就像佛教刚从印度传到我国时那样，国人无法理解，也曾用道教术语加以解读，真正理解则需要漫长的时间。星期制度以中亚粟特语的方式在我国中古历日上出现了几百年，宋代以后便又不见身影了。我国现今实行的星期制度，是20世纪初年，随着西方人在天津办学才出现的。辛亥革命后，民国元年（1912）推行公历（同时保留了传统农历），星期制度随之再在全国实行开来，这时距离它最初传入中国，已有千余年之久了。

现今所能看到，最早标有"蜜"日注的敦煌历日，是《唐大和八年甲寅岁（834）具注历日》，③这也是迄今为止从我国发现的最早雕版印刷品实物。可知，星期这种域外文明，最晚在9世纪初叶已经传入我国，并被吸纳进历日，成为其内容之一。需要注意的是，这件唐大和八年（834）历日，不是手抄本，而是雕印本。众所周知，印刷技术是中华民族对人类的巨大贡献，被后世称作"四大发明"之一。敦煌所出的六十余份历日和

---

①　《简明不列颠百科全书》第8册，北京：中国大百科全书出版社，1986年版，第664页。

②　敦煌本 P.3403《宋雍熙三年丙戌岁（986）具注历日一卷并序》。释文见邓文宽：《敦煌天文历法文献辑校》，南京：江苏古籍出版社，1996年版，第591页。

③　现藏俄罗斯科学院东方文献研究所，编号Дх02880。

具注历日，多数是手抄本，但也有少量是雕版印本，说明此时印刷技术尚未普及，处于印刷术的早期阶段。

印刷技术是应社会需求产生的，其作用是对同一内容文字的文本进行多次复制，比手抄效率高成百上千倍。那么，当时社会上需求量最大的文本是什么呢？一是佛经，一是历日。唐代由于佛教发达，善男信女人数众多，需要印经施入寺庙，以做功德；历日更是民众日常生活的指导，几乎家家需要。于是，从敦煌藏经洞看到，现存最早的印本佛经是《唐咸通九年（868）金刚经》[①]，最早的印本历日便是前面提到的《唐大和八年甲寅岁（834）具注历日》。此外，我们从藏经洞还发现了《唐中和二年（882）剑南西川成都府樊赏家历日》[②]、《上都东市大刁家大印》历日[③]等。四川成都樊赏和长安东市刁姓私印的历日，沿着丝绸之路一路西行，传到了西域东部的咽喉之地敦煌，这不能不说是中古印刷技术西传的重要信息。

宋人王谠在《唐语林》中说："僖宗入蜀（唐中和元年，881），太史历本不及江东，而市有印货者，每差互朔晦。货者各征节候，因争执。"[④]岁末朝廷太史局尚未将来年的历日颁发下去，市面上已有私家印制的历本在出售，这正是成都人樊赏印卖历日的大背景。虽然不一定是在同一年，但长安东市有刁姓私印历本提前出售自然也就不在话下。那些西传到敦煌的印刷品，作为新事物，深深地吸引了敦煌官民，刺激了当地的印刷事业。就在国图所藏这件《后晋天福四年（939）具注历日》之后约十年，敦煌当地已有刻本《金刚般若波罗蜜经》流传，上面不仅有归义军节度使曹元忠的发愿题记，而且有官府担任雕版印经负责官员"雕版押衙雷延美"的刻字署名——东风西渐，来自中原大地的雕印之风已然刮到了敦煌！[⑤]可以想见，这股春风自然会不断向西吹拂而去。后来德国人古腾堡

---

① 现藏英国图书馆，编号 S.P.2。

② 现藏英国图书馆，编号 S.P.10。

③ 现藏英国图书馆，翟林奈编号 G.8101（S.P.12）。

④ 《唐语林》，上海：上海古籍出版社，1978年版，第256页。

⑤ 参见舒学（白化文）：《敦煌汉文遗书中雕版印刷资料综述》，载中国敦煌吐鲁番学会语言文学分会编纂：《敦煌语言文学研究》，北京：北京大学出版社，1988年版，第280—299页。

（约1398—1468）在欧洲发明印刷技术，已到明代前期，比中国人晚了许多世纪。虽说我们迄今尚未发现古腾堡受到中国印刷技术直接影响的证据，但由于他的生平资料寥寥无几，谁能保证他就没有受到过来自中国的印刷实物的认识启迪呢？

我们也看到，从敦煌藏经洞发现的古代历日，其所承载的东西方文化交流信息，最初并不全是以准确的认识和理解来进行传播的；更由于资料的一鳞半爪，我们也无法看到其交汇的全豹。但东西方文化在互相输送着、渗透着、吸纳着、借鉴着，却是千古不易的历史事实。

光阴荏苒，虽然已经过去了一千多个四季轮回，可直至今日，在这条东西方物质和文化交流的大道上，我们仍旧能够依稀听到负载货物的驼铃叮当，也能听到文化流淌的溪水潺潺，更能真切地看到承载了这些重要历史信息、魅力四射的敦煌历日。

（原载邓文宽《狷庐文丛》"天文与历法"分册，太原：山西人民出版社，2024年版，第108—111页）

中国古代历日文化及其在东亚地区的影响
——中法系列学术讲座稿

本讲的主要内容是围绕中国古代历法和历日文化展开的。就这一主题，下面讲三部分内容。

一　中国古代历日概况

历日是人们进行生活和从事生产活动的基本依据之一，因此，中华先民老早就已开始制订历法。现存最早的文字记载见于《尚书·尧典》："乃命羲、和，钦若昊天，历象日月星辰，敬授人时。"以及其他一些零星的记载。但是，秦朝以前的情况大多说不死，我们还是说说秦以后的情况。

从文献记载知道，中国自先秦至清末，先民大约共编制了93部历法，且加以行用。详细可看《中国大百科全书·天文卷》559—561页，载有中国科学院院士、著名天文史学家席泽宗先生编制的《中国历法表》。其中在历史上特别著名的历法有三部：

A. 汉武帝太初元年（前104）颁行的《太初历》。参与编制者有邓平、落下闳等人。这部历法的特点有三个：（1）使用夏历，以正月为建寅月；（2）无中气之月置闰；（3）正式使用二十四节气。这三点，在当今农历中仍在使用。

B. 唐朝开元十七年（729），颁行了由著名高僧一行（俗名张遂）制定的《大衍历》，计算精密，其方法成为后代遵行的定式。

C. 元代郭守敬编制的《授时历》，1280年颁行，是中国古代历法成就的最高体现。

明末清初，西洋传教士带来了西洋历法。它的计算方法远比中国的方法先进，中国传统历法走向了衰落。中国全面实行西洋历法始自民国元年（1912）。使用公历以后，开始大家不习惯，于是就有人写了这么一副对联进行调侃，上联是"男女平等，公说公有理婆说婆有理"，下联是"阳历农历，你过你的年我过我的年"。到了今天我们不是还要过两个年嘛。也就是说，虽然我们使用了跟国际接轨的统一的国际公用纪年方法，但是我们本民族的传统历日也还在使用。我们需要注意的是，中国古代历法有史以来都是阴阳合历，我要特别说明一点，是阴阳合历。阴是指月亮，太阴嘛，阳是太阳。为什么要用阴阳合历呢？它是兼顾月亮运行和太阳运行这两个周期的，然后对其进行协调。你知道，月亮绕地球一周是29.5306日，12个周期是354日或者355日。而地球绕太阳一周，即回归年的长度是365.2422日，这样的话，12个月亮周期和一个回归年周期之间就相差10到11天，如果我们不加入闰月进行调整的话，十七八年后就会把冬至过到夏天去，对不对？每年要差十来天，所以会出问题。于是乎，我们的祖宗非常聪明地发现，在19年里面只要加入7个闰月，就是19年7闰法，正好可以克服这个矛盾。这里列一个简单的数学公式，看一下就明白：

$$365.2422 日 \times 19 = 29.5306 日 \times (19 \times 12 + 7)。$$

365.2422是一个回归年长度，乘以19的天数，等于19年里面，每年是12个月，再加上7个闰月，共235个月，每个月按29.53日算，得出的日数是6939.55日，也就是说我们只要在19年里面插入7个闰月，大致可以克服前面的矛盾。事实上，从历法的角度来讲，是19年里面加入7个闰月的方法，3年碰到1个闰月是民间粗略的说法。

那么中国古代是不是有纯粹的阳历呢？就是只管太阳，不管月亮？有人说，《夏小正》是纯粹的阳历，但这只是学术上的一种看法，没有办法进行证实。太平天国的时候，使用的是纯阳历。因为洪秀全信奉天主教，他认为自己是天主教徒，所以在太平天国的时候曾经用过西洋历法。

在中国的少数民族里面，回族有纯阴历与纯阳历两种，有把月亮的两个周期搭配起来的习惯，但主要是使用纯阴历。为什么呢？因为回族人的开斋节跟月相有关，也就是跟月亮圆缺有关。回民主要用阴历，每年12个月，每个月29.5306日，全年只有354日到355日，每个"年"要比汉族"年"短，少过十天左右，积三十多年就比汉人要多过一个年。回历是从西历公元622年7月16日起，这一天也就是回历的开始。从622年7月16日那天到现在，回民已经比汉人多过了45个年，因为他们每年都要少过十天左右嘛，就是日期不固定，从我们汉历的日期上看，从公历的日期上看，都不固定，因为它每年都要少一些天。因此，农历、阳历、阴历这几个概念我们要分清楚。老人们总是说"阴历今天初几"啦、"明天十几"啦等，那是民间的说法，从学术的角度来讲，这个说法是不准确的，应该称作"农历"才对。

我们祖宗编了那么多的历法，在20世纪之前流传下来的却很少，因为这个东西并不是特别珍贵，大家用完了，到了明年又换新的，旧的历日就置之一边了。所以20世纪之前，中国古代流传下来的历日，最早的是公元1256年的《南宋宝祐四年丙辰岁（1256）会天万年具注历日》，南宋以前的东西都看不见了。但幸运的是，从1901年到2000年这百年中，由于考古工作收获颇大，迄今我们看到的最早实用历本，是秦始皇三十四年，也就是公元前213年的，这个就比南宋宝祐四年（1256）历日提前了1469年。

下面我们来放一些投影片，大家来共同欣赏一下我们古代的历日，这些实用历木是些什么面貌。

这个是竹简，就是秦始皇三十四年，即公元前213年的历日，旁边十月、十二月等。这份历日表明当时它是把单月和双月分开的。为什么十月在最上面？因为秦代的历法是以十月为年首。夏商周三代，夏代是以正月为年首，商代以十二月为年首，比夏朝提前一个月；周历是以十一月为年首，又比商朝提前一个月；秦则比周再提前一个月。所以秦代把自己的年首——一年开头的第一个月定在十月。

我们在这个墓里头还看到，秦二世元年（前209）的一个历日，是一片木牍。看这个木牍，十月、十一月、十二月，所以接下来这个月应该是正月吧，结果是"端月"。为什么是"端月"？秦始皇不是名嬴政嘛，避讳，不让使用正月这个"正"字，所以把"正"字改成了"端"，这是陈垣先生在《史讳举例》里面早就提到的。这个1996年出土的材料，也证明了秦朝的避讳改字。

我们再看，这个是在汉高祖刘邦到吕后期间，连续17年的历日，它每一根简写的是一年，如果把每日干支都写下来，那明显是写不下，它只是把每个月月朔，就是初一那一天的干支写上，所以它的一根简是一年的历日。

1972年在山东临沂出土的，他们把这个叫作《汉元光元年历谱》，是公元前134年的历本。这件历日使用的简挺大，每根简都是70厘米长，在山东省博物馆展出过。

这是公元前69年的编册历日，是汉宣帝地节元年的历日。它是编册式，上面三个是从一日一直到三十日，然后下面从月份角度看的。你看我们现在写的"册子"的"册"，中间画一横，为什么要画一横？这个是编历的时候用绳子编的痕迹，书"册"的"册"正好就代表了那个麻绳，这是个象形字。

下面看得到的是在连云港汉墓里出土的公元前12年的一个历本。你看这个编法也很有特征，下面一会儿双月一会儿单月，然后它把每一个月的朔日都写在下面，丁卯朔，它告诉你初一那天的干支是丁卯；然后中间用一个甲子周期六十个干支标明冬至、立夏以及其他月份。它用了一个简短的图，就把一年的历日内容全都表达出来了，颇具巧思，这个是公元前12年的。

上面看的都是简牍类，下面我们进入纸张时代了。这个是公元450年、451年。这个历日是从敦煌莫高窟里面发现的。发现以后不是被国家图书馆或者英国、法国的图书馆收藏，曾经流失到了私人手上。它很重要的一个优点是有准确月食预报。但在我之前没有人把文字读通，"食"字不太好认。看这个，"食月"，边上加了一个小的倒钩符号，这是月食，看到吗？"十六日月食"。后来经过研究，加上现代的推算结果，证明这个月食预报很准，那个时候的人能够达到精确到哪一天已经很不错了。这是我们从敦煌资料里得到的关于天文历法很重要的收获，也是现在我们所知写在纸张上的最早历日。

再看一个。我们看到的很多东西都是废物利用，当时人们把它扔掉了，后被剪作鞋样。*这个历日一共只剩下71个日干支，复原后全年一共384天，年代是公元630年，唐太宗活着的时候。这是我们所看到的唐太宗李世民时代唯一的历日实物，当然，它不是唐朝的，而是吐鲁番地区高昌国的。

再看公元658年的历日，跟前面不一样了。前面都是画着表格，单独地只写出干支的，这个就不一样了，这个有日期，六日这一天，记着干支是乙酉，下面的内容是选择干什么吉利，干什么不吉利。

这是公元986年北宋的历日，敦煌当地人编的。我们注意到在这个历日里面，每隔7天上面写一个"蜜"字，就是我们今天所说的星期日。唐代的时候东西文化交流非常频繁，所以来自西方的星期制度在唐已传到中国。但是，它不像我们今天作为安排生活工作的时间依据，而是用于选择吉凶的。南宋以后很长一段时间，"蜜"日注从历日里消失了。现在星期日休息是大家生活的基本准则，这是从辛亥革命以后才开始的。之前为什么外来的休息制度在中国传播不开呢？休息日我们也叫"礼拜日"，它源自宗教礼仪制度，在星期天这天要做礼拜。可是在中国唐代的时候国家实行的是"旬假"制，也就是十天休一次假，所以这个外来文化在生活中，和中国制度找不到契合点。辛亥革命以后才开始实行，直到今天，谁都不能不认同这个制度了。

这片东西虽然小，但是它的学术价值是不能低估的，用严格的科学考

---

* 此历图版见本书后收《吐鲁番新出〈高昌延寿七年(630)历日〉考》一文。——编者注

证程序对它进行研究以后，它的准确年代是公元834年；而且要注意，它是一个印本历日，是雕版印刷的。用它可以研究，中国古代雕版印刷是在哪个年代产生的。中国雕版印刷的最早实物是哪个年代？大家引用最多的是敦煌所出的唐咸通九年，即公元868年的《金刚经》。我们通过这个历日，把雕版印刷最早实物的绝对年代提前了34年。

这片是西夏用的汉文历日。刚才那个是雕版印刷的，这个是活字印刷的。里面的"明"字，右侧"月"字里的两个横没有，这不是普遍现象。这是迄今为止发现的活字印刷最早的历日。所以，雕版印刷也好，活字印刷也好，都是从历日里面发现的。

这件则是我们刚才说过的《授时历》的历日，是德国国家博物馆的藏品，经考证是公元1407年的。中国古代传世历本里面，比较多留给后人的，是从明朝中期以后，明朝的后半叶和清朝的全部都流传下来了。清朝的历本在故宫博物院完整地保存着，明朝的东西大概有一百多件，散存在全国的一些图书馆里，其中国家图书馆收藏得最多。

以上就是中国古代的历日实物，我们通过出土文物给大家做了一个介绍，让大家看看我们祖先都做了什么样的工作，以及他们是用什么时间方式安排生活和生产的。

接下来介绍中国古代历日文化的主体内容。

历日包含的文化内容，可以分成两大块，一个大块属于历法的范畴，是科学内容，另一部分是不科学的，有大量迷信的内容。科学的内容包括历法的各种数据，比如回归年的长度，加闰月的周期，也就是十九年加七个闰月，日月的交点，二十四节气的确定，还有朔和望等，不要以为望日只有十五这一天，实际上，从十四到十七这四天里都可能是。科学的内容有个特征，就是大部分内容都可以用数字表达，是用数学计算的东西，这一部分不可以伪造，不可以用主观的想象去创造，是客观存在，就看你怎么认识它。但是历日里更多的是阴阳数术内容，这种内容我们最早看到的，是在《日书》里面。20世纪70年代以来，一共出土了十几批《日书》。为什么称其为《日书》呢？在湖北云梦睡虎地秦简里的两种《日书》

里，乙种结尾题名"日书"两个字，于是就把它的书名定为"日书"。其他的，我们只能说从内容来说它们是属于日书一类，但是它们的原始名称是什么，我感觉有点怀疑，是不是古人把这类书籍都叫"日书"呢？恐怕有问题。《日书》这一类材料，在我们现在还不能确定它们确切名称的时候，把它们都叫作"日书"，也是一种选择，或许带有几分无奈。这些《日书》的共同特征就是"选择"，这一天这一时刻干什么吉利，干什么不吉利，《日书》最基本的内容就是进行"选择"。从刚才放的幻灯片看到，早期《日书》内容都很简略，编得很实用，选择内容直接写上去的很少。这是因为竹简这种文字载体偏小，使文字容量受到限制。所以我们推测，古人怎样使用这种《日书》进行选择，比如要结婚、要出行，都要选一个好日子。但是怎么选呢？要知道中国古代文盲很多，识文断字的人很少，尤其在民间，真正有文化能看懂《日书》的人应该不多。一些文化人手上拥有《日书》，但是不多。而历日，国家颁布的历日经常变化，大家知道颁布历日是皇权的象征，你用我的历日就是臣服于我，它是权力的表征。那么历日每年由官府颁布，而《日书》不怎么变，你可以选择在什么日子做什么事情，老百姓一旦遇到了需要选择的问题，比如说儿女要结婚，甚至是死人要哪一天安葬，或许是要出远门，于是乎就找那些识文断字的人，让他看一个好日子。那些有《日书》的人，就会把自己手里的《日书》和国家颁布的历日进行对照，选择日子，满足老百姓的心理需求。

从出土材料看，秦汉时代这种实用历本原名叫"历日"，2003年我在《文物》上发表的文章，专门考证这种历本叫什么名字。因为百年前，罗振玉、王国维二位先生称它们为"历谱"，我认为应该叫"历日"。从敦煌出土的材料看，敦煌出土的五十多个实用历本，有八份是完整的，里面称"具注历日"。"注"就是历注，里面有用于选择的各种神煞，年神、月神、日神等各种神煞，然后做什么吉，做什么不吉。再说"具"，"具"是什么含义呢？《说文解字》里面有"具"字的解释，具就是"共置"，放到一块儿，现在大家都说具备什么什么的，"具注"就是"备注"，在这里就是说把选择的内容都写出来。所以，历本名称的变化，我个人认为是书写材料产生变化引起的。东汉蔡伦综合前代的造纸技术，把它升华了一次，那时候纸张并不普及，纸张真正大规模地普及，变成人们用于书写的基本材料，是在公元400年前后，东晋的时候。我们从出土材料可以看出，早期基本上都是竹简和木牍，到了公元450年前后，敦煌的历日文本已经写在纸上了。纸张的特征，就是字的容量明显变大，因为它容易生产，人们就不需要再拿着《日书》和颁布的历日，去对照着看。这一天能干什么，不宜干什么，编历的人都写在日期下面了，就像这份公元658年的历日。从那以后，直到现在我国的港、澳、台以及日本所使用的历本，都告诉你当天可以干什么，自己看马上就能做出判断，没有必要再找别人把两样东西对照起来选择判断。书写材料的变化，让人们使用历日更加方便。还有这个清朝的历日，为什么叫"时宪书"不叫"历日"？乾隆不是叫"弘历"嘛，为了避讳"历"字，才改叫"时宪书"；就像故宫北门，原来名为"玄武门"，因为康熙名叫"玄烨"，于是改称"神武门"。

下面我们介绍一些具体的数术内容。

第一个叫作"建除十二客"，又叫"建除十二神"或"建除十二直"。这是我们迄今所知数术文化里最古老的一种，一共是十二个字：建、除、满、平、定、执、破、危、成、收、开、闭。每个字都主一定吉凶，编历者在每一天下面都会加上一个字，表示每天干什么吉利或不吉利，他们自己有一套编排方法。我们把它们的规则编成表格，它就是建除十二客基本的排列规则。有了这个表，我们就会发现，中国古代每一天的纪日干支都包括在那里，它和建除十二客里面的每一个字在每个月（星命月）都有固定的对应关系。这个表格很重要，即使出土文物碎片很小，我们只要看得到它上面的纪日地支，根据建除十二客，就能判断它的星命月份。这个表格实际上变成了一个工具。

建除十二神之外，还有一个叫作"三元甲子"。一个甲子是六十年，干支纪日也好，干支纪年也好，都是六十为一个周期。为什么叫"三元"呢？它有三个六十周期，上元、中元、下元。数术家做了一个规定，从隋朝时的公元604年甲子年开始，这个甲子年是上元甲子，到了664年进入中元甲子，724年进入下元甲子；然后到了784年又回到上元甲子，上、中、下循环，于是我们排下来，到1984年又进入下元甲子。按照这个说法，大家现在正生活在下元甲子年中。这个跟算命有关系。

还有"九宫"，我们说说"命宫图"。这也是历日里面很重要的一个内容，据说九宫是起源于《洛书》的方阵，但现在还不能确认。从出土材料看，我们现在知道最早的一幅九宫图，是从马王堆汉墓出土的。这幅是九宫图的基本图形，也被人称作"数字魔方"。看它正着、斜着，只要3个数连在一起，其和就是15，实际上印度有更大的数字魔方。我们在这个魔方的基础上把每个数字减1就变成这样，以此类推，加1就变成这样，1与9相连，这样我们就可以变出9幅图，把九宫图安排进历日，于是出现年九宫、月九宫和日九宫。跟九宫有关系的就是男女命宫，安排男人、女人各自的命是在几宫。它以出生的那年为准，男的命宫是按照9到1这个顺序倒转着的，女的命宫是从5开始，顺数到9，再接1、2、3、4……这样顺时针方向走的。男人、女人都给一个命宫，这样算下来，2008年男的是1宫，女的是5宫。这就进一步成为算命先生讨论婚配是否合宜的根据。

古代星命家们还把六十甲子与五音相配，五音是宫、商、角、徵、羽，又因五音可以用五行替代，土、金、木、火、水，所以在历日上，我们看到的不是抽象的"宫商角徵羽"，而是"五行"。它表面上是用五行，但实际却代表五音，被称作"六甲纳音"。"六甲纳音"一共有三十句口诀，比如说"甲子乙丑金"，就是甲子、乙丑这两个干支所配是"金"。算命先生对这个东西非常熟悉，否则，他就不能判断两个年轻人生辰是相生还是相克。五行可以相生，也可以相克，你告诉算命先生两个青年男女的岁数，知道今年的干支，算命先生根据口诀倒溯到他们出生的那年，看那年是相生还是相克，相生就是命合，相克就是命不合，如果一个是金一个是木，"金克木"，遇到这种情况就不用结婚了。所以这个六十甲子纳音主要是算命先生在用。

历日里面还有个重要的东西就是"年神"，现在我们总共找到三十九个年神。不同的历日年份里面，它各自在什么位置，我们把它编成表，这个表在对照的时候怎么用呢？对照方位图来使用。中国古代的方位图和现在的地图不一样，恰恰相反，是上南下北左东右西。因为中国古代皇帝坐朝时是坐北面南的。这个方位特别重要，看古书的时候如果不知道中国古代的方位系统，很多时候就很难理解。中国古代的方位系统有24个方位，不像今天这么简单，只有东西南北再加四个角，总共8个方位。这是中国文化里面很重要的一个内容。

年神之外还有月神。每个月有8个神，中国古代的神有很多，年神、月神和日神，加在一起有200多个，主宰老百姓日常生活的有200多个神。我一直在想，中国人在创造和应用数术文化上花了这么大的力气，为什么没能升华到哲学的高度？花了这么大力气应该能总结出一些哲学的东西，但是在这里看不到太多的哲学内容。它能传下来，是因为跟老百姓的民生密切结合，如果脱离民生，它一定传不下来。研究文化的人有个说法，中国的思想文化大体可以分作两大块，一块是上层文化，就是以儒家文明为代表的文化，无论是道德规范，还是政治建构，这个是上层文化；另一个是下层文化，就是阴阳、数术这一部分。上层文化要知书达理，受儒家文化熏陶教育，但是老百姓不识字；怎么从思想上管理人民呢？古人认为老百姓不知道善恶选择，于是他们通过鬼神来加以约束，包括因果报应之类从佛教里面借鉴的东西，老百姓受到恐吓，也许犯罪的几率就会小一点。虽然中国古代的一些设置并不合理，也不科学，但它却很实用。

中国古代历日文化还有一个重要内容，就是二十八宿。二十八宿是在中国古代天文学赤道系统里的星宿，每个星宿也都加载了吉利与否的含意。有学者认为，它是南宋的时候才引入历法里的。但我们从敦煌历日发现，唐末就已有将二十八宿注入历日的用例，虽然没有连续用下来。宋以后就经常用了。

现在我们讲今天的第三个问题，也就是最后一个问题：中国古代历日文化在东亚地区的影响。

我们说，历日里面包含着丰富的阴阳数术文化知识。但是，中国大陆在1949年以后，把这一块内容完全切除掉了，现在大陆的挂历和台历上基本见不到这种内容，现行的历日里仅仅保存了它原有的科学内容，数术部分没有了，这是一种文化断裂，所以大陆历日不在我们这个标题的讨论范围。中国古代历日文化产生影响的范围主要是东亚和东南亚的汉文化圈，包括我国台湾、香港、澳门，日本、韩国、柬埔寨以及泰国、越南、新加坡等地区。

我们先说对日本的影响。中国古代历日文化是在公元6—9世纪传入日本的，也就是公元500多年到公元800多年。日本直接采用了中国历法，用过南朝何承天的《元嘉历》，用过唐朝李淳风的《麟德历》，还有唐朝中叶僧一行的《大衍历》。但是，日本使用最久的却是公元822年唐朝编的《宣明历》。日本从公元861年，也就是《宣明历》编成39年以后开始用《宣明历》，一下就用到了1684年。《宣明历》在日本行用823年。到了1684年，日本才开始使用自己编制的《贞享历》。但是《贞享历》的主要科学内容，采用的多是元朝郭守敬的《授时历》，而阴阳数术那一块还是用了《宣明历》的内容。大家正在传看的那本书，后面写着"三国相传《宣明历》，见卷几第几章……"三国指朝鲜三国，就是说中国古代的《宣明历》，是经过朝鲜半岛传到日本的。这里需要注意的是，过去日本的春节和我们是同一天过，1868年"明治维新"以后，日本把春节改为公历的元旦那一天，和我们节日名称仍一样，但却是在公历元旦那天。"春节"这个概念，我们知道是在每年的正月初一。但中国古人把正月初一这一天称作"元旦"，而"立春"那一天才是"春节"。辛亥革命后，立春那天不过"春节"了，而是改在每年正月初一，然后把原来的"元旦"改在公历每年的第一天。所以，春节和元旦的名字是改变了的。

再说中国古代历日文化对朝鲜半岛的影响。有位学者指出，在公元647年，新罗、百济、朝鲜三国并立时期，新罗国有个人叫德福，从唐朝李淳风那里学习了《麟德历》，回国后的当年，新罗就改用了《麟德历》。新罗的宪德王在位时间是公元810年到826年，改用了《宣明历》，而日本从861年开始用《宣明历》，可见《宣明历》先传到朝鲜半岛，然后才传到日本。历法专家说，高丽一建国就用了《宣明历》，后来才改用元朝的

《授时历》，《宣明历》在朝鲜半岛总共用了400年左右，在日本用了800多年。我有一份1999年的韩国日历，里面写着中国的纪日干支、二十四节气、三伏、寒食、中秋节、春节，虽然没有见到多少数术内容，但是中国历日的科学内容，基本上都包括在现代的韩国历日中了。

我们再看中国传统历日文化在我国港、澳、台地区的影响。我们说了，1949年后大陆把历日文化作为迷信，从历日里排除掉了。但是在港、澳、台，这个文化一脉相承地传了下来，没有中断。我以前研究的主要是敦煌的材料，现在看港、澳、台这些历日，基本没有变化，也就是说历日这个中国文化的组成部分，虽然在大陆地区中断了，但是在港、澳、台没有断。

另外，有一个很重要的问题，我们以前不知道中国古代历日对柬埔寨有什么影响，这是很可惜的一件事。两年前，我自费去柬埔寨参观吴哥窟，当时我很关心柬埔寨的历日内容。我看到同事屋子墙上挂着柬埔寨历日，基本上就是国际公历以及国庆日、国王的生日之类。回来后为了写一篇游记（《文明的辉煌与断裂》），我就看了元朝周达观的《真腊风土记》。13世纪末年，就是1295、1297年，元朝一个国家使团出使真腊国，就是柬埔寨这个地方。周达观随行，记录了当时柬埔寨真实的社会和人文风貌，其中第十三卷，讲这个国家使用的历法是每年十月为岁首，出行吉利与否、十二时辰、十二生肖也都提到了。这部书是非常重要的，因为吴哥窟的发现与它有关。法国人亨利·穆奥（Herni Mouhot）就是根据《真腊风土记》，在柬埔寨的热带丛林里面，重新把吴哥窟找了出来。过去，法国的伯希和和他的弟子戈岱司、中国的考古学老前辈夏鼐先生，都研究过柬埔寨的历日，但是这些文字都没读出来。伯希和是拿这段文字和印度去对比，显然对不上，他的考古知识很丰富，但对中国古代历法却不熟悉。我一看，这不是中国的东西嘛。柬埔寨13世纪时竟然用中国秦朝的历法，这使我很吃惊。但是没有证据说明柬埔寨在13世纪以前一直使用中国的历法，因为对中国来说它已经是个废掉的东西，不存在了。我曾经做过一种怀疑：在某种偶然的情况下，柬埔寨人发现了中国古代废弃1000

多年的历日并加使用，但我能肯定柬埔寨使用的是秦代历法。

最后想说，从二十八宿注历的连续性，看中国古代历日文化在东亚地区的影响。关于这些历日用二十八宿注历连续还是不连续，我这些年一直在收集材料，从日、韩，中国的港、澳、台，还有越南正在使用的历日，以及传世的、出土的东西，给我一个机会进行验证。就是把这些不同来源的材料综合起来，进行混合研究。结果证明，从1182年到1998年这800多年的时间里，中国古代的二十八宿注历是连续不断的，而且正确无误。中国古代历日文化，不但在过去影响了东亚汉文化圈，我相信这种情势还将继续下去。

问答环节

问：老师，我想知道今天是什么日子，就在街上买本日历。那么我们国家现在的历法是国家专门进行颁布，还是说一个专门的出版机构进行制定出版？

答：我在前面说过，颁历是国家的垄断权力，是不许分割出去的，不是你想颁布就能颁。你看挂历、台历，什么样的风格都有，但是里面的历日内容却是国家统一颁布的。谁来颁布呢？中国科学院紫金山天文台受权，负责颁布国家的这个制度，每年对日历测定以后，进行基本的制定。紫金山天文台有这个职责。国家天文台负责"打点"的职能。你看北京站到点的时候"当——当——"，这就是北京天文台钟房发出的声音。为了减少外界的气流和声音对这个钟的影响，这个钟被埋在一口深井里，是密封的，发出的声音通过电波传出去。陕西天文台，现在改为国家授时中心，它跟我们一般老百姓没有什么关系，但是和航空航天、航海有关，发布军舰轮船等核对时间的标准。所以日历不是随便编的，国家不允许。

问:刚才您讲了主要关于年月日的规定,有没有关于十二时辰的简单的历法规定?

答:现在我们一天是24小时,中国古人把一天的时间分段,用的是十二时辰。比如说"子"时,晚上11点到1点;然后子丑寅卯一直往下排,午时就是上午的11点到下午1点之间。比如清朝官员早上起来都要到办公室去"画个卯",为什么要"画卯",卯时是5点到7点。这些就是用十二时辰来计时,实际使用的结果。但是再往前,比如汉代,并不使用十二时辰,现在普遍的看法是汉代把每天分为18段,比如说"食时"就是吃饭的时间,这个时间应该是在早晨9点,天黑大家都回家的时候叫"人定"。也有人说是16段,在学术界关于16段还是18段仍有争论。还有大家容易搞混的干支,干支纪日比较早,在甲骨文里,我们就已看到了完整的干支表;但是干支纪年,尤其是干支纪月,都是在很晚的时候才开始用的。干支纪年是在东汉时开始使用的,在这以前中国人用什么纪年呢?是用年号和太岁纪年,从东汉才开始用干支纪年。看今人编的历表时,它会告诉你公元前多少年是哪个干支,这是推出来的。我国用公元纪年是从1912年开始的,前面都是后人根据史料往前推出的结果,但真正使用的时间比较晚。干支用来纪月更晚,是在唐代中期,在这之前中国人纪月用两个东西,一个是数字,从一到十二;再就是十二个地支。传说将天干地支配合成干支用来纪月,是唐朝中期有个叫李虚中的算命先生,从他那里开始的。

问:用来算命的数术,有没有确切的依据?

答:这恐怕是每个人都关心的问题。"选择术"告诉你可以干什么,不可以干什么,带有预测性质。而作为人,想知道自己的未来,几天也好、几年也好,甚至一生,这是人最基本的心理愿望。正因为如此,数术家们就编了一些东西,这些东西不科学,一些规律找出来后,发现它并不科学,可是它有用,能满足人的心理需求。历日里面这样说了,我照着那样做心里就很踏实。人这种高级动物,仅仅满足物质欲望是不够的,精神更需要得到安慰。数术文化确实能够使人得到心理上的安慰，如果人们不能从中得到安慰的话，这个东西怕是传不下来的。南朝刘宋政权的时候，刘裕曾经带兵打仗，有一次将要出征，有人拿着历日跟他讲，这天是"往亡"日，出去必死无疑。可是刘裕认为，敌方觉得我们不会在往亡日出兵，正好打他个出其不意，后来他果然成功了。这是史书上有记载的、兵不厌诈跟历日联系在一起的史料。港台那边的历日文化为什么那么兴盛，他们经济发达，民间依然在那样频繁地使用着，我想这个原因也是可以借鉴的。

问：《周易》八卦和历日有相同起源吗，还是有相互的影响？它们在民间的影响力是什么样的？

答：我一般情况下不敢轻谈《周易》，一个是没有在这方面花力气研究，另一个是因为《周易》学问太广博了，想怎么解释就怎么解释，《周易》和历日有很多不一样的地方，所以我不能认同历日的源头在《周易》，《周易》作为一种文化现象，它的源头应该是在阴阳家，儒、墨、道、法、阴阳、杂。中国古代文化的落脚点都可以归到阴阳这里。李学勤先生有个博士生写过一篇论文，认为数术文化应该归在阴阳这一块。

问：古代颁布的历日是怎么传播的？

答：古代不像现代有这么发达的传媒。从现有史料看，每年过古人的"元旦"前，皇帝要以礼物的名义将历日赐给大臣，很多有名的文人都写过受赐历日的感谢信或诗文。中国古代国家机构里有太史监——明清时叫"钦天监"，司马迁和他的父亲司马谈不就是太史院的嘛。太史有两个职责，一个是编写史书，另一个就是观测天文，编制历法。他们编的历本经过皇帝御批以后，首先作为皇帝赐给大臣的过年礼品，然后就以国家名义颁布出去。往往国家刚建立，都要干两件事：一个就是建立新的历法，当然也有一些朝代打下天下匆匆忙忙的，就沿用了前代的历法，比如西汉，到了公元前104年汉武帝时，才改用《太初历》，此前西汉用的是秦朝的历法，以十月为年首，将近100多年用的都是前朝历法。但一般王朝都要"改正朔，易服色"。现在我们穿衣服很随便，但古人可不行，官服的颜色都是国家规定的，比如三品以上服紫，五品以上服绯，六、七品服绿，八、九品服黑，管得非常严格。

问："二十四节气"到了现在是否还有存在的价值？

答：二十四节气和七十二物候，《礼记·月令》记载，每个节气里面包含三个物候。节气和物候文化，来源于中国黄河中下游地区，和农业有关。现在看，河南郑州和北京差几个纬度，我们是40度，他们是34度，所以我们现在的物候和古代的物候大概差半个月，因为地域偏北。中国古人设计这种文化，是以农业生产为目的，以黄河流域为中心。今天我国地域广阔得多，南边到海南岛，北边到黑龙江漠河，所以节气还是有用，但不能那么刻板地使用它。

问：节日和历日的关系如何？

答：这个涉及中国古代的节日文化。中国古代节日的起源大部分说不清楚，历史材料太少。比如说端午，现在都说端午是为了纪念屈原投汨罗江，但也还有其他解释。尤其是中秋节，韩国人不是跟我们在争这个东西吗？目前的历史文献中，中国唐时还没有这个节日，中国人有中秋节是到了宋代，月饼这种点心也是在南宋的时候才有记载。韩国人为什么说中秋节是他们的节日呢？日本有个和尚叫圆仁，写了一部书《入唐求法巡礼行记》，里面的一条记载被韩国人抓住了。里面记载八月十五是韩国人跟渤海国打仗，获得胜利的日子，是战争胜利纪念日，后来才演变成中秋节。我们传统节日的形成，包括七月七日"七夕"，或者七月十五"中元节"（或称"盂兰盆节"），其形成都有几种解释。端午、中秋，到了今天，国家都规定放一天假，今年国家对节假日做了改变，也是为了尊重传统文化。冬至曾是大节，冬至作为节日，不仅仅是在汉代，我小时候也过。不同时代的节日有着不同的含义。

问：二十四节气怎么跟现在的公历对应？十九年闰七个月，选哪七年来闰，闰月选哪个月来闰？

答：二十四节气既然属于我们传统历法，为什么公历里面还有？请注意，二十四节气本身就属于阳历系统。它是怎么产生的？是按照回归年的长度，365 天多，分成 24 个部分，才有了二十四节气。西洋历法本来就是以回归年为根据的，它不管月亮，这个也和我们说过的内容吻合。我们说过中国古代历法是阴阳合历，兼顾太阳、月亮两者之间的关系。从阳历看，清明在 4 月 5 日，夏至、冬至日期也基本稳定，全是因为它们本身的公历性质。第二个问题就是闰月，历法专家有专门一套体系，怎么加，一句话解释不了，关键是加在哪一个月。公元前 104 年，汉武帝颁布《太初历》，其中一个重要规定，就是"无中气置闰"。二十四节气，分作十二个节气和十二个中气。为什么我们选择一个没有中气的月份作为闰月呢？把一个回归年平均成 24 等分，每一份是 15.218425 日，那么两个节气就合三十天又半还多。其中包含一个节气和一个中气。从月亮来说，每个月只能是 29 天半，太阳月亮周期不同，这样我们安排起来很麻烦。会出现某个月十五或十六日有节气，两头是一个中气在上个月月末，另一个在下个月月初，就会发生这种情况，于是就把它设定为闰月。这是汉朝《太初历》规定的，我们现在还是遵循这个规则。十九年里面加七个闰月，怎么放，这个太复杂，我今天说不完，大体就讲这些内容。

天水放马滩秦简"月建"应名"建除"

《文物》1989年第2期发表了何双全先生《天水放马滩秦简综述》一文，概述了甘肃天水放马滩1号秦墓出土竹简的主要内容。据文章叙述，此墓出土《日书》有甲、乙两种，内容大部分相同。文章介绍了甲种《日书》的主要内容，并将其分作8章，给第1章定名"月建"。《文物》同期图版伍还刊载了此章12枚竹简的全部照片（甲1～甲12）。《综述》将此12枚竹简作为一章定名为"月建"，似有未谛，特提出商榷。

《综述》首先介绍了12枚简中的月序、建除十二客及十二地支的各自起讫顺序，并移录了甲1简的释文和甲2简的部分释文，然后分析说："三统历中，夏正建寅，农历正月为岁首；商正建丑，农历十二月为岁首；周正建子，农历十一月为岁首。据此，1至12简的内容当为夏正的《月建》。"这正是《综述》定名"月建"的依据。为便于讨论，兹将甲1简的原释文抄录于下：

> 正月建寅、除卯、盈辰、平巳、定午、挚未、彼申、危酉、成戌、收亥、开子、闭丑。

我们首先讨论上简释文的断句。将"正月建寅"断为一句，并理解为夏正"正月建寅"，显然认为此"寅"字是正月的纪月地支。那么，其后的文字同"正月建寅"一句是何关系？这是无法说明的。通观该简内容，所表达的是正月里建除十二客与各纪日地支间的对应关系，而不是其他。

因此，应断句如下：

> 正月：建寅、除卯、盈辰、平巳、定午、挚未、彼申、危酉、成戌、收亥、开子、闭丑。

简文含义是，正月里"建"字与"寅"日对应，"除"字与"卯"日对应，等等。这样，该简的内容便十分完整，贯为一气了。其余11枚简亦当作如是读。

其次，"正月""建寅"之"寅"字，"二月""建卯"之"卯"字等，在这些简中均代表纪日地支，而非用于纪月，说已详上，可不赘述。

再次，也是更重要的，简中的"正月""二月"至"十二月"等月序，不是我们通常所理解的历法中的月序，而是星命家的"月份"。星命家的"月份"以二十四节气中的十二个节气（非中气）作为各月的开始，如正月是从"立春正月节"那天开始，二月是从"惊蛰二月节"那天开始。古代建除家在历日中安排建除十二客，正是按照星命家的"月份"而不是按照历法月份进行的。不论"立春正月节"是在上年十二月的某日，还是在当年正月的某日，凡遇"立春正月节"后的第一个"寅"日，便开始注"建"字，由此循环下排。以后至各月第一日（即节气所在之日），则需重复其前一日的建除十二客一次，然后再接续下排。由于十二纪日地支同建除十二客均以十二为周期，又使用了上述节气所在之日重复前日一次的办法，就导致了各月建除十二客与上月纪日地支相差一日，故正月"建"与"寅"日对应，"除"与"卯"日对应，二月"建"与"卯"日对应，"除"与"辰"日对应，如此等等。

对于以上建除十二客的排列规律，陈遵妫先生在《中国天文学史》第3册第1647页注⑤曾作过解释："建除十二神……它的循环排列是每逢一个月的开始就重复一次，这里所谓一个月的开始是指星命家的月，即以节气起算。例如某年一月六日为'闭'，七日小寒（笔者按：即十二月的节气),则七日仍为'闭'。"①陈先生又指出:"正月节后最初的寅日的十二直为建,翌日即卯日为除,再翌日即辰日为满,余类推。"②陈先生的这些意见,我在整理数十件敦煌历日文献时反复对照,证明完全正确。现在再用这个结论去检验前述放马滩12枚秦简的内容,也相合不悖。笔者曾撰有《敦煌古历丛识》一文③,对建除十二客的特点及其安排规律,以及星命家的"月份",亦有论列,均可参阅。

《综述》最初在概括这12枚简的内容时曾说,它们是"记述正月至十二月每月建除十二辰相配十二地支的对应循环关系"。应该说这已开始接近其内容实质。但在其后的阐述中却偏离了这个正确轨道,以至最终归结为是"夏正的《月建》",并以此定名,这未免令人惋惜。

根据以上分析,我们认为放马滩所出这12枚简的内容,是星命家的各月份中,建除十二客同各纪日地支间的对应关系,而不是其他,故应定名为"建除",与《日书》第二章所题"建除"属于一类。《综述》所区分的第一章和第二章,其内容差别仅仅在于,所谓"第一章"是讲建除十二客与纪日地支的对应关系,"第二章"则讲各个建除十二客所主吉凶宜忌,本质上同属"建除"一类,不宜各自分章。

在明确前述12枚简的内容及其内在联系的基础上,我们可绘表如下:

纪日地支　　建除　星命月	建	除	盈（满）	平	定	挚（执）	彼（破）	危	成	收	开	闭
正	寅	卯	辰	巳	午	未	申	酉	戌	亥	子	丑
二	卯	辰	巳	午	未	申	酉	戌	亥	子	丑	寅
三	辰	巳	午	未	申	酉	戌	亥	子	丑	寅	卯

① 陈遵妫:《中国天文学史》第3册,上海:上海人民出版社,1984年版。
② 陈遵妫:《中国天文学史》第3册,上海:上海人民出版社,1984年版,第1666页。
③ 邓文宽:《敦煌古历丛识》,载《敦煌学辑刊》1989年第1期,第107—118页。

续表

纪日地支 星命月 \ 建除	建	除	盈 （满）	平	定	挚 （执）	彼 （破）	危	成	收	开	闭
四	巳	午	未	申	酉	戌	亥	子	丑	寅	卯	辰
五	午	未	申	酉	戌	亥	子	丑	寅	卯	辰	巳
六	未	申	酉	戌	亥	子	丑	寅	卯	辰	巳	午
七	申	酉	戌	亥	子	丑	寅	卯	辰	巳	午	未
八	酉	戌	亥	子	丑	寅	卯	辰	巳	午	未	申
九	戌	亥	子	丑	寅	卯	辰	巳	午	未	申	酉
一〇	亥	子	丑	寅	卯	辰	巳	午	未	申	酉	戌
一一	子	丑	寅	卯	辰	巳	午	未	申	酉	戌	亥
一二	丑	寅	卯	辰	巳	午	未	申	酉	戌	亥	子

上表读法是："正月：建寅、除卯、盈辰、平巳、定午、挚未、彼申、危酉、成戌、收亥、开子、闭丑。""二月：建卯、除辰、盈巳……"其余各月读法同此。它不是对原简的逐字、逐句释文，而是采用表格形式对其内容进行解释。表虽简略，却囊括了12枚竹简相关部分的全部内容，也便于表现它们的内容实质和内在联系。

附带指出，简中建除十二客的"彼"字，在汉简和敦煌吐鲁番同类文献中均作"破"。《综述》在介绍《四时啻》时，对乙209简曾有如下释文："春子夏卯秋午冬酉是，是人彼（破）日，不可筑室、为啬夫。娶妻嫁女，凶。"如果此简中"彼"字当作"破"释读不误，那么循此例，甲1—12简中的"彼"字亦当作"破"。简中建除十二客的"盈"字，在后世文献中多作"满"。满、盈同义，可以互训。之所以改盈为满，是西汉初年因避惠帝刘盈名讳而改,①此后便成为定式。

附带指出,《综述》一文在"秦用寅正问题"一节中也存在问题。《综述》云:"秦使用的是以夏正十月为岁首的颛顼历,但这是秦统一后颁布实施的历法。那么秦统一前使用的是什么历呢?甲、乙种《日书》中的《月建》章整理时按原出土次序排列,得出了以正月、二月、三月至十二月为次的建正表。始正月建寅,止十二月建丑。未发现以十月为岁首的任何文字。由此可见,当时秦使用的是以正月建寅为岁首的夏历。"《综述》这个看法,是从对甲1—12简的释读引伸出来的。我已指出这12枚竹简应该如何断句,以及它们的内容实质和内在联系。显然,由于释读和理解不当,由此引伸出战国时秦用"以正月建寅为岁首的夏历"看法也是难以成立的。从这12枚简中,我们只知道战国时代星命家在安排建除十二客同各月纪日地支间的对应关系时,在星命家的"月份"中"正月"是从"寅"日开始排列的,以及其后各星命月份中两者间的对应关系,尚难得出战国时秦用夏历以正月为岁首的结论。至于战国时代秦用何种历法,以何月为岁首,目前由于文献记载和出土资料的不足,学术界异说纷呈,还处在继续探索的阶段,无法从放马滩这12枚竹简得出最后结论。

(原载《文物》1990年第9期,第83—84转82页)

---

① 汉惠帝名刘盈,因避讳改"盈"为"满",见陈垣:《史讳举例》,北京:科学出版社,1958年版,第130页。

尹湾汉墓出土历日补说

1993年2月江苏省连云港市尹湾汉墓出土的简牍文献，早已引起学术界的关注。经过考古与文物工作者的辛勤努力，1997年岁末，中华书局终于将《尹湾汉墓简牍》一书出版，实是学术研究的幸事。

笔者由于长期致力于出土历日研究，故对M6出土的汉代历日怀有特别的兴趣。历日共两件，编号分别为木牍10正面[①]和木牍11。两件历日的年代，被整理者定在汉成帝元延元年（前12）和元延三年（前10）五月，这是完全正确的。就定年工作来说，此两件历日并不十分困难。因为M6所出简牍已有"永始"和"元延"年号出现，可知为汉成帝晚期之物。借助一些年表如陈垣先生的《廿史朔闰表》之类工具书，便可将历日年月确定下来。

值得注意的是，此两件历日，尤其是元延元年（前12）历日的形制有其独到之处。诚如原编者所说："先将该年十三个月名（包含'闰月'，即闰正月）分列两端，注明月的大小及朔日干支；然后将其余干支分书于两旁，并将四立、二至、二分、三伏、腊等各为某月某日注于相应干支之下。由于排列方法巧妙，六十干支正好按顺序围成一个长方形。此历谱把一年的历日浓缩在一块木牍的一面之上，颇具巧思。"的确如此。此年共13个月，384天，仅用一个甲子周期便将如此丰富的内容表达了出来，映

---

① 原书"前言"在解说该历日时，将"木牍一〇"的反面亦注作历日（第3页），恐不确。细观此件释文（第127页），其内容为借贷契约，似当单独作一项内容来处理。

照出编历者（或是抄写者）的聪明才智，为两千年后的今人所叹服。

历日的具体内容，有些易于理解，有些不太好理解。今略加补说，裨便对原历内容加深认识。不妥之处，仍祈方家是正。

关于元延元年历日：

（一）两个"立春"。我们注意到，原历历注有两个"立春"：在历日右侧干支"壬子"下注有"正月十四日立春"，干支"丁巳"下又注有"十二月廿四日立春"。这是为什么呢？正确的理解应该是，前者为元延元年（前12）之立春日，后者为元延二年（前11）之立春日。由于节气是根据阳历（回归年，365.2422日）系统来划分的，而月份则为朔望月（29.5306日）；两个节气间的平气长度为：

（365.2422日÷24）×2=15.218425日×2=30.43685日。

这个天数长于朔望月的长度。因此，尽管理论上各月都有自己的节气（非中气），如"立春正月节""惊蛰二月节""清明三月节"等，但实际上，节气（非中气）的具体日期总在上个月的后半月与本月前半月之间游动，而不能固定在某一日。本历日立春在正月十四日，下月便为无中气之月，即没有正月的中气"惊蛰"，只有二月节气"雨水"，[①] "朔不得中，是谓闰月"，故该历闰正月。又由于此年闰了正月，故自二月起，节气又提前注在上月之下半月，这就是历日中"立夏"（理论上为四月节）注在三月十九（"九"当作"六"，说详下）日，立秋（七月节）注在六月廿日，立冬（十月节）注在九月廿二日的原因。顺此而下，下年（元延二年）的立春（正月节）也提前注到元延元年的十二月廿四日了。本历日中所以出现两个"立春"，根本原因即在于此。

（二）立夏日期与释文校正。历日左侧干支"癸未"下注"三月十九日立夏"。按，"三月十九日"当是"三月十六日"之误。正月为大月，十四日立春，余16日；闰正月小，29日；二月大，30日，"三月十九日立夏"，立春至立夏共得94日。在实行平气的情况下，立春至立夏的时间应

---

① 此时历日中"惊蛰"为正月中气，"雨水"为二月节气，与后世不同。

为：

15.218425日×6=91.31055日。

此为一回归年长度的四分之一，断不为94日，可知"十九日"为"十六日"之误。中国科学院紫金山天文台历法专家张培瑜教授的大著《三千五百年历日天象》立夏在三月十六日癸未，[①]甚是。再者，就历日本身来说，元延元年（前12）三月戊辰朔，十六日正为癸未，现于"癸未"下出现"三月十九日"，已是两不相谐矣。细检原书图版"YM6D10正"（第21页），此"三月十六日"之"六"字不十分清晰，易误释为"九"，当用历法知识予以校正。

（三）后伏日期。历日右侧干支"庚申"下注"六月廿五日后伏"。此历五月丁卯朔，三日夏至为己巳，四日庚午，十四日庚辰，廿四日庚寅，故历日左侧干支"庚寅"下有"五月廿四日初伏"之历注。五月为小月，六月五日庚子为夏至后第四庚日，故历日右侧"庚子"下有"六月五日中伏"之历注。历日六月廿日乙卯立秋，其后第一庚日为庚申，故历日右侧"庚申"下注"六月廿五日后伏"。简言之，此历日三伏之历注与后世全同。但我们注意到，汉成帝元延元年（前12）之前一年，即永始四年（前13）的历日已有出土。[②]此历出自中国西北敦煌、居延一带，初伏、中伏的安排与元延元年历日相同。但"后伏"却在立秋后第三庚日（七月九日庚戌立秋，十九日为庚申，廿九日庚午为后伏）。此历仅在元延元年（前12）的前一年，但后伏安排却两不相同。对此，张培瑜教授解释说："唐以前三伏并无统一规定，随各历家不同。而唐以后情况则全按《阴阳书》之规定。"[③]可供参考。

（四）分至八节日期。用前引张培瑜教授《三千五百年历日天象》与

---

① 张培瑜：《三千五百年历日天象》，郑州：河南教育出版社，1990年版，第93页右下。

② 图版见《中国古代天文文物图集》第37页图②，原说明文字为"永光五年历谱"，误，实为"永始四年历日"。北京：文物出版社，1980年版。释文见《中国古代天文文物论集》，北京：文物出版社，1989年版，第118页之⑨。

③ 见张培瑜等：《古代历注简论》，《南京大学学报》（自然科学版），1984年第1期，第101—108页。

此历日对照，分至八节（四立、二分、二至）日期同，即：正月十四日壬子立春，三月十六日（历日释文误作"十九日"，详前）癸未立夏，六月廿日乙卯立秋，九月廿二日丙戌立冬；二月一日（朔）戊戌春分，八月六日庚子秋分，五月三日己巳夏至，十一月九日壬申冬至；次年立春在本年十二月廿四日丁巳。出土历日证明《三千五百年历日天象》对此年历日的推算完全正确。

以下补说元延三年（前10）五月历日。

（一）"乙亥十日"当作"乙亥廿日"。我们注意到，此五月历日由"丙辰一日"到"〔甲申九日〕"共29天，干支是连续的；但在用数字纪日时，则成为"一日"至"十日"，又一个"一日"至"十日"，再"一日"至"九日"共三旬。由于干支连续，所以在对日序的理解上不至于发生错误。但就纪日方法而言，第二个"一日"至"十日"当作"十一日"至"廿日"方妥。同墓所出有元延二年（前11）记事日记，以单月（正、三、五、七、九、十一月）和双月（二、四、六、八、十、十二月）各为一组简编制而成，其二十日写作"第廿"（原书第140、143页）；元延元年（前12）历日中也有"五月廿四日初伏""六月廿五日后伏""九月廿二日立冬""十二月廿四日立春"的历注，均可成为此一"十日"当为"廿日"的佐证。历日中"乙亥"日为第二十日，故所书"乙亥十日"宜校正为"乙亥廿日"。

（二）丛辰项目。历日最上一栏由右至左书写"五月小""建日午"等9个项目。除最末一项仅残存一"子"字外，其余均较清楚。这9项中，除"五月小"表明本月是小月29天，其余8项应是来自《日书》类书籍的丛辰（又名"选择"）项目。从出土的简牍《日书》和历日看，两汉之际，《日书》内容绝大部分仍未直接编入历日（编入的仅反支、八魁、血忌几项），而是以单独存在为主。诚然，它的使用仍离不开历日，两者需配合使用。此五月历日先将8个丛辰项目抄在历日上部，配合下面的历日使用，为迄今所仅见。

（三）"建日午"。此项属于建除十二客（又名"建除十二直""建除十二辰"）的内容。历日仅说"建日午"，即此月地支为"午"的日子需注"建"字，顺次便是除、满、平、定、执、破、危、成、收、开、闭十一个字，但不一定写出来。这十二个字各主一定吉凶，供选择使用。此时的"建除"安排规则，看来与东汉以后的历日不同：它是依据历法月份（即一日至廿九日或卅日），而不是据"星命月"［即一个节气（非中气）至下个一节气（非中气）之前一日］，每月朔日再叠值上月晦日一次，①西汉地节元年（前69）历日②、元康三年（前63）历日③均是如此用建除注历；而至东汉永元六年（94）历日，则使用"星命月"叠日，即使用在交节之日叠两值日的方法了。④故此，我意此五月历日所注建除，仍用历法月，尚未用"星命月"。若理解不误，则三日戊午、十五日庚午、二十七日壬午均当注"建"。

（四）"反支未"。"反支"是现知最早用于历注的丛辰项目，见于汉武帝元光元年（前134）历日。⑤《后汉书·王符传》："明帝时，公车以反支日不受章奏……"唐代章怀注引《阴阳书》曰："凡反支日，用月朔为正：戌、亥朔一日反支，申、酉朔二日反支，午、未朔三日反支，辰、巳朔四日反支，寅、卯朔五日反支，子、丑朔六日反支。"⑥此五月历日朔日丙辰，"己未四日"，故"反支未"，与文献所记正合。但文献所记其义未尽。事实上，以上所论仅是注各月第一个反支日的日期，此下在每个历法月份

① 参见殷光明：《从敦煌汉简历谱看太初历的科学性和进步性》，载《敦煌学辑刊》1995年第2期，第94—105页。

② 图版见《敦煌学辑刊》1995年第2期封三，释文见同期第105页。

③ 图版见《中国古代天文文物图集》第36页图一；释文见《中国古代天文文物论集》，第112页。

④ 参见殷光明：《从敦煌汉简看太初历的科学性和进步性》⑦，张培瑜：《出土汉简帛书上的历注》，载《出土文献研究续集》，北京：文物出版社，1989年版，第135—147页。我在《天水放马滩秦简〈月建〉应名〈建除〉》（载《文物》1990年9期）一文中曾认为，战国秦时"建除"也是依"星命月"而非历法月叠日的，看来并不准确。就现有资料看，"建除"之叠日法曾有变化：东汉以前大约是本月朔日叠值上月晦日，东汉后才是节气日叠值其前一日。随着出土资料的增多，我们的认识将更加丰富，我的这个错误认识也应予以纠正。

⑤ 参见吴九龙：《银雀山汉简释文》，北京：文物出版社，1985年版，插页"元光元年历谱（复原表）"。

⑥ 标点本《后汉书》，北京：中华书局，1965年版，第1460页。

之内，凡间隔六日便注一反支，元光元年（前134）历日可为佐证。[1]具体到本五月历日，"己未四日"为第一个反支日，以下十日乙丑、十六日辛未、二十二日丁丑、二十八日癸未均是"反支"日。

（五）"解衍丑"。"衍"字与"魇"字同音，故借作"衍"，即"解魇"在"丑"日也。"魇"为后起字，古字为"厭"，因此古书多写作"解厭"。汉代好"厭胜""厭魅"之术，用迷信方法祈祷鬼神或诅咒，陷人于祸，对付的方法便是"解厭"，行之予以禳除。据此五月历日，知其时五月于"丑"日行解禳之术。

（六）"复丁、癸"。其义为：五月的"复日"，注在天干为丁和癸的日子。历中二日、八日、十二日、十八日、二十二日、二十八日，因纪日干支或为丁，或为癸，故皆是复日。此丛辰项目在后世历日中亦多使用。笔者在整理敦煌吐鲁番出土历日时，经反复排比，其安排规则为：正月在甲、庚日，二月在乙、辛日，三月在戊、己日，四月在丙、壬日，五月在丁、癸日，六月在戊、己日，七至十二月将前面一至六月的安排重复一遍即可。[2]它与本五月历日之复日安排亦相吻合。

（七）"旮日乙"。意谓纪日天干为"乙"的日子属"旮日"。"旮日"用于历注，在汉简历日中以此为首见，敦煌吐鲁番出土历日已不使用。可喜的是，我们在睡虎地秦简《日书》（甲种）中找到了"旮日"的立意与安排规则。《日书》云：

> 四月甲旮，五月乙旮，七月丙旮，八月丁旮，九月己旮，十月庚旮，十一月辛旮，十二月己旮，正月壬旮，二月癸旮，三月戊旮，六月戊旮。……凡旮日，可以取妇、家（嫁）女，不可以行，百事凶。[3]

---

① 吴九龙：《银雀山汉简释文》，北京：文物出版社，1985年版，插页"元光元年历谱（复原表）"。

② 参见邓文宽：《敦煌天文历法文献辑校》，南京：江苏古籍出版社，1996年版。

③ 睡虎地秦墓竹简整理小组：《睡虎地秦墓竹简》，北京：文物出版社，1990年版，第202页。

可知，"臽日"也是供选择使用的。"五月乙臽"与历日五月"臽日乙"正相一致。

（八）"月省未"。"月省"这个丛辰项目为迄今所仅见，仅知五月注在"未"日。其原始立意和总体安排规律尚未明了，俟考。

（九）"月煞丑"。意谓历日中"丑"日注"月煞"，即注在十日乙丑和二十二日丁丑。敦煌历日中此项排列结果是：正月丑，二月戌，三月未，四月辰，五月至八月、九月至十二月各再重复前四个月的安排一遍。[1]它与本五月历日月煞安排亦相一致。

（一〇）"□□子"。这是一个五月安排于"子"日的丛辰项目，惜已残失。从敦煌历日得知，五月注于子日的丛辰项目有月破、月虚和天李。此五月历日中究竟该注哪一项，尚难遽定，怀疑注"月破"的可能性较大。

以上就笔者学识所及，对尹湾汉墓所出两件历日作了一些疏证与补说，尚未敢完全自信，欢迎读者参与讨论并赐正。

这里尚需特别说明的是，历日中这些丛辰项目的安排，与后世有一个很大的不同，即：此时历日是依据历法月份安排丛辰的；而东汉以后却是据"星命月"进行的。敦煌吐鲁番出土的北魏至宋初历日，现代东亚地区的民用通书中，丛辰均据"星命月"去划定月份。这一点，我们在读古历时应予注意，不可将历法月份同"星命月"相混淆。否则，极易产生混乱，也找不出丛辰项目的准确安排规则。

［原载中国社会科学院简帛研究中心编，李学勤、谢桂华主编《简帛研究二〇〇一》（下），桂林：广西师范大学出版社，2001年版，第451—455页］

---

[1]　参见邓文宽：《敦煌天文历法文献辑校》，南京：江苏古籍出版社，1996年版。

居延新简《东汉永元二年（90）历日》考
——为纪念王重民先生百年诞辰而作

　　2003年是著名"敦煌学"家王重民先生百年诞辰。王重民先生为"敦煌学"事业做出过重大贡献，也是我国早期在这一国际显学领域拓荒的有数几位学者之一，受到人们的普遍尊重。王先生的《敦煌本历日之研究》，更是我研究敦煌历日时的重要案头书之一。先哲已矣，大作独留；后学吸乳，高山仰止。今将笔者新近考证《东汉永元二年（90）历日》的小文献上，作为对王先生百年诞辰的纪念。

　　20世纪70年代，文物考古工作者在内蒙古额济纳旗破城子汉代遗址进行了好几次科学发掘，收获颇丰。这些以简牍为主体的汉代文献资料已陆续刊出，成为学者们研究古代文史极可宝贵的资料。目前较易见到的是《居延新简》[①]和《居延新简·甲渠候官》[②]二书，本文将要考证的这件东汉永元二年（90）实行历日也刊载在上述二书之中。[③]

　　原件编号为"E.P.T65—425A-425B"。从图版上看，墨迹十分模糊，从而给释文工作造成了极大的困难。已经公布的两份释文错误较多，下面

---

　　① 甘肃省文物考古研究所、甘肃省博物馆、文化部古文献研究室、中国社会科学院历史研究所编：《居延新简》，北京：文物出版社，1990年版。

　　② 甘肃省文物考古研究所、甘肃省博物馆、中国文物研究所、中国社会科学院历史研究所编：《居延新简·甲渠候官》，北京：中华书局，1994年版。

　　③ 《居延新简》第447—448页释文；《居延新简·甲渠候官》上册第197页释文，下册第445页图版。

我们将予以讨论并加匡正，进而将其绝对年代考出。

（一）原件正面（425A）的释文。现抄录原释文如下：

四月
一日辛丑建金☑①
二日壬寅除复☑
☑☑三日癸卯满☑☑②

此件为一木牍，正面（A面）共残存4行文字，但3、4两行十分模糊。在未见到图版前，我曾怀疑"四月"二字释文有误。因为释文是"一日辛丑建金"，地支"丑"日与建除十二直之"建"对应，应发生于十二月，③而不是四月。但当我去看图版时，发现"四月"二字是大字，而且清晰无误，那么就必须重新审视其下三行的释文了。因为"四月"二字正确无误，而四月"建"字只与"巳"日对应，④因此，就不得不考虑"丑"字是否属于误读？仔细审查，发现一日干支为辛巳，而非"辛丑"。这样，它自身就与该段历日为"四月"一致而不矛盾了。由于一日干支为辛巳，故二日当为壬午，三日当为癸未。原释文这三天的纪日干支全部有误，当予改正。

简而言之，该木牍A面为某年四月一日至三日的历日，四月朔日为辛巳。

（二）原件背面（B面）的释文。先抄录原释文如下：

九日☑☑

---

① 此☑符号《居延新简》释文无。

② 此☑符号《居延新简》释文无。

③ 各月建除十二直与纪日地支的对应关系，参笔者《天水放马滩秦简〈月建〉应名〈建除〉》，原载《文物》1990年第9期，今收入邓文宽：《敦煌吐鲁番天文历法研究》，兰州：甘肃教育出版社，2002年版，第290—295页。

④ 参邓文宽：《天水放马滩秦简〈月建〉应名〈建除〉》，《文物》1990年第9期，第83—84转82页。

　　　　十日己丑破四□□□卅日☒

　　　　十一日庚寅危仲伏

　　　　十二日辛卯成天李

　　　　十三日壬辰收八块

　　　　十四日癸巳开厌　　□

　　　　十五日甲午闭亡

　　　　十六日乙未建反支

　　　　十七日丙申除

　　　　十八日丁酉满血忌往亡

　　（该简下部尚有其他杂书文字，此不录）

　　我们首先要讨论一下这段残历日的月份。前已述及，古历中的纪日地支与建除十二直的十二个字（建、除、满、平、定、执、破、危、成、收、开、闭）间有固定对应关系。因正月建"寅"，故正月"建"注于"寅"日；二月"建"在"卯"日，三月"建"在"辰"日，四月"建"在"巳"日，五月"建"在"午"日，六月"建"在"未"日……①

　　而此段历日的十六日是"十六日乙未建反支"，即"建"字与"未"日对应，故它当属于六月。②我们还注意到，十一日有"仲伏"（即中伏）的注记，其日当为"夏至五月中"之后的第某个"庚"日，也可为我们判断此段历日属于六月提供佐证。

　　由残历十日干支为己丑，可推得此历六月朔日为庚辰。

　　下面再就该段历日中的几个释文和历注问题加以讨论：

　　A.第二行（十日）末尾的"卅日☒"。细审图版，"卅"字似可确认，但"日"字却难以确认。强行释为"卅日"，未免牵强。第一，从此段历

①　参邓文宽：《天水放马滩秦简〈月建〉应名〈建除〉》，《文物》1990年第9期，第83—84转82页。

②　如果此段历日的日期为下旬，那么，虽然"建"与"未"对应，历日却属五月，应当小心按断。

日的抄写顺序来看，它是各日连续抄写的。"卅日"怎么会突然写在"十日"后面呢？不伦不类。第二，将此处释为"卅日"已误导学者将该六月当作大月，并推出了七月的所谓朔日，从而导致对历日年代的误断，[①]所以这是不可取的，建议将"日"字删除或用"□"代替。

B.十三日的"八块"二字。"块"字释文不误，读如"魁"，作"八魁"方是。"块"字通"魁"。《文选·司马长卿〈长门赋〉》："正殿块以造天兮，郁并起而穿崇。"吕向注："块，大也。"清代钱学纶《语新》卷下："培原初当营卒，躯干块伟，善饭多力。"是其比。《后汉书》卷三十上《苏竟杨厚列传》："夫仲夏甲申为八魁。八魁，上帝开塞之将也，主退恶攘逆。"唐代李贤注引《历法》云："春三月己巳、丁丑，夏三月甲申、壬辰，秋三月己亥、丁未，冬三月甲寅、壬戌为八魁。"[②]而此历"八块（魁）"注在六月的壬辰日，属于夏三月，完全正确。

C.十五日最末一字"亡"通"望"。"亡"字通"忘"，《诗·小雅·沔水》："心之忧矣，不可弥忘。"《经义述闻》卷五："亡，犹已也。作忘者假借字耳。"而"忘"与"望"同音，故得相借，可知此月"望"在十五日。

（三）以下我们将根据残历自身提供的条件，对其确切年代进行考定。

如前所述，我们已考知残历四月朔日是辛巳，六月朔日为庚辰。在残历可能存在的时限范围内，我们进行了搜索。经与张培瑜教授《三千五百年历日天象》[③]一书的汉代历表对照，在从公元前104年到公元220年的范围内，共有四年是四月辛巳朔，六月庚辰朔。它们是：西汉建昭四年（前35）、西汉建平三年（前4），东汉永元二年（90）和东汉光和六年（183）。换言之，以上四年是该残历日可能具有的实际年份。

那么，其中哪一年是唯一选择呢？

① 晏昌贵：《敦煌具注历日中的"往亡"》，载武汉大学中国三至九世纪研究所编：《魏晋南北朝隋唐史资料》第十九辑，第226—231页。

② 标点本《后汉书》，北京：中华书局，1965年版，第1045页。

③ 张培瑜：《三千五百年历日天象》，郑州：河南教育出版社，1990年版。

先看历日的"仲伏"。以"三伏"注历远在西汉《建元七年［元光元年（前134）］历日》即已存在。[①]唐代以后，我国历日概以夏至后的第三个庚日为初伏，第四个庚日为中伏，立秋后的第一个庚日为末伏；但在汉代，三伏所在庚日尚不固定，中伏可以在夏至后的第三个庚日，也可在第四庚日以至第五庚日。[②]而作为"仲（中）伏"，此段历日对前述四个年份全部适用，因此，无法据此进行筛选。

我们注意到，该历四月一日为"辛巳建"，而"建"与"巳"对应当在"四月"。不过，据下文对"往亡"的考述，这个"四月"只能是"星命月"而非历法月。"星命月"的"四月"，是从进入"立夏四月节"那天开始计算的。而"立夏"在古历中的位置，既可以在四月的前半个月，也可以在三月的后半个月。此历四月一日已是"建"与"巳"日对应，说明它的"立夏"是注在三月下旬的。而历日的节气（非中气）之所以提前注在上月的下半月，又是因为此前不久有过闰月的缘故。这就提示我们，此历不久前的几个月内曾有过闰月。

以此检查上述四个年份，前35年、前36年均无闰月，与此不合，故前35年当予排除。公元182、183年均无闰月，故公元183年亦当排除。前4年闰三月；90年当年无闰月，但89年闰过七月，故前4年与90年在可选范围之内。

真正能使我们将该残历绝对年代加以判定的，是残历六月十八日的历注"往亡"。

"往亡"是古代术士所认为的出行与打仗用兵的大忌日。清代官修《星历考原》卷四引《堪舆经》曰："往者去也，亡者无也，其日忌拜官、上任、远行、归家、出军征讨、嫁娶、寻医。"[③]作为一个神煞，它出现得

---

① 参见吴九龙：《银雀山汉简释文》插页之"元光元年历谱（复原表）"，北京：文物出版社，1985年版。汉代实用历本当称"历日"而非"历谱"，详参邓文宽：《出土秦汉简牍"历日"正名》，载《文物》2003年第4期，第44—47页。

② 参见张培瑜：《出土汉简帛书上的历注》，载国家文物局古文献研究室编：《出土文献研究续集》，北京：文物出版社，1989年版，第135—147页。

③ 参见刘乐贤：《简帛数术文献探论》，武汉：湖北教育出版社，2003年版，第298页所引。

很早，且有自己的安排规则。睡虎地秦简甲种《日书》第107背和108背简文云：

> 正月七日，二月十四日、三月廿一日、四月八日、五月十六日、六月廿四日、七月九日、八月十八日、九月廿七日、十月十日、十一月廿日、十二月卅日，是日在行不可归，在室不可以行，是是大凶。[①]

晏昌贵先生认为其各月计算的起始点在于月朔，从而有：

正月七日	二月 7×2=14 日	三月 7×3=21 日
四月八日	五月 8×2=16 日	六月 8×3=24 日
七月九日	八月 9×2=18 日	九月 9×3=27 日
十月十日	十一月 10×2=20 日	十二月 10×3=30 日[②]

依据这套排列规则，六月往亡当注在廿四日，而本残历"往亡"是注在六月"十八日"的，故不适用。

但是，古历除上引之外，也还有另外一套安排往亡的规则，即依据"星命月"而非历法月。星命月之始是每月节气所在日，故清《协纪辨方书》卷六《义例四》引《历例》曰："气往亡者，立春后七日，惊蛰后十四日，清明后二十一日，立夏后八日，芒种后十六日，小暑后二十四日，立秋后九日，白露后十八日，寒露后二十七日，立冬后十日，小雪后二十日，小寒后三十日。皆自交节日数之。"[③]

依据"气往亡"的安排规则，"往亡"当注在"小暑六月节"后的第

---

① 睡虎地秦墓竹简整理小组编：《睡虎地秦墓竹简》，北京：文物出版社，1990年版，第223页。

② 晏昌贵：《敦煌具注历日中的"往亡"》，载武汉大学中国三至九世纪研究所编：《魏晋南北朝隋唐史资料》第十九辑，第226—231页，引文见第228页。

③ 见李零主编：《中国方术概观·选择卷》（上），北京：人民中国出版社，1993年版，第248页。

二十四日。现以这一标准，对前面推出的四个年份核定如下：[①]

前35年小暑在六月初五甲申日，距六月十八日仅14日，不合，当予排除。

前4年小暑在五月十七丙寅日，且五月为大月，距六月十八已32日，不合，当予排除。

183年小暑在六月初三壬午日，距六月十八仅16日，不合，当予排除。

90年小暑在五月廿五日甲戌，且五月为大月，距六月十八正好24日，是唯一相合者。

由此可知，此木牍残历的绝对年代为公元90年，即东汉和帝刘肇永元二年。至此，残历的绝对年代终被揭出。

在同一探方（E.P.T65）出土的竹简中，不单这一件是永元年代之物，还出过"永元十三年二月……"[②]的纪年简一枚；破城子房屋二二（E.P. F.22）也出有"☐永元十年三月乙未朔十四日☐"[③]的纪年简一枚。这些同一遗址或相近遗址所出纪年资料，均可作为本残历定年的参考。

由于已知本残历的年代为公元90年，而据张培瑜教授《三千五百年历日天象》一书，本年大暑在六月十日己丑。对比残历，发现该日释文后部有三个☐☐☐，即有字而难以识出。我意末后两个方框当是"大暑"二字。而"大暑"前的"四☐"当是"四激"，这也是一个选择神煞。睡虎地秦简甲种《日书》第143至144简背说："入月七日及冬未、春戌、夏丑、秋辰，是胃（谓）四敫，不可初穿门、为户牖、伐木、坏垣、起垣、彻屋及杀，大凶；利为啬夫。"[④]残历在六月十日己丑注"四激"，正与《日书》"夏丑"相合。顺便说到，"四激"在唐宋敦煌具注历日中已作

---

① 下引四年小暑日均据张培瑜：《三千五百年历日天象》，郑州：河南教育出版社，1990年版。

② 释文见《居延新简》，第422页，图版见《居延新简·甲渠候官》（下），第415页。

③ 释文见《居延新简》，第513页，图版见《居延新简·甲渠候官》（下），第548页。

④ 睡虎地秦墓竹简整理小组编：《睡虎地秦墓竹简》，北京：文物出版社，1990年版，第226页。

"四击"，但排列规则一仍其旧。

就该历日本身来说，它也不是迄今在西北地区出土的唯一一件永元年间的历日。此前曾在敦煌出土有永元六年（94）的历日，在居延出土过永元十七年（105）的历日。[①]因此，本件永元二年（90）历日在破城子的存在并非孤立现象，它为我们研究汉代历法史增添了一份新资料。

从历法史的角度讲，东汉从章帝刘炟元和二年（85）开始行用编䜣、李梵所编"后汉四分历"，残历上距元和二年仅六年，由此可知，它是"后汉四分历"的早期实用历本。

最后，还要特别指出，我们注意到四月一日历注中有一个"金"字。这在以往出土的秦汉实用历本上尚未见过。我们知道，在出土的唐宋历日实物中，每日日期干支之后便是"六甲纳音"一项，用金、木、水、火、土分别代替商、角、羽、徵、宫等五音。六十甲子各自的纳音有如下关系："甲子、乙丑金，丙寅、丁卯火……庚辰、辛巳金……"[②]此残历四月一日干支辛巳，纳音正是"金"。如果释文不误，这便是迄今我们在历日中见到最早的纳音用例。但目前所见仅此一例，即使释文不误，能否确认，也还有待出土材料的增多。

附记：本文初稿完成于2003年4月上旬。一周后，同研究所李均明先生即向我见示他最新收到的日本富谷至先生编集的《边疆出土木简的研究》（京都：朋友书店，2003年2月出版），内收吉村昌之先生《出土简牍资料にはみれる历谱の集成》一文，所列该残历亦为永元二年（90），堪称殊途同归。不过，也有区别。第一，我未见到吉村先生的定年方法，而我自己则有一套严密的考证程序；第二，吉村的录文采自释文本《居延新简》，原释文的失误一仍其旧。而我已将大部分校正，并补出了一些原未

① 参见任继愈总主编，薄树人主编：《中国科学技术典籍通汇·天文卷》第1册，郑州：河南教育出版社，1997年版，第229、241页。
② 参见邓文宽《敦煌天文历法文献辑校》，附录十二《六十甲子纳音表、干支五行对照表》，南京：江苏古籍出版社，1996年版，第747页。

释出的文字。因此，本篇小文自有其学术价值在。这里之所以加以说明，是为避免有掠美之嫌。

（原载国家图书馆善本特藏部敦煌吐鲁番学资料研究中心编《敦煌学国际研讨会论文集》，北京：北京图书馆出版社，2005年版，第284—288页）

出土秦汉简牍"历日"正名

　　20世纪是考古资料批量面世的一个世纪。单就实用历本而言，世纪之前，人们所能看到的最早实物，仅是传世《南宋宝祐四年丙辰岁（1256）会天万年具注历日》[①]；而至世纪之末，人们已能从出土文物中看到秦始皇三十四年（前213）的实用历本[②]了，将时间提前了1469年。其间除三国、两晋、南朝和隋代的历本尚无实物呈现于世，其余秦、两汉、北朝、高昌国、唐、五代、西夏、宋、元、明各时代历本均有出土，不仅极大地开阔了人们的眼界，而且也为古代历日研究的深入提供了基础和先决条件。

　　出土历本实物主要来自三个方面：秦汉简牍、敦煌吐鲁番文献和黑城文物。不过，这些总量近百份的历本实物多属断简残编。除了敦煌吐鲁番出土的残"历日"或"具注历日"可据完本定出其准确名称外，秦汉简牍历本少有完本（仅一份原有题名，说详下）。如何给这些残历定名，便成为一个大问题。而至20世纪末，秦汉简牍历本出土实物已近40份。如果我们不能给这批文物（亦可视作文献）定出一个准确的、符合历史实际的名称，势将妨碍对它们的认识和理解，而且也会妨碍今后同类文献出土后

---

　　①　抄本收入任继愈总主编，薄树人主编：《中国科学技术典籍通汇·天文卷》第1册，郑州：河南教育出版社，1997年版；刻本书影见陈遵妫：《中国天文学史》第3册，上海：上海人民出版社，1984年版，第1615页。

　　②　见湖北省荆州市周梁玉桥遗址博物馆编：《关沮秦汉墓简牍》，北京：中华书局，2001年版。

的定名工作。职是之故，我在这里对出土秦汉简牍历本的定名问题略陈管
见，以期引起学术界同仁的关注和讨论。

　　经查，最早将汉简中的历本定名为"历谱"者，是罗振玉和王国维二
先生。罗、王二氏在《流沙坠简》中将一些零散历简分别定名为"元康三
年历谱""神爵三年历谱""五凤元年八月历谱""永光五年历谱""永元六
年历谱"①等。这样的定名，便被后世学者沿用下来。如陈久金、陈美东
二先生有《从元光历谱及马王堆帛书〈五星占〉的出土再探颛顼历问
题》②发表。近年来，《文物》杂志发表过彭锦华先生的《周家台30号秦
墓竹简"秦始皇三十四年历谱"释文与考释》。③中华书局出版的《尹湾汉
墓简牍》一书收有《元延元年历谱》和《元延三年五月历谱》④的文献；
《关沮秦汉墓简牍》除收有定名为"历谱"的一组秦朝历本，同时收有张
培瑜、彭锦华二先生的大作《周家台三〇号秦墓历谱竹简与秦、汉初的历
法》。⑤文物出版社最新出版的《张家山汉墓竹简［二四七号墓］》也将自
汉高祖五年（前202）至吕后二年（前186）的一组实用历本定名为"历
谱"。⑥诚然，上述所举，绝非以往给同类文献定名的全部，但已可看出，
罗、王二氏给实用历本定名为"历谱"的影响十分巨大。

　　问题在于，将这些出土历本实物定名为"历谱"是否正确。

　　当年罗、王给《流沙坠简》中的历日简定名"历谱"时，并未说明他
们之所以这样做的理由，推测本自于《汉书·艺文志》"历谱"类的名称。
但仔细推敲一下，《汉志》"历谱"和出土的这些历本根本就不是一回事。
为便于讨论，现将《汉志》"历谱"类著录的文献名称以及班固对"历谱"
的解释引录如下：

　　① 《流沙坠简》，北京：中华书局，1993年版，第83—87页。
　　② 今见《陈久金集》，哈尔滨：黑龙江教育出版社，1993年版，第133—155页。
　　③ 《文物》1999年第6期，第63—69页。
　　④ 《尹湾汉墓简牍》，北京：中华书局，1997年版，第21—22页。
　　⑤ 《关沮秦汉墓简牍》，北京：中华书局，2001年版，第231—244页。
　　⑥ 《张家山汉墓竹简［二四七号墓］》，北京：文物出版社，2001年版，第1—4页图版、第
127—131页释文。

《黄帝五家历》三十三卷。《颛顼历》二十一卷。《颛顼五星历》十四卷。《日月宿历》十三卷。《夏殷周鲁历》十四卷。《天历大历》十八卷。《汉元殷周谍历》十七卷。《耿昌月行帛图》二百三十二卷。《耿昌月行度》二卷。《传周五星行度》三十九卷。《律历数法》三卷。《自古五星宿纪》三十卷。《太岁谋日晷》二十九卷。《帝王诸侯世谱》二十卷。《古来帝王年谱》五卷。《日晷书》三十四卷。《许商算术》二十六卷。《杜忠算术》十六卷。

右历谱十八家，六百六卷。

历谱者，序四时之位，正分至之节，会日月五星之辰，以考寒暑杀生之实。故圣王必正历数，以定三统服色之制，又以探知五星日月之会。凶厄之患，吉隆之喜，其术皆出焉。此圣人知命之术也，非天下之至材，其孰与焉！道之乱也，患出于小人而强欲知天道者，坏大以为小，削远以为近，是以道术破碎而难知也。①

我之所以不惮其烦地将《汉志》这段文字全文抄录，就是为了便于了解班固所说的"历谱"究何所指。略而言之，他所开列的18种书名可以划分为两类：一类属于"历术"，也就是编制"历日"的方法和计算数据，相当于后世的"历经"；另一类属于帝王世谱、世系之类，相当于后世所说的"谱系""家谱""族谱"。但无论其中哪一类，与出土实用历本都不相同。换言之，班固在《汉书·艺文志》中并未将实用历本单列为一个门类，也未涵盖在"历谱"之中。因此，虽然我们今天已看到几十份这类实用历本，却不能据《汉志》将其定名为"历谱"。

尤其值得关注的是，班固本人对他所讲的"历谱"已有解释。在上引文字中，共有三处阐释"历谱"二字，即"其术皆出焉""此圣人知命之术也""道术破碎而难知也"，都是说"历"属于"术"，而不同于据"术"而编的实用历本。"历"字含义虽多，但其一义为"术"，殆无疑义。《淮

---

① 标点本《汉书》，北京：中华书局，1962年版，第1765—1767页。

南子·本经训》："星月之行，可以历推得也。"高诱注："历，术也；推，求也。"[1]是其证。同时，班固这三处对历谱的解释同他在前面所开列的书名性质也是互相照应的，是一致而不矛盾的。问题出在后人的理解上，也就是说，后人误将出土实用历本理解为"历谱"了。

我的基本看法是：出土的这几十份秦汉历本，其原始名称就是"历日"，而不必改称为"历谱"。理据如下：

第一，汉代人就称这类文字为"历日"。主要有两个人，一是郑玄（127—200），二是王充（27—约97），都是东汉人。《周礼·春官·冯相氏》有句"辨其叙事，以会天位"，郑玄注："会天位者，合此岁日月辰星宿五者，以为时事之候，若今历日大岁在某月某日某甲朔日直某也。"[2]"某甲朔日"即朔日干支是××；"直"通"值"，"值某"即该日所应遇到的神煞。所言全是历日的内容，与出土历本亦相合不悖。由是可知，郑玄所言"今历日"也就是他所生活的东汉时代行用的"历日"，殆无疑义。

如果说郑玄所称"今历日"还较为抽象的话，那么，王充在《论衡·是应》篇中所讨论且称作"历日"者，应当指实实在在的实用历本。今将王充这段议论抄录如下：

> 儒者又言："古者蓂荚夹阶而生，月朔，日一荚生，至十五日而十五荚；于十六日，日一荚落，至月晦荚尽。来月朔，一荚复生。王者南面视荚生落，则知日数多少，不须烦扰案日历以知之也。"夫天既能生荚以为日数，何不使荚有日名，王者视荚之字则知今日名乎？徒知日数，不知日名，犹复案历然后知之，是则王者视日则更烦扰，不省蓂荚之生，安能为福？……蓂荚生于阶下，王者欲视其荚，不能从户牖之间见也，须临堂察之，乃知荚数。夫起视堂下之荚，孰与悬历日于晨坐，傍顾辄见之也？……古有史官典历主日，王者何事而自

① 影印本《诸子集成》，北京：中华书局，1954年版，第七册所收《淮南子》第116页。
② 影印《十三经注疏》，北京：中华书局，1980年版，第818页下栏。

数荚？……①

"蓂荚"又称"蓂草"，是古人理想化的一种瑞草，认为它可以自动生落，于是用于计日，相当于历本。王充不同意这种理想化的设计，故加以辩难。他的这段文字，共有三处直接同历日相关：一云"日历"，二云"历日"，三云"典历主日"。"日历"与"历日"二者或有一误？我手中共有四种版本的《论衡》，情况如下：《诸子集成》本《论衡》、1974年上海人民出版社版《论衡》、1979年中华书局版《论衡注释》，都将原来的"日历"和"历日"各自保留，不加校改；而商务印书馆版黄晖《论衡校释》，则将"历日"改作"日历"。也许"日历"和"历日"本可并存，不必校改。但无论如何，我们都可看出，王充当年就将这种实用历本称作"历日"这样一个基本事实。

第二，东汉之后，三国人也称实用历本为"历日"。吴人杨泉曾撰《物理论》，其书虽残，但仍有一些佚文见之于后世典籍著录。唐人欧阳询所纂类书《艺文类聚》卷五《岁时下·历》载："杨泉《物理论》曰：……'昔神农始治农功，正节气，审寒温，以为早晚之期。故立历日。'"②是其证。

第三，南朝文献中亦载此类文字为"历日"。《梁书·傅昭传》载："[傅]昭六岁而孤，哀毁如成人者，宗党咸异之。十一，随外祖于朱雀航卖历日。"③另一梁人庾肩吾曾撰有《谢历日启》，内云："凌渠所奏，弦望既符；邓平之言，锱珠皆合……初开卷始，暂谓春留，未览篇终，便伤冬及"④云云。立春、春分等节气必在"历日"的开头，故云"初开卷始"；立冬、冬至等节气，必写于"历日"的后部，接近结尾，故云"未览篇终"。因此，庾肩吾这里所说的"历日"只能是实用历本，舍此别无

---

① 《论衡》，上海：上海人民出版社，1974年版，第268—269页。

② 〔唐〕欧阳询：《艺文类聚》，上海：上海古籍出版社，1965年版，第97页。

③ 标点本《梁书》，北京：中华书局，1973年版，第392—393页。

④ 〔唐〕欧阳询：《艺文类聚》，上海：上海古籍出版社，1965年版，第98页。

他求。

　　以上表明，我们可从历史文献中看到这些实用历本的原名就是"历日"。

　　第四，北朝人也是这样称呼的。敦煌石室出有《北魏太平真君十一年（450）、十二年（451）历日》①，是石室所出年代最早的历本。二历本除记明年代外，十一年只书"历"字，十二年则书作"历日"，我曾据后者将前者补足为"历日"。②这份历本虽以纸张为书写质材，但内容是每月一条，形制相当于汉简历本中的"简便年历"，可比照者有永光五年（前39）、永始四年（前13）等历本。③它可以用作旁证，证明秦汉时代的实用历本原名应作"历日"。

　　第五，经整理，敦煌文献中可以确定出准确年代的历日也有近40份，其中8份原有题名，如《宋雍熙三年丙戌岁（986）具注历日一卷并序》④等。在这近40份历日中，除前引北魏太平真君时代的那两份原称"历"及"历日"外，其余多是"具注历日"。我认为，唐宋时代的"具注历日"是由秦汉时代的"历日"演化发展而来的。这里需要考察一下出土《日书》的使用和中古时代书写质材的变化。20世纪以来，各地共出土了战国秦汉时代的《日书》十数种，今知其内容主要是供选择（即择日、择吉）使用的。在具体使用时，秦汉时代以至更早，《日书》应是配合历日对照着使用的。我推测，那时官府每年要颁定历日，告知月朔置闰，供社会各阶层人民生产和生活运用；但《日书》所载多是选择项目，必须对照历日才能实现择吉的目的。也就是说，《日书》虽与历日配合使用，但是其保存形式却是分开的：历日每年重新颁布，《日书》却相对稳定，变化不大，不需要经常修改。它们之所以要分别存在，同当时的书写质材是简牍密切

---

　　① 　原件今藏敦煌研究院，编号"敦研0368V"。

　　② 　见邓文宽：《敦煌天文历法文献辑校》，南京：江苏古籍出版社，1996年版，第101—110页。

　　③ 　参见陈久金：《敦煌、居延汉简中的历谱》，载《中国古代天文文物论集》，北京：文物出版社，1989年版，第111—136页。

　　④ 　编号P.3403，现藏法国国家图书馆东方珍本部。

相关。众所周知，简牍上能够书写的文字数量是有限的，不可能将那么多的选择内容都抄到历日的每天之下。我们从秦汉时代的历本上看到，直接抄上去的选择项目仅有"反支""八魁""血忌"等有限的几个，说明当时人们不是不想将更多的选择内容抄上去，只是条件尚不允许。而到了纸张能够批量生产，且成为基本书写质材的时代，文字容量大为扩大，将众多的选择事项分抄于每日之下，并说明该日的"宜"与"不宜"（亦即"忌"），一览便知，使用起来更为便捷。[①]这里要注意"具注历日"中"具注"二字的含义。"注"字当指"历注"，即年神、月神、日忌之类的历注和选择项目[②]；而"具"字，东汉许慎《说文解字》释作"共置"，即放在一起的意思。也即是说，原先"历日"与《日书》分别存在，现在可以将"历日"与选择项目合写在一起了，故而，其名称也由早期的"历日"演化为"具注历日"。

如果上述分析尚且合乎逻辑的话，则唐宋时代"具注历日"的名称也应成为我们考察秦汉时代实用历本原始名称的一把钥匙。反过来说，如果秦汉时代实用历本原名是"历谱"，那么，其演变的直接结果应是"具注历谱"，而不应是"具注历日"。然而，事实却并非如此。

概而言之，我认为以上理由能够支持将出土的这几十份秦汉实用历本定名为"历日"。

这里附带讨论一下山东临沂银雀山二号汉墓出土的那份所谓"元光元年历谱"的定名问题。这份历本是现存几十份秦汉实用历本中唯一有原始题名者，所以弥足重要。其原名为"七年□日"，第三个字因尚未确释，今用"□"代替。"七年"即汉武帝建元七年（前134），同年改年号为

---

① 前述北魏太平真君历日虽写在纸上，但形式仍同于汉简的"简便年历"，可以看作是一种过渡形态。同样，吐鲁番所出《高昌延寿七年（630）历日》，也是写在纸上的，但形制类同表格，相当于汉简中的"编册式横读"历日，亦属过渡形态［参邓文宽《吐鲁番新出〈高昌延寿七年（630）历日〉考》］。真正属于"具注历日"的，目前所见，最早者是出自吐鲁番古墓的《唐显庆三年（658）具注历日》（参邓文宽《跋吐鲁番文书中的两件唐历》）。

② 《唐六典》卷十四太常寺太卜署："凡历注之用六：一曰大会，二曰小会，三曰杂会，四曰岁会，五曰除建（建除），六曰人神。"见〔唐〕李林甫等撰、陈仲夫点校：《唐六典》，北京：中华书局，1992年版，第413页。

"元光"，亦即元光元年。但我们知道，历日都是在头一年年底前编定，而供新的一年使用的。因此，此历编写的时间当在建元六年（前135），其时改元"元光"尚未发生，"七年"是按照已有的"建元六年"预设的。整理者将此历日名称改为"元光元年"恐欠妥。我觉得，似应遵从其原始题名，且加注释，写作"建元七年（元光元年）□日"方妥。

就本文要讨论的问题来说，更关键的是我们用"□"代替的那个字。如果这个字清晰无误，那么一切问题早已迎刃而解，不在话下。然而，从图版上看，"日"字清晰无误，而此字却欠清晰，故有学者释作"觌（历）"或"觇（历）"，[①]也有学者认为是"视"字。[②]"历日"是一个名词语词，已如前述。"视日"二字也能搭配使用：一见前引王充《论衡·是应》篇"是则王者视日则更烦扰不省"；另见《史记·陈涉世家》所载："周文，陈之贤人也，尝为项燕军视日……"裴骃集解曰："如淳曰：'视日时吉凶举动之占也……'"[③]亦即周文为项燕看日时之吉凶以定是否举兵。这两处"视日"之"视"，都是"看"的意思，与前引王充文章中"视莢生落""欲视其莢""视堂下之莢"的用法无别，指一个看的动作。可以说，"视""日"二字是动宾关系，而非名词。然而，银雀山二号汉墓所出"七年□日"之"□日"，理应是一个名词，亦即"七年"的"□日"。显然，若释作"视日"，在这里恐扞格难通。退一步讲，即便从纯文字学的角度将此字隶定为"视"或别的字，亦应据历学校改为"历"。

以上这些认识是逐步形成的。以往我也未对"历日"与"历谱"严加区分，时常混用，并不比别人高明。现在将一些新认识提出来，旨在推进对这个问题的再思考。我真诚地欢迎学者们的不同意见乃至批评，以便获得真知灼见。

---

① 陈久金、陈美东：《临沂出土汉初古历初探》，载《文物》1974年第3期，第59—68页；吴九龙：《银雀山汉简释文》，北京：文物出版社，1985年版，第233页。

② 此属我道听途说，尚未见到正式文字发表。

③ 标点本《史记》，北京：中华书局，1959年版，第1954页。

附记："历谱"不能用来指称出土秦汉实用历本，最早是由法国巴黎高等研究实验学院马克·卡林诺斯基（Marc Kalinowski）教授提出的。2000年9、10月间，马克、刘乐贤和我在巴黎进行合作项目时曾议论，回国后我一直难于释怀，不断思考这个问题。我也曾同华澜博士（法国远东学院）、刘乐贤博士、吴九龙研究员交换过意见，文中还吸收了他们的一些看法和提供的资料。谨向上述四位学人致以诚挚的谢忱。

（原载《文物》2003年第4期，第44—47转51页）

中国古代的"历日"和"日历"

在中国古代，"历日"（含"具注历日"）和"日历"，在不同历史时段中都长期存在：前者是指导日用民生的时间安排，后者则是官编史书的一种编年资料；而且它们分别与今天的"日历"和"日记"存在着渊源。近日读史，获此认识，愿披露于此，与同好者分享，并望有识者指正。

早期中国以农立国，"不违农时"便成了编制历法的主要目的，先秦有所谓"古六历"者是。然而迄今所见最早的历本，则是秦始皇三十四年（前213）的实用历本。①此下直至东汉，写在简牍上的实用历本，已经出土了六七十份。至于其名称，我主张称作"历日"，但也有一些学者认为当称作"质日"，这个问题还可以继续讨论。不过，无论怎样称呼，都不能改变其实用历本的性质。

从文献记载中我们看到，目前所见，最早将此类实用历本称作"历日"者，是东汉的郑玄（127—200）。《周礼·春官·冯相氏》有句"以会天位"，郑玄注云："会天位者，合此岁日月辰星宿五者，以为时事之候，若今历日大岁在某月某日某甲朔日，直某也。"②所言"今历日"，当指郑玄在世时的东汉实用历本。

不过，东汉另一位著名人物，思想家王充（27—约97），却有将实用历本称作"日历"的记载。他在《论衡·是应篇》中说：

---

① 湖北省荆州市周梁玉桥遗址博物馆编：《关沮秦汉墓简牍》，北京：中华书局，2001年版，第93—96页。

② 影印本《十三经注疏》，北京：中华书局，1980年版，第618页下栏。

儒者又言："古者蓂荚夹阶而生，月朔，日一荚生，至十五日而十五荚，于十六日，日一荚落，至月晦荚尽。来月朔，一荚复生。王者南面视荚升落，则知日数多少，不须烦扰案日历（文宽按，别本作历日）以知之也。"夫天既能生荚以为日数，何不使荚有日名，王者视荚之字则知今日名乎？徒知日数，不知日名，犹复案历然后知之，是则王者视日则更烦扰不省，蓂荚之生，安能为福？……蓂荚生于阶下，王者欲视其荚……孰与悬历日于宸坐，傍顾辄见之也？……古有史官典历主日，王者何事而自数荚？……①

上引文字中，王充两次提到"历日"，所指无疑也是实用历本。他在《论衡·讥日篇》中又说：

《沐书》曰："子日沐，令人爱之；卯日沐，令人白头。"……子之禽鼠，卯之兽兔也。鼠不可爱，兔毛不白。以子日沐，谁使可爱？卯日沐，谁使凝白者？夫如是，沐之日无吉凶，为沐立日历者，不可用也。②

所谓《沐书》，是古代吉凶选择类书籍之一种。它设定"子"日、"卯"日等进行沐浴从而产生的吉凶祸福。因古代历日是用干支纪日的，所以，王充所言"为沐立日历者"，即为沐浴设定吉凶祸福的日历；又因它是将"选择书"与"历日"对照使用的，故王氏所言"日历"亦当指实用历本。

由于传世秦汉文献数量有限，故而到底是郑玄将实用历本称作"历

---

① 北京大学历史系《论衡》注释小组：《论衡注释》，北京：中华书局，1979年版，第998—1000页。

② 北京大学历史系《论衡》注释小组：《论衡注释》，北京：中华书局，1979年版，第1361—1362页。

日"，抑或王充将其称作"日历"，孰更具有普遍性？抑或其时两说并存？我们现在还难下断语。但汉代以后，将实用历本称作"历日"具有普遍性，却是不争的事实。三国杨泉《物理论》已残，一些佚文见于唐人欧阳询编纂的类书《艺文类聚》。其书卷五《岁时下·历》载："杨泉《物理论》曰：……畴昔神农始治农功，正节气，审寒温，以为早晚之期，故立历日。"[1]南朝也有将实用历本称作"历日"的。《梁书·傅昭传》载："［傅］昭六岁而孤，哀毁如成人者，宗党咸异之。十一，随外祖于朱雀航卖历日。"[2]而在北朝，敦煌石室出有《北魏太平真君十一年（450）、十二年（451）历日》。[3]这就是说，实用历本在南北朝均名"历日"。

在公元400年前后，我国古代的书写材料发生过一次巨大变化。此前以竹木简牍为主，此后由于纸张的大量普及，变成文字主要书写在纸上了。常识告诉我们，竹简虽可编连在一起使用，但其所能容纳的文字数量仍然是十分有限的。纸张则不同。虽然它远在西汉时即已产生，但尚未普及。而一旦变成价廉物美的普通书写质材，势必会受到欢迎。因为它不仅容量大，而且更方便携带。此前，我国的民用历日担负着两种主要功能：一是依据二十四节气等安排农业生产，不违农时，以便获得好收成；二是与选择类《日书》相结合，寻找吉日良辰，趋吉避凶。近代以来，出土秦汉简牍中所见《日书》已有十几种，而它们均是结合"历日"使用才能达到选择目的的。历日干支等年年有变，而《日书》却是格式化了的内容，从而只有将二者结合起来才能实现择吉的目的。但由于简牍能够容纳的内容有限，所以出土秦汉简牍历本上虽也有少量选择内容，却十分有限。进入以纸张为主要书写质材的时代，由于其容量大，携带方便，人们便可将"历日"与《日书》类的选择内容合并书写在一起，直观每日做事的宜与不宜、吉与不吉了。这就比简牍时代方便得多。我们从敦煌吐鲁番文献中看到，除了少数历本因其格式、内容与简牍上的同类历本相同或相似，仍

---

① 影印本《艺文类聚》，上海：上海古籍出版社，1983年版，第97页。
② 标点本《梁书》，北京：中华书局，1973年版，第392—393页。
③ 原件今存敦煌研究院，编号"敦研0368V"。

名"历日",如上引北魏太平真君历日外,其余有完整题名者则多被称作"具注历日"。"注"当然是指历注,包括二十四节气、七十二物候、各种典礼以及选择内容;而"具"字,东汉许慎《说文解字》云:"共置。"亦即放在一起。如前所言,简牍时代,"历日"与《日书》类选择书是分别书写并存在着的,而现在将其内容放在一起了,故名"具注","历日"也就顺理成章地演变成"具注历日"。

这种具注历日,除近世从敦煌、吐鲁番、黑城等地出土了为数不少的写本外,传世最早者是《南宋宝祐四年丙辰岁(1256)会天万年具注历》。[1]明代则有各年的《大统历》。[2]至清代,历日曾被称作"时宪书"。然而究其实,原本名称也是"时宪历",仅因时人避乾隆帝名讳(弘历)才改"历"为"书"的。

从上面所述可知,在从秦至清代的2000余年间,中国古人多将实用历本称作"历日"或"具注历日"。虽然早期也可能有别的称呼,东汉王充也曾称其为"日历"(是否因文本演变过程中发生讹误?我们尚无从按断),但从出土材料和传世文献可知,在多数时段内,其基本情况则是,早期被称作"历日",中古以后又被称作"具注历日"。

本文以下将要讨论的"日历",与实用历本的"历日"则完全不同,它产生于唐代,而且仅是官修史书所据编年资料的一种。

《唐会要》卷六十三"修国史"载:

> 贞元元年(785)九月,监修国史宰臣韦执谊奏:"伏以皇王大典,实存典册,施于千载,传述不轻。窃见自顷以来,史臣所有修撰,皆于私家记录,其本不在馆中。褒贬之间,恐伤独见;编纪之际,或虑遗阙。从前以来,有此乖阙。自今以后,伏望令修撰官各撰日历,凡至月终,即于馆中都会,详定是非,使置姓名,同共封镵。

---

① 见任继愈总主编,薄树人主编:《中国科学技术典籍通汇·天文卷》(第一册),郑州:河南教育出版社,1997年版。

② 参见《国家图书馆藏明代大统历日汇编》,北京:北京图书馆出版社,2007年版。

除已成实录撰进宣下者，其余见修日历，并不得私家置本。仍请永为常式。"从之。①

唐德宗贞元元年（785）成为中国古代官编史书撰写"日历"的开始。其时宰相韦执谊监修国史。他之所以提出这一动议，是看到"史臣所有修撰，皆于私家记录，其本不在馆中"。我们知道，唐代之前，中国古代的史书基本都是由个人完成的，至唐为之一变。唐承隋制，原本在秘书省设有著作局，内设著作郎，负责修史。贞观三年（629），唐太宗设立史馆，从秘书省独立出来，由宰相监修史书，开始了史学史上官修史书的历史。"夫监者，盖总领之义耳。"②宰相总领史馆修史，表明对修史的重视。但是，不容忽视的是，古代史书多由个人修撰，唐代虽设立了"史馆"这一专门机构，且由宰相等重臣监修，但仍然存在着个人修史的习惯，韦执谊所言"皆于私家记录，其本不在馆中"，当是实情。这样就难免"褒贬之间，恐伤独见；编纪之际，或虑遗文"的发生。为了克服这些已经存在的弊端，他才呈请"自今以后，令修撰官各撰日历"，至月末进行汇总，详定是非。同时他要求，已经撰进宣下的"实录"可以公布，正在修撰的"日历"个人不能抄写外传。这些均被唐德宗李适加以认可并开始实行。

遗憾的是，唐代史官撰写的"日历"，迄今一份也未留存下来。唐末经黄巢起义，"天街踏尽公卿骨，内库烧作锦绣灰"，史馆保存的"日历"大概在此时也一并焚毁了。但宋代的史料告诉我们，唐代史官确曾编撰过"日历"。《宋史·艺文志》载"《唐僖宗日历》一卷"③"《唐天祐二年（905）日历》一卷"④，均可作证。至于五代时史馆撰写"日历"，《宋史·艺文志》也有记载："《显德日历》一卷，周扈蒙、董淳、贾黄中撰。"⑤宋代此类作品更多，有"《宋高宗日历》一千卷，《孝宗日历》二

---

① 影印本武英殿聚珍版《唐会要》，京都：中文出版社，1978年版，第1097页。
② 影印本武英殿聚珍版《唐会要》，京都：中文出版社，1978年版，第1107页。
③ 标点本《宋史》，北京：中华书局，1977年版，第5094页。
④ 标点本《宋史》，北京：中华书局，1977年版，第5088页。
⑤ 标点本《宋史》，北京：中华书局，1977年版，第5091页。

千卷,《光宗日历》三百卷,《宁宗日历》五百一十卷,重修五百卷"[1];"《理宗日历》二百九十二册,又日历一百八十册"[2];"汪伯彦《建炎中兴日历》一卷"[3]。由上可知,由唐经五代至宋,史官修撰"日历"的传统一直延续了下来,而且被发扬光大。

我们还想知道,"日历"作为一种官修的编年资料,其在古代史书修撰中处在何等位置,起什么作用。这就又要涉及另外两种史料——"起居注"和"时政记"了。

古代左史记言,右史记事,是一项行之久远的制度。唐人李吉甫曾说:"古者左史记言,今起居郎是也;右史记动,今起居舍人是也。"[4]可知,古代左、右史跟随皇帝,分别记录其言和行,这一传统在唐代依旧保留着,只是官名有所变化而已。唐代产生的新事物则是"时政记"。武周长寿二年(693),文昌左丞姚璹以为,左右史只能在殿廷上记录皇王言动,而下朝后皇帝只与近臣如宰相等接触,所言与军国大事有关者,却因起居郎、起居舍人不在场而缺记。他奏请这一"仗下所言"当由宰相记录下来,每月封送史馆,称为"时政记"[5]。这样,源自古代的"起居注",武周时新产生的"时政记",以及德宗贞元元年(785)新兴的"日历",三者都成了修撰实录和史书的基本史料。历史学家李宗侗先生曾解释说:"著作郎合起居注及时政记编成日历;至下一朝,史官更用日历修成前朝之实录;以后修国史时,更用实录参以日历而成本纪;此国史与实录及起

①　标点本《宋史》,北京:中华书局,1977年版,第5090页。
②　标点本《宋史》,北京:中华书局,1977年版,第5091页。
③　标点本《宋史》,北京:中华书局,1977年版,第5093页。
④　影印武英殿聚珍版《唐会要》卷六十四"史馆杂录下",京都:中文出版社,1978年版,第1109页。
⑤　影印武英殿聚珍版《唐会要》卷六十三"史馆杂录上",京都:中文出版社,1978年版,第1104页。

居注之互相关系也。"①简言之，起居注和时政记是日历的基础，日历又是实录的基础，日历和实录又共同构成编撰国史的基础。李先生的见解无疑是正确的。我要补充强调的是，起居注、时政记和日历是当时人撰写的文字，实录则是下一朝为上一朝所撰写的，本纪和其他正史则是后世人为前世人而写的。从这个过程也可看出，唐初虽设立了史馆，但制度尚未健全，姚璹提议修时政记，韦执谊提议修日历，其实都是完善并健全官修史书的措施，在中国史学史上均应占有一席之地。

前已言及，由于兵燹，唐人的日历一份也未留存下来。但我们又知道，各代实录是根据日历编撰而成的，亦即是说，可以从实录中窥见日历的内容。幸好，唐代大文豪韩愈撰写的《顺宗实录》却是保存下来的。我们不妨一试。

《全唐文》卷五六〇《顺宗实录二》载：

> 二月甲子，上御丹凤门，大赦天下。自贞元二十一年二月二十四日昧爽以前，大辟以下，罪无轻重，常赦所不原者，咸赦原之。……旧事，宫中有要市外物，令官吏主之，与人为市，随给其直。贞元末，以宦者为使，抑买人物，稍不如本估。……乙丑，停盐铁使进献。旧盐铁钱物，悉入正库……三月庚午朔，出后宫三百人。辛未，以翰林待诏王伾为翰林学士。壬申，以故相抚州别驾姜公辅为吉州刺史，前户部侍郎判度支汀州别驾苏弁为忠州刺史，追故相忠州刺史陆贽郴州别驾，郑余庆前京兆尹、杭州刺史，韩皋前谏议大夫；道州刺史阳城赴京师。德宗自贞元十年以后，不复有赦令，左降官虽有名德才望，以微过忤旨谴逐者，一去皆不复叙用。至是人情大悦。而陆贽、阳城皆未闻追诏，而卒于迁所，士君子惜之。癸酉，出后宫并教

---

① 李宗侗：《中国史学史》，北京：中华书局，2010年版，第78页。《文献通考》卷一九四"经籍廿一"："《高宗实录》一千卷，国史日历所李焘等修进，自为序，略曰：日历起初潜讫内禅，用春秋四系之法，杂取左右史起居注、三省密院时政记，及百司移报，综错成章，凡关于时，靡不毕载。前后所论著，共成一千卷，卷为一册，总一千册。"（影印本《文献通考》，北京：中华书局，1986年版，第1645页中栏）足为李氏之论佐证。

坊女妓六百人,听其亲戚迎于九仙门。百姓相聚,欢呼大喜……①

上引《顺宗实录》的时间是二月甲子至三月癸酉共十天。但实际记事者仅甲子、乙丑、庚午、辛未、壬申、癸酉共六日,其余四日未书,当由于此四日无大事可书的缘故。但这不等于说,在日历的原始形态上这四日就是空白。因为日历来源于起居注和时政记,即便这四日内没有有关军国大事的内容,属于起居注的皇帝言行却不可能没有。只是韩愈撰写实录时,认为这四日的内容琐屑,故加删除而已。另一方面,甲子日在记完当日之事后,又用"旧事"起头,叙述了唐代宫市之弊;乙丑日又用"旧盐铁钱物"起句,叙述唐代的盐铁制度;壬申日在讲完官员赦免叙官后,又讲到德宗自贞元十年后不复有赦令云云。这些均不应是原始日历的当日内容,而是实录编撰者综合一个时段内的政事,进行综合叙述的结果。虽然实录是对日历进一步加工的结果,但其中必然保留了日历的原始内容,则是大体可以肯定的。

关于唐代设日历对后世史学的影响,我们在本文前面已介绍了宋代几朝皇帝的日历,不再重复。至辽代,《辽史·圣宗记》载:"[统和二十九年(1011)]五月甲戌朔,诏已奏之事送所司附《日历》。"②可知辽代有修日历的制度。至于金代,李宗侗先生曰:"金代史较辽代为详,盖实录、起居注、日历大部完备。比如章宗时,修起居注官在视朝时,则侍立左右,又令及第左右官一人编次日历,皆所以重纪录也。……《金史》共一百三十五卷,纪、志、表、传皆备,因其所凭藉之史料充足,故其首尾完密,条例整齐,在宋、辽、金三史中最为完善。"③"元代不置日历及起居注官,只于中书省置时政科,以档案付史馆,下一代则据以修实录;故元代无日历及起居注,至世祖以后方有实录。"④

① 影印本《全唐文》,北京:中华书局,1983年版,第5662页下栏—5663页下栏。
② 标点本《辽史》,北京:中华书局,1974年版,第169页。
③ 李宗侗:《中国史学史》,北京:中华书局,2010年版,第99页。
④ 李宗侗:《中国史学史》,北京:中华书局,2010年版,第137页。

关于日历对我国官修史学的作用,明人徐一夔所言可谓中其肯綮。今引述如下,以见一斑:

> 近世论史者,莫过于日历。日历者,史之根柢也。自唐长寿中,史官姚璹奏请撰时政记;元和①中,韦执谊又奏撰日历。日历者以事系日,以日系月,以月系时,以时系年,犹有《春秋》遗意。至于起居注之说,亦专以甲子起例,盖纪事之法无逾此也。
>
> 往宋极重史事,日历之修,诸司必关白:如诏诰则三省必书,兵机边务则枢司必报;百官之进退,刑赏之予夺,台谏之论列,给舍之缴驳,经筵之论答,臣僚之转对,侍从之直前启事,中外之囊封匦奏;下至钱谷、甲兵、狱讼、造作,凡有关政体者,无不随日以录。犹患其出于吏牍,或有讹失,故欧阳修奏请宰相监修者,于岁终检点修撰官日所录事,有失职者罚之。②如此则日历不至讹失,他时会要之修取于此,实录之修取于此,百年之后纪、志、列传取于此。此宋氏之史所以为精确也。③

不过,让我感觉为之吊诡的是,古代的历日和日历在经过长久的传承与嬗变后,今日虽然其孑遗犹存,但名称却发生了变化。当代人几乎家家都有一本乃至几本"日历",用以指导生产、生活和休假,这是由古代"历日"演变下来的。今日之"日历"与古代之"历日"的主要区别,在中国大陆是删除了吉凶宜忌的选择内容,而在我国港、澳、台地区以及日本,连选择内容也保留了下来,但名称却不再是"历日",而是"历"或"日历"了。至于唐贞元以来官家所修的"日历",在当代已经不再是修史的基础史料了。因其在古代主要记载官方尤其是皇家之事,因此我称其为

---

① "元和"误,当作"贞元"。
② 欧阳修所论,见其奏议集卷十二《铨部·翰苑》之"论史馆日历状",载《欧阳修全集》,北京:中国书店,1986年版,第849—851页。
③ 标点本《明史·文苑传》,北京:中华书局,1974年版,第7322页。

"国家日记"。到了今天,"日记"这种形式已经变成主要是个人依日系事的记录了。这里还要指出的是,在官家"日历"存在的时代,个人日记业已出现,《宋史·艺文志》载有"朱扑《日历》一卷"[①],或是。也有的干脆就叫"日记",如"《德佑事迹日记》四十五册"[②]。也有称作"日录"的,如"《司马光日录》三卷"[③],"录"亦"记"也。"日历""日记""日录",其名虽异,其实一也,今则统名之为"日记"。

[原载(日本)东方学研究论集刊行会编《高田时雄教授退休纪念东方学研究论集》(中文分册),京都:临川书店,2014年版,第41—48页]

---

① 标点本《宋史》,北京:中华书局,1977年版,第5114页。
② 标点本《宋史》,北京:中华书局,1977年版,第5091页。
③ 标点本《宋史》,北京:中华书局,1977年版,第5106页。

简牍时代吉日选择的文本应用

——兼论"具注历日"的成立

如同当代人一天也离不开"日历"一样，我们的祖先进入文明社会以后，一天也不能没有"历日"。古代历日的功能，除了指示时间外，同时担负着识别吉凶宜忌、选择吉日良辰、指导民生的作用。那么，在以简牍为书写质材的时代，这项"选择"工作是如何进行的？"历日"和《日书》文本又是如何应用的？进入用纸张书写的时代，相应地发生了怎样的变化？"历日"又是如何演进为"具注历日"的？这些，正是本文要回答的问题。

一 《孔雀东南飞》和孔家坡汉简昭示的历史内容

众所周知，《孔雀东南飞》（原名《古诗为焦仲卿妻作并序》），是东汉末建安年间（196—220）产生的一部长篇叙事诗。[1]故事的主人翁是庐江府小吏焦仲卿与其妻刘兰芝。因刘氏不见容于婆母，于是被遣，返回娘家。兰芝发誓不再嫁人，但被家人逼迫改嫁，无奈投水而死；焦仲卿得知，亦自缢于庭树。故事感天泣鬼，无名氏便用诗歌形式记录下来，迄今已经流传了1800余年。诗中讲到刘兰芝被家人所逼，开始曾答应再嫁时，

---

[1] 见吴冠文、谈蓓芳、章培恒：《玉台新咏汇校》，上海：上海古籍出版社，2014年版，第77—86页。

有一段文字与本文的研究主旨有关，今移录如下：

> 兰芝仰头答：理实如兄言。谢家事夫婿，中道还兄门。处分适兄意，那得自任专？虽与府吏要，渠会永无缘。登即相许和，便可作婚姻。媒人下床去，诺诺复尔尔。还部白府君：下官奉使命，言谈大有缘。府君得闻之，心中大欢喜。视历复开书，便利此月内，六合正相应。良吉三十日，今已二十七，卿可去成婚。①

引文最末几句，显然是选择吉日良辰，准备举办婚礼。其中有"视历复开书，便利此月内，六合正相应"，说的正是选择吉日的事情。而最引起我关注的是"视历复开书"五字。"历"指历日，"视历"也就是"看历日"；"开书"之"书"当指《日书》。最近几十年出土了十余种《日书》，使我们对《日书》内容有了相对深入的认识，它是供择吉避凶使用的。这其中的"开"字有误。据上引《玉台新咏汇校》校注四一："'开'，活字本作'阅'。"②这里所说的"活字本"是指明代五云溪馆铜活字本。③应该说，铜活字本作"阅"是正确的。因为"阅书"就是阅览《日书》，而"开书"却意难索解。"阅"字误成"开"，当因二字繁体形近致讹。

为什么汉代人选择吉日良辰时，既要"视历"，又要"阅书"呢？因为其时历日和《日书》是分开抄写的。之所以要分开，是由于这两种文本的内容有"变"与"不变"之别：变的是历日，不变的是《日书》。每年同一个月的大小会变，同一日期的纪日干支也会变；纪年干支（东汉始用）、四时八节的干支，以及元日（正月初一）的干支等都会变。而《日书》所标明的吉凶宜忌却是一个固定程序：众多年神、月神、日神甚至时神各自所主的吉与凶，只有同相应的年干支、月干支（唐代始用）、日干

---

① 吴冠文、谈蓓芳、章培恒：《玉台新咏汇校》，上海：上海古籍出版社，2014年版，第80页。

② 吴冠文、谈蓓芳、章培恒：《玉台新咏汇校》，上海：上海古籍出版社，2014年版，第85页。

③ 吴冠文、谈蓓芳、章培恒：《玉台新咏汇校》，上海：上海古籍出版社，2014年版，"前言"第6页、"校勘凡例"第1页。

支或单独的干和支与"神煞"对上号后，才能显示其所主是吉还是凶。这就是说，在简牍时代，单靠"视历"或者单靠"阅书"，是不能实现择吉日的的，只有将两者结合使用，"视历复阅书"，才能实现选择吉日良辰的目的。

如果说《孔雀东南飞》的作者，在叙事时无意但很正确地告知了我们简牍时代吉日选择的文本应用，那么，出土文献也为此提供了有力的佐证。20世纪末的1998至2000年，考古工作者在湖北省随州市孔家坡征地区域内进行了考古发掘。其中M8是在西汉景帝后元二年（前142）下葬的。[①]该墓出土文物里既有竹简，也有木牍。《发掘报告》云："竹简二组，出土于M8椁室头箱位置的两侧，由于墓坑早年积水淤泥，出土时，竹简混于墓葬淤泥之中，保存状况略差，两组竹简出土时各集中为堆状，按照两组竹简的内容，可分为《日书》简和《历日》简。"[②]由《日书》简和《历日》简同时置放于椁室的头箱两侧，我推测，M8的墓主人生前很可能是一个"日者"，即他是以给别人选择吉日良辰为谋生手段的。

湖北随州市孔家坡M8的下葬年代为公元前142年，《孔雀东南飞》产生于汉末建安年间（196—220），前后相距300余年。但历日和《日书》均是分别抄写的。至于孔家坡历日和《日书》如何使用，《孔雀东南飞》中的"视历复阅书"，已经作了十分真切的描述。这便是简牍时代吉日选择的文本应用，也可见汉代日者"工作"风貌之一般。

二　从"历日"到"具注历日"的演进

那么，"历日"又是如何演进成"具注历日"的呢？对此，我有如下四点认识。

---

① 湖北省文物考古研究所、随州市考古队编:《随州孔家坡汉墓简牍》，北京:文物出版社，2006年版，"发掘报告"第33页。

② 湖北省文物考古研究所、随州市考古队编:《随州孔家坡汉墓简牍》，北京:文物出版社，2006年版，"发掘报告"第29页。

（一）历本"自题名"不能作为区分"历日"和"具注历日"的依据

我们注意到，一些自题名为"历日"的历本，内容却是"具注历日"。比如陈昊研究过的唐《永淳三年（684）历日》自题名是"历日"，但其内容却是"具注历日"。我们试作比较如下：永淳三年历日正月"十日癸巳水定　岁对、小岁后、母仓、往亡"；三月"廿四日景（丙）午水满　岁后、母仓，修宅葬吉"。①出自敦煌归义军时代由翟文进编撰，自题名为"太平兴国七年（982）壬午岁具注历日并序"的宋代历本，其正月十日的内容是："蜜十日壬寅金建，蛰虫始振，岁前、天门、煞阴、不将，嫁娶移徙吉，人神在腰背，日游在内。"②这两种原有自题名的历本，虽然题名有"历日"和"具注历日"的差异，"历注"内容也有多少不同，但都含有"历注"则是相同的。而敦煌所出北魏《太平真君十一年（450）历》和《太平真君十二年（451）历日》，其自题名是"历"或"历日"，相应内容也就十分简单。如十一年正月的全部内容是："正月大，一日壬戌收，九日立春正月节，廿五日雨水。"③可见，传统的"历日"内容比"具注历日"的内容要简单得多。像《永淳三年（684）历日》那样自题名与内容不一致的出土历本，还有敦煌文献 P.2797《己酉年（829）历日》和 P.2765《甲寅年（834）历日》。④虽然它们自题名是"历日"，但实质内容与完本"具注历日"却毫无二致。此外还有传世由日僧圆仁抄录的《开成五年（840）历日》（详下）。

（二）"具注历日"和"历日"的区别在于有无"历注"

在研究名物时，最基本的要求是循名责实。"历日"和"具注历日"的区别在于"具注"二字，因此，我们必须详考"具注"二字的确切含义，因为历史文献并未给我们留下现成的答案。

---

①　陈昊：《吐鲁番台城塔新出唐代历日研究》，载《敦煌吐鲁番研究》第十辑，上海：上海古籍出版社，2007 年版，第 212、213 页。

②　邓文宽：《敦煌天文历法文献辑校》，南京：江苏古籍出版社，1996 年版，第 560—587 页，引文见第 567 页。

③　邓文宽：《敦煌天文历法文献辑校》，南京：江苏古籍出版社，1996 年版，第 101 页。

④　邓文宽：《敦煌天文历法文献辑校》，南京：江苏古籍出版社，1996 年版，第 135—159 页。

先说"具"字。东汉许慎《说文解字》云："具，共置也。从廾从贝省，古以贝为货（其遇切）。"今人将这几句话译作："具即准备；备办。会意字，以廾、贝省表示双手持贝，古时以贝壳为货币，可用以置办一切。"①清人段玉裁注曰："共、供古今字，当从人部作'供'。"②1979年版《辞源》释"具"字有"供置、供设""备办""具有""完备"诸义（其余义项从略）。故知，所谓"供置"即提供、备办、具有之义。

再说"注"字。《唐六典》卷十"秘书省·太史局"："司历掌国之历法，造历以颁于四方。"同书卷十四"太常寺·太卜署"："凡历注之用六：一曰大会，二曰小会，三曰杂会，四曰岁会，五曰除建（建除），六曰人神。"③上举六种"历注"内容正是"具注历日"中"注"字的具体含义，当然，事实上的历注内容比这六种还要多许多。

根据上述对"具""注"二字各自含义的考释可知，"具注历日"中"具注"二字的意思是"提供或备有历注"，"具注历日"也就是"提供或备有历注的历日"。

那么，历史上是否有过不提供历注的"历日"呢？有的。本文上节已指出，简牍时代，历日和《日书》是分开抄写的，历日中虽然也有极少量的神煞名目，如反支、往亡、建除等，但却没有如《唐六典》所规定的那些历注名目，更没有相关用事（吉凶宜忌）的内容。这种情况，即使到了5—7世纪也还存在，如上文所举北魏《太平真君十一年（450）历》和《太平真君十二年（451）历日》，以及吐鲁番出土的《高昌延寿七年（630）历日》。④

以上所论说明，"历日"和"具注历日"的根本区别在于："历日"不包含历注（或只有极少数历注），而"具注历日"却含有历注，尤其是

---

① 李恩江、贾玉民主编：《说文解字译述全本》，郑州：中原农民出版社，2000年版，第241页。

② 〔汉〕许慎撰，〔清〕段玉裁注：《说文解字注》，上海：上海古籍出版社，1988年版，第104页。

③ 〔唐〕李林甫等撰，陈仲夫点校：《唐六典》，北京：中华书局，1992年版，第303、413页。

④ 邓文宽：《邓文宽敦煌天文历法考索》，上海：上海古籍出版社，2010年版，第242—254页。

《唐六典》所规定的那六种历注内容。

（三）书写质材由简牍变为纸张，是"具注历日"成立的物质条件

秦汉时代，书写质材基本上是竹简和木牍，这已为出土实物所证实。这种书写材料一是笨重，二是上面所能书写的文字内容十分有限。受其制约，再加上本身存在"变"与"不变"的差异，历日和《日书》就只能分开书写，再合起来使用，自然很不方便。但自东汉蔡伦改进造纸技术起，纸张便一步步代替了简牍而成为书写材料。约在公元400年左右，纸张基本上取代了简牍作为书写材料的地位。纸张的优点是不言而喻的：首先是它能承载的书写内容比简牍扩大了许多倍；再是十分轻便，易于携带。这两项优点，非常有利于人类知识的积累和传播，后世被纳入"四大发明"之一，原因也正在此。或者说，纸张的优点，正是它克服掉了简牍的那些缺陷，向前跨越了一大步。也因此，以纸张取代简牍作为书写质材成为历史的必然。既然"纸张时代"已经到来，那么原来用简牍抄写的历日和《日书》，也就会改用纸张抄写。但此时"历日"的性质仍未改变。只要历本上面没有提供"历注"，在用它择吉时，就只能像简牍时代那样，仍然离不开另行抄写的《日书》，即只有将二者对照使用才能实现择吉的目的。换言之，纸张的使用并不意味着"历日"就一定会变为"具注历日"；但没有纸张的使用，"历日"就不可能变为"具注历日"，因为"具注历日"所承载的那些"历注"内容，简牍时代都是另外抄在《日书》上的，只有使用了纸张，才能把"历日"和"历注"合编在一起，从而使"历日"变成"具注历日"。社会在一步步往前走，人类也总是在寻找方便和快捷。当物质条件成为可能的时候，人们就会把以前的不方便改进为方便，具注历日就是这样产生的。我们看一下吐鲁番阿斯塔那201号墓残存的唐显庆三年（658）历日的七月："廿三日癸卯金危，岁后、结婚、移徙、斩草吉。"[1]其中"廿三日癸卯"属于"历日"内容；"金"属六甲纳音，"危"属建除，"岁后"属于神煞内容，"结婚、移徙、斩草吉"属于"用事"即

---

① 国家文物局古文献研究室、新疆维吾尔自治区博物馆、武汉大学历史系编：《吐鲁番出土文书》（释文本）第6册，北京：文物出版社，1985年版，第73—76页。

选择，这四项均属于"历注"，此前它们都是被写在《日书》上的。原来分开抄写的内容，现在不仅合编在一起了，而且也直接给出了选择结果：今天干什么吉利或者不适宜，一目了然，使用者会极感方便——"历日"变成"具注历日"同样是历史的必然。但若是没有书写质材的这种变化，这项进步则是无从实现的。

（四）具注历日产生于唐初或更早

依据循名责实的原则，不论其自题名如何，凡提供"历注"的就是"具注历日"，否则就只是"历日"而不是"具注历日"。我们注意到，"具注历日"在唐朝初年已经出现，如上引《唐显庆三年（658）历》。这里我们更不能忽视《唐六典》的规定。它是唐代的行政法典，是"一部以唐代中央及地方各级官吏的名称、员品、职掌为正文，以其自《周官》以来之沿革为注文的《六典》。"①前文我们引过《唐六典》"凡历注之用六"云云，它是用国家行政法典的形式对"历注"内容所做的规定。出土历本证实，不论是在《唐六典》成书之后的历本上，抑或在其成书之前的历本上，"历注"都是存在的。而《唐六典》成书于开元二十六年（738）。如果我们非要给"具注历日"的产生划定一个时间界限的话，无论如何它都不可能晚于唐开元二十六年（738）。因为《唐六典》规定了哪些"历注"必须编进历日，而负责编制历日的太史局人员正是依此执行的。事实上，此前它早已存在，《唐六典》只是以国家法典的形式加以确认而已。

三 对敦煌吐鲁番"自题名"历本性质的辨识

根据上文所确定的区分"历日"和"具注历日"的标准，下面对敦煌吐鲁番出土以及传世所见有自题名历本的性质逐一进行辨识。

1.《太平真君十一年（450）历》《太平真君十二年（451）历日》（敦研0368背）。此件自题名"历日"（十一年脱"日"字），内容不包含"历

---

① 〔唐〕李林甫等撰，陈仲夫点校：《唐六典》，北京：中华书局，1992年版，第1—2页。

注"，所以属于"历日"。

2.《永淳三年（684）历日》（吐鲁番台城塔 2005TSTI）。此件虽然自题名为"历日"，但其内容却是具注历日。因此，它属于"具注历日"而非"历日"。名实相悖。

3.《己酉年（唐大和三年，829）历日》（敦煌文献 P.2797）。此件自题名为"历日"，但内容却含有"历注"。因此，它属于具注历日而非"历日"。名实相悖。

4.《甲寅年（唐大和八年，834）历日》（敦煌文献 P.2765）。此件也是原有自题名"历日"，但其内容却有"历注"。因此它属于具注历日而非"历日"。名实相悖。

5.《开成五年（840）历日》（日僧圆仁抄本，出自《入唐求法巡礼行记》[①]）。此件自题名为"历日"，但是末尾又有题记曰："右件历日具注勘过。"它是历日还是具注历日呢？我们注意到其中的一些内容是纯"历日"所没有的。原件自题名为"开成五年历日"，但紧随其下便有"干金支金纳音木"，这个内容是典型的"具注历日"才有的。正月历日里有"四日得辛"，这个短语通常只出现在"具注历日"的序言里。其余相关日期所注的二十四节气、春秋二社日、三伏和腊日，是以前纯"历日"的内容；但各日之下所注六甲纳音和建除，以及注了四次"天赦"，则属于"具注历日"的内容。据此，我认为此件属于完本具注历日的节抄本，其性质仍然是"具注历日"而非"历日"。名实相悖。

6.《中和二年（882）具注历日》（敦煌文献 S.P.10）。此为一印本历日，仅残存首端几行文字，历日部分的内容无从见着。但从其自题名"具注历日"，可以认为它已包含了"历注"，当属具注历日。

7.《贞明八年[②]岁次壬午（922）具注历日一卷并序》（敦煌文献

① ［日］释圆仁著，白化文、李鼎霞、许德楠校注：《入唐求法巡礼行记校注》，石家庄：花山文艺出版社，1992年版，第198页。

② 后梁贞明实有七年，但当时敦煌与中原联系不畅，不知已改年号，故历日有八年和九年的。本书其他类似情况不另作注。

P.3555背）。原件自题名"具注历日"，内容确也包含"历注"，当属具注历日。

8.《大唐同光四年（926）具历一卷并序》（敦煌文献 P.3247背加罗1）。此件是五代后唐年间的历本，后唐奉唐朝正朔，故自称"大唐"。又将"具注历日"省作"具历"。其历中含有"历注"，故属于具注历日。

9.《唐天成三年戊子岁（928）具注历日一卷并序》（敦煌文献北图新0836=BD14636）。此件之"唐"也是指五代后唐。仅存自题名和历日序言中的一部分，历日部分的内容尚不可见。但据自题名，当属具注历日。

10.《显德三年丙辰岁（956）具注历日并序》（敦煌文献 S.0095）。此件为五代后周历本，自题名为"具注历日"，内容包含了"历注"，当属具注历日。

11.《显德六年己未岁（959）具注历日并序》（敦煌文献 P.2623）。也是五代后周历本。自题名"具注历日"，实际内容包含了"历注"，当属具注历日。

12.《太平兴国三年（978）应天具注历日》。此件是北宋历本。自题名"具注历日"，仅存历序部分，无从见到历日内容。但入宋以后，具注历日已十分普遍，我推测它是有"历注"的，故将其归入具注历日。

13.《太平兴国六年辛巳岁（981）具注历日并序》（敦煌文献 S.6886背）。此件自题名"具注历日"，含有"历注"，属于具注历日。

14.《太平兴国七年壬午岁（982）具注历日并序》（敦煌文献 S.1473加 S.11427B背）。此件自题名"具注历日"，含有"历注"，当属具注历日。

15.《雍熙三年丙戌岁（986）具注历日并序》（敦煌文献 P.3403）。此件首尾完整，自题名"具注历日"，全年各日均有"历注"，属于具注历日。

16.《端拱二年（989）具注历日》（敦煌文献 S.3985加 P.2705）。此件自题名"具注历日"，历中包含了"历注"，属于具注历日。

17.《淳化四年癸巳岁（993）具注历日》（敦煌文献 P.3507）。此件只存正、二、三月的内容，年序内容全部省除未抄，月序内容也已全省。历日部分，属于"历注"者几乎全部省掉，只留下最实用的那些内容如二十四节气、物候、上下弦、蜜日等。但个别日期仍然包含了"具注历日"应有的完整内容，如正月一日是："一日庚寅木除，水泽腹坚，嫁、修、符、葬吉。"据此，它应属于具注历日，当为一节抄本。

对于以上17件原有自题名的历本，我们根据"历日"和"具注历日"的区别标准，即"具注历日"是含有"历注"的，"历日"则不含"历注"，逐一进行了辨识。应该说，绝大多数还是名实相副的，名实相悖的只有2、3、4、5共四件。

除了上述这些有自题名的历本外，由于出土时多数已经残破不全，很多历本我们无从见到其原来的自题名。不过，有了区分的标准后，就不难确定其性质了。目前所见，含有"历注"的历本，最早者是吐鲁番出土的《唐显庆三年（658）具注历日》，各日内容已包含了"具注历日"的基本要素，见前所引，这里不赘。这些内容与后世那些自题名"具注历日"的历本毫无二致，显然其性质属于"具注历日"而非"历日"。

那么，类似唐高宗显庆三年（658）这样实质上的具注历日，唐王朝最初以国家名义颁布时是如何为其冠名的呢？是"历日"，还是"具注历日"？也许它们就像唐《永淳三年历日》那样，由于受到历史惯性的影响，名称仍然是"历日"，但实质内容却已改变，于是出现了"名实相悖"的现象。这说明，历本的实质内容虽然已经起了变化，但人们（尤其是太史局那些编历者）的认识却没有能够及时跟进。随着时间的推移，人们的认识逐步提高了，发现必须给这些内容已经起了变化的"历日"重新冠名，即改称"历日"为"具注历日"，"具注历日"这个新名称也就逐渐为社会所接受，那时，"名实相悖"也就变为"名副其实"了。

（原载郑阿财、汪娟主编《张广达先生九十华诞祝寿论文集》，台北：新文丰出版公司，2021年版，第739—752页）

跋吐鲁番文书中的两件唐历

1973年，吐鲁番阿斯塔那墓地曾出土两件唐代写本具注历日。一件出自二一〇号墓①，一件出自五〇七号墓②。虽残破过甚，但均是唐代早期历日实物，对研究初唐历日制度和历日内容的演进，仍堪称珍贵。

一

二一〇号墓历日原释文如下（序号为行数，原为竖行，下同）：

［前缺］

1. ☐☐☐☐☐☐恩天赤③　母☐☐☐☐☐☐☐☐

2. ☐☐☐☐☐☐四月小☐☐☐☐☐☐

3. ☐月大　八月小　九月☐　十月大　十一月☐☐☐☐☐☐

4. ☐月大

5. ☐☐甲申水破　岁位、阳破阴冲。

---

① 国家文物局古文献研究室、新疆维吾尔自治区博物馆、武汉大学历史系编：《吐鲁番出土文书》（释文本）第6册，北京：文物出版社，1985年版，第73—76页。

② 《吐鲁番出土文书》（释文本）第5册，北京：文物出版社，1983年版，第231—235页。

③ 赤：当释为"赦"。此行残存四字，前当填"天"，成"天恩"；后当填"仓"，成"母仓"。依堪舆家说，天恩、天赦、母仓均是吉辰，于此并列而言。就每项而论，在敦煌历日中颇为习见，"天"后一字释"赤"即难通解。

6.□日乙酉水危　岁位、小岁往后（"往后"二字间原有互乙符号）亡、葬吉。

7.□日景戌土成　岁对小岁后。

8.四日丁亥土收　岁对小岁后、嫁娶、母仓、移徙、修宅吉。

9.五日戊子火开　岁对母仓、加冠、入学、起土、移徙、修井灶、种蒔、疗病吉。

10.六日己丑火闭　岁对归忌、血忌。

11.□□□□□　三阴孤辰。

［中缺］

12.□□□□□□□_____岁前九坎、疗病、斩草吉。

13.□□□□□□满岁后小岁前，母仓。

14.□九日己亥木平　岁后，祭祀、纳妇、加冠吉。

15.廿日庚子土定　岁后，加冠、拜官、移徙、坏土墙、修宫室、修碓硙吉。

16.廿一日辛丑土执　岁后，母仓、归忌、起土吉。

17.廿二日壬寅金破　岁后，疗病、葬吉。

18.廿三日癸卯金危　岁后，结婚、移徙、斩草吉。

19.廿四日甲辰火成下弦　阴错。

［中缺］

20.□□□□□□九月节岁对　天恩、母仓、祭祀、拜官、结婚、嫁娶、入学修_____

21.四日癸未木收　岁对天恩，纳征、嫁娶吉。

22.五日甲申水开　岁对葬、解除。

23.六日乙酉水闭　岁位小岁前，塞穴、解除、葬吉。

24.七日景戌土建　岁位小岁前。

25.八日丁亥土除　岁位小岁前，修井、碓、硙，疗病，解除，扫舍吉。

26. 九日戊子火满_{上弦}　岁位归忌。

27. 十日己丑火平　岁位。

28. 十一日庚寅木定　行□。

29. □二日□□□□

［后缺］

（73TAM210：137/1、137/3、137/2）

残历7行、24行两"丙戌"均作"景戌"，系避唐先祖名讳而改，可知为唐代历日无疑。[1]对于其确年，原编者在释文前说明如下："本件纪年已缺。知前为正月，并推知元日为甲申。又据行二〇'九月节'一句，知此段为残九月历，并推知一日为庚辰。一二至十九行虽残，未知何月，亦可推知一日为辛巳。查《二十史朔闰表》知唯高宗显庆三年元日为甲申，九月一日为庚辰，其年七月一日为辛巳。因定本件纪年为唐显庆三年。"所定年代正确无误，这里略加分析。

其一，关于第20行"九月节"。查二十四节气，九月节为寒露；四日癸未，一日当为庚辰，即其朔日，以此段为九月历日亦无误。所可注意者，古代历日所标某月节气与历日月份并不完全对应。节气是按照太阳在黄道位置确定的，而历日月份则是朔望月，以月亮圆缺为依据。因此，十二个朔望月同二十四节气一周天相差近十一天。古人为使节气所在农历月份相对稳定，以利农业生产，便需置闰。而一旦发生闰月，节气与原在月份就会错开，进入前月之后半月，约经十多个月才能逐渐恢复到对应的月份。如此历所标"九月节"在九月三日，若此前数月内有一闰月，"九月节"就会提前，注在八月后半月某日之下，本文以下讨论的第二件历日即属此类。因此，单凭节气月份判断残历月份并不完全可靠。幸好显庆三年（658）无闰月，显庆二年（657）虽闰正月，但相去已远，故这里的"九

---

①　五代后唐以唐朝为正宗，历日亦改"丙"为"景"。如罗振玉《贞松堂藏西陲秘籍丛残》所收《后晋天福四年己亥岁（939）具注历日》。此时已入后晋，但敦煌不知中原改年号，仍奉后唐正朔，历日以"丙"作"景"。故不可一概而论。

月节"与九月正好相当，否则就需格外注意。

其二，原编者说明12至19行一段历日"未知何月，亦可推知一日为辛巳"。辛巳为此段历日月朔无疑，月份亦可考知。依据残历14行"［十］九日己亥木平"，并据六十甲子纳音[①]及建除十二客的排列次序[②]，逆推可得：13行是"十八日戊戌木满"，12行是"十七日丁酉火除"，再前一日是"十六日丙申火建"。建除十二客虽是古代历日中推算吉凶的迷信方法，但"建"字与所在日期地支间却有一定规律，其对应关系是：

"建"字所在日期范围	对应日期地支
立春——惊蛰前一日	寅
惊蛰——清明前一日	卯
清明——立夏前一日	辰
立夏——芒种前一日	巳
芒种——小暑前一日	午
小暑——立秋前一日	未
立秋——白露前一日	申

（以下依次排列，略）

立秋为七月节，白露为八月节。由残历推出的"十六日丙申火建"，"建"与该日地支"申"相应，正处于二节之间。由残历"九月节"寒露在九月三日又可推知，该年立秋、白露二节分别在七月初和八月初，可知此段历日当在七月初至八月初。残历日期又都在下半月，故知此段历日当属七月。这样，此墓出土的三段历日，分别为正月、七月和九月，朔日依次为甲申、辛巳和庚辰。以此三月朔日并结合2—3行所记各月大小，与

① 〔清〕钱大昕撰，吕友仁点校：《潜研堂文集》，上海：上海古籍出版社，2009年版，第47—49页。

② 建除十二客的排列次序为：建、除、满、平、定、执、破、危、成、收、开、闭。凡节气（非中气）所在之日重复前一日。如残历20行当是"三日壬午木成寒露九月节"，则上一日是"二日辛巳金成"，一日注"危"字。参见陈遵妫：《中国天文学史》第3册，上海：上海人民出版社，1984年版，第1646页及1647页注⑤，1665—1666页。

《廿史朔闰表》相对照，同唐显庆三年完全一致，就可确知其均为显庆三年（658）历日。

显庆三年，唐用傅仁均的《戊寅历》。此历颁行于武德元年（618），至显庆时误差已多，故又于麟德三年（666）改行李淳风的《麟德历》。[1]从历法史角度看，残历是《戊寅历》行用后期的历日，也是现知《戊寅历》实行期间的唯一历日实物。此时定朔尚未引入历日，残历中的朔日都应是平朔，节气也是平气。

二

五〇七号墓历日释文如下：

［前缺］

1. _____｜丑金破望｜_____
2. □八日景寅火危｜_____
3. 十九日丁卯火成｜_____
4. 廿日戊辰木收｜_____
5. 廿一日己巳木开｜_____
6. 廿二日庚午土□｜_____
7. 廿三日辛未土□｜_____
8. 廿四日壬申金□｜_____
9. 廿五日癸酉□□｜_____
10. 廿六日甲戌土[2]□｜_____

① 参见中国天文学史整理研究小组编（薄树人主编）：《中国天文学史》，北京：科学出版社，1981年版，第83页。

② 土：原字残存上半，依六十甲子纳音法，甲戌徵音属"火"，释"土"误。

11. 廿七日乙亥☐☐　☐☐ 祭 祀内财 ☐☐☐☐☐☐

12. 廿八日景子☐☐　☐ 位 祭祀加冠纳 ☐☐☐☐

13. 廿九日丁丑☐☐　☐☐ 归忌。

14. 卅日戊寅 土 ☐　岁位解除吉。

15. ☐☐☐☐☐☐　土危　岁位天恩往亡结婚 ☐☐☐☐

16. ☐☐☐☐☐☐　辰金成后伏　岁对厌天恩母仓 ☐☐☐☐

17. ☐☐☐☐☐☐　金收　岁对天恩加冠 ☐☐☐☐

18. ☐☐☐☐☐☐　木开　岁对天恩加冠 ☐☐☐☐

19. ☐☐☐☐☐☐　木闭　岁对天恩母仓 ☐☐☐☐

20. ☐☐☐☐☐☐　水建　岁对复 ☐☐☐

21. ☐☐☐☐☐☐　除　三阴 疗 ☐☐

22. ☐☐☐☐☐☐　满 处暑七月中 ☐☐☐☐

［后缺］

（73TAM507：013/4—1）

以下还有数段，因过分残碎，于定年无补，从略。

残历2行"景寅"、12行"景子"，仍系讳"丙"而改，知其为唐代历日。至于确年，原编者态度审慎，仅题为"唐历"，不作定论。笔者认为也可考明。

残历15行以下日期全失，但14—15行间系两纸粘连处，本身已具有纪日连续性的可能。从纪日干支看，14行卅日戊寅，15行当为下月一日己卯，16行二日当为庚辰。16行丁支残存一"辰"字，正相符合。以下可逐日填齐，直至八日"景戌"。从六十甲子纳音看，14行卅日戊寅为土，下一日己卯亦为土。残历15行虽失日期干支，但仍存一"土"字，也与所推干支相符合。从建除十二客看，第5行廿一日己巳为"开"，第15行为"危"，中间残失某月廿二日至卅日的建除十二客。二十一日既作

"开",以下由二十二日至卅日依次当作：闭（廿二日）、闭（廿三日）、建（廿四日）、除（廿五日）、满（廿六日）、平（廿七日）、定（廿八日）、执（廿九日）、破（卅日），与15行的"危"正相衔接。"闭"字之所以重复一日，亦取决于建除十二客的特殊规律：节气（非中气）所在之日重复前一日一次。以此检查残历，22行注有"处暑七月中"，为八日，则此前的"立秋七月节"当在处暑前十五天多（其时用平气），即第7行廿三日之下。廿二日为闭，则廿三日应重复一次，仍作"闭"①。以上说明，残历的干支、六十甲子纳音、建除十二客都是连续的，应是连续书写的历日。

残历月份。由前述考察可知，第8行"廿四日壬申金□"，"金"字下当填"建"字。"建"字所对应的该日地支"申"之日期，应在立秋七月节和白露八月节之间（详前）。前又推得"立秋七月节"在第7行"廿三日辛未"，正当其前。但这并不能说明残历前14行是某年七月的历日。前已说明，只要此前数月内曾有闰月，则节气就会提前进入上月之后半月，节气月份与农历月份不再对应，本件历日即属此类。"处暑七月中"注在22行八日（推算所得），则"立秋七月节"所在的上月廿三日应属六月。换言之，残历所存是某年六月十七日至七月八日部分。而由残历日期干支又可推得，六月大，己酉朔；七月［?］，己卯朔。

残历确年。前由讳"丙"为"景"得知，此历为唐代历日。以六月己酉朔与七月己卯朔，同《廿史朔闰表》相对照，有唐一代仅唐高宗仪凤四年（679）和唐文宗大和三年（829）与此相当。同墓所出数十件文书，有确切纪年者，上限为高昌延寿六年（629），下限为唐高宗调露二年（680），仪凤四年（679）正在此一时间范围之内，而文宗大和三年在一百数十年之后，相距甚远。再检以《廿史朔闰表》，仪凤三年闰十月，致使节气和月份错开，正是残历立秋七月节注在六月下旬的原因。因此，应定此件为《唐仪凤四年（679）具注历日》。

---

① 建除十二客的排列次序为：建、除、满、平、定、执、破、危、成、收、开、闭。凡节气（非中气）所在之日重复前一日。参见陈遵妫：《中国天文学史》第3册，上海：上海人民出版社，1984年版，第1646页及1647页注⑤，1665—1666页。

仪凤四年，唐朝行用李淳风的《麟德历》。此历有两大创新，一用定朔排历谱，二以无中气之月置闰，但节气仍用平气。[1]不过，使用定朔并不彻底。为了克服四个大月或三个小月相连的现象，制历者或将朔日下推一日，使第三个小月变为大月，或上退一日，使第四个大月变为小月。故残历的朔日并非一定全是定朔，节气则是平气。

传世文献所载仪凤三年（678）之闰月，《旧唐书·高宗纪》为闰十月，《新唐书·高宗纪》为闰十一月，故陈垣先生《廿史朔闰表》两说并存，遂成千古之谜。以此残历"处暑七月中"在仪凤四年（679）七月八日，逆推可得，仪凤三年冬至十一月中气在十一月一日，且上月为小月，则大雪十一月节气必在该小月之十五日，此月遂成无中气之月，即闰月。质言之，仪凤三年当闰十月，而不闰十一月。此谜由此而焕然冰释。反之，由闰月的确定也可证明我们所定年代正确无误。

三

历书行用区域，是封建王朝权力所及的重要象征。唐于贞观十四年（640）平高昌国，设西州，开始对高昌地区实行有效的行政管理。两件历日出土于阿斯塔那墓地，亦是明证。

两《唐书·历志》所载《戊寅历》和《麟德历》，主要是其推步方法和数据，而此前却未见到二历的实物样本。[2]显庆三年（658）和仪凤四年（679）唐历的出土，恰好弥补了这一不足。

古代历日内容如何演变发展，以往由于实物太少而无从寻觅其发展轨迹。见于敦煌文献的数十件历日，最早者为北魏太平真君十一年（450）

---

[1]　参见中国天文学史整理研究小组著(薄树人主编):《中国天文学史》,北京:科学出版社,1981年版,第83页。

[2]　《敦煌遗书总目索引》之《斯坦因劫经录》2620号著录为《大唐麟德历》,误。这件文献的确切内容是唐大历十三年(778)至建中四年(783)的"年神方位图"。台湾所出《敦煌宝藏》亦未辨明。

历和十二年（451）历①，此外大多是晚唐至宋初的敦煌地方具注历日，间有中原王朝历日，也为数甚少。唐前期的历日则未见到。这两件历日实物的出土，使我们有了粗略地勾画历日内容演进轨迹的可能。

北魏太平真君历内容至为简单。如十一年（450）历正月是："正月大，一日壬戌收，九日立春正月节，廿五日雨水。"其下各月仿此，间有社日和腊日的注记。总体上看，也只有月大小、朔日干支、建除十二客和二十四节气。除建除十二客属于迷信，其余都很实用。至唐初，显庆三年（658）历和仪凤四年（679）历不仅包含了北魏历日的基本内容，而且又增入如下各项：（1）序言中注明各月大小；（2）逐日日期、干支、六十甲子纳音；（3）弦望；（4）三伏天；（5）逐日吉凶注。（1）、（3）、（4）为实用内容，（2）、（5）多为迷信。但内容仍较简单。至晚唐五代，不仅敦煌地方历日，而且中原历日，如《唐乾符四年（877）历》②，内容也有了突飞猛进的发展。晚唐至宋初的敦煌历日大体可分繁简两种。简本历日与显庆三年（658）和仪凤四年（679）历大致相同，而繁本迥异。一般来说，繁本历日包括八项内容：（1）日期、干支、六十甲子纳音、建除十二客；（2）弦、望、往亡、没、籍田等注记；（3）节气、物候；（4）逐日吉凶注；（5）昼夜时刻；（6）日游；（7）人神；（8）蜜日（星期日）注，以朱书或墨书注于当日项端。每件历日都有较长的序言，内有年九宫图、年神方位，五姓吉凶月所在等。每月之首有月九宫图、月大小、月建干支及天道行向、月神所在位置、四大吉时等。科学内容和迷信几乎是在同步猛增。其中星期制度系经西域引入，当时仍用于占卜，③但也反映了唐代中西文化交流的繁荣。月建干支传为唐代方士所创④，一改此前长久的以地支纪月。繁杂的吉凶注，则由汉代以来阴阳家、堪舆家、建除等家著述中

---

① 苏莹辉将录文刊布于所作《敦煌所出北魏写本历日》一文，载台湾《大陆杂志》1卷9期，1950年。

② 现藏英国图书馆，编号 S.P.6，图版见《中国古代天文文物图集》，北京：文物出版社，1980年版，第66—67页。

③ 参见王重民：《敦煌本历日之研究》，见氏著《敦煌遗书论文集》，北京：中华书局，1984年版，第116—133页。

④ 参见陈遵妫：《中国天文学史》第3册，上海：上海人民出版社，1984年版，第1366页。

的陋说撮取而成。晚唐五代繁本历日的内容，奠定了宋至清代历日内容的基本格局，可知这是古代历日由简到繁的转折时期。

总之，无论从哪个角度看，阿斯塔那墓地所出两件唐历都很有价值。

（原载《文物》1986年第12期，第58—62页）

吐鲁番出土《唐开元八年（720）具注历日》
释文补正

　　吐鲁番阿斯塔那341号墓出土一件唐代历日残片。[①]历日虽仅存5行，且文字不全，但仍然是极为难得的唐代历日实物。残历经整理已发表释文，笔者不揣谫陋，试作补正如下。

　　为便于讨论，兹将原释文和注释移录如下（原为竖行）：

　　唐开元八年（公元720年）具注历

1.八 日 ▢▢▢▢▢▢▢……岁位加官拜官修宅吉

2.九日庚寅木危 大暑六月中伏退饥至　　岁位斩草祭祀吉

3.十日辛卯未［注一］成　岁位

4.十一日壬辰收　　岁位疗病修宅吉

5.十二日癸巳水閈（闭）没　岁位

（后缺）

65TAM341：27

【注释】

［一］"未"应为"水"字之误。

---

　　① 国家文物局古文献研究室、新疆维吾尔自治区博物馆、武汉大学历史系编：《吐鲁番出土文书》（释文本）第8册，北京：文物出版社，1987年版，第130—131页。

编者将此残历定在唐开元八年（720）是完全正确的。在说明文字中曾指出："据'大暑六月'一句，知是六月残历，并推知初一为壬午。据《廿史朔闰表》知武周永昌元年、唐开元八年、天宝五载，六月初一皆为壬午。今依《麟德历》推之，开元八年大暑干支适为六月庚寅，与此残历所记相吻合。"这里再作一点补充说明。据张培瑜先生新著《三千五百年历日天象》[①]一书，武周永昌元年（689）大暑在六月二十七日戊申，唐开元八年（720）大暑在六月九日庚寅，天宝五载（746）大暑在六月二十六日丁未。此墓出土文书所见纪年，最早为武周大足元年（701），其余有开元早期的纪年，只有开元八年是唯一吻合者，因此所定年代正确无误。

但在这五行残历的具体释文中有数处错误和遗漏，今分别补正如后。

一、关于九日正文下面的小注。原释文为："大暑六月中伏迟凯至。""大暑六月中"一句意义完整，清楚无误，也是本残历据以确定为唐开元八年的主要依据。问题在于"伏"字到"至"字4个字如何理解。这个"伏"字应与三伏天有关。我国古代历日注三伏，即初伏、中伏、后伏，以表示一年中最热的天气，概以农历夏至后第三庚日起为初伏，第四庚日起为中伏，立秋后第一庚日起为末伏或后伏。据前引张培瑜《三千五百年历日天象》，开元八年夏至在五月八日庚申，则第二庚日在五月十八日庚午，第三庚日在五月二十八日庚辰，即为初伏日。因五月是小月，则第四庚日在六月初九日庚寅，是为中伏日。但从原释文看，"大暑六月中"自成一句（说明文字中将"大暑六月"断为一句不当），意思是大暑是六月的中气。此类句型屡见于敦煌文献中唐至宋初历日，并不为奇。由此可知，原释文中的"伏"字不能说明开元八年（720）六月初九日是中伏，"伏"字前必脱一"中"字。"大暑六月中"与"中伏"恰好有两个"中"字相连，唐人于此种情况对第二个"中"字多用重文符号"々"来代替。此处释文脱漏一重文符号，或原脱而释文未予补足，以至使"伏"字意义不明。

---

① 张培瑜：《三千五百年历日天象》，郑州：河南教育出版社，1990年版。

"伏"字后面的3个字,最后一个"至"字清楚无误,前二字仅是对原卷的摹写,而未弄清其真实含义。依据现知唐代历例,在注明节气之后,一般要在相应的日期下注明本节气所含的3个物候。"伏"字后面的3个字也应是一个物候名称。《旧唐书·历志》载有李淳风的《麟德历》和僧一行的《大衍历》,并详细记载了两历各节气所含物候。《麟德历》大暑下的3个物候是:温风至、蟋蟀居壁、鹰乃学习;《大衍历》大暑下的3个物候则是腐草为萤、土润溽暑和大雨时行。^①《大衍历》是开元十七年(729)才开始行用的,开元八年(720)行用的是《麟德历》。我们从残历中看到"至"字清楚无误,且此前只有两个字与"至"字相连,那么这个物候名称就只能是《麟德历》大暑下的"温风至"3字。

归纳起来,残历九月正文下面的小注应作:"大暑六月中々伏温风至。"这样,六月的中气是大暑,中伏开始,物候是温风至,三层意义便完全连贯晓畅了。

二、关于"十日辛卯"之后的"未"字。编者在注释中说明:"'未'应为'水'字之误。"原历如作"未"字,固属错误,但注释改为"水"字仍不正确。这份残历的内容与敦煌写本历日大致相同,日期、干支之后用金、木、水、火、土所记的字,是表示各干支同纳音的关系。六十甲子纳音,清儒钱大昕在《潜研堂文集》卷三《纳音说》一节述之甚详。我曾据钱氏此说绘成一表^②,用以核对敦煌历日,证明钱说完全正确。六十甲子与纳音的对应关系,见于敦煌文献的也有4件,编号为S.1815(2)、S.3724(3)、P.3984背和P.4711,内容均是"甲子乙丑金,丙寅丁卯火……庚寅辛卯木,壬辰癸巳水"等。显然,同干支"辛卯"对应的纳音只能是"木",既不能是"未",也不能是"水"。

三、"十一日壬辰"与"收"字间脱一字。从残存历日可以看出,干支"壬辰"之下必然注有与之相对应的纳音关系。由于壬辰和癸巳的纳音均为"水"(详上),则"壬辰"和"收"字间当补一"水"字,历日内容

---

① 标点本《旧唐书》,北京:中华书局,1975年版,第1179、1236页。

② 参邓文宽:《敦煌古历丛识》,载《敦煌学辑刊》1989年第1期,第107—118页。

方能完整，并合乎历例。

四、"十二日癸巳水"后的"闭"字误。敦煌吐鲁番所出唐至宋初历日，一般各日开头均是四项内容，即日期、干支、纳音和建除十二客。这里的"闭"字当属建除十二客的内容。建除十二客共12个字：建、除、满、平、定、执、破、危、成、收、开、闭，各主一定吉凶，在战国时的秦简中已有记载，[①]后世历日多沿用不改。其排列特点主要有二，一是自立春正月节后的第一个寅日注"建"字，顺次往下排列；二是凡节气（非中气）所在之日的建除十二客要重复前日一次，于是各星命月里纪日地支同建除十二客之间便形成了固定的对应关系。[②]依照12字的排列顺序，"收"字后只能是"开"字，而不可能是"闭"字；依照上面提到的固定对应关系，本历六月十二日的纪日地支为"巳"，从小暑六月节到立秋七月节前一日之间，亦即古代星命家的"六月"中，与纪日地支"巳"相对应的建除十二客也只能是"开"，而不是"闭"。由此可知，此"闭"字乃"开"字之误。

（原载《文物》1992年第6期，第92—93页）

---

① 何双全：《天水放马滩秦简综述》，载《文物》1989年第2期，第23—31页，同期图版伍甲1–甲12简。

② 参邓文宽：《天水放马滩秦简〈月建〉应名〈建除〉》，载《文物》1990年第9期，第83—84页。

吐鲁番新出《高昌延寿七年（630）历日》考

　　1986 年 10 月，吐鲁番阿斯塔那古墓新出土一件历日残片。两年后我得知这一消息。由于研究的旨趣所在，我极想看到原件或其照片，以便进行探讨。但迟迟未能如愿。在耐心等待 7 年之后，终于如愿以偿。1995 年 8 月，中国敦煌吐鲁番学会在吐鲁番召开"敦煌吐鲁番学术著作研讨会"，我应邀赴会。承蒙东道主柳洪亮先生的厚意，得以目睹原物。感激之情，不尽言表。这里对这件残历作一整理和研究。

一

　　原件编号为 86TAM387：38—4，①残高 19.7 厘米、残长 11.5 厘米，汉文墨书。现将文字释录如下（顶端从右到左 1—10 为行号，右侧从上到下［一］—［一〇］为列〈排〉号，均为笔者所加）：

---

　　①　吐鲁番地区文管所：《1986 年新疆吐鲁番阿斯塔那古墓群发掘简报》，载《考古》1992 年第 2 期，第 143—156 页。

10	9	8	7	6	5	4	3	2	1	
		建								[一]
		己酉定	戊申平	丁未满	丙午除	乙巳建	辰闭			[二]
辛巳闭	庚辰开	己卯收	戊寅成	丁丑危	丙子破	乙亥执	甲戌定	癸酉平		[三]
庚戌平	己酉满	戊申除	丁未建	丙午闭	乙巳开	甲辰收	癸卯成	壬寅危	辛丑破	[四]
庚辰成	己卯危	戊寅破	丁丑执	丙子定	乙亥平	甲戌满	水酉除	壬申建	辛未闭	[五]
己酉建	戊申闭	丁未开	丙午收	乙巳成	甲辰危	癸卯破	壬寅执	辛丑定	庚子平	[六]
		丑平	丙子满	乙亥除	甲戌建	癸酉闭	壬申开	辛未收		[七]
戊申收	丁未成	丙午危	乙巳破	甲辰执	癸卯定	壬寅平	辛丑满	小雪中		[八]
	丁丑除	丙子建	乙亥闭	甲戌开	癸酉收	壬申成	辛			[九]
		丙午	乙巳定	甲辰平	癸					[一〇]

图7　高昌延寿七年（630）历日
（残片）

据有关著录，残历是从墓内女尸右脚纸鞋中拆出的（图7）。此墓出有墓志，知女尸是领兵将领张显祐的妻子，死于麹氏高昌延寿十三年（636）三月。[①]原历被剪作鞋样使用，残存部分应是鞋样的前半部。正是因为这一特殊用途，所以残存的十列中，有的日数多，有的日数少。

二

我们首先要对残历的年代进行考定。

就残历的现存面貌看，每日有两项内容，即纪日干支和建除十二客。此外，第八列2行干支左侧残存"小雪中"三字。残历所能提供的信息仅此而已，但十分重要，它们正是我们考定其年代的依据和出发点。

"小雪中"三字所在的纪日干支和建除十二客已残。但从其左边（即下一日）为"辛丑满"，不难推知"小雪中"所在之日为"庚子除"，再前一日是"己亥建"。据此，我们可以确知此历"小雪"所在日的干支为"庚子"。

很显然，这件历日原来是注有全年二十四节气的，只是除小雪这个十月中气外，其余二十三个节气全部残失了。但我们已知"小雪中"在庚子日，则其余残失掉的二十三个节气所在之日的干支就有可能推求出来。

我们知道，我国中古时代历日所注节气是按照平气进行计算的，使用定气是很晚近的事情。因此，可以设定这份历日用的也是平气。同时又

---

① 柳洪亮：《新出麹氏高昌历书试析》，载《西域研究·新疆文物特刊》1993年第2期，第16—23页。

知，二十四节气是以太阳回归年长度365.2422日为依据建立的。二十四节气的平气值是将一个回归年长度平分为24等份，每份为15.218425日。既然已知"小雪中"的纪日干支是庚子，以此为基点，向下顺推，向上逆推，就可推出各节气所在之日的干支来。不过，平气值15.218425日不是一个整数值，每过四个节气多就会多占一日；再者，所取"小雪中"在庚子也非原历计算平气位置的起始点。因此，所推出的二十三个节气日期干支只能是近似的，而非绝对位置，容有一日甚至二日的误差。尽管如此，我们获得的二十四节气所在之日的干支对确定残历的年代仍极具价值（说详下）。经依前述方法推算，此残历"小雪中"之外二十三个节气所在之日近似日期之干支是：立春节（辛亥），雨水中（丙寅），惊蛰节（壬午），春分中（丁酉），清明节（壬子），谷雨中（丁卯），立夏节（壬午），小满中（丁酉），芒种节（癸丑），夏至中（戊辰），小暑节（癸未），大暑中（戊戌），立秋节（甲寅），处暑中（己巳），白露节（甲申），秋分中（己亥），寒露节（乙卯），霜降中（庚午），立冬节（乙酉），大雪节（乙卯），冬至中（庚午），小寒节（乙酉），大寒中（庚子）。

残历出自阿斯塔那古墓，其历法依据与同一时代中原王朝颁布的官历或有出入。但中古时代所用的回归年长度和平气值不会有太大的差距。换言之，我们可用上述推算出的节气干支与同一时代的中原历进行对照，找出其相近的年份，再用其他条件加以靠定。此墓所出墓志已告知女尸死于高昌延寿十三年，相当于唐贞观十年。可知，公元636年是这份残历的年代下限，历日的实际年代应在公元636年及其以前不太久的一段时间内。

历法专家张培瑜教授的大作《三千五百年历日天象》[1]一书，对中国古代自秦朝以来每年二十四节气的日期干支有十分详明的著录。我们将前述推出的残历各节气干支同张著对照，发现从公元600年至636年，仅公元630年的节气干支相近，其余均相距太远或全无可能。张著所列公元630年（唐贞观四年）二十四节气的干支是：立春（上年闰十二月辛亥），

---

[1] 张培瑜：《三千五百年历日天象》，郑州：河南教育出版社，1990年版。

雨水（丁卯），惊蛰（壬午），春分（丁酉），清明（壬子），谷雨（戊辰），立夏（癸未），小满（戊戌），芒种（癸丑），夏至（戊辰），小暑（甲申），大暑（己亥），立秋（甲寅），处暑（己巳），白露（乙酉），秋分（庚子），寒露（乙卯），霜降（庚午），立冬（乙酉），小雪（辛丑），大雪（丙辰），冬至（辛未），小寒（丙戌），大寒（壬寅）。

由此可以确定，残历的年代是公元630年，即麹氏高昌延寿七年。残历的这个年代，我们在后面的讨论中将进一步提供证据并加以考定。

三

残历被剪成鞋样，残存纪日干支仅71个。其本始面貌如何，我们可否将各日干支复原出来呢？回答是肯定的。

对中国古代历法有过接触的人均不难判断，残历是以类似表格的形式编制的。其本始面貌应该是：顶端从右至左纪日期，即由一日到卅日；其右侧从上到下纪月份。在这样一份类似表格的历日中，虽然月份不同，但每日之下各月同一日期的干支应该是对齐的，残历现存面貌正是如此。困难在于，它已被剪作鞋样，月份、日期均不可见，仅存71个干支及其建除；其左、右两边各被剪去多少日子也难于知晓。以下我们将逐一解决，最终将其加以复原。

（一）现存残历的月份。由于原历右侧纪月份部分已失，我们无法直接获知残存部分的月份。但是，如前所述，残历每日包含干支和建除两项内容。其中纪日地支同建除十二客间有着固定对应关系，我在几篇文章中已反复申论。①特别是在《天水放马滩秦简〈月建〉应名〈建除〉》一文中，我曾经给出了在各"星命月"中纪日地支与建除十二客对应关系表，

<hr>

① 参见邓文宽：《跋吐鲁番文书中的两件唐历》，载《文物》1986年第12期，第58—62页；《敦煌古历丛识》，载《敦煌学辑刊》1989年第1期，第107—118页；《天水放马滩秦简〈月建〉应名〈建除〉》，载《文物》1990年第9期，第83—84页；《关于敦煌历日研究的几点意见》，载《敦煌研究》1993年第1期，第69—72页。

可以当作工具使用。简言之，建除注日有如下几个特点：（一）由立春后的第一个"寅"日注"建"，顺次下排；（二）凡逢节气（非中气）之日重复其前日的建除一次，接续下排；（三）由于建除十二客（建、除、满、平、定、执、破、危、成、收、开、闭）与纪日地支（子、丑、寅、卯、辰、巳、午、未、申、酉、戌、亥）均是十二个，又使用了上述节气之日重复一次的办法，于是形成了各"星命月"［由一个节气（非中气）到下一个节气（非中气）前一日］二者间的固定对应关系，如"正月""寅"日注"建"，"卯"日注"除"，"二月""卯"日注"建"，"辰"日注"除"等。尽管这种固定对应关系仅限于"星命月"，但历日中的历法月份（正月至十二月）同"星命月"相距不会太远，至多是将本月节气（非中气）提前注在上个月的后半月而已。因此，我们仍可利用这种固定对应关系判定现存残历的月份是：第一列是三月，第二列四月，第三列五月，第四列六月，第五列七月，第六列八月，第七列九月，第八列十月，第九列十一月，第十列十二月。

（二）残历左、右两侧残失的日数及其干支。前已考出，此历是麹氏高昌延寿七年（630）的历日，而且也知现存部分十列是由三月到十二月部分。因此，只要获知延寿七年三月到十二月间任何一个月的朔日，便可判断各列右侧残失的日数，并用逆推法将各日干支补出。幸好，高昌出土墓砖为我们提供了极有价值的资料。《高昌赵悦子妻马氏墓表》载："延寿七年（630）庚寅岁七月□□朔，十六日己卯……"[①]十六日己卯，则朔日为甲子。残历第五列正是该年七月的历日，现存最右边的一日干支为辛未，其前逆推七日方得甲子日。换言之，残历七月右侧被剪掉了七日。又由于此历日采用类似表格的形式进行编制，各月同一日干支上下对齐，从而可知：第一列三月右侧失去十四日，第二列四月右侧失去九日，第三列五月右侧失去八日，第四列六月右侧失去七日，第六列八月右侧失去七日，第七列九月右侧失去八日，第八列十日右侧失去九日，第九列十一月

---

① 黄文弼：《高昌砖集》，北京：中国科学院印行，1951年，第65页。

右侧失去九日，第十列十二月右侧失去十一日。进而用干支表向右逆推，可得：四月朔日乙未，五月乙丑，六月甲午，七月甲子，八月癸巳，九月癸亥，十月壬辰，十一月壬戌，十二月壬辰。知道了四至十二月的朔日干支，即可先将残历左、右两侧四至十一月所缺日期干支全部补出。

至于三月朔日和十二月的月大小，我们拟另加解决。三月一整月仅残存"建"字的下半部。依据建除十二客同纪日地支的固定对应关系，"星命月"三月"建"与"辰"对应，从而可知"建"字所在纪日地支为"辰"。由"辰"日顺推地支至"午"日，与四月朔日之"未"相接，则三月只能是小月。由于四月初一是乙未，将天干逆推加入三月"建"字所在"辰"日，知"建"字所在干支为庚辰。再将干支逆推十四日，便可得出三月朔日为丙寅，同时也已将全月各日干支补出。

十二月朔日是壬辰，顺推干支至二十九日为庚申。但本月是大月还是小月？由于十、十一两月均是大月，十二月已不可能再是大月。中古时代，制历者连排三个大月是一种忌讳。不过，此历日出自边地，必须有可靠的资料加以确定。《高昌曹妻苏氏墓表》载："延寿八年（631）辛卯岁，正月辛酉朔，十三〔日〕水（癸）酉。"[1]延寿七年十二月二十九日庚申与延寿八年正月朔日辛酉正好相接，则延寿七年十二月只能是小月。

《高昌曹妻苏氏墓表》对我们的研究至关重要。它不仅使我们确定了高昌延寿七年十二月是小月，更证明了我们确定残历年代为高昌延寿七年完全正确，这是不言而喻的。

至此，我们已将残历三月至十二月共十个月的日期、干支全部补出并加以确定。

（三）残历正月至二月的内容。残历上部残失严重，既不见日期（一日至卅日），也不知正月至二月的任何内容。如果简单操作，就会认为上部原来除有日期一列外，仅有正、二月两列。实际情况却非如此。在本文前面推定本历二十四节气的干支时，已知"立夏节"在三月壬午（十七

---

① 黄文弼：《高昌砖集》，北京：中国科学院印行，1951年版，第65页。

日），谷雨中在三月丁卯（二日），则"清明节"在二月中旬的壬子日，"春分中"在二月初的丁酉日，"惊蛰节"壬午应在二月前一月中旬的十五日左右，本月可能无中气。这种情况提示我们，二月前的一个月很可能是无中气之月，即闰月。

我国古代使用阴阳合历。阴历一个月只考虑月亮围绕地球一周的时间，即一个朔望月，合29.5306日；阳历一年只考虑地球围绕太阳转一周的时间，即365.2422日。十二个朔望月合354天或355天，与回归年长度相差十到十一天。为使二十四节气在各农历月份的位置相对稳定，不违农时，就必须置闰，从而形成阴阳合历即农历。自西汉武帝太初元年（前104）颁行《太初历》始，我国一直采用无中气之月置闰的办法，所谓"朔不得中，是谓闰月"。这种置闰方法一直沿用到现代仍在使用。例如1995年农历闰八月，这个闰月仅有一个九月的节气寒露，注在十五日，而无中气。因此，残历二月前的一个月无中气，应是闰月，即此延寿七年历日闰正月。从而可知，残历三月之上在日期一列下原有三列，即正月、闰正月和二月。我们可先将这三个月的列次设定下来。

在此基础上，很需要知道正月、闰正月和二月的朔日，以便将此三个月的各日干支全部补出。遗憾的是，尚未有直接的出土材料可资利用。不过，王素先生此前曾有《麴氏高昌历法初探》[1]一文，依据出土资料和必要的历法知识对麴氏高昌历法进行过推拟，可供参考。现在即据王素先生的推拟意见补为：正月丁酉朔，闰正月丁卯朔，二月丙申朔。进而将其余各日干支一并补出。

在前述分项讨论的过程中，事实上我们已将残历全年的各日干支全部补出，现在再总括为一表（表一，原无画线，今为省览方便画成表格状）。

---

① 国家文物局古文献研究室编：《出土文献研究续集》，北京：文物出版社，1989年版，第148—180页。

表一　高昌延寿七年（630）历日复原表

月	一日	二日	三日	四日	五日	六日	七日	八日	九日	十日	十一日	十二日	十三日	十四日	十五日	十六日	十七日	十八日	十九日	廿日	廿一日	廿二日	廿三日	廿四日	廿五日	廿六日	廿七日	廿八日	廿九日	卅日
正月	丁酉	戊戌	己亥	庚子	辛丑	壬寅	癸卯	甲辰	乙巳	丙午	丁未	戊申	己酉	庚戌	辛亥	壬子	癸丑	甲寅	乙卯	丙辰	丁巳	戊午	己未	庚申	辛酉	壬戌	癸亥	甲子	乙丑	丙寅
闰月	丁卯	戊辰	己巳	庚午	辛未	壬申	癸酉	甲戌	乙亥	丙子	丁丑	戊寅	己卯	庚辰	辛巳	壬午	癸未	甲申	乙酉	丙戌	丁亥	戊子	己丑	庚寅	辛卯	壬辰	癸巳	甲午	乙未	
二月	丙申	丁酉	戊戌	己亥	庚子	辛丑	壬寅	癸卯	甲辰	乙巳	丙午	丁未	戊申	己酉	庚戌	辛亥	壬子	癸丑	甲寅	乙卯	丙辰	丁巳	戊午	己未	庚申	辛酉	壬戌	癸亥	甲子	乙丑
三月	丙寅	丁卯	戊辰	己巳	庚午	辛未	壬申	癸酉	甲戌	乙亥	丙子	丁丑	戊寅	己卯	庚辰建	辛巳	壬午	癸未	甲申	乙酉	丙戌	丁亥	戊子	己丑	庚寅	辛卯	壬辰	癸巳	甲午	
四月	乙未	丙申	丁酉	戊戌	己亥	庚子	辛丑	壬寅	癸卯	甲辰闭	乙巳建	丙午除	丁未满	戊申平	己酉定	庚戌	辛亥	壬子	癸丑	甲寅	乙卯	丙辰	丁巳	戊午	己未	庚申	辛酉	壬戌	癸亥	甲子
五月	乙丑	丙寅	丁卯	戊辰	己巳	庚午	辛未	壬申	癸酉平	甲戌定	乙亥执	丙子破	丁丑危	戊寅成	己卯收	庚辰开	辛巳闭	壬午	癸未	甲申	乙酉	丙戌	丁亥	戊子	己丑	庚寅	辛卯	壬辰	癸巳	
六月	甲午	乙未	丙申	丁酉	戊戌	己亥	庚子	辛丑破	壬寅危	癸卯成	甲辰收	乙巳开	丙午闭	丁未建	戊申除	己酉满	庚戌平	辛亥	壬子	癸丑	甲寅	乙卯	丙辰	丁巳	戊午	己未	庚申	辛酉	壬戌	癸亥
七月	甲子	乙丑	丙寅	丁卯	戊辰	己巳	庚午	辛未闭	壬申建	癸酉除	甲戌满	乙亥平	丙子定	丁丑执	戊寅破	己卯危	庚辰成	辛巳	壬午	癸未	甲申	乙酉	丙戌	丁亥	戊子	己丑	庚寅	辛卯	壬辰	
八月	癸巳	甲午	乙未	丙申	丁酉	戊戌	己亥	庚子平	辛丑定	壬寅执	癸卯破	甲辰危	乙巳成	丙午收	丁未开	戊申闭	己酉建	庚戌	辛亥	壬子	癸丑	甲寅	乙卯	丙辰	丁巳	戊午	己未	庚申	辛酉	壬戌
九月	癸亥	甲子	乙丑	丙寅	丁卯	戊辰	己巳	庚午成	辛未收	壬申开	癸酉闭	甲戌建	乙亥除	丙子满	丁丑平	戊寅定	己卯执	庚辰	辛巳	壬午	癸未	甲申	乙酉	丙戌	丁亥	戊子	己丑	庚寅	辛卯	
十月	壬辰	癸巳	甲午	乙未	丙申	丁酉	戊戌	己亥建	庚子除　小雪中	辛丑满	壬寅平	癸卯定	甲辰执	乙巳破	丙午危	丁未成	戊申收	己酉	庚戌	辛亥	壬子	癸丑	甲寅	乙卯	丙辰	丁巳	戊午	己未	庚申	辛酉

续表

																															十一月
辛卯	庚寅	己丑	戊子	丁亥	丙戌	乙酉	甲申	癸未	壬午	辛巳	庚辰	己卯	戊寅	丁丑除	丙子建	乙亥闭	甲戌开	癸酉收	壬申成	辛未	庚午		己巳	戊辰	丁卯	丙寅	乙丑	甲子	癸亥	壬戌	十一月
	庚申	己未	戊午	丁巳	丙辰	乙卯	甲寅	癸丑	壬子	辛亥	庚戌	己酉	戊申	丁未	丙午定	乙巳平	甲辰满	癸卯	壬寅	辛丑	庚子		己亥	戊戌	丁酉	丙申	乙未	甲午	癸巳	壬辰	十二月

需要说明的是，三到十二月所补各日干支均有确凿依据，正月至二月共三个月所补是以推拟结论为据，实际情况如何，仍有待检验。这一年因有闰月，共是十三个月，全年384天，原历残存71天，我们补出313天。其次，原历注有全年二十四节气和各日建除十二客，我们未予补出。这是由于前述推出的节气干支位置是相对的，有一日至二日的误差，不宜强行拟补。建除十二客的重复日又正好在节气（非中气）日之下，节气日尚未定谳，则建除日也难确定。虽然中气日附近的建除也可按照规律推补出来，但意义不大，从略。

（四）对原历闰正月的历法检验。在表一中，我们根据推算出各节气所在日的干支位置，设定高昌延寿七年闰正月。这个设定是否可信，仍需接受历法和出土资料的检验。

中国古代历法的基本闰周是十九年七闰，即十九年中加入七个闰月。在一个闰周中，一般采用前八年加三闰和后十一年加四闰的闰法。虽然南北朝时代，各国也采用了一些更大的闰周，以求将闰月安排得精确一些，但均是以前述闰周和闰法为基础的。据王素先生的意见，高昌国是以延昌三十二年（592）为一闰周之始安排闰月的。①第一闰周在公元592—610年，则第二闰周在611—629年，第三闰周在630—648年（640年唐灭高昌）。高昌延寿七年（630）正是闰周之始。依照闰法，此年当闰正月。这同我们依据残历推算的结果颇为一致。

我们再以出土资料为据进行检验。

---

① 《出土文献研究续集》，北京：文物出版社，1989年版，第148—180页。

吐鲁番出土《高昌延寿四年（627）参军汜显祐遗言文书》：

　　延寿四年丁亥岁，闰四月八日……①

吐鲁番出土《高昌延寿四年闰四月威远将军麴仕悦奏记田亩作人文书》：

　　□□岁润（闰）四月五日……②

由此可知，高昌延寿四年历闰四月。

吐鲁番出土《高昌延寿九年（632）闰八月张明憙入剂刾薪条记》：

　　壬辰岁闰八月剂刾薪一车……③

吐鲁番出土《高昌延寿九年调薪车残文书》：

　　　　　　　　至闰八月初……　　　　　④

由此又知，高昌延寿九年闰八月。

自延寿四年五月至九年八月，相距五年有奇，中间必有一个闰月，否则是说不通的。依前述所说的闰周和闰法，延寿四年在第二闰周的后十一年，安排四个闰月，故闰月设置在四月；延寿九年在第三闰周的前八年，安排三个闰月，故闰在八月。显然，因延寿七年是第三闰周之始，也属于前八年置三闰的范畴，故闰月当在正月。这三次闰月在闰周和闰法上正好

① 《吐鲁番出土文书》（释文本）第5册，北京：文物出版社，1983年版，第70页。
② 《吐鲁番出土文书》（释文本）第3册，北京：文物出版社，1981年版，第278页。
③ 《吐鲁番出土文书》（释文本）第5册，北京：文物出版社，1983年版，第193页。
④ 《吐鲁番出土文书》（释文本）第3册，北京：文物出版社，1981年版，第248页。

是互相衔接的。

以上从闰周、闰法以及出土资料所作的检验表明，此残历原来确实闰正月。

四

高昌国有其独立的历法，最早是由已故李征先生提出的。[1]后来的研究者都不同程度地受到李先生的启迪。出土文书、墓志、墓砖表明，高昌历法的朔日、闰月同中原历有所不同。即以本件延寿七年历日为例，与同年唐历比较，可知：唐历闰上年（贞观三年）十二月，高昌历闰本年正月，闰迟一月。十三个月的朔日中，唐历二月丁酉朔，高昌历为丙申，早一日；唐历四月丙申朔，高昌历为乙未，早一日；唐历十二月辛卯朔，高昌历为壬辰，迟一日。其余各月朔日同。这再次表明，李征先生生前不仅为吐鲁番古墓的发掘和文书整理做出过重要贡献，而且对高昌历法的认识先声夺人，尤为卓见。

对于麹氏高昌历法的认识，以往因无直接材料，尚难睹其真颜。现在有了延寿七年的历日实物，使我们的认识深入了一步。但毕竟仅此一件，仍嫌太少。我们期待有更多的北朝历日实物出土，以便将研究工作推向深入。

五

我们也有必要将这件历日的形制放在中国古代历日形制的总发展中加以考察。

中国古代传世历本以《南宋宝祐四年丙辰岁（1256）会天万年具注历

---

[1]　穆舜英、王炳华、李征：《吐鲁番考古研究概述》，载《新疆社会科学研究》（内刊）第23期，1982年。

日》①为最早。近世以来，由于汉简历日和敦煌吐鲁番历日相继面世，使研究者对早期历日的内容和编制形式有了具体而真切的认识。就汉简历日而论，一般通用历日可分为四种形制：（一）单板横读月历，如本始二年、神爵元年；（二）单板直读月历，如五凤元年、居摄元年；（三）单板直读简便年历，如永光五年、永始四年；（四）编册横读日历，如元康三年、神爵三年等。②就敦煌吐鲁番历日而论，除《北魏太平真君十一年（450）、十二年（451）历日》③与汉简历日的单板直读简便年历（第三种）相类，其余虽有繁、简之分，但内容日趋增多，形制日益复杂，与汉简历日多不相同。④显然，中国古代历日形制的演变受到了书写质材的影响。写在竹简上的历日内容不可能太多，写在纸质上的历日内容逐步增多，这是必然趋势。

但是，这件《高昌延寿七年历日》虽以纸为书写质材，编制形式却与汉简历日的编册横读日历（第四种）相同，保存了汉简历日编制形式之一种。换言之，它是早期历日到后世历日间的一种过渡形态，也是迄今所见此种形制写在纸上的唯一一件。如果我们把中国古代历日形制看成一个发展链条，此件高昌历日上承汉简历日，下接后世历日，是不可或缺的一环。仅此一端，也可看出其价值不容小视。

（原载《文物》1996年第2期，第34—40页）

---

① 日本金泽文库藏宋刊本具注历日半页9行。照片见《北平图书馆馆刊》六卷三号插图；又见陈遵妫：《中国天文学史》第3册，上海：上海人民出版社，1984年版，第1613—1615页。

② 各历图版见《中国古代天文文物图集》，北京：文物出版社，1980年版。形制分类参见陈久金《敦煌、居延汉简中的历谱》，载《中国古代天文文物论集》，北京：文物出版社，1989年版，第111—136页。

③ 此敦煌出北魏历日，以往不知其下落，1994年冬，我应饶宗颐教授之邀，赴香港中文大学访学。饶公面谕，他于1982年率领学生赴日实习，期间得以参观"八代聚珍展"，看到此历陈列在展品中，后向主人索得照片一份。1993年初，日本"敦煌学"家池田温教授亦赠我此历拷贝扩印件一份，与饶公所得相同。说明此历珍品今已流落在日本（后回归敦煌研究院）。关于此历日内容，参见邓文宽：《敦煌本北魏历日与中国古代月食预报》，载《敦煌吐鲁番研究论文集》，北京：书目文献出版社，1996年版，第360—372页。

④ 参邓文宽：《敦煌天文历法文献辑校》，南京：江苏古籍出版社，1996年版。

吐鲁番出土《明永乐五年丁亥岁 （1407）大统历》考

　　1996年江苏古籍出版社出版的由我编著的《敦煌天文历法文献辑校》一书，对敦煌所出天文历法文献作了释录和校考；1997年河南教育出版社出版的拙编《敦煌吐鲁番出土历书》[①]，又专就两地所出历书的图版加以汇集并作了释文。如今，绝大多数的敦煌吐鲁番出土历日可从这两部书中见到。不过，仍然难称完备。随着新资料的陆续公布，有些文献就需要再做工作。本文研究的《明永乐五年丁亥岁（1407）大统历》残片就是其中之一。这里需要特别说明的是，我所使用的录文资料是由荣新江教授提供的，对此，谨表诚挚的谢忱。

　　原件今藏统一后的德国国家图书馆，编号Ch3506。据荣新江抄录时所作记录，此件系一刻本，前、后和下部均残，顶端有一小截粗墨线边框，残存尺寸为8厘米×22厘米。就残存部分看，原历在边框内至少由细线隔为四栏：现存上栏有"末伏"注记；其下一栏为日序、干支和六甲纳音；再下一栏为建除和二十八宿之注历；再下一栏为吉凶宜忌等选择事项。现在录文时要作如下技术处理：原为竖行，为便于排版而改横书；为便于讨论和省览，每行前施以行号（1—9行）；原件残失严重，据上下文推补的文字放入［］中，不出校记；有残字但数量不能确定者，施以"▭▭▭▭▭"、

---

　　① 见任继愈总主编，薄树人主编：《中国科学技术典籍通汇·天文卷》第1册，郑州：河南教育出版社，1997年版。

□□□□□、□□□□□□□" 表示。

［前缺］

1. □□□□□□ ［二］十一日［癸卯金］成张宜□□□□□

2. □□□□□ ［二十二日甲］辰［火］收翼，宜纳财、□□□□□

3. □□□□□ ［二十］三日乙巳火开轸，□□□□□□

4. □□□□□ ［二十四日丙］午水闭角，宜祭祀、立券、交易、剔头、安葬，不宜出行、□□。

5. 二十五［日丁未］水闭亢，立秋七月节，宜祭祀，不宜出行、栽种、针刺。

6. 二十六日戊申土建氐，日入酉正三刻，昼五十六刻，夜四十四刻。宜祭祀、嫁娶。宜用辰时。不宜动土。

7. ［二十］七日己酉土除房，宜祭祀、沐浴，不宜出行、［移］徙、栽种。

8. 末伏 二十八日庚戌金满心，宜人口、裁衣，宜用辰时。开市、交易、纳财。

9. ［二十九日辛］亥金平尾，宜□□□□□

［后缺］

下面将根据残历日提供的条件，对其准确年代进行考定。

（一）关于残历的月份。由残历第5行所注"立秋七月节"即可推知，残历是七月或七月前后的一段历日。中国古代自汉武帝《太初历》开始使用二十四节气注历，每月一节气、一中气。但是，节气所注日期并不一定就在其对应的月份。如本历"立秋"是"七月"的"节气"，它可以注在农历七月的上半月，也可以注在农历六月的下半月。之所以会产生这样的游移，是使用闰月的结果。人们知道，二十四节气属于阳历系统，而朔望月则属阴历系统。十二个朔望月为三百五十四五天，与一回归年相差十一天左右，故需置闰，才能使节气相对稳定在一定的月份之内。尽管如此，一旦置闰，就会使下月节气提前进入上月之后半月。这种情况，我们在吐鲁番出土的《唐仪凤四年（679）具注历日》[①]中已经遇到过，不足为奇。本件历日残存日期为二十一日至二十九日，"立秋七月节"又注在二十五日，我们根据前面所说节气位置游移的原因即可判断，此段历日属于某年六月下旬的一段。

（二）关于"立秋七月节"。这个七月节注在二十五日丁未。由于前已考知，此段历日属于某年六月下旬，那么"立秋七月节"就是注在六月二十五日丁未这一天的。历法专家张培瑜教授在其《三千五百年历日天象》一书中，给出了自秦朝以来"历代颁行历书摘要"，内含每年的二十四节气。我们从宋朝立国的公元960年起开始检查，一直到辛亥革命，立秋在六月二十五日丁未的，只有明永乐五年（1407），此外一例相同的也没有。因此，可以初步认为，此历日为明永乐五年的历日。对于这个年代，我们还需用残历提供的其他条件加以靠定。

（三）关于二十八宿注历。迄今为止，在以往从敦煌、吐鲁番出土的北朝至北宋初年的历日中，虽然在唐末的敦煌历日中，偶尔也有用二十八宿注历者，但尚未看到用二十八宿连续注历。至于用二十八宿连续注历起于何时，清人已经说不清楚。[②]不过，传世本《南宋宝祐四年丙辰岁（1256）会天万年具注历日》已用二十八宿注历了。此后连绵不断，以迄今日东亚民用《通书》而不绝如缕。如果残历确实是明永乐五年的，我们就要检查一下自南宋以来二十八宿注历是否与这件明历相连。需要指出的是，1983—1984年间，内蒙古文物工作者在黑城曾发掘出土一件印本残历，[③]其中也用二十八宿注历。张培瑜先生考证此历为元至正二十五年

① 参邓文宽：《跋吐鲁番文书中的两件唐历》，载《文物》1986年第12期，第58—62页。

② 参〔清〕《协纪辨方书》卷一"二十八宿纪日"条。见李零主编：《历代方术概观·选择卷》（上），北京：人民中国出版社，1993年版，第98—99页。

③ 内蒙古文物考古研究所、阿拉善盟文物工作站：《内蒙古黑城考古发掘纪要》，载《文物》1987年第7期，第1—23页，残历见此文配图37（F19：W18）。

（1365）授时具注历日。①此残历使我们增多了一次检验的机会，看看这三件历日二十八宿注历是否都在南宋以来二十八宿注历的序列链条上。下面进行具体检查。

《南宋宝祐四年丙辰岁（1256）会天万年具注历日》四月一日为"四月一日壬戌水破角"。"角"宿为二十八宿的开头，可知，此年四月一日为某一个二十八宿注历周期之始。

《元至正二十五年（1365）具注历日》七月五日为"七月五日辛酉木满轸"。"轸"宿为二十八宿的最末一宿，可知，此年七月五日是某一个二十八宿注历周期的终结。

自宋宝祐四年（1256）四月一日至元至正二十五年（1365）七月五日，共有39900天。

39900天÷28天=1425（周）

可知，其间用了1425个二十八宿周期注历。

《元至正二十五年具注历日》七月六日是"［六日壬］戌水平角"，又是一个二十八宿注历周期之始。

《明永乐五年丁亥岁大统历》六月二十三日为"二十三日乙巳火开轸"，是某一个二十八宿注历周期的终结。

自元至正二十五年（1365）七月六日至明永乐五年（1407）六月二十三日共15344日。

15344天÷28天=548（周）

可知，其间用了548个二十八宿周期注历。

还可知，自南宋宝祐四年（1256）四月一日至明永乐五年（1407）六月二十三日共得：

（39900天＋15344天）÷28天=1973（周）

大约在151年间共用了1973个二十八宿周期注历。

检验结果证明，无论黑城出土的《元至正二十五年具注历日》，还是

---

① 张培瑜:《黑城新出天文历法文书残页的几点附记》,载《文物》1988年第4期,第91—92页。

吐鲁番出土的《明永乐五年大统历》，都符合二十八宿注历的规则，也都在这一连绵不断的长序列上。这也可以证明残历是明永乐五年的历日。

（四）关于"末伏"。中国古代用三伏注历，表示一年中最热的天气，自汉代即已开始。但那时注在夏至或立秋后第几"庚"日尚不规则。大约从唐代开始，三伏日期固定为：夏至后第三庚日为初伏，第四庚日为中伏，立秋后第一庚日为末伏。残历二十八日最上面一栏注有"末伏"二字，其日干支为庚戌。检张培瑜教授《三千五百年历日天象》一书，明永乐五年（1407）五月九日壬戌夏至，其后第一庚日为五月十七日庚午，第二庚日为五月二十七日庚辰；五月为小月，则第三庚日为六月八日庚寅，此日即初伏。六月十八日庚子为夏至后第四庚日，亦即中伏。六月二十五日立秋，六月二十八日庚戌为立秋后第一庚日，即"末伏"，或称"后伏"。残历所存"末伏"注记与明永乐五年（1407）夏至、立秋日期及三伏所在完全吻合。

（五）关于二十六日"日入酉正三刻，昼五十六刻，夜四十四刻"的纪时内容。"酉正三刻"这样的纪时用语最早是元朝郭守敬的《授时历》使用的。《元史·历志一》"昼夜刻"载："日出为昼，日入为夜，昼夜一周，共为百刻。……春秋二分，日当赤道出入，昼夜正等，各五十刻。自春分以及夏至，日入赤道内，去极浸近，夜短而昼长。自秋分以及冬至，日出赤道外，去极浸远，昼短而夜长。以地中揆之，长不过六十刻，短不过四十刻。……今京师冬至日出辰初二刻，日入申正二刻……夏至日出寅正二刻，日入戌初二刻……"黑城所出《元至正二十五年具注历日》残片上，七月月序内容有"一日丁巳午初初［刻］（下残）"的用语。明永乐五年时（1407）使用的是明代《大统历》（详下），但纪时用语一仍其旧，以至到清代《时宪书》也还在使用。[1]

至于残历所纪"昼五十六刻，夜四十四刻"，显然是"百刻"纪时制的产物。元代实行百刻纪时制已见上引《元史·历志一》，明代实行的仍

---

① 参〔清〕《协纪辨方书》卷十二"日出入昼夜时刻"条。见李零主编：《中国方术概观·选择卷》（上），北京：人民中国出版社，1993年版，第381—386页。

是这一制度。只是到清代后才改为 96 刻制。①由此可见，残历的纪时制度也在我们推定的年代范围之内。

从以上检验可以确认，残历是《明永乐五年丁亥岁（1407）大统历》。

永乐五年时，明朝所用《大统历》，实即元朝著名《授时历》的延续。郭守敬所制《授时历》，是中国传统历法最高成就的体现。元朝末年朱元璋起兵以后，于公元 1367 年十一月冬至，太史院使刘基率其属下高翼上呈次年历日，即《大统历》。名虽有别，但实际却与《授时历》完全一样。无怪乎 1384 年漏刻博士元统上书时曾说："历以'大统'为名，而积分犹踵'授时'之数，非所以重始敬正也。"此历日后在元统任钦天监监令时作了一些修改，一直使用到明末。故薄树人教授认为："从实质上说，也就是授时历一直行用到明末。"②

如前所述，此残历属于刻本历日。而黑城所出《元至正二十五年具注历日》也是刻本。将本文使用的录文与黑城所出元历对照，发现栏次、版式基本相同，一如本文开头所述。这也从一个侧面证明，这两件残历日都属于《授时历》系统的实行历日。

那么，这件明朝官颁历日是如何到达吐鲁番地区的呢？就该地区的历史来说，大约从公元 1283 年至 1756 年，是蒙古民族统治的时代。这期间，元朝在公元 1368 年灭亡后，吐鲁番地区被察合台汗国所占领。后来又经过几种势力的消长变换。但总体上说，吐鲁番地方王国对明朝是表示臣属的，并且朝贡不绝，与明朝中央政府保持着密切往来。③而"颁正朔"是中国历代封建王朝权力所及的重要象征。吐鲁番地方王朝既向明朝称臣，明朝历书颁行到该地区也就是顺理成章的事了。这或许正是这件残历出现在吐鲁番地区的原因。④

---

① 参中国天文学史整理研究小组著（薄树人主编）：《中国天文学史》，北京：科学出版社，1981 年版，第 117—118 页。

② 参中国天文学史整理研究小组著（薄树人主编）：《中国天文学史》，北京：科学出版社，1981 年版，第 87 页。《明史·历志一》云："惟明之《大统历》，实即元之《授时》，承用二百七十余年，未尝改宪。"

③ 胡戟、李孝聪、荣新江：《吐鲁番》，西安：三秦出版社，1987 年版，第 82—85 页。

④ 德藏吐鲁番文书多从佛寺的藏书室发现，我们不排除它也可能由别的途径到达吐鲁番。

还要指出的是，大约从明朝中叶起，明清两朝近400年历日基本完整地保存了下来。[①]但明初的历日实物仍属少见。我们这件《明永乐五年大统历》虽仅剩一小残片，但对研究《大统历》早期的内容、形制，以及与《授时历》的关系，仍有着十分重要的意义。

（原载《敦煌吐鲁番研究》第五卷，北京：北京大学出版社，2000年版，第263—268页）

[①] 张培瑜：《三千五百年历日天象》，郑州：河南教育出版社，1990年版，"前言"第2页。

黑城出土《西夏乾祐十三年壬寅岁（1182）具注历日》考

　　由俄罗斯著名"敦煌学"家孟列夫教授主编、上海古籍出版社出版的《俄藏黑水城文献》，公布了一大批以前未曾面世的中古时代文献，尤以刻印本文献居多。这批文献的价值，各界学者正在就其研究领域之所在展开探讨，其价值将日益彰显。由于个人研究的主旨所在，笔者对其中刊布的具注历日尤为关心。本文将考察一件印本残历日。此件编号为"俄TK297"，刊布在《俄藏黑水城文献·汉文部分》第四册第385页下栏至386页上栏。刊布时仅题"历书"，而未标明其确切年代。孟列夫教授在此前出版的《黑城出土汉文遗书叙录》中也曾对此件作过著录。他指出："两件木刻本残片，卷子装，按某本书的面幅剪下来的残片，宋体字，宋刻本（12世纪前30年的）。残片1：43×19.5厘米，卷子的一部分，两残纸，从某月的11日至23日。……残片2：11.5×12厘米，卷子的下半截，第4和第5纵行，第4纵行的末尾有干支：'丙午'……"[①]

　　为了讨论方便，笔者根据自己对图版的观察，再作说明如下：原件确为一雕版印本历日，前、后、上、下均有残失。就现存面貌看，残存内容由上到下至少有五栏：（一）日期、干支、六甲纳音和建除；（二）二十八宿注历；（三）望、蜜、沐浴、归忌等；（四）"鸿雁来"等物候内容；

---

① ［俄］孟列夫著，王克孝译：《黑城出土汉文遗书叙录》，银川：宁夏人民出版社，1994年版，第240页。

（五）月神、日神、时神等神煞及选择宜忌。第五栏每栏有二至五行字。这样，我们在录文时就必须作一些特殊处理：原则上以日为单位，每日一行，标为1、2、3……每日第五栏内的行次再分为①、②、③……我们在讨论时可能同时提及，比如1①行便是第1行第五栏的第①小行，如此等等。依据历日推补的内容放入〔〕中，不出校记，讨论时将予说明。

先释文如下：

残片一：

〔前缺〕

1. 〔十日辛巳金〕 ☐☐☐☐☐☐☐ 坎九五；公渐；葬事出兵☐ ☐☐☐☐☐☐ （按，此三小句各在一栏，不能连读）

2. 〔十〕一日壬午木定　心

　　①吉日。岁位、天德合☐☐☐☐☐

　　②月空、天喜、天马☐☐☐☐☐

　　③民日、鸣吠、时阴☐☐☐☐☐

　　④宥、招集贤良、纳彩☐☐☐☐☐

　　⑤会亲姻、远行、移〔徙〕、☐☐☐☐☐

3. 〔十〕二日癸未木执　尾

　　①吉日。岁位、天恩、枝☐☐☐☐☐

　　②玉堂黄道，宜宣政☐☐☐☐☐

　　③舍宇、和会、交关、捕捉☐☐☐☐☐

4. 〔十〕三日甲申水破　箕

　　①大耗、天牢黑道、徙☐☐☐☐☐

　　②伐日。不宜临政事☐☐☐☐☐

　　③师旅与修造☐☐☐☐☐

5. 〔十〕四日乙酉水危　斗　沐浴

①吉日。岁对、小岁后 ☐

②守日、神在 ☐

③宜葬埋、祭祀 ☐

6. 十五日丙戌土成　牛　鸿雁来

①吉日。岁对、小岁后 ☐

②三合、天府明星、司 ☐

③四相。宜造宅舍 ☐

④药、尊师傅、会 ☐

7. 十六日丁亥土收　女　望　辟泰

①天魁、重日、劫杀 ☐

②勾陈黑道 ☐

③嫁娶、开仓、剃 ☐

④词讼、迁居、筑 ☐

8. 十七日戊子火开　虚　蜜

①天火、天狱、不举 ☐

②不宜论讼、上官 ☐

9. 十八日己丑火闭　危　归忌、除手甲

①吉日。岁对、七圣 ☐

②执储明星、明堂 ☐

③宜祀神祇☐☐ ☐

10. ［十九日庚寅木建　室］

①小时、天刑黑道 ☐

［后缺］

残片二①：

[前缺]

（四月）

1. ［廿七晶丁卯火］开（？）导井泉、□□针刺。

2. ［廿八戊辰木］

①岁后、小岁位、天恩、月恩、四相、生气、

②□安、夏天德、天岳明星、神在、七圣、

③时阳。宜宣覃恩宥，旌拜功勋，策试

④贤良，崇尚师傅，祭祀神祇，出行牧放。

3. ［廿九日己巳木］

①吉日。岁后、四相、王日、玉堂、七圣。

②宜临政、上官、闭塞孔穴、修补垣墉、

③泥饰宅舍。

4. 丙午（二字较大）

①自四月二十七日丁卯午正三刻芒种，已得五月之节 _____

②宜向西北行，又宜修造西北维。天德在乾，月厌 _____

③月德在内，月合在辛，月空在壬，丙、辛、壬上取 _____

④　　　　　　　　　用艮巽、丑后、辰后 _____

5. ①此月十六日乙酉，其夜子初三刻后，艮时 _____

②坤乾时、寅前 _____

6. ［一日庚午土］ _____ □家人

①月刑、小时、地火、土府、土符、伐日、

②兵禁、月厌。不宜兴发军师，政

③讨城寨、撅凿动土、盖屋、经络、

---

① 此残片原由四个小残片拼缀而成，但次序错乱。今据赵坤《西夏历法中的发敛术——以两件黑水城汉文具注历为中心》（待刊）重新拼合并释文。

④嫁娶、纳亲、牧放群畜。

7. ［二日辛未土］☐☐☐☐☐☐

①吉日。岁后、月德合、六合、兵宝、大明（"明"字缺末笔）。

②吉期、神在。宜修营宅第，兴发

③土工，训卒练兵，祀神市估。

8. ［三日壬申金］☐☐☐☐☐鸬始鸣

①吉日。岁后、月空、驿马、天后、天巫、大明。

②兵吉、福德、相日、神在、鸣吠、岁德。

③青龙黄道、七圣。宜训练军师、营葬

④坟墓，安置产室，进口、经络。

9. ［四日癸酉金］

①天刚、五盗、死神、天吏、天贼、致死、五离

［中缺］

10. ［八日丁丑水］

①复日。不宜动土工、出远行，会宾客、

②营葬礼、兴词论、合交关。

［下缺］

以上我们从两个残片中各录出10行具注历日的内容，并对其相关日期进行了推补。其中残片一包含某月十至十九日的历日；残片二包含四月二十七日至五月四日，另有五月八日的残文。现对相关内容进行说明并对残历年代进行考订。

（一）残片一的月份。此片十五至十八日（6—9行）的日期是完整的，其前数日则可依日序和干支表补齐。残存下的八日中，每日均有建除注历。依据建除十二客同纪日地支的对应关系，定与午、执与未、破与申、危与酉、成与戌、收与亥、开与子、闭与丑相对应，全是星命月正月的内

容。①残历6行又有一个物候注"鸿雁来"。而在传统历日中，它是"雨水正月中"下的一个物候。由此我们即可判断，残片一属于正月历日。从十五日干支为丙戌可推知正月朔日为壬申。

（二）残片二之4行上有字体较大的"丙午"二字，根据其下面内容，知第4、5行属于五月月序内容，其前三行当属四月月末内容。由5行"此月（五月）十六日乙酉"，知五月朔日干支为庚午；由4行"自四月二十七日丁卯"，知四月朔日辛丑，是个小月。10行是个残纸条，已失日期。但10行①有"复日"注记，在星命月的五月里，复日是注在丁日的，五月庚午朔，则八日干支为丁丑，故定其日期为五月八日。至此，我们已获知：此历正月 [?]，壬申朔；四月小，辛丑朔；五月 [?]，庚午朔。

（三）残历的纪年天干范围。残片二4②③有"天德在乾""月德在丙""月合在辛""月空在壬"等月神方位日期，而这些全是五月月序的内容。②第4行顶端又有较大的"丙午"二字，是五月的纪月干支。五月为丙午，则正月纪月干支为壬寅，与之对应的纪年天干是丁或壬。③就是说，此历的年天干不是丁，便是壬。

（四）残历的年份。残片二4①注有"四月二十七日丁卯芒种"，说明某年的芒种五月节在四月二十七之丁卯日。张培瑜先生《三千五百年历日天象》④一书给出了自秦朝以来每年的节气所在日期及干支，使用起来极为方便。我们从公元1127年查起，发现西夏乾祐十三年壬寅岁（1182）的芒种是在四月二十七日丁卯，与残历正相一致。⑤故可初步考虑它就是残历的年份。

---

① 参见邓文宽：《敦煌天文历法文献辑校》，附录六《各星命月中建除十二客与纪日地支对应关系表》，南京：江苏古籍出版社，1996年版，第741页。

② 参见邓文宽：《敦煌天文历法文献辑校》，附录三《月神方位、日期表》，南京：江苏古籍出版社，1996年版，第738页。

③ 参见邓文宽：《敦煌天文历法文献辑校》，附录一〇《正月月建与年天干对应关系表》。南京：江苏古籍出版社，1996年版，第745页。

④ 张培瑜：《三千五百年历日天象》，郑州：河南教育出版社，1990年版。

⑤ 就已经发现的西夏汉文历日言，其月朔干支与同年中原宋历都相一致，故可将同年宋历月朔、节气作为西夏汉文历日月朔、节气的参照。

（五）残片一第8行，即正月十七日戊子有一"蜜"日（星期日）注。如果认为此历日为公元1182年历日，则此日合西历1182年2月21日。查《日曜表》，此日恰是星期日。乾祐十三年干支为壬寅，与前此考出的此历纪年天干不是丁，便是壬也符合；正、四、五月的月朔也相一致，故可将残历的年代加以最后确定。

（六）从对残历进行定年的角度而言，我们的工作到此应该说已经结束。但是此历是用二十八宿注历的，于是就给我们提供了一次对所定年代进行检验的机会。残片一第2行注"心"，是十一日，反推上去，则十日为"房"，九日为"氐"，八日为"亢"，七日为"角"。"角"宿是中国传统二十八宿的第一宿。因此，西夏乾祐十三年（1182）正月七日是某一个二十八宿注历周期的开始。

传世《南宋宝祐四年丙辰岁（1256）会天万年具注历日》也是用二十八宿注历的，其三月最末一天为"三十日辛酉木执轸"，[①]"轸"宿是二十八宿的最末一宿，可知此日是某一个二十八宿注历周期之末。

从乾祐十三年（1182）正月七日至宝祐四年（1256）三月三十日共有27104天。[②]

27104天÷28天=968（周）

可知在这74年左右的时间里，共用了968个二十八宿周期注历。乾祐十三年（1182）的二十八宿注历与宝祐四年（1256）的二十八宿注历是连贯的，与黑城出土的元至正二十五年（1365）历日、吐鲁番出土的《明永乐五年丁亥岁（1407）大统历》[③]也是连贯不断的。它证明我们所定年代完全可靠。

此外我们还要指出，敦煌历日中最晚的一件是《淳化四年癸巳岁（993）具注历日》，至此乾祐十三年（1182）共过去了189年。我们发现，

① 见任继愈总主编，薄树人主编：《中国科学技术典籍通汇·天文卷》第1册，郑州：河南教育出版社，1997年版，第695页。

② 日数依据张培瑜《三千五百年历日天象》朔闰表计算。

③ 邓文宽：《吐鲁番出土〈明永乐五年丁亥岁（1407）大统历〉考》，载《敦煌吐鲁番研究》第五卷，北京：北京大学出版社，2000年版，第263—268页。

此历所注入的一些神煞内容，如七圣、天魁、玉堂、民日、天喜、天马、伐日、小时、土府、土符、神在、福德、相日、驿马、天巫、天后、大明、月恩、四相、生气、时阳等，在敦煌历日中尚未见到。这就说明，自中唐至南宋，是中国传统历日中数术文化内容迅猛发展的时代。如所周知，清人辑成的《协纪辨方书》是数术文化的集大成之作。但是，这一由少到多的发展过程以往并不十分清楚。仰赖出土文献和文物，其发展线索才逐渐清晰起来。我们期待着再有更多的历日实物出土，以便对数术文化的发展史能获得更深层次的认识。

［原载《华学》第四辑，北京：紫禁城出版社，2000年版，第131—135页，题名"黑城出土《宋淳熙九年壬寅岁（1182）具注历日》考"。史金波教授认为，此历日是西夏雕印的汉文历日（见《西夏的历法与历书》，载《民族语文》2006年第4期，第41—48页），今据史教授意见更名并作了相应的改写］

黑城出土《西夏皇建元年庚午岁（1210）具注历日》残片考

1913—1915年间，斯坦因在进行第三次中亚探险时，曾在今内蒙古额济纳旗的黑城子进行过发掘。所发现的纸质文书中，有一件印本历日残片，编号为K.K.11.0292（j）。此件为正、背两面印刷，背面为何内容尚需研究，但正面为历日则毫无疑问。不久前，沙知先生和英国吴芳思女士在其《斯坦因第三次中亚考古所获汉文文献（非佛经部分）》一书中，刊布了此件图版，附有释文，并题作"元印本具注历残页"。①不过，准确年代尚未究明。我今利用古代历法的专门知识对其年代进行考定，以飨读者并祈教正。

根据图版左下方所附比例尺，经过计算，该件为10.2厘米×13.5厘米的小残片，内容为印本历日，事实上只属于某月四、五两日的相关内容，今释文如次：

---

① 沙知、[英]吴芳思（Frances Wood）：《斯坦因第三次中亚考古所获汉文文献（非佛经部分）》（上册），上海：上海辞书出版社，2005年版，第316页。

五日庚申木建箕	长星	四日己未火闭尾

不难看出，所存两天历日的内容，从上到下依次是：日序，纪日干支，该干支的纳音（以五行代替），该日所注的建除和二十八宿。这些在古代历日中均为习见内容，没有多少特别之处。但正是它们，为我们提供了丰富的信息，从而使揭示其绝对年代成为可能。

为方便讨论，我们今据残片四、五两日的内容往前推补三天：

[一日丙辰土成　　氐]
[二日丁巳土收　　房]
[三日戊午火开　　心]

上述推补的根据是：日序及其干支据干支表上推，各干支之纳音据《六甲纳音表》；[①]建除十二客的排序为：建、除、满、平、定、执、破、危、成、收、开、闭，虽在"星命月"之第一日需重复前日一次，但我们尚不知此段历日"星命月"之第一日所在，姑且按建除十二客之顺序补之；二十八宿东方七宿次序为"角、亢、氐、房、心、尾、箕"，其排列也不重复，故可顺次推补。

从推补可知，此二日残历的月朔为"丙辰"。我们进一步想知道的是，此丙辰为几月的朔日？

---

① 参见邓文宽：《敦煌天文历法文献辑校》，附录十二《六十甲子纳音表、干支五行对照表》，南京：江苏古籍出版社，1996年版，第747页。

我过去在多篇文章中反复指出，建除十二客同纪日地支间有固定对应关系。残历四日地支为"未"，建除为"闭"，五日为"申"，建除为"建"，这都是在"星命月"七月范畴内的现象。[①]而所谓"星命月"之七月，是指"立秋七月节"到"白露八月节"前一天的那段时间。理论上，农历十二个月每月各有一个节气和一个中气。但由于农历月份是朔望月，每月仅29.5306日；而二十四节气是一个回归年（365.2422日）等分为二十四份的结果，每份15.218425日，两份合30日还多，由是便需置闰。置闰的结果，就使各月节气所在之农历日期，或注在上月的下半月，或注在当月的上半月。若注在上月下半月，该"星命月"范围便延至当月之下半月；若注在当月之上半月，该"星命月"便延至下月之上半月。因此，残历四、五二日既在"星命月"七月之范围，那么它的历法月便有两种可能：要么是七月，要么是八月。也就是说，该残历七月或八月朔日为丙辰。

我们推出的该历当月一至三日的二十八宿内容十分有用。二日注"房"值得注意。中古时代，大约从唐中期开始，人们便用由西方传来的"七曜日"注历，星期日称作"蜜"。大概从唐末开始，人们又使用二十八宿注历（后来曾中断）。七曜日是七天一周期，二十八宿是二十八天一周期，且自身都不重复，于是，二十八宿注历同"七曜日"注历之间便形成了一种固定对应关系。

"七曜日"的排列次序为日（星期日）、月（星期一）、火（星期二）、水（星期三）、木（星期四）、金（星期五）、土（星期六）。二十八宿从"角"宿开始，"角"为东方七宿（角、亢、氐、房、心、尾、箕）之首，而古代阴阳家又将东方与"木"相配（"东方甲乙木"），亦即是说，"角"宿必与"木曜日"相值，于是形成下列固定对应关系：

---

① 邓文宽：《敦煌天文历法文献辑校》，附录六《各星命月中建除十二客与纪日地支对应关系表》，南京：江苏古籍出版社，1996年版，第741页。

七曜日	木	金	土	日	月	火	水
二十八宿	角	亢	氐	房	心	尾	箕
	斗	牛	女	虚	危	室	壁
	奎	娄	胃	昴	毕	觜	参
	井	鬼	柳	星	张	翼	轸

由上可知，历日上凡注房、虚、昴、星四宿的日子均为"日曜日"，亦即星期日，当时称作"蜜"。残历二日注"房"，当是蜜日所在。

上述考论的结果是，该历日残片属于七月或八月，朔日丙辰，初二是星期日。

用上述内容，在陈垣先生《廿史朔闰表》上进行搜寻，结果是：从公元1001—1911年辛亥革命，共有17年七月朔日为丙辰，它们是：1019、1086、1112、1143、1205、1236、1329、1396、1422、1453、1582、1639、1706、1763、1830、1856、1887年。其中仅1639年（明崇祯十二年）七月初二为日曜日，其余16年七月初二全不是。但根据张培瑜先生《三千五百年历日天象》①一书，该年立秋在农历七月初九甲子日。而我们前已指出，残历初四"未"与"闭"对应，初五"申"与"建"对应，表明它们均在"星命月"七月之内，亦即是说，三日之前已注过"立秋七月节"，而不可能注在初九日。故而，1639年亦在排除范围。这就是说，该残片不是七月的历日，而应是八月的历日。

又从《廿史朔闰表》检得，自公元1001—1911年，也有17个年份农历八月朔日为丙辰：1024、1117、1148（闰八月）、1210、1241、1267、1334、1427、1458、1520、1551、1577、1644、1675、1701、1768、1892年。但其中仅1210、1241、1701三年八月初二为日曜日，其余全不是，当予排除。

查《三千五百年历日天象》，1241年农历六月二十日丁丑立秋，白露

① 张培瑜：《三千五百年历日天象》，郑州：河南教育出版社，1990年版，第368页。

八月节在七月二十二日戊申，则"星命月"的七月在六月二十日至七月二十一日之间。这期间初四、初五日只能属于七月。但我们前已考知，此残片非七月历日，故1241年当予排除。

又据《三千五百年历日天象》，1210年农历七月九日乙未立秋，白露八月节在八月十日乙丑；1701年农历七月初五庚寅立秋，八月六日辛酉白露，"星命月"之七月与二历均相符合。如何选择呢？

首先，根据建除十二客的排列规则，每月第一日即节气所在之日的建除，应该重复其前日一次。而残历四日为"闭"，五日为"建"，不曾重复，证明五日不是立秋七月节所在之日，即与1701年农历七月初五庚寅立秋不合。其次，我们知道，公元1701年是清康熙四十年，所用历本为《时宪书》。而清代历日几乎全有传世本，藏在故宫博物院。《时宪书》格式与敦煌历日每天一竖栏相仿，[①]而与本文研究的残片相去甚远。此残历的现存格式与我过去从俄藏黑水城文献中考出的1182年具注历日、1211年具注历日[②]几乎完全相同。这样，从建除和印本历日的格式，便可确定该历日残片为公元1210年的具注历日。

公元1210年，相当于南宋宁宗赵扩嘉定三年、西夏襄宗李安全皇建元年。这就必然存在一个问题：该汉文历日到底是南宋王朝所颁历日，还是由西夏王朝所颁发？近来，西夏文和西夏史著名学者史金波教授对此进行了深入研究。[③]他注意到，黑城出土的1182年和1211年具注历日中，"明"字因避讳而右侧"月"字缺末二笔，认为这是西夏人避太宗李德明名讳所改，从而认为该二历日应是西夏人印刷的汉文历日。西夏历日种类繁多，有刻本西夏文历日，写本西夏文—汉文合璧历日，汉文刻本历日和汉文写本历日。史先生进一步认为，我以前所定的《宋淳熙九年壬寅岁（1182）具注历日》和《宋嘉定四年辛未岁（1211）具注历日》应分别更

---

① 参陈遵妫：《中国天文学史》第3册所收清乾隆六十年《时宪书》书影，上海：上海人民出版社，1984年版，第1620页。

② 参邓文宽：《敦煌吐鲁番天文历法研究》，兰州：甘肃教育出版社，2002年版，第262—289页。

③ 史金波：《西夏的历法和历书》，载《民族语文》2006年第4期，第41—48页。

名为《西夏乾祐十三年壬寅岁（1182）具注历日》和《西夏光定元年辛未岁（1211）具注历日》。史先生的见解是正确的认识，我在这里表示诚恳接受，并更正自己既往的定名。至于本文研究的1210年历日残片，因过分残碎，虽未见有"明"字缺笔，但残存格式与其后仅一年的西夏光定元年历日完全相同，故亦应从西夏年号定名为《西夏皇建元年庚午岁（1210）具注历日》。

附带指出，残历五日右上角有"长星"二字，此属历注内容。清《协纪辨方书》卷十"宜忌"云："长星、短星：忌进人口、裁制、经络、开市、立券、交易、纳财、纳畜。"[1]而同一历注，亦见于黑城出土的《西夏光定元年辛未岁（1211）具注历日》的七月八日右上角。[2]这同样可以作为本文研究的历日残片属于皇建元年（1210）具注历日的旁证。

（原载《文物》2007年第8期，第85—87页）

---

① 李零主编：《中国方术概观·选择卷》（上），北京：人民中国出版社，1993年版，第357页。

② 俄 Инв.No.5229号。载《俄藏黑水城文献·汉文部分》第6册，上海：上海古籍出版社，2000年版，第315页。

黑城出土《西夏光定元年辛未岁（1211）具注历日》三断片考

在近年陆续出版的《俄藏黑水城文献·汉文部分》一书中，刊布了一些具注历日的断片，颇受关注。其中"俄 TK297"号我已考定为《西夏乾祐十三年壬寅岁（1182）具注历日》。[1]今再考察另外三个残段，最终证明它们都是《西夏光定元年辛未岁（1211）具注历日》。需要特别说明的是，这三个断片中，"俄 TK269"号、"俄 Инв.No.5469"号已正式刊布，[2]而"Инв.No.5285号加8117号"则是我国著名西夏文专家史金波教授于2000年夏赴圣彼得堡东方学研究所整理该所未编目录文献时发现的。其发现之功不可泯没，著录于此，以表敬意。

一 Инв.No.5285号加8117号

此号即史金波教授新发现的一段。从照片复印件看，上下左右均有残失，估计下部残失或更严重一些，但属于一印本历日则无疑问。现存部分由两片组成，分别编为8117（一）和8117（二）；自上至下仍存五栏，分别是：（1）日序、干支、纳音和建除；（2）二十八宿注历；（3）往亡、除

---

① 见邓文宽：《黑城出土〈西夏乾祐十三年壬寅岁(1182)具注历日〉考》，载《华学》第四辑，北京：紫禁城出版社，2000年版，第131—135页。

② "俄 TK269"号，图版见《俄藏黑水城文献·汉文部分》第4册，上海：上海古籍出版社，1997年版，第355—357页；"俄 Инв.No.5469"号刊于同书第6册，2000年版，第316—318页。

手甲、蜜日注等；（4）物候注；（5）吉凶宜忌等选择事项。我们在释文时，原则上仍以日为单位进行；因现存第（5）栏有4到5行文字，我们在各日之下又分别用①、②、③、④、⑤来标具此栏内的各行，以示区别。一般不出校记，需说明时以"按"说明之。先释文如下：

［前缺］

1.［二］十三日乙亥火破　女　下弦

　　①不宜嫁娶、出行、开□□□□□□

　　②启攒、栽培、种莳

2.［二］十四日丙子水危　虚，沐浴、蜜、往亡（按，自沐浴至往亡共3项占一栏）

　　①吉日。大小岁前、天德□□□□□□

　　②天愿守日，岁德、不将□□□□□

　　③七圣、兵吉。宜修□□□□□□

　　④理垣墙，集福、祈恩、和合□□□□□

3.［二］十五日丁丑水成　危　归忌、除手甲（按，归忌与除手甲占一栏）

　　①吉日。大小岁前、天喜、天□□□□□□

　　②（模糊不清）

　　③七圣、□□□□□宜尊□□□□□□

　　④祷祀神祇，泥饰庐舍□□□□□

4.［二］十六日戊寅土收　室　卿比

　　①天牢黑道、天刚、月□□□□□

　　②土符、伏罪、伐日、不□□□□□

　　③伐，兴作土工、远出征行□□□□

　　④事营葬、祭祀、扫饰□□□□

5. [二] 十七日己卯土开　辟（壁）　王瓜生

 ①吉日。岁前、天恩、月□、母▢▢▢▢▢▢

 ②生气、普护、神在、时阳▢▢▢▢▢▢

 ③五合▢▢▢▢▢▢ 宜宣覃▢▢▢▢▢

 ④勋庸，立木、上梁、安置栏▢▢▢▢▢

 ⑤师傅、祭祀、远行。

6. [二] 十八日庚辰金闭　奎

 ①吉日。岁后、天恩、月德▢▢▢▢▢▢

 ②神在、复、天德、天府、明▢▢▢▢▢

 ③（模糊不清）

 ④塞穴、筑墙、祷祀神 [祇]▢▢▢▢▢

7. [二] 十九日辛巳金建　娄

 ①小时、重日、土府、伐日，王勃黑道。日出寅正四刻

 ②伐日、王□黑星。□讨伐城▢▢▢▢▢

 ③塞穴、发土、上（?）营葬、迁居筑▢▢▢▢

 ④室、远出、□图，嫁娶▢▢▢▢▢▢ [日入] 戌初初刻

   白　白　白

8. 四月大紫　黑　绿　　建癸巳

   黄　赤　碧

 （以下四月月序即④⑤两栏．原并作一栏，今不改）

 ①自三月十七日己巳□□初刻立夏，已得四月 [之节]。

 ②即天道西行，[宜向西行]，又宜修造西方。天 [德在辛]，

 ③月厌在未，月煞在辰，[月德] 在庚，月合在乙，月 [空在] 甲，乙、庚上取土及宜 [修造]。

 ④此月初七日戊子戊 [正□刻] 后，甲时、丙时▢▢▢▢

 ⑤及壬时，卯前、午前、▢▢▢▢▢

9.［一］日壬午木除　胃

①吉日。岁后吉期。天□□龙黄道 ▢

②圣心，兵宝，官日、吠（?），神在 ▢

③大（?）明、宜宣赦宥，□建修饰 ▢

④垣墉、祭祀、解除 ▢

［后缺］

下面对其年代进行考定。

（一）残历的月份。第8行有醒目的"四月大"三字，可知其前的1—7行属于三月的历日，第9行属于四月一日历日。因原件上部有残失，故我们在录文时作了增补，共得三月二十四日至四月一日的历日。从录文可知，三月二十九天，是小月；二十四日丙子，则月朔为癸丑。四月大，朔日壬午。又可推得五月朔日为壬子。这样，残历三、四、五共三个月的月朔已可获知。

（二）残历的纪年地支。残历四月月九宫为二黑中宫（第8行）。因月九宫是从正月开始，以九、八、七、六、五、四、三、二、一的次序逆向排列的，今反推回去，可知正月月九宫为五黄中宫，而正月五黄中宫，则其纪年地支为丑、未、辰、戌。①

（三）残历的纪年天干。残历第7行月九宫图下有"建癸巳"，则此历正月建庚寅；正月建庚寅，则其纪年天干当作丙或辛。②

（四）残历的纪年干支。将上述所得两个天干与四个地支相配，共得丙辰、丙戌、辛丑、辛未四个干支，此即残历日应在的四个纪年干支，必在此四个年份求得。

（五）残历的绝对年份。我们注意到，此历是以二十八宿注历的。我

---

① 参邓文宽：《敦煌天文历法文献辑校》，附录一一《年九宫、正月九宫与年地支对应关系表》，南京：江苏古籍出版社，1996年版，第746页。

② 参邓文宽：《敦煌天文历法文献辑校》，附录一〇《正月月建与年天干对应关系表》，南京：江苏古籍出版社，1996年版，第745页。

们以陈垣先生《廿史朔闰表》为据[①]，从公元1127年查起，在丙辰、丙戌、辛丑、辛未四个干支年份里，与上述所推的此历三、四、五共三个月份之月朔全合者为西夏光定元年（1211），因此可考虑此年为其应选年份。残历三月二十四日有"蜜"日注（第2行），而此日合西历公元1211年5月8日，查《日曜表》，确为星期日，由此可知，该历为公元1211年，即西夏光定元年的具注历日残片。

二　俄TK269号

俄国著名敦煌学家孟列夫教授在其以往出版的《黑城出土汉文遗书叙录》中，曾对此件著录道："历书，保存下来的是中间一条的3栏：①指出吉凶征兆；②太阳经过黄道的周相；③庇护神。""木刻本，原先大概是卷子装，54×8厘米的长条，两残纸。11天的栏目（第1和第11天的残），宋体字，宋版本，12世纪前30年的。此长条被剪开作封皮用和被叠成折面为5×3厘米的折子……"[②]

现在再根据我对原件图版的观察说明如下：原件确实被剪成了折子形状，乍一看好像是册子装的书页。现存内容共三栏，第一栏为神煞和宜忌，第二栏为日出日入时刻及昼夜时刻；第三栏为人神流注。第三栏的内容是将"人神"二字刻或排在中间，余字分布于"人神"两侧。如"人神在胸"，"在"字居于"人神"之右，"胸"字居于"人神"之左。今录文时为方便计，一律改为直行即"人神在胸"，好在并不妨害原意。释文时，我们以"折"为单位进行，每折中的栏次分为1、2、3（无内容者跳过），每栏中的行次为①、②、③……推补文字放入 [ ] 中。

---

① 就目前已经看到的西夏汉文历日,其月朔与同年中原宋历都相同,故可用同年宋历作为西夏汉文历日月朔的参照。

② ［俄］孟列夫著,王克孝译:《黑城出土汉文遗书叙录》,银川:宁夏人民出版社,1994年版,第239页。

［前缺］

第一折：

1. ＿＿＿＿＿＿①动土＿＿＿＿＿＿

　　②＿＿＿＿＿留（？）进人

3.［人神在］气冲。

第二折：

1. ＿＿＿＿＿＿①［鸣］吠对，

　　②＿＿＿＿＿　□守日。

　　③＿＿＿＿＿狱缓刑，

　　④＿＿＿＿＿官（？）视官。

2.①昼五十三刻；

　　②夜四十七刻。

3.人神在股内。

第三折：

1.①＿＿＿＿＿天德合

　　②＿＿＿＿＿宝明星，

　　③＿＿＿＿＿续世，

　　④＿＿＿＿＿恩行庆。

3.人神在足。

第四折：

1. ＿＿＿＿＿＿①□□□（图版模糊）

　　②＿＿＿＿＿＿□□□（图版模糊）

　　③＿＿＿＿＿□至（？）

3.人神［在］内踝。

第五折：

1. ① _____ □九空

② _____ □伐日

③ _____ 盖（？）造舍

④ _____ 征行运。

3.人神在手小指。

第六折：

1. ① _____ □复日

② _____ □□食

3. 人神在外［踝］及胸。

第七折：

1. ① _____ 七圣

② _____ 胲（？）盖

③ _____ 药疗病

④ _____ 德（？）相日。

2. ①日入酉正二刻。

3. 人神［在］［□］阳明。

第八折：

1. ① _____ 七圣

② _____ 出使

③ _____ □进人

3. 人神在胸。

第九折：

1. ① [_____] 触水龙，

   ② [_____] 不宜命

   ③ [_____] 舟船兴

   ④ [_____] 理灶

2. ①日出卯初三刻

   ②日入酉正初刻。

3. 人神在膝。

第十折：

1. ① [_____] 合、金堂，

   ② [_____] 宜修茸、

   ③ [_____] 学、立契

3. 人神在阴。

第十一折：

1. ① [_____] 道□德

   ② [_____] 结会亲姻

   ③ [_____] 执（？）捕寇盗

3. 人神在膝胫。

第十二折：

1.①□九醮（二字左侧笔画残半）

[后缺]

现在对残历的内容进行研究并考订其年代。

（一）残历十二折的各自日期。残历第三栏的内容是人神流注。而根据我们对众多敦煌具注历日的研究，在每月三十天中，每天所注人神是固定不变的，即：一日在足大指，二日在外踝，三日在股内，四日在腰，五日在口，六日在手小指，七日在内踝，八日在长腕，九日在尻尾，十日在腰背，十一日在鼻柱，十二日在发际，十三日在牙齿，十四日在胃管，十五日在遍身，十六日在胸，十七日在气冲，十八日在股内，十九日在足，二十日在内踝，二十一日在手小指，二十二日在外踝，二十三日在肝，二十四日在手阳明，二十五日在足阳明，二十六日在胸，二十七日在膝，二十八日在阴，二十九日在膝胫，三十日在足跌。①以此与本件残历各折对照，可知：第一折为十七日，第二折为十八日，第三折为十九日，第四折为二十日，第五折为二十一日，第六折为二十二日，第七折为二十四日或二十五日，第八折为二十六日，第九折为二十七日，第十折为二十八日，第十一折为二十九日，第十二折暂不明了，下面再议。由是可知，这段历日基本上是连续的，只是缺了二十三日及二十四或二十五日中的一日。

（二）残历的月份。残历第九折第1①行中有"触水龙"注记，而此折属于二十七日（详前）。在一个甲子六十日中，只有三天即丙子、癸未、癸丑属于"触水龙"日。②第十折①行又有"金堂"一目，其排列规则依"星命月"为：正月辰日，二月戌日，三月巳日，四月亥日，五月午日，六月子日，七月未日，八月丑日，九月申日，十月寅日，十一月酉日，十二月卯日。③而此折属于二十八日（详前），与第九折相连贯。所以，此"金堂"所在日的日支必须与第二十七日可能的三个纪日干支（丙子、癸

---

① 邓文宽：《敦煌天文历法文献辑校》，附录九《逐日人神所在表》，南京：江苏古籍出版社，1996年版，第744页。

② 参〔清〕《钦定协纪辨方书》卷五"义例三"。见李零主编：《中国方术概观·选择卷》（上），北京：人民中国出版社，1993年版，第215页。

③ 参〔清〕《协纪辨方书》卷六"义例四"。见《中国方术概观·选择卷》（上），北京：人民中国出版社，1993年版，第236页。

未、癸丑）相连。而子下为丑，未下为申，丑下为寅，对照"金堂"所在各月日支之日期，可能的月份为八月、九月、十月共三个月，其他均不在应选条件之内，换言之，此残历之时限是"星命月"八、九、十共三个月中的某一个月。

残历第二折第2①行和2②行有昼夜时刻注记，即"昼五十三刻，夜四十七刻"。我们知道，在中国古历实行百刻纪时制时，夏至白昼六十刻，夜晚四十刻；冬至白昼四十刻，夜晚六十刻。春秋二分昼夜平分各五十刻。过了夏至，白昼减刻，夜晚增刻，过了冬至，白昼增刻，夜晚减刻，因此，历注中的"昼五十三刻，夜四十七刻"每年共有两次，一次在二月，约在清明三月节与谷雨三月中之间；一次在处暑七月中前后。①由于前面我们已将此残历的月份考定在"星命月"的八、九、十共三个月中，则此处之"昼五十三刻，夜四十七刻"当靠近"处暑七月中"这个中气，可以考虑的月份是历日的农历七、八两个月，而九、十两月应被排除。那么，此残历的农历月份到底是七月还是八月呢？读者如果细心的话，准会注意到我们几次提到"星命月"这个概念。历日中的农历月份是每月一日至二十九日或三十日，但"星命月"则是以十二个节气（非中气）各自所在之日至下一个节气的前一日为一月，编入历日时处在游动状态，以至本月节气可注在上月的下半月至本月的上半月，而中气则在本月一个月内游动。前述我们所考"触水龙"注在二十七日，"金堂"注在二十八日，而这两天虽然是农历日期，但其前必然已注了"白露八月节"，否则不会符合它们各自在"星命月"八月的安排规则。换言之，它们虽在"星命月"之"八月"，而历日的农历月份应为七月。简单说，我们可确认此段残历属于农历七月。

（三）残历各日干支。前已指出，第十折1①行"金堂"一目于"星命月"之八月在丑日，九月在申日，十月在寅日。而我们已排除此历在九、十两月的可能，只剩一个"八月丑"日了。因此，第十折的二十八日当为

---

① 参〔清〕《协纪辨方书》卷三十五"推测日刻"。见《中国方术概观·选择卷》（下），北京：人民中国出版社，1993年版，第865—869页。

"丑"日，即其纪日地支是丑。其前一日之"触水龙"的干支为丙子、癸未、癸丑三者之一，在丑日前且能够与"丑"日相连的只有丙子日，也就是说残历二十七日的日干支为丙子（第九折）。由此上推下移可知，二十八日（第十折）为丁丑日，二十九日（第十一折）为戊寅日，二十六日（第八折）为乙亥日，二十五日为甲戌日（可能第七折），二十四日为癸酉（也可能是第七折），二十三日为壬申日（佚失），二十二日（第六折）为辛未日，二十一日（第五折）为庚午日，二十日（第四折）为己巳日，十九日（第三折）为戊辰日，十八日（第二折）为丁卯日，十七日（第一折）为丙寅日。再往前推，可知此段七月历日的月朔为庚戌。

那么，七月是大月还是小月呢？我们发现第十二折1①行的"九醜"二字残文十分有用。己卯日是"九醜"之一，其余八日（戊子、戊午、壬子、壬午、乙卯、辛卯、乙酉、辛酉）全然不能同其前之二十八日戊寅（第十一折）相连。由此可以确认，三十日干支是己卯，此七月共三十日，是大月，八月朔日为庚辰。

（四）残历年份。根据前述推出的七月大、庚戌朔和八月庚辰朔，我们从宋朝立国的公元960年起，在陈垣先生《廿史朔闰表》上进行检索，直至清末，共得到以下十一个年份与残历相同：宋天禧四年（1020）、元祐二年（1087）、绍兴十四年（1144）、嘉定四年（1211）、咸淳四年（1268），明洪武三十年（1397）、景泰五年（1454）、正德十六年（1521）、万历六年（1578），清顺治二年（1645）、康熙四十一年（1702）。可喜的是，我们在本文上节考出的Инв.No.8117号为西夏光定元年（1211），亦在上述十一个年份之中。由于它们都是印本历日，且字迹相同，则此段七月残历当是原来西夏光定元年具注历日中的一部分残片。因被剪裁后派作他用，故残破过甚，致使我们不得不用过多的笔墨进行考辨，好在终于找到了它的原始归属！

为保险起见，我们对所定年代再检核如下：在前述讨论时，我们已指出，残历二十七日（第九折）所注"触水龙"、二十八日（第十折）所注"金堂"，是历日已进入星命月八月的表征，亦即是说，在此二日之前历注已有"白露八月节"了。查检张培瑜教授《三千五百年历日天象》①一书，此年白露八月节在七月二十一日庚午，从此日始便进入"星命月"之八月。它表明我们对此残历所定年、月均与事实相符。

三　俄 Инв.No.5469号

先释文如下：

［前缺］

1. ［十九］日戊戌木除　室　侯归妹内

　　① _____ 黑□、月害、□□ _____

　　②不宜□官上事　刺受　□

　　③奴婢，出放资财。

2. ［廿］日己亥木满　辟（壁）　沐浴

　　①吉日。岁后，□□，月德，

　　②天后、天巫、相日、七圣，

　　③宜上梁、立木、安置□枥。

　　④宜□、穿穴、取土、追纳、□

　　⑤络、裁缝。

3. ［廿］一日庚子土平　奎

　　①天魁、死神、兵禁、往亡、

　　②九虎、天吏。宜训练兵□，

　　③攻击城池，修盖邸第，筑垒□ _____

　　④嫁娶、出行、经络、赴任。

4. ［廿］二日辛丑土平　娄　寒露九月节鸿雁来宾　兑九二、侯归妹外。

---

① 　张培瑜：《三千五百年历日天象》，郑州：河南教育出版社，1990年版。

①月虚、天刚、月煞、死神

②狱日、翼武、□□、阴私、黑□，

③不宜盖屋、上梁、筑墙、取土、[嫁娶]、

④结会亲姻、兴狱讼、葬死丧、

⑤请医、冠带、合酱。

5. [廿] 三日壬寅金定　胃　下弦　除足甲

①吉日。[岁] 后、月空、三合时□

②□□明星、七圣、鸣吠、四相、

③□命黄道大明，宜盖宅▭

④木、筑墙、结会亲姻、营葬▭

6. [廿] 四日癸卯金执　昴　蜜

①吉日。岁后、六合、枝德、鸣▭

②圣心、四相、不将、五合、七圣，

③宜结会亲姻、修饰宅舍，修▭

④土畎□□仇。

7. [廿] 五日甲辰火破　毕　大夫无妄

①大耗、四击、五盗、□□▭

②远出征行、挂服、举哀、开仓▭

③结亲、婚嫁、营葬墓坟。

8. [廿] 六日乙巳火危　觜　上□

①吉日。岁后、母仓、续世、执储▭

②阴德、七圣、明堂、黄道▭

③神在□□□□，宜请求▭

④祭祀鬼神，修葺庐舍，筑垒。

9. [廿] 七日丙午水成　参　雀入大水□为蛤

①吉日。岁前、小岁对，天德、月 [德]、

②母仓、天□、三合、要安、岁德

③神在、鸣吠、天仓，宜□□

④释放禁□，命将出师，发

⑤开拓疆境，选择贤能，结定

⑥安葬□□，竖立契券，合和

10. 宪皇后大忌［廿八］日丁未水收　井

①天魁、月刑、五虚、朱雀黑道

②□刑、□□

③盖屋、造宅、取土、筑墙、迁居、

④渡水乘舟、合□药饵、兴□

11. ［廿九］日戊申土开　鬼　沐浴

①吉日。岁前小岁对、天赦

②□□、生气、金堂、神在、

③天宝、明星、二仪、绝阳

④金匮黄道，宜行庆□赏

⑤立木、上梁、安栏、置栿、修砲

⑥神祇。

12. ［卅］日己酉土闭　柳　沐浴　除手足爪

①吉日。岁前、天恩、天对、明

②天德、黄道、七圣、鸣吠、神

③火（模糊不清）宜修

④舍庐、安置砲碓、泥墙、塞穴、祀

⑤筑堤［防］

13. ［九］月小　　黄　白　碧
　　　　　　　绿　白　白　建戊戌
　　　　　　　紫　黑　赤

①（按，全残，今不见）

②天道南行，宜向南行，又宜［修］

③月厌在寅，月煞在丑，月德在［丙］

④丙、辛上取土及宜修造。

⑤　　　　　　用癸、乙

⑥□月十五日甲子卯正二刻后

⑦丁、辛时［吉］（与⑤连读为"用癸、乙、丁、辛时
　　吉"）。

14. 一日庚戌金建　星　蜜　卿明夷

　　①阳错、小时、白虎黑道、牢日、兵禁

　　②天棒、黑星（?）、土府、□□不宜出

　　③师讨伐、动土、筑墙、经络、迁居、举

　　④官赴任、竖造栏□、兴□词讼。

15. ［二日辛］亥金除　张　沐浴　菊有［黄］花

　　①吉日。岁前，天德合、月德□　　天［恩］

　　②天□□□五富、□期、敬安。

　　③兵宝、相日、玉堂黄道、岁德

　　④　　　　　　　　旌赏功勋、策试贤良。

　　⑤□择□□修□□□□饰屋庐。

16. ［三日壬］子木满　翼　血忌

　　①天火、天狱、大杀、天牢黑道。

　　②天狗、九醜，不宜盖造邸第、结

　　③□□词迎婜、归家、祭祀、决水。

　　④天刚、月德、死符、□□□黑

　　⑤□皇后大忌。阴□黑星、狱日、□日、触水。

17. ［四日］癸丑木平　轸　土王用事

①八专、章光、［月］虚、不宜盖▢

②赴任、▢▢请医、嫁娶、会亲、放▢。

③渡水、迁移宅舍，兴发讼词▢

18.［五日甲］寅水定　角　除足甲

①吉日。岁后，天府、▢▢、阳纯（？）▢

②七圣▢司命、黄道▢

③三合、▢五合、▢鸣吠▢　时▢

④宜破土、启攒，修德▢惠。

19.［六日乙卯］水执　亢　手足爪

①岁后、▢枝▢

②守日、七圣、神在、五合、鸣吠对。

③宜畋猎捕兽、请福祀神▢

20.［七日丙辰］土破　氐　霜降九月中　兑六三　豺乃祭兽▢困

①大耗、四击、五▢▢

②往亡、雷公黑道▢

③攻战、▢▢、讨击贼城、临丧▢

④征行、理灶。

21.［八日］丁巳土危　房　上弦　蜜

①吉日。岁前小岁后，神在▢

②执储明星，明堂黄道，兵（？）▢

③▢▢▢、月德，宜训习戎师、选择▢

④▢修葺邸舍，筑垒墙壁，贮纳▢

⑤库、求嗣、祭神。

22.［九日戊午火成　心］▢

①吉日。岁前、母仓、大会▢吉。

［后缺］

以上我们共录出22行文字。其中第13行属于月序内容，一览便知；其前有12天历日内容，其后有9天历日内容，共21天。下面对其年代进行考订。

（一）残历月份。从图版看，此历日上部已残，有缺字。但第4行有"寒露九月节"，由此可知靠近九月。又因置闰原因，节气（非中气）的位置总是注在本月上半月或上月下半月。此"寒露九月节"在某月下半月，可知，13行前的12天内容属于农历八月，13行是九月月序的内容，14—22行属于九月一日至九日的内容。又据残历日可知，八月大，［庚辰朔］；九月小，庚戌朔；十月［?］，［己卯朔］。

（二）残历的纪年地支。由13行九月月序可知，此历九月九宫为六白中宫，则正月为五黄中宫，与之对应的纪年地支为辰、丑、戌、未。[①]

（三）残历的纪年天干。又由13行九月月序得知，九月"建戊戌"，则正月应建庚寅，对应的年天干为丙或辛。[②]

（四）残历的纪年干支。以上述所得两个天干与四个地支相配，可得丙辰、丙戌、辛丑、辛未。此即残历日应在的四个纪年干支，必是其中之一。

（五）我们从南宋开始的1127年起，在陈垣先生《廿史朔闰表》上进行检查，上述四个干支年中，与残历八、九、十共三个月月朔相合的为宋嘉定四年辛未岁（1211），亦即西夏光定元年（1211）。

（六）残历八月廿四日、九月一日和八日均有"蜜"日注。此三日合西历公元1211年10月2日、9日和16日，查《日曜表》，此三日全是星期日，由此可将残历的绝对年代加以确定。

---

① 邓文宽：《敦煌天文历法文献辑校》，附录一一《年九宫、正月九宫与年地支对应关系表》，南京：江苏古籍出版社，1996年版，第746页。

② 邓文宽：《敦煌天文历法文献辑校》，附录一〇《正月月建与年天干对应关系表》，南京：江苏古籍出版社，1996年版，第745页。

上面经过严密的考证程序，我们证明俄 Инв.No.5285+8117 号、俄 TK269 号、Инв.No.5469 号的共同年代是西夏光定元年（1211），也就是说，它们是《西夏光定元年辛未岁（1211）具注历日》的三个断片。为稳妥起见，我们再对这个年代进行一次检验。

我们已注意到此历是用二十八宿注历的。残历三月二十七日所注为"辟"（按，通"壁"），其前十四天当注"角"，即在三月十四日。我们又知传世《南宋宝祐四年丙辰岁（1256）会天万年具注历日》也是用二十八宿注历的，其中三月三十日注"轸"。[1]自光定元年（1211）三月十四日至宝祐四年（1256）三月三十日共 16436 日。

16436 日÷28 日＝587（周）

可知，其间共用了 587 个二十八宿周期注历。

残历三月十四日注"角"，九月四日注"轸"，这期间共有 168 日。

168 日÷28 日＝6（周）

又知，这期间又用了 6 个二十八宿周期注历。

检验结果，证明我们所定年代正确无误。至于 TK269 号，因其过残，看不到二十八宿注历的痕迹，我们就不能使用同一方法进行检验了。

最后，我们还想说明，这件印本历日的底本很可能来自宋朝。西夏曾奉宋正朔，但随着双方关系时紧时松而有变化。不过，据《宋史·历志》记载，就在此历日产生的前四年，即宋开禧三年（1207），宋朝秘书监兼国史院编修官、实录院检讨官曾渐进言时曾说："今年八月，便当颁历外国。"[2]史金波教授认为："这里所谓'外国'是否包括西夏，也不明确。但从西夏残历书与中原历书完全一致来看，西夏可能从中原得到历书。"[3]这个意见值得重视。

---

① 见任继愈总主编，薄树人主编：《中国科学技术典籍通汇·天文卷》第 1 册，郑州：河南教育出版社，1997 年版，第 695 页。

② 标点本《宋史》，北京：中华书局，1977 年版，第 1946 页。

③ 史金波：《西夏的历法与历书》，载《民族语文》2006 年第 4 期，第 41—48 页。引文见 41 页。

［原载邓文宽《敦煌吐鲁番天文历法研究》，兰州：甘肃教育出版社，2002年版，第271—289页，题名"黑城出土《宋嘉定四年辛未岁（1211）具注历日》三断片考"。史金波教授认为，此历日是西夏雕印的汉文历日，今据史教授意见更名并作了必要的修改］

《金天会十三年乙卯岁（1135）历日》疏证

《文物》2003年第3期刊登了《山西屯留宋村金代壁画墓》的发掘简报。[①]这是一份全新的金代壁画墓资料。由于研究的旨趣所在，我对文中所载一份金代简便年历尤感兴趣。现就认识所及，对它作一些简单考释，以期引起行家的重视和更进一步的研究。

据发掘简报，这份简便年历是以题壁形式写在墓室西壁上部右侧的。为便于讨论，现将原释文照录如下：

> 乙卯岁氏三百八十四日十二龙给水七日得葬。正月大一日乙巳国正月大二月小三月大四月小。五月大六月小七月大八月小九月小。十月大十一月小十二月大廿□日立春。小三命上舍天轮甲子国余年中气号。画夜百刻外宅礼宅之壬鬼□记。

上引释文有一些误读，下面稍加讨论。

（一）"乙卯岁氏三百八十四日"。此句中"氏"字误释，当释作"凡"，意即"共有"。"天会"为金太宗完颜晟年号，元年为公元1123年、十三年为1135年，干支纪年为"乙卯"。该墓墓室西壁中部题记另有"天会十三年岁次乙卯"一句，与此正相吻合不悖。它既是该墓主的下葬时

---

① 王进先、杨林中：《山西屯留宋村金代壁画墓》，载《文物》2003年第3期，第43—49页。历日图版见46页图七。

间，也是这份简便年历的年代。"岁"后一字之所以是"凡"而非"氏"，是由于此句是概括全年天数的。该年有13个月（闰正月，说详下），故共有384日。此类句型我们在敦煌历日中多次遇见，如P.3403《宋雍熙三年丙戌岁（986）具注历日[一卷]并序》，开端亦云"凡三百五十四日"①，可参。

（二）"十二龙给水七日得葬"。此句"给""葬"二字均是误释。中国古代历日大概从宋代起，加入了"几龙治水""几日得辛"的内容。所谓"几龙治水"，是以正月初一后的第几日为"辰"日来计算的。比如，该天会十三年（1135）历日正月朔日为乙巳，此后第一个"辰"日是十二日丙辰"，故称"十二龙治水"。所谓"几日得辛"，也是以正月初一后的第一个"辛"日在哪一天为准的。此历正月朔日乙巳，第一个"辛"日是初七"辛亥"，因而有"七日得辛"之说。古人认为龙多则雨少，龙少则雨多；又必须在得辛日，备供品向神明祈谷，故将上述二日特别标出。其历史传统也很悠久。我见到最早有此注记的是敦煌文献S.0612《宋太平兴国三年戊寅岁（978）应天具注历日》，内有"六日得辛，七龙治水"。②而且，历日中的这项文化内容，迄今在东亚民用"通书"中依然十分流行，如香港"蔡伯励择日堪舆馆"所编"永经堂"1970年"通书"，亦有"十二龙治水，五日得辛"。此外，历日中还有"几姑把蚕""蚕食几叶""几牛耕地"等内容，都是一些带迷信色彩的历注，不足为训。

（三）"正月大一日乙巳国正月大……""国"字系误释，当释作"闰"。该年所以有384日，就是因为它闰正月，共有13个月的缘故。此"闰"字，原字形为"门"中加一"王"字，且"王"字较大，故给原文作者以误导。该简便年历告知正月是大月，"一日乙巳"，然后告知其后自闰正月至十二月的各月大小，因此，我们很容易将全年各月的朔日干支推求出来（详参本文附表）。这也正是其价值之所在。

（四）"画夜百刻"。"画"字当释为"昼"，即"昼夜百刻"。这是中国

---

① 参见邓文宽：《敦煌天文历法文献辑校》，南京：江苏古籍出版社，1996年版，第588页。
② 邓文宽：《敦煌天文历法文献辑校》，南京：江苏古籍出版社，1996年版，第516页。

古代的计时制度。古人将一昼夜划分为一百刻，一刻约合今14分24秒。但古代同时又将一昼夜平分为十二辰纪时，而100与12间却无整倍数关系，总是存在矛盾。于是南朝梁武帝萧衍在位时曾改行96刻制，每辰8刻；但行用不久，旋又改回到百刻制，至清以后，才又行用96刻制。[1]就我们讨论的这件金代年历来说，其时行用的仍是百刻制，故当释作"昼夜百刻"。

其他一些释文还有讨论的余地，但因与本文无直接关系，故从略。

如前所述，这份金代简便年历已经告知全年各月的月大小，且知正月朔日为乙巳。据此，我们将全年各月的朔日逐一推出，并与同年（宋绍兴五年）中原历日[2]编为一表，以便比较。

从表中可以看出，同年中原南宋历闰二月，金历闰正月，闰早一月；南宋历五月小，甲戌朔，金历五月大，癸酉朔；其余各月朔日相同。另外，简报释文有"十二月大廿□日立春"一句。这个"立春"是指次年（1136）的正月节气，因本年有闰月，致令次年的立春注在上年十二月的下半月，亦属习见之例。但用□代替的那个字，已有部分漫漶，似为"五"字，而非"六"字。而同年南宋历十二月下旬所注次年"立春"是在十二月廿六日甲子。[3]换言之，金历次年立春日比南宋历早一日。

月　份	宋　朝	金　朝
正月	乙巳（大）	乙巳（大）
二月	乙亥（大）	（闰正月）乙亥（大）
闰二月	乙巳（小）	（二月）乙巳（小）
三月	甲戌（大）	甲戌（大）
四月	甲辰（大）	甲辰（小）

---

① 《中国大百科全书·天文卷》，北京：中国大百科全书出版社，1980年版，第220页右。
② 公元1135年的南宋历日各月大小及朔日、节气，采自张培瑜《三千五百年历日天象》，郑州：河南教育出版社，1990年版，第284页右下。
③ 张培瑜：《三千五百年历日天象》，郑州：河南教育出版社，1990年版，第284页右下。

续表

月　份	宋　朝	金　朝
五月	甲戌（小）	癸酉（大）
六月	癸卯（小）	癸卯（小）
七月	壬申（大）	壬申（大）
八月	壬寅（小）	壬寅（小）
九月	辛未（小）	辛未（小）
十月	庚子（大）	庚子（大）
十一月	庚午（小）	庚午（小）
十二月	己亥（大）	己亥（大）

据《金史》卷二十一《历志上》记载，"金有天下百余年，历惟一易"。天会五年（1127），司天杨级始造《大明历》，"十五年（1137）春正月朔，始颁行之"。后来又有赵知微的重修《大明历》。①但是，我们眼前的这份金代年历，其年代为天会十三年（1135），其时杨级《大明历》尚未颁行（1137年颁行）。那么，金朝自1115年建国，至1136年共22年，所用为何种历法？对此，史书语焉不详。前引《金史·历志上》只云"历惟一易"，下面即述杨级造历与颁行的史实。"易"即"换"也，那么，是由何种历日改"换"为行用《大明历》的呢？不得其详。

虽然史文缺略为我们详细了解这份出土年历带来很大困难，但从上述与同年中原南宋历日的比较可知，早期金历是充分吸收了汉历文化成果的，以至"几龙治水""几日得辛"这样的术语也照搬汉历而来，它反映了中原汉文化对金人的浸润。另一方面，金人也并非完全照搬汉历，这由它与同年中原汉历的差异即可看出。至于更详细的情况，暂时还不易说明。

---

① 参见《中国大百科全书·天文卷》，北京：中国大百科全书出版社，1980年版，第561页。

这里，我们还有必要对这份金代历日的形制稍作说明。自20世纪以来，秦汉简牍和敦煌吐鲁番文献、黑城文书中都出土了数量可观的实行历日或具注历日，其编排形式依据用途而有所不同，其中之一便是"简便年历"。这种简便年历的特征是，一般只告知月大小、朔日干支和一些节气所在日，[①]还有少数重要的日期如预报月食、奠日、社日等，不同时代又略有差异。迄今所见最早的简便年历，是秦二世元年（前209）年历木牍；[②]其后有敦煌出土的汉简永光五年（前39）、永始四年（前13）二历；[③]敦煌藏经洞亦出两件：一是《北魏太平真君十一年（450）、十二年（451）历日》，另一是《宋淳化四年癸巳岁（993）历日》。[④]上述各历形制均可与本件年历互相比照。这种简便年历的存在说明，虽然总体上说，由于历注内容日益繁夥，古历内容存在由简到繁的基本发展趋势，但为了方便生活，简便年历的形式也并未完全消亡。

最后还要强调的是，以往出土的古代历日，要么书写在简牍上，要么书写或印制在纸上，而这件金历却是抄在墓室墙壁上的，它是迄今所见唯一的一件。

（原载《文物》2004年第10期，第72—74页）

---

① 参见陈久金：《敦煌、居延汉简中的历谱》，载《中国古代天文文物论集》，北京：文物出版社，1989年版，第121页。

② 图版见《文物》1999年第6期彩版三，出自湖北荆州关沮秦汉墓。

③ 陈久金：《敦煌、居延汉简中的历谱》，载《中国古代天文文物论集》，北京：文物出版社，1989年版，第117—118页。

④ 释文见邓文宽：《敦煌天文历法文献辑校》，南京：江苏古籍出版社，1996年版，第101—110页、664—667页。

史道德族出西域胡人的天文学考察

《文物》1985年第11期发表《宁夏固原唐史道德墓清理简报》后，就史道德的族属问题，学术界曾展开讨论。①1996年，文物出版社出版了罗丰先生编著的《固原南郊隋唐墓地》一书，公布了包括史道德在内的五位史姓人物墓志及其出土文物，扩大了我们思考史道德族属问题的范围。然而，除了明确史索岩同史道德是叔侄关系外，也未能提供更直接的材料，史道德的族属问题依然作为悬案而存在。

研究史道德族属问题的关键性困难在于：墓志称"其先建康飞桥人事"②。建康地处甘肃酒泉，位居河西走廊。而唐代林宝在《元和姓纂》卷六"建康史氏"条云："今隶酒泉郡，史丹裔孙、后汉归义侯苞之后。至晋永嘉乱，避地河西，因居建康。"③据此，建康史氏是汉人从内地迁去的。这样，就很难认为史道德家族源出西域胡人。

为了对史道德先祖的民族所出获得较为明确的认识，这里我们要用古天文知识对其墓志中的相关文句加以释读。先移录墓志原文一段于下：

> 公讳道德，字万安，其先建康飞桥人事。原夫金方列界，控绝地

---

① 参见赵超：《对史道德墓志及其族属的一点看法》，载《文物》1986年第12期，第87—89页；罗丰：《也谈史道德族属及相关问题——答赵超同志》，载《文物》1988年第8期，第92—94页；马驰：《史道德的族属、籍贯及后人》，载《文物》1991年第5期，第38—41页。

② 史道德墓志图版，见《文物》1985年第11期，第27页。

③ 〔唐〕林宝：《元和姓纂》，北京：中华书局，1994年版，第822页。

之长城；玉斗分墟，抗垂天之大昴。稜威边鄙，挺秀河湟。盟会蕃酋，西穷月窟之野；疏澜太史，东朝日域之溟。于是族茂中原，名流函夏。正辞直道，史鱼寒谔于卫朝；补阙拾遗，史丹翼亮于汉代。龙光迭袭，龟剑联华，绵庆缔基，斯之谓矣。远祖因宦来徙平高（按，即固原），其后子孙家焉，故今为县人也。①

对于这段叙述史道德家族历史的文字，如果只关注头尾，就会认为，其祖先原在甘肃酒泉一带，后来因仕宦任官而迁至宁夏固原，至史道德去世的仪凤三年（678），已成为固原人。墓志语义是完整的，而且在理解上也不存在困难。但这却是很不够的。因为墓志开头还有其他文字，特别自"原夫金方列界"至"东朝日域之溟"共50个字，并非全是溢美之词，而是隐含着一些实在的内容。现对关键词句考释如下：

（一）"原夫"。唐人撰写墓志时，有一些程式化的语言，此即其一。"原夫""若夫""其先"所引出的文字，一般都是追述墓主祖先之所从来的。例如：

《大唐张君墓志》："君讳通，字进达，清河人也。源夫大汉之初，辑宁区宇，珍橾枪于垓下，消薄蚀于鸿门。……"②

《唐故颜君墓志铭并序》："公姓颜，讳相，字仁肃，河南洛阳人也。源夫洙泗弘风，颜回著昭邻之美；海沂虚尚，颜盍驰高节之誉。于后……"③

《唐故杨君墓志铭并序》："君讳贵，字元宗，弘农华阴人也。原夫本系，出自有周。"④

《唐故南阳张府君墓志铭并序》："君讳怀文，河南洛阳人也。原夫良

①　史道德墓志图版，见《文物》1985年第11期，第27页。

②　周绍良主编，赵超副主编：《唐代墓志汇编》，上海：上海古籍出版社，1992年版，第104页。

③　周绍良主编，赵超副主编：《唐代墓志汇编》，上海：上海古籍出版社，1992年版，第198页。

④　周绍良主编，赵超副主编：《唐代墓志汇编》，上海：上海古籍出版社，1992年版，第205页。

居汉喔，是曰师臣；华处晋朝，实惟鼎辅。"①

由上所引可知，"原夫"又作"源夫"，确有追根溯源之意，与史道德墓志中的"原夫"无别。换言之，墓志此下的一段文字，当是追述其先祖来历的。

（二）"金方列界"。《隋书·五行上》引《洪范五行传》曰："金者西方，万物既成，杀气之始也。"②中古时代，方位同天干、五行相配时有以下顺口溜：东方甲乙木，南方丙丁火，中央戊己土，西方庚辛金，北方壬癸水。这是时人极为熟悉的常识，可知"金方"即西方。"列界"之"列"，即"裂"之古字。"裂界"同"裂地"，指分野。"金方列界"是说其分野在西方。

（三）"控绝地之长城"。"控"谓"控扼"，即占有。"绝地"指极远的地方。《汉书·韩安国传》："自三代之盛，夷狄不与正朔服色，非威不能制，强弗能服也，以为远方绝地不牧之民，不足烦中国也。"③《后汉书·马援传》："人情岂乐久屯绝地，不生归哉？"④"长城"此处似非实指，当是泛喻边塞防御系统。"金方列界，控绝地之长城"大意是说，从分野来看，其祖先在西方绝远之地，而且曾拥有大片土地。

（四）"玉斗分墟"。"玉斗"即玉衡，指观测天文的仪器。北周庾信《燕射歌辞·宫调曲》："玉斗调元协，金沙富国租。"⑤"分墟"与"列界"为对文，"列界"是指地上的分野，"分墟"则是指天区的划分。我们知道，古天文许多星官名词是由地上搬到天上的。因此，"玉斗分墟"就是用玉衡观测天空而划分之。

（五）"抗垂天之大昴"。"抗"即对也。《史记·陆贾传》："今足下反天性，弃冠带，欲以区区之越与天子抗衡为敌国，祸且及身矣。"司马贞

---

① 周绍良主编，赵超副主编：《唐代墓志汇编》，上海：上海古籍出版社，1992年版，第320页。

② 标点本《隋书》，北京：中华书局，1973年版，第619页。

③ 标点本《汉书》，北京：中华书局，1962年版，第2401页。

④ 标点本《后汉书》，北京：中华书局，1965年版，第848页。

⑤ 转引自罗竹风主编：《汉语大词典》第4册，上海：汉语大词典出版社，1989年版，第474页。

索隐引崔浩曰："抗，对也。"①今有"对抗"一词，亦是同义复词。"大昴"指二十八宿中的昴宿。首先，我们知道，古人将二十八宿划分为四陆，与四方相配，东方七宿为角、亢、氐、房、心、尾、箕，北方七宿为斗、牛、女、虚、危、室、壁，西方七宿为奎、娄、胃、昴、毕、觜、参，南方七宿为井、鬼、柳、星、张、翼、轸。昴宿配位于西方，墓志上文"金方"亦指西方，二者一致。其次，昴宿在古代天文星占中是用来代表少数民族的"胡星"。《隋书·天文志》："昴七星，天之耳目也，主西方，主狱事。又为旄头，胡星也。又主丧。昴、毕间为天街，天子出，旄头罕毕以前驱，此其义也。"②"昴……大而数尽动，若跳跃者，胡兵大起。一星独跳跃，余不动者，胡欲犯边疆也。"③引文与《晋书·天文志》略同。唐《开元占经》卷六二"昴宿占"亦有意义相同的文字记载。在中古时代的具体星占实践中，"昴"宿的天文现象也是同地面上的"胡"或"虏"的动向相联系。如《魏书·天象志三》记：

> 太祖皇始元年夏六月，有星孛于髦头（按，即昴宿，见上引《隋书·天文志》，"旄头"同"髦头"）。孛所以去秽布新也，皇天以黜无道，建有德，故或凭之以昌，或由之以亡。自五胡蹂躏生人，力正诸夏，百有余年，莫能建经始之谋而底定其命。是秋，太祖启冀方之地，实始芟夷涤除之，有德教之音，人伦之象焉。④
>
> 太宗永兴二年五月己亥，月掩昴。昴为髦头之兵，虏君忧之。⑤
>
> 泰常三年十月辛巳，有大流星出昴，历天津，乃分为三，须臾有声。占曰："车骑满野，非丧即会。"明年四月，帝有事于东庙，蕃服之君以其职来祭者，盖数百国也。⑥

① 标点本《史记》，北京：中华书局，1959年版，第2697—2698页。
② 标点本《隋书》，北京：中华书局，1973年版，第546页。
③ 标点本《隋书》，北京：中华书局，1973年版，第546页。
④ 标点本《魏书》，北京：中华书局，1974年版，第2389页。
⑤ 标点本《魏书》，北京：中华书局，1974年版，第2394页。
⑥ 标点本《魏书》，北京：中华书局，1974年版，第2398页。

　　［太平真君］十年五月，彗星出于昴北。此天所以涤除天街而祸髦头之国也。时间岁讨蠕蠕。①

　　可知，昴宿七星代表胡人而成为"胡星"，毋庸置疑。因此，"玉斗分墟，抗垂天之大昴"，其义是说，如用玉衡指向天区加以观测，与之相对的正是那个代表胡人的"胡星"——昴宿。

　　（六）"稜威边鄙"。当指史道德先祖在西方绝域曾有威势；"挺秀河湟"，当是炫耀史道德的先人在河西亦有荣光，与前文的"其先建康飞桥人事"相呼应。文中均有溢美之词，但文义不难理解，不赘。

　　（七）"盟会蕃酋，西穷月竁之野"。"盟会"犹会盟，此处用为动词。《史记·楚世家》："宋襄公欲为盟会，召楚。"②《汉书·地理志上》："至春秋时，尚有数十国，五伯迭兴，总其盟会。"③"蕃酋"当指少数民族国君或酋长，意义显明。"月竁"即月窟，指极西之地。《文选》颜延之《宋郊祀歌》之一："月竁来宾，日际奉上。"唐人李善注引服虔曰："音窟，兔窟，月所生也。"④亦作"月域"。此二句是说，史道德先祖曾在极西之地同蕃人国君结盟，且为盟主。

　　（八）"疏澜太史，东朝日域之溟"。"澜"本义为大波浪，引申为流派。疏澜即远枝，疏属。"太史"指汉人史姓之祖史佚。《元和姓纂》卷六"史姓"云："周太史史佚之后。"⑤"疏澜太史"是说史道德家族是周太史史佚的远枝。"日域"是"月竁"的对文，指极东之地。此二句大意是说，作为周太史史佚的远枝，由极西而向东方迁徙过来。

　　通过以上疏证，墓志"原夫"及其以下50个字的意义应该说是比较清楚了。在这段文字中，同西方或西域有关的词语有"金方""大昴""月竁"，同胡人有关的词语有"大昴""蕃酋"。将这些词语的综合含义理解

---

①　标点本《魏书》，北京：中华书局，1974年版，第2406页。
②　标点本《史记》，北京：中华书局，1959年版，第1697页。
③　标点本《汉书》，北京：中华书局，1962年版，第1542页。
④　《文选》，上海：上海古籍出版社，1986年版，第1275页。
⑤　〔唐〕林宝：《元和姓纂》，北京：中华书局，1994年版，第822页。

为"西域胡人",恐不为过。墓志作者自地至天，由西而东，讲了个周遍，但概括言之，地在极西，在汉人眼中自然是胡地，天又是胡天（大昴），那么，这简直就是一片胡天胡地了。它所要说明的史道德族出西域胡人也就不言自明。

这里仍有一个问题需加讨论。就多数墓志来说，用"其先"二字引出下文追述先祖也就够了，但史道德墓志在"其先建康飞桥人事"之后，又用"原夫"引出另一段追述先祖的文字。墓志同时说史道德先祖是西域胡人，又说是汉族史姓远枝，并以春秋时卫国之史鱼、汉代之史丹为其同宗而自相标榜，岂非荒谬？这确实是风马牛不相及，但放诸唐初特定的历史背景之下，并考量胡人在华化过程中表现出来的某些特征，仍可给予合理解释。

唐承魏晋南北朝士族门阀之余韵，社会心理上仍以出身贵族名门而自高，因此，所谓的高门大族也就有不少冒牌存在于世。唐人刘知几在《史通·邑里篇》中曾论道："自世重高门，人轻寒族，竞以姓望所出，邑里相矜。……碑颂所勒，茅土定名，虚引他邦，冒为己邑。若乃称袁则饰之陈郡，言杜则系之京邑，姓卯金者咸曰彭城，氏禾女者皆云钜鹿……凡此诸失，皆由积习相传，浸以成俗，迷而不返。"[1]显然，史道德墓志称其先人为周太史史佚之疏属，且与史鱼、史丹攀附，也只能目为唐初这种恶劣"积习"的表现之一了。

这些攀附行为，除了全社会风气使然外，作为西域胡人的史氏家族，同时也就有了胡人华化过程中的一些特征。胡人华化后，多以汉人先哲名王为其先祖，这在唐代诸多蕃将中均有表现。如，原为契丹酋帅的李楷洛，身后碑称其为汉代李陵之后；[2]突厥出身的将领李怀让，也冒认李陵

---

① 〔唐〕刘知几撰，〔清〕蒲起龙释：《史通通释》，上海：上海古籍出版社，1978年版，第144—145页。

② 〔唐〕杨炎：《云麾将军李府君神道碑》，见影印本《全唐文》，北京：中华书局，1983年版，第4308页下栏—4310页下栏。

为其先祖。[①]但是透过这些假冒行为，我们也看到，很多胡人在汉地久居之后，汉化程度日趋加深，从而产生了与汉民族共同的民族意识和心理状态，这也正是民族融合的一个侧面。史道德家族概莫能外。

史道德家族也有与众不同的地方。那就是，虽也冒称汉人史佚之后，但又不愿意数典忘祖。在墓志中同时将这两层意思表达出来，实在是一个困难。不过，墓志作者却处理得极为巧妙：用清显的文字公开同汉族史姓名人攀附，用隐晦的文字说出其真实族出，可谓用心良苦！用我们今天的眼光看，自然是，攀附内容于史无征，属于假冒；而曲折表达其族出西域胡人者，才属于历史的真实。

（原载韩金科主编《'98法门寺唐文化国际学术讨论会论文集》，西安：陕西人民出版社，2000年版，第658—661页）

---

① 〔唐〕常衮：《华州刺史李公墓志铭》，见影印本《文苑英华》，北京：中华书局，1966年版，第5001页上栏—5002页上栏。

吐鲁番出土"伏羲女娲画幡"考析

——兼论敦煌具注历日中的"人日"节和"启源祭"

光阴荏苒，不觉间本师张广达教授即将年届八旬。提笔命书，真是感慨万千！先生数十年以学术为生命，无论境况多么艰难，都是孜孜矻矻，自强不息；作为一介书生，先生"位卑未敢忘忧国"，不失知识分子的担当，尤让我为之心折。几回回梦里与本师相会，醒来后唯留清泪一把。作为及门弟子，仅以此小文为仁者颂寿：来日方长，愿师尊心情愉快，健康长寿。

20世纪初叶以来，考古工作者从吐鲁番古墓发掘出土了一些伏羲、女娲人首蛇身，下身互相缠绕的画作。有出自阿斯塔那43号、76号、77号、301号、302号和303号墓的[①]，也有出自哈拉和卓古墓的[②]。这些画作，有麻质的，如阿斯塔那76号墓所出，其余多是绢质。出土时，有的盖于尸身，有的置于尸体旁侧，也有的张挂或用木钉固定于墓室顶部。就其所在的墓葬年代而言，多在高昌国至唐代前期（公元6—8世纪）。这一出土文

[①] 出自阿斯塔那43、77号墓的画幡，见《文物》1972年第1期，第23页；出自阿斯塔那76号墓的画幡，见《新疆维吾尔自治区博物馆》，香港：金版文化出版社，2006年版，第173页；出自301、302、303号墓的画幡，见《文物》1960年第6期，第13—21页刊发的《新疆吐鲁番阿斯塔那北区墓葬发掘简报》，封二图四。

[②] 出自哈拉和卓墓的画幡，见黄文弼：《吐鲁番考古记》图版五九（图61），北京：中国科学院印行，1954年版。

物早就引起学术界的重视，并不断有学者进行探讨。①笔者也早加注意，但迟迟未敢命笔。现将一得之见披露如下，以与学界同仁切磋云尔。

一 "伏羲女娲画幡"的图像含义

就目前所能看到的此类画作来说，其内容大同小异。主要区别在于，个别画作如76号唐墓所出者，未在周边画上用以表示星空的星星，也有的如43号墓所出者，虽然画上了用圆圈表示的星星，但缺少连接星星的连线，其余则大多类似。现分项考释如下。

伏羲女娲人首蛇身像。所有画面都是伏羲居右，女娲居左；伏羲左手擎一"矩尺"，女娲右手擎一"圆规"；伏羲右手与女娲左手在身后相揽而抱；其下身腰部以下作蛇身互相缠绕。伏羲、女娲是中国古代神话传说中的人物，且被后人视作华夏民族的始祖父与始祖母。曹植《画赞》云："或云二皇，人首蛇形"②；晋人皇甫谧《帝王世纪》则说："庖牺（即伏羲）氏，风姓也，蛇身人首"；"女娲氏，亦风姓也，承庖牺制度，亦蛇身人首。"③早期，伏羲、女娲人首蛇身像都曾单独存在，后来其下身之所以相互缠绕，是取其互相"交尾"而产生人类之义。唐人李冗《独异志》之"女娲兄妹为夫妇条"有较为详细的记载："昔宇宙初开之时，只有女娲兄妹二人在昆仑山，而天下未有人民，议以为夫妇，又自羞耻。兄即与其妹上昆仑山，咒曰：'天若遣我二人为夫妻，而烟悉合；若不使，烟散。'于是烟即合。其妹即来就兄，乃结草为扇以障其面。今时人取妇执扇，象其

① 黄文弼：《吐鲁番考古记》，北京：中国科学院印行，1954年版，第55—57页；陈安利：《西安、吐鲁番唐墓葬制葬俗比较》，载《文博》1991年第1期，第60—66页；裴建平：《"人首蛇身"伏羲、女娲绢画略说》，载《文博》1991年第1期，第83—86页；成建正：《神话、传说与丝绸之路》，载《文博》1991年第1期，第53—56页；王素：《吐鲁番出土伏羲、女娲绢画新探》，载《文物天地》1991年第4期，第32—35页；赵华：《吐鲁番出土伏羲女娲绢、麻布画的艺术风格及源流》，载《西域研究》1992年第4期，第100—107页；〔日〕片山章雄：《吐鲁番出土伏羲女娲图的整理》，载《纪尾井史学》15，1975年版；孟嗣徽：《故宫收藏的敦煌吐鲁番遗画》，载《敦煌学国际研讨会论文集》，北京：北京图书馆出版社，2005年版，第277—283页。

② 见《全上古三代秦汉三国六朝文》，北京：中华书局，1958年版，第1145页下栏。

③ 〔晋〕皇甫谧撰，徐宗元辑：《帝王世纪》，北京：中华书局，1964年版，第5、9页。

事也。"①这则神话虽由唐人记录下来，但其产生年代应该是很古远的。

太阳和月亮。在伏羲、女娲头部上方正中间，有一轮太阳；而在画面蛇身交尾之正下部，则画一轮月亮。太阳的图案小有区别：有的画作圆轮，由中心点向圆周散发光芒；有的中心画一只"三足乌"，也有的在日轮之外画一圈小的圆点并以线相连。《山海经·大荒东经》："一日方至，一日方出，皆载于乌。"②《淮南子·精神训》则曰"日中有踆乌"，高诱注云："踆犹蹲也，谓三足乌。"③《春秋·元命苞》又说："阳数起于一，成于二，故日中有三足乌。"④因此，这个图形无论作怎样的艺术变化，它都是代表太阳的，则毫无疑义。至于下部之月亮，个别的有如上部的日轮，但缺少日中之黑子（三足乌者）；而多数则在月亮中有玉兔和蟾蜍。《淮南子·精神训》又说"月中有蟾蜍"⑤，同书《说林训》则曰"月照天下，蚀于蟾诸"⑥；东汉大科学家张衡在《灵宪》中说："日者，阳精之宗，积而成鸟，象鸟而有三趾，阳之类，其数奇；月者，阴精之宗，积而成兽，象兔，阴之类，其数耦。……姮娥遂托身于月，是为蟾蜍。"⑦那么，这里的太阳、月亮与伏羲、女娲是什么关系呢？我们注意到，在河南南阳出土的汉画像石中，伏、女二氏不仅均为人首蛇身，而且单独为像：伏羲捧一日，女娲捧一月。⑧由此可知，画幡上的日属于伏羲，月则属于女娲。而在中国古代的认识中，日、月分别与天地、阳阴、刚柔相配，这也与画幡上伏羲为男性、女娲为女性相一致。

画面四周的圆点及其连线，实际上代表着无限浩渺的星空。这一点，只要与南阳汉画像石中的相关图像加以比较即可明白。南阳市西郊麒麟岗

① 〔唐〕李冗：《独异志》，北京：中华书局，1983 年版，第 79 页。此书与《宣室志》合为一册。

② 袁珂.《山海经校注》（最终修订本），北京：北京联合出版公司，2013 年版，第 302 页。

③ 影印本《诸子集成》，北京：中华书局，1954 年版，第 7 册，《淮南子》第 100 页。

④ 影印本《太平御览》卷三所引，北京：中华书局，1960 年版，第 15 页上栏。

⑤ 影印本《诸子集成》，北京：中华书局，1954 年版，第 7 册，《淮南子》第 100 页。

⑥ 影印本《诸子集成》，北京：中华书局，1954 年版，第 7 册，《淮南子》第 289—290 页。

⑦ 刘昭注引《灵宪》文，见标点本《后汉书·天文志》，北京：中华书局，1965 年版，第 3216 页。"蟾"字见罗竹风主编《汉语大词典》第八册，上海：汉语大词典出版社，1993 年版，第 993 页左栏。释义为："音 zhū，同蜍。"

⑧ 韩玉祥主编：《南阳汉代天文画像石研究》，北京：民族出版社，1995 年版，第 127 页。

汉墓前室顶部画一天象图。①在画成屏风式的竖格中，右侧为人首蛇身怀中抱日的伏羲，左侧则为人首蛇身怀中抱月，且与伏羲迎面相向的女娲。伏、女二像中间有三个竖格：伏氏之左为一苍龙，女氏之右为一白虎，各占一格，中间那一格，上为朱雀，下有玄武（一只龟），中有一坐着的人形。我们知道，苍龙、玄武、白虎、朱雀是古人将地球赤道附近观察到的星象划分为二十八宿，即所谓"四象"：东方七宿为苍龙（角、亢、氐、房、心、尾、箕），北方七宿为玄武（斗、牛、女、虚、危、室、壁），西方七宿为白虎（奎、娄、胃、昴、毕、觜、参），南方七宿为朱雀（井、鬼、柳、星、张、翼、轸）。画像石上这幅图，除了伏、女二像各自存在，下身尚未扭结在一起，也有日、月，更有代表天空的二十八宿。由此可知，吐鲁番古墓出土的画幅上以线相连的那些圆点，也是代表天空中星宿的，由于画面所限，传统的四象不能再原样不变地给予表现，必须进行艺术处理，从而这些用圆圈连在一起的星点就具有了象征意义，但它表示星空的本始含义却未变化。

伏羲手中的"矩尺"和女娲手中的"圆规"。这是吐鲁番古墓所出画幅多有的（敦煌壁画中也有，详见下文），而在汉画像石和魏晋墓同类画作中较少见到。但是，这里的矩尺和圆规所表达的思想却仍是汉代的。我国古人的宇宙理论凡有盖天说、浑天说、宣夜说三种②，其中盖天说在汉代占统治地位且影响最大。所谓"天员如张盖，地方如棋局"③，即是盖天说的形象说法。古代北方草原民族的"天似穹庐，笼盖四野"，更是这一认识的直观表达，也是它的认识根源。但是，这一认识在画面上如何表达，对画家来说却是一个难题。于是，聪明的画家便让伏羲擎矩，女娲擎规，从而将"天圆地方"的宇宙观表达了出来，这也正是其聪明过人之处。

---

① 韩玉祥主编：《南阳汉代天文画像石研究》，北京：民族出版社，1995年版，第126页。

② 参见中国天文学史整理研究小组编著（薄树人主编）：《中国天文学史》，北京：科学出版社，1981年版，第161—165页。

③ 标点本《晋书》，北京：中华书局，1974年版，第279页。

从上面的论述可知，吐鲁番古墓出土的伏羲、女娲画作的大致内容是：伏、女二氏结婚生子，繁衍了人类；它们分别代表着太阳神和月亮神；他们生活在众多的星辰之中，并主宰着"天圆地方"的宇宙。简言之，该画作描绘的是一幅"天国"图景，其中生活着人类的始祖神——伏羲和女娲。

那么，这种画作的用途是什么呢？如前所说，它们要么覆盖在尸体上，要么放在尸身旁侧，要么悬挂于墓室顶部，总之，与尸体密切相关。《史记·封禅书》记载，汉武帝元鼎五年（前112），"其秋，为伐南越，告祷太一，以牡荆画幡日、月、北斗登龙，以象太一三星，为太一锋，命曰'灵旗'"[①]。对于这一内容，《汉书·郊祀志》亦有记载，唐人颜师古注曰："以牡荆为幡竿，而画幡为日、月、龙及星。"[②]吐鲁番古墓出土的伏羲、女娲画作与颜师古所描述的内容大致相同，因此，我拟名之曰"伏羲、女娲画幡"。此外，我国古人有灵魂不灭的认识，认为人死之后，肉体虽然死掉了，但灵魂依旧存在。既然此类画幡放在尸身或其附近，则其作用恐怕是为接引死者灵魂升天而设，进而将其称作"引魂幡"也未尝不可。[③]

二　"伏羲女娲画幡"与汉武帝"祠后土"

"伏羲女娲画幡"一类画作又是在怎样的历史背景下产生的呢？以往学者们在研究这些画作时，多就绘画本身的内容和用途展开讨论，很少追究它们出现的历史背景条件。我认为，有必要在更大的时空范围内进行思考，由此才能对"伏羲女娲画幡"获得更为深刻的认识。

就考古发现的资料而言，伏羲女娲人首蛇身且下身扭结的图像已经不少，现举其荦荦大者如下：

① 见标点本《史记》，北京：中华书局，1959年版，第1395页。
② 见标点本《汉书》，北京：中华书局，1962年版，第1232页。
③ 参孙作云：《长沙马王堆一号汉墓出土画幡考释》，载《考古》1973年第1期，第54—61页。

1.山东嘉祥武梁祠绘画。其石室一、左右室四、后石室五均有伏羲、女娲人首蛇身交尾画，且石室一有榜题云："伏戲（羲）仓精，初造王业，画卦结绳，以理海内。"考古学者认为该祠为东汉所建。①

2.山东济宁、枣庄、临沂、潍坊、济南等地汉墓。考古工作者在山东这一广大地区发掘了大量的汉墓，据我不完全统计，内中即有11份伏羲、女娲人首蛇身交尾图。有的在伏、女之间坐有东王公，有的坐有西王母。而这些墓葬的年代多在西汉晚期及以后。②

3.河南南阳市王庄汉画像石墓，顶部五块画像石之一为人首蛇身女娲伏羲交尾图。但伏、女二像并非直立，均作半倾身飞翔状，伏羲面向左，前有太阳；女娲面向右，前有月亮，二者下身在中间交结。③学者们认为，此墓为魏晋墓，但却大量地使用了东汉画像石。因此，有理由认为这块伏羲女娲交尾图画像石是东汉的。

4.甘肃嘉峪关魏晋壁画墓。嘉峪关新城区13号墓出有二具木棺材，"男棺盖板上前绘'东王公'，后绘'西王母'，以云气纹图案衬底，黑墨线括边。女棺盖板里绘一幅女娲、伏羲图，也以云气纹图案衬底……"④图中也是伏羲抱日，女娲抱月，伏左女右，长尾在中间交结。而据简报，此墓的时代属于魏晋。

5.陕西靖边东汉壁画墓。据报道，此墓后室门口"西侧为人首龙身，戴冠蓄须，上身穿广袖短襦，手持一羽状物，下身生两爪，以弧线画出节

---

① 参黄文弼：《吐鲁番考古记》，北京：中国科学院印行，1954年版，第55页。

② 详见《中国美术分类全集》之《中国画像石全集·山东汉画像石》(2)之图三、四一、八四、一一五、一二三、一五三、一五八和一八一；该书(3)之图六〇、八三、八九和九〇。山东美术出版社、河南美术出版社联合出版，2000年版。

③ 韩玉祥主编：《南阳汉代天文画像石研究》，北京：民族出版社，1995年版，第136页图65，及第2页。

④ 嘉峪关市文物管理所：《嘉峪关新城十二、十三号画像砖墓发掘简报》，载《文物》1982年第8期，第7—15页。墓本见郑岩：《魏晋南北朝壁画墓研究》，北京：文物出版社，2002年版，第173页图134.2，引文见第12页。

纹";"东侧形象与西侧略同,但头部似女子,下身用粗笔画出斑文。"①作者对这二幅画作人物未作按断。但据"伏羲鳞身,女娲蛇躯"②的文献记载,也应分别为伏羲、女娲的画像。只是因其分别绘在墓门左右两侧,下身无法画成交结状而已。而此墓的年代亦在东汉。

6.四川宜宾市翠屏村汉墓。考古工作者于此地发掘了10座汉墓,其中第7号墓石棺北壁雕刻着伏羲女娲人首蛇身图,伏羲擎日,女娲擎月,下身交尾,扭结在一起。而据该墓中的砖石文字,其墓葬年代当在东汉初期。③

7.洛阳西汉晚期卜千秋墓壁画。壁画以绘于脊顶的墓主升仙图为主。"在狭长的脊顶上,绘着由伏羲、女娲以及四神、仙禽神兽构成的天上世界,男女墓主则在仙人引导下,乘仙鸟和龙舟凌云飞升。"④该墓伏羲女娲像也作人首蛇身状,伏羲正前有太阳,内有三足乌。⑤而该墓的年代为西汉晚期。

8.敦煌莫高窟第285窟伏羲、女娲像。位于该窟东顶,伏羲在北侧,女娲在南侧。伏羲、女娲分别作人首鳞身状。伏羲右手持矩尺,左手持墨斗;女娲两手各持一规。二人均身着汉装,长带飞扬。伏羲胸前有圆轮,中有三足乌,象征太阳;女娲胸前亦有圆轮,内画蟾蜍,象征月亮。⑥而该窟的年代为西魏时期。⑦

可能还有其他古墓和石窟中的同类出土物,因笔者眼界有限,尚未寓

① 陕西省考古研究院、榆林市文物研究所、靖边县文物管理办公室:《陕西靖边东汉壁画墓》,载《文物》2009年第2期,第32—43页,引文见第42页。与此墓所出伏羲、女娲像相似的还有陕西神木大保当汉墓所出者,见《文物》,1997年第9期,第26—35页。

② 〔汉〕王延寿:《鲁灵光殿赋》。见田兆民主编:《历代名赋译释》,哈尔滨:黑龙江人民出版社,1995年版,第506页。

③ 匡远滢:《四川宜宾市翠屏村汉墓清理简报》,载《考古通讯》1957年第3期,第20—25页,图版七.3。

④ 俞伟超、信立祥:《洛阳西汉壁画墓》,见《中国大百科全书·考古学卷》,北京:中国大百科全书出版社,1986年版,第297页右栏。

⑤ 部分摹本见《洛阳西汉壁画墓》词条。

⑥ 摹本见季羡林主编:《敦煌学大辞典》,上海:上海辞书出版社,1998年版,第174—175页。

⑦ 见《中国石窟·敦煌莫高窟》(一),北京:文物出版社,1981年版。

目。但由以上所举数例即可看出，中古时代，伏羲、女娲作人首蛇身且互相交尾的图像并非仅限于吐鲁番一地。甘肃嘉峪关和敦煌、陕西靖边、山东嘉祥等地区以及河南南阳和洛阳、四川宜宾等，在广大的区域内均有此类画作出现。就其时代来说，我们前已指出，吐鲁番古墓中的画幡多在高昌国至唐前期（公元6—8世纪），与在它之前的东汉、魏晋相比，从时间序列上来说，已处在晚期的位置上了。也就是说，同类画作自西汉末、东汉、魏晋、高昌国至唐前期，至少存在过好几百年的时间。当然，随着岁月迁流，画作的内容和形式也会有所变化，艺术表现形式也会嬗递，但此类画作的主角仍是伏羲女娲及其人首蛇身交尾像，殆无疑义。

根据以上讨论，我们说，西汉晚期以后，在数百年乃至近千年的时间内，中国历史上曾经出现过一次"伏羲女娲崇拜热"，恐不为过。

这个热潮是如何出现的呢？追根溯源，它与汉武帝刘彻"祠后土"有关。

《汉书·郊祀志》载："武帝初即位，尤敬鬼神之祀。"[1]元光二年（前133），"上初至雍，郊见五畤。后常三岁一郊"[2]。而"雍"则是秦朝的旧都，大致在今陕西凤翔一带。据记载，秦德公卜居雍，以雍为都后，"雍之诸祠自此兴"[3]。说明"雍"都祠堂甚多。汉武帝"尤敬鬼神之祀"，去过"雍"都之后，又接连"三岁一郊"，显然他是到那里祭天去了。

但是，三年赴雍一郊祀并未满足汉武帝"敬鬼神"的心愿。史载元狩二年（前121），"天子郊雍，曰：'今上帝朕亲郊，而后土无祀，则礼不答也。'"唐人颜师古注曰："答，对也。郊天而不祀地，失对偶之义。"[4]此时距武帝即位（前140）已经20年了。这段话的意思是说，我亲自祭祀了"上帝"，但却未祭祀"后土"，祭天不祭地，于礼仪不太对称。于是他命太史令司马谈（司马迁之父）、祠官宽舒来设立祭祀后土的仪制。此后，

---

① 标点本《汉书》，北京：中华书局，1962年版，第1215页。
② 标点本《汉书》，北京：中华书局，1962年版，第1216页。
③ 标点本《汉书》，北京：中华书局，1962年版，第1196页。
④ 标点本《汉书》，北京：中华书局，1962年版，第1221—1222页。

武帝东幸汾阴（今山西万荣），"上遂立后土祠于汾阴脽上，如宽舒等议，上亲望拜，如上帝礼"①。据《汉书·武帝纪》记载，此事发生于元鼎四年（前113）冬。②自武帝提出应祭祀后土至此，时光过去了八年。因为要在"脽上"建后土祠，费时费力，用时八年，亦合情理。如淳为《汉书》作注曰："脽者，河之东岸特堆掘，长四五里，广二里余，高十余丈。汾阴县治脽之上。后土祠在县西。汾在脽之北，西流与河合。"③换言之，"脽上"是汾河与黄河的交汇处，位居黄河东岸的一个高埠，长四五里，宽二里多，高十余丈，汉时汾阴县治在此脽上，武帝所建"后土祠"在脽上之西侧。这是两千年前的事。随着沧海桑田的变迁，此埠早已不存，今天只留下一段古汾阴城的东墙。④现存于山西万荣县的"后土祠"，乃是清代的建筑（1870年落成）。

自汉武帝设立"后土祠"后，历代帝王亲祀后土者络绎不绝。武帝本人于元封四年（前107）和六年（前105）、太初二年（前103）、天汉元年（前100）⑤，连同此前的元鼎四年（前113），一生共五次祠祭后土，堪称后世帝王的表率。此后，汉宣帝两次（神爵元年、五凤三年各一次）、元帝两次（初元四年、建昭二年各一次）、成帝四次（永始四年、元延二年和四年、绥和二年各一次）、东汉光武帝刘秀一次（建武十八年），都去祠祭了后土。十六国时，前秦皇帝苻坚于永兴二年（358）祭后土一次。⑥唐代国家行政法典《唐六典》"祠部郎中员外郎条"规定："汾阴后土祠庙，亦四时祭焉。"⑦有唐一代，只有唐玄宗李隆基于开元十一年（723）和开元二十年（732）两次亲赴汾阴祠祀后土。⑧宋代真宗于大中祥符四年

---

① 标点本《汉书》，北京：中华书局，1962年版，第1222页。
② 标点本《汉书》，北京：中华书局，1962年版，第183页。
③ 标点本《汉书》，北京：中华书局，1962年版，第184页。
④ 李零、唐晓峰：《汾阴后土祠的调查研究》，载《九州》4，北京：商务印书馆，2007年版，第1—107页。关于后土祠残迹，见24页、94页图一四。
⑤ 《汉书·武帝纪》。见标点本《汉书》，北京：中华书局：1962年版，第195、198、200、202页。
⑥ 标点本《资治通鉴》，北京：中华书局，1956年版，第3168页。
⑦ 〔唐〕李林甫等撰，陈仲夫点校：《唐六典》，北京：中华书局，1992年版，第121页。
⑧ 标点本《旧唐书》，北京：中华书局，1975年版，第185、198页。

（1011）祀后土一次。①此后，都城北迁，去汾阴行程很远，便没有帝王亲祀了，仅偶尔派大臣去祭祀一下而已。②历史上曾经出现过的"伏羲女娲崇拜热"，便逐渐地降温消退了。

这里有一个问题，汉武帝祭的是"后土"，而本文讨论的是"伏羲女娲画幡"，有什么根据说"后土"就是女娲呢？这个问题学者们作了许多努力，③但直接的证据却不充分。个人认为，后土即女娲是没有疑义的。1942年（也有认为是1934年）长沙子弹库出土战国《楚帛书》记载："曰故（古）大龗雹虘（戏），出自［华］雺（胥），居于𩵋（雷）［夏］。毕（厥）田（佃）鱼鱼（渔渔），女。梦梦墨墨，亡（盲）章弼弼。每水，风雨是於（阏）。乃取（娶）叔趑子之子曰女皇，是生子四，是襄天棧（地），是各（格）参伩（化）。"对于这段话，冯时先生解释说："在天地尚未形成的远古时代，大能氏伏羲降生，他生于华胥，居于雷夏，靠渔猎为生。当时的宇宙广大而无形，晦明难辨，草木繁茂，洪水浩渺，无风无雨，一片混沌景象。后来伏羲娶女娲为妻，生下四个孩子，他们定立天地，化育万物，于是天地形成，宇宙初开。"④所谓"雷夏"，有学者认为就是"雁上"。此其一。其二，在今山西省永济县南端，跨黄河至陕西潼关，有一渡口称为"风陵渡"。永济县南又有地名"风陵堆"，即"风陵渡"所在地。《史记·魏世家》载襄王十六年（前303）"秦拔我蒲反（阪）、阳晋、封陵"；"二十三年，秦复予我河外及封陵为和"⑤。此处"封陵"即风陵，"风"通"封"。《史记·五帝本纪》载："举风后、力牧、常先、大鸿以治民。"唐人裴骃《集解》曰："郑玄曰：'风后，黄帝三公也。'"⑥而"风后"在《先天纪》却作"封胡"，知"风""封"二字可互

---

① 《宋史·真宗纪》。见标点本《宋史》，北京：中华书局，1977年版，第147—148页。
② 参见杨洪杰主编：《中华祭祖圣地——万荣后土祠》，香港：银河出版社，2004年版，第199—201页。
③ 参《中华祭祖圣地——万荣后土祠》所载孟繁仁《后土即女娲》，第152—153页；陈振民《论后土即女娲》，第154—158页，以及《再论后土即女娲》，第159—163页。
④ 冯时：《中国天文考古学》，北京：社会科学文献出版社，2001年版，第13、30—31页。
⑤ 标点本《史记》，北京：中华书局，1959年版，第1852页。
⑥ 标点本《史记》，北京：中华书局，1959年版，第6—8页。

代。北魏郦道元《水经注》"河水四"则云："［潼］关之直北，隔河有层阜，巍然独秀，孤峙河阳，世谓之风陵，戴延之［之］所谓风埠也。"①本文前已指出，晋人皇甫谧在《帝王世纪》中已经说过，伏羲女娲均姓"风"，人首蛇身。综合以上资料，"风陵"也便是伏羲女娲之陵，其地与汉武帝所立的"后土祠"十分迫近。如果"后土"不是女娲，"风陵渡"这一地名在历史上便无从寻找其着落了。其三，《旧唐书·礼仪四》在记录玄宗李隆基祭后土一事时，曾追记曰："先是，雎上有后土祠，尝为妇人塑像，则天时移河西梁山神塑像，就祠中配焉。"②后土祠所供奉的神祇，"尝为妇人塑像"，除了女娲还能是谁？武则天将原在黄河西岸韩城之北的"梁山神塑像"，移来与女娲作"配"，虽说是解决了女娲神的"孤独"，但又何尝没有乱点鸳鸯之嫌！其四，东汉许慎《说文解字》云："娲，古之神圣女，化万物者也。"③另一著名思想家王充则在《论衡·顺鼓篇》中说："［世］俗图画女娲之像，为妇人之形。"④这与唐人所记后土祠"尝为妇人塑像"也非常一致，为确认后土即女娲增加了旁证。

迄今为止，出土的伏羲女娲人首蛇身交尾图没有一例早过西汉晚期，这是需要深思的。就文字记载来说，学者们认为东汉王延寿所写《鲁灵光殿赋》中说"伏羲鳞身，女娲蛇躯"，是现知最早的关于伏、女二氏的形象描述。我认为大致不误。在南阳汉画像石中，这类形象也并非罕见。但是二者下身相缠的形象，却无一例早于武帝祠祀"后土"者（前113）。由此，我想在这里作一个大胆的推断：伏羲女娲作人首蛇身且交尾状，是由汉武帝设祠祭祀后土形成的"伏羲女娲热"产生的。此前大概不会出现这一现象。即使已经出现，汉武帝也是加热升温的推手。这个认识能否成立，仍有待出土文物的进一步检验。

① 王国维：《水经注校》，上海：上海人民出版社，1984年版，第119页。又见〔宋〕乐史撰，王文楚等点校：《太平寰宇记》陕州阌乡县："阌乡津，去县三十里，即旧风凌关……女娲墓，自秦汉以来皆系祀典。"北京：中华书局，2007年版，第106—107页。
② 标点本《旧唐书》，北京：中华书局，1975年版，第928页。
③ 影印本《说文解字》，北京：中华书局，1963年版，第260页上栏。
④ 《论衡》，上海：上海人民出版社，1974年版，第243页。

三 "人日"节、"启源祭"与汉武帝"祠后土"

汉武帝刘彻掀起的"伏羲女娲崇拜热"，不仅催生了类似于"伏羲女娲画幡"那样的画作，同时伴生的还有"人日"节和"启源祭"。

长期以来，我在整理研究敦煌具注历日时，注意到历注中有"人日"节和"启源祭"。目前所知，有"人日"节的共四件：S.0681背《后晋天福十年乙巳岁（945）具注历日》，S.1473加S.11427B背《宋太平兴国七年壬午岁（982）具注历日并序》，P.3403《宋雍熙三年丙戌岁（986）具注历日一卷并序》，P.3507《宋淳化四年癸巳岁（993）具注历日》。① 有"启源祭"的共见六例：P.3284背《唐咸通五年甲申岁（864）具注历日》正月十三日庚子；P.3247背加罗一《后唐同光四年丙戌岁（926）具注历日一卷并序》正月二十四日壬子；S.0681背《后晋天福十年乙巳岁（945）具注历日》正月三日庚子；S.0095《后周显德三年丙辰岁（956）具注历日并序》正月七日庚子；P.3403《宋雍熙三年丙戌岁（986）具注历日一卷并序》正月七日丙子；P.3507《宋淳化四年癸巳岁（993）具注历日》正月二十三日壬子。②

经查，唐代《开元礼》和行政法典《唐六典》所规定的国家法定节日和祭祀日，均无"人日"节和"启源祭"。因此，对它们的形成必须进行重新探索。

对于"人日"节，历史文献不乏记载。南朝梁人宗懔在《荆楚岁时记》中说："正月七日为人日。以七种菜为羹；剪彩为人，或镂金薄（箔）为人，以贴屏风，亦戴之头鬓；又造华胜以相遗，登高赋诗。"③人们在此日或以七种菜为羹喝汤，或将七彩或金箔做成人形，贴于屏风，或戴之头

---

① 邓文宽：《敦煌天文历法文献辑校》，南京：江苏古籍出版社，1996年版，第462、567、593、664页。

② 邓文宽：《敦煌天文历法文献辑校》，南京：江苏古籍出版社，1996年版，第181、389、462、474、593、664页。

③ 谭麟：《荆楚岁时记译注》，武汉：湖北人民出版社，1985年版，第25页。

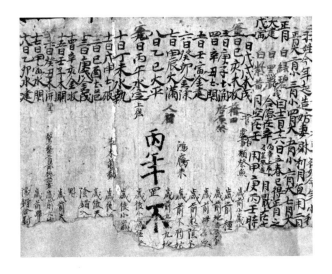

图 8　S.0681 背（局部）中的"人日"和"启原（源）祭"

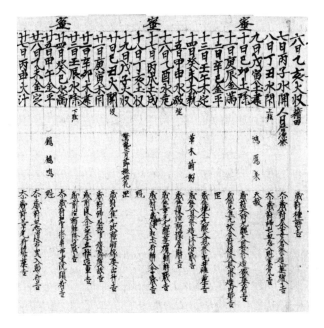

图 9　P.3403（局部）中的"人日"和"启源祭"

鬓，好不热闹。唐人更重视这个节日，皇帝每每于此日赐群臣彩缕人胜（一种华饰），或登高大宴群臣。唐人李适有《人日宴大明宫恩赐彩缕人胜应制》诗[①]；李商隐更写下了"镂金作胜传荆俗，剪彩为人起晋风"[②]的妙句。至宋，苏辙在《踏青诗序》中说："眉之东门有山曰蟇颐山……每正月人日，士女相与游戏饮酒于其上。"[③]可知，正月七日的人日节是十分热闹的。这个节日也包含着对伏羲女娲的怀念之义，因为古人认为，人类的创造者就是女娲和伏羲。

《北史·魏收传》载："魏帝宴百僚，问何故名'人日'，皆莫能知。〔魏〕收对曰：'晋议郎董勋《答问礼俗》云：正月一日为鸡，二日为狗，三日为猪，四日为羊，五日为牛，六日为马，七日为人。'"[④]除了正月七日造人外，其余一至六日所造便是通常所说的"六畜"。此外，托名为汉代东方朔所作的《占书》，又加了一个"八日谷"[⑤]，有人，有畜，有谷，似乎更加完整。但是，上引几种资料只说某日造某，并未说由谁而造。《太平御览》卷七十八皇王部"女娲氏"引《风俗通》曰："俗说天地开辟，未有人民，女娲抟黄土作人。剧务，力不暇供，乃引绳于絚泥中，举以为人。故富贵者黄土人也，贫贱凡庸者絚人也。"[⑥]这应该是女娲造人的早期版本。至于说在正月的头八天里，造人又造畜，还造谷，当是十分成熟的说法了。但也由此可知，正月七日造人的是女娲氏，其余六畜与谷，古代文献与造人一样，仅用一个"为"字，显然这"为"之者只能是同一个人，那就非女娲莫属了。

我们还注意到，在前举敦煌具注历日的六例"启源祭"中，虽然不在

---

① 见《全唐诗》卷七十，北京：中华书局，1960年版，第777页。

② 《人日即事》诗。见《全唐诗》卷五四一，北京：中华书局，1960年版，第6230—6231页。

③ 转引自《中国岁时节令辞典》，北京：中国社会科学出版社，1998年版，第136页"人日"条。

④ 标点本《北史》，北京：中华书局，1974年版，第2028页。

⑤ 〔宋〕高承：《事物纪原》"人日"条："东方朔《占书》曰：岁正月一日占鸡，二日占狗，三日占羊，四日占猪，五日占牛，六日占马，七日占人，八日占谷。其日清明温和，为蕃息安泰之候；阴寒惨烈，为疾病衰耗之征。"北京：中华书局，1989年版，第10页。

⑥ 影印本《太平御览》，北京：中华书局，1960年版，第365页上栏。

正月某一个固定的日期，但所在日期的地支均为"子"日，却是十分一致的。"子"在十二地支中排位居首，且与十二生肖的"鼠"相对应。它使我们想到，这个"启源祭"应该是祭祀老鼠的，"启"义为"开"，启源即开源，它与人日节一起，都是用来纪念华夏民族和动物被创造出来而活在这个世界上的，而创造者恰恰是那位我们的始祖母女娲氏。这无异于是一部中国版的创世纪！

我们可以毫不含糊地说，敦煌历日中的"人日"节是用来祭祀人的创造者女娲的。但是，人类凭知识和经验即可知道，单有女性是造不出人来的。也正因此，才有伏羲（男）与女娲（女）人首蛇身互相交尾的画作出现，唯其如此，才能造出人来。也就是说，伏羲和女娲作为人类的始祖父与始祖母是同时被祭祀的。不过，我们从历史文献仅能看到，中古时代举行"人日"节时很热闹，是否还有什么具体的祭祀仪式，却不得而详了。

以前有学者认为，"人日习俗在汉魏六朝的凸现，却与当时社会动荡，战火连绵，饥荒、疾疫流行，人们生命不保，人口巨量减少的历史背景深有关系"，从而将该"人日"节的出现归结为"祈求人生平安与人口增殖"①。看来这个认识需作修改了。因为"人日"节的出现是由汉武帝"祠后土"派生出来的，恐不存在其他缘由。

四　结语

"我们从哪里来？谁是我们的始祖？"这是任何一个心智成熟的民族都会发生的生命追问，就像幼儿问他们的父母"我是怎么来的"一样。正由于此，世界上许多民族都产生了自己的图腾崇拜和始祖崇拜。汉武帝之前，已经存在着伏羲和女娲结婚生子、造就人类的传说，但尚未形成"伏羲女娲崇拜热"。武帝元鼎四年（前113）在汾水与黄河交汇处的"脽上"建成"后土祠"，武帝多次亲自祭拜，后代帝王也祠祭不衰，于是我们的

---

①　萧放：《荆楚岁时记研究》，北京：北京师范大学出版社，2000年版，第197页。

始祖父伏羲、始祖母女娲才真正进入广大民众的视野，成就了我国中古时代持续近千年的"伏羲女娲崇拜热"。

山东嘉祥武梁祠石刻、南阳汉画像石、洛阳卜千秋墓壁画、嘉峪关魏晋墓壁画、四川宜宾和陕西靖边东汉墓壁画，敦煌莫高窟西魏285窟壁画，以及吐鲁番阿斯塔那和哈拉和卓高昌国至唐前期（公元6—8世纪）古墓中的"伏羲女娲画幡"，都是这场"伏羲女娲崇拜热"的物质遗存。但是，它们远不是当时使用过的伏羲女娲人首蛇身且下肢交尾图像的全部。事实上，这类画作在当时社会上存在的范围应该更为广泛，但其绝大多数都已随着时光的迁流而湮没不存了。墓葬、石窟和祠堂是一些十分特殊的存放环境，唯其如此，才能将当时的小部分同类画作保存下来，使我们这些后人得以窥见其冰山之一角。这不能不是我们的幸运。

由于对伏羲和女娲的崇拜成为热潮，女娲不仅能造人，还造了动物和谷物的神话也才衍生出来，这便是"人日"节和"启源祭"出现的缘由。中国人的始祖母女娲是无所不能的，就像基督教的上帝无所不能一样。他们都是至高无上的神灵，居住在天国，从而不仅创造了人类，而且在生命个体死亡后，还能将其灵魂接回天国，使得"灵魂升天"。各类古墓中出现的"伏羲女娲画幡"被置于棺材或尸身之上，其所担负的职能大概无外于此。

如前所述，"人日"节和"启源祭"带有中国版创世纪的色彩。由于当时还没有进化论的知识，人们将人类自身和动物归结为某个伟大人物如女娲氏所创造，是可以理解的。当然，这并不能脱去其神话的外衣。我只是想，这个神话对现代人——我们这些"伏羲女娲的后代"们还有多少启示意义？也许我们应该感谢始祖父母的创造，从而领悟生命的可贵，在更高层次上认识人的价值，进一步地站在人本主义的立场上去思考、去创造；也感谢始祖父母创造了与我们一起生活在大地母亲怀抱中的各类动物，从而在珍惜自身的同时，更好地保护动物；还应感谢始祖父母创造了五谷，使我们得以果腹，延续生命，从而更加珍惜粮食，热爱自然，保护环境……总之，以一颗感恩的心去领略"伏羲女娲画幡"的内涵与魅力，我们就能比仅仅从事学术探讨得到更为丰富的收获。

（原载《张广达先生八十华诞祝寿论文集》，台北：新文丰出版公司，2010年版，第881—900页）

鼠居生肖之首与"启源祭"

　　2020年是农历庚子年。"子"与"鼠"相配，所以若论生肖，便是鼠年。而在十二生肖中，鼠又排在首位。渴求文化知识的国人不免要问："为何老鼠居于生肖之首？"中央电视台春节联欢晚会节目主持人也曾试图回答这个问题，称：有专家解释，这是因为老鼠繁殖能力强，"鼠"丁兴旺。我现在告诉大家：老鼠居于生肖之首，与中国古代的一项祭祀活动——"启源祭"密切相关。

　　我是研究敦煌藏经洞出土文献的，尤其主攻其中的天文历法文献。如同今人一样，古人也离不开历法，只是今人叫"日历"，古人却叫作"历日"。敦煌所出主要是唐后期至宋初的实用历本，但多已残断。完整的历本里，除了标注每日的日期、干支、星期（唐末开始）、二十四节气、七十二物候等实用内容，还有许多属于阴阳文化的项目，颇具迷信色彩。此外，还用红笔标出每年的一些祭祀活动日期，如祭风伯、祭雨师、祭先师（孔子）、腊祭日、人日祭（正月初七）等等。更为奇特的是，有一个祭日——"启源祭"，为其他历史文献所未见。

　　现存敦煌历日文献里共见到六例"启源祭"，它们是：P.3284背《唐咸通五年甲申岁（864）具注历日》正月十三日庚子[1]，P.3247背加罗一《后唐同光四年丙戌岁（926）具注历日一卷并序》正月廿四日壬子[2]，

---

[1]　邓文宽：《敦煌天文历法文献辑校》，南京：江苏古籍出版社，1996年版，第181页。
[2]　邓文宽：《敦煌天文历法文献辑校》，南京：江苏古籍出版社，1996年版，第389页。

S.0681 背《后晋天福十年乙巳岁（945）具注历日》正月三日庚子①，
S.0095《后周显德三年丙辰岁（956）具注历日并序》正月七日庚子②，
P.3403《宋雍熙三年丙戌岁（986）具注历日一卷并序》正月七日丙子③，
P.3507《宋淳化四年癸巳岁（993）具注历日》正月廿三日壬子④。各写本
文字偶有不同，有的"源"字作"原"，属于同音借字，但意义无别。

　　大家看到，"启源祭"这一祭祀活动，虽然并非定在正月的第一个
"子"日，但在正月的某个子日则确定无疑。"子"者"鼠"也，可知这项
祭祀活动就是用来祭祀老鼠的。那么，为何又将祭祀老鼠的这项活动称作
"启源祭"呢？"启"字义"开"⑤，"源"即源头⑥，"启源"便是"开头"
之义。由此我认为，这里包含着一个认识，即：华夏先民除了认为自己的
始祖父母是伏羲和女娲外，他们也曾努力探索过大地上的动物是如何出现
的。古籍记载，我们的始祖母女娲氏一日造鸡，二日造狗，三日造猪，四
日造羊，五日造牛，六日造马，七日造人。⑦这是对于人与六畜如何产生
的想象。之所以将六畜列入，显然是以为它们对"人"有用，古代如此，
今日亦然。但人与六畜却非大地上最早出现的动物，因为它们均不居于
"启源"的位置。"启源"者，老鼠也——它才是大地上最早出现的动物。
由老鼠开其端，后来才有了人和其他动物，以及这个花花绿绿的世界——
它至少是我国古人探索大地动物起源，曾经产生过的认识之一，尽管也只
是一种想象。

　　我们今天在努力探索外太空，以便获得更多的宇宙知识。但对于生命
起源，我们的祖先也曾回溯并追问。这中间有过一些认识，由于种种原

① 邓文宽：《敦煌天文历法文献辑校》，南京：江苏古籍出版社，1996年版，第462页。
② 邓文宽：《敦煌天文历法文献辑校》，南京：江苏古籍出版社，1996年版，第474页。
③ 邓文宽：《敦煌天文历法文献辑校》，南京：江苏古籍出版社，1996年版，第593页。
④ 邓文宽：《敦煌天文历法文献辑校》，南京：江苏古籍出版社，1996年版，第664页。
⑤ 〔汉〕许慎：《说文解字》："启，开也。"北京：中华书局，1963年影印版，第32页下栏。
⑥ 〔汉〕许慎：《说文解字》："源，水泉本也。"知其意为"源头"。北京：中华书局，1963年影印版，第239页下栏。
⑦ 《北史·魏收传》："魏帝宴百僚，问何故名'人日'，皆莫能知。收对曰：'晋议郎董勋《答问礼俗》云：正月一日为鸡，二日为狗，三日为猪，四日为羊，五日为牛，六日为马，七日为人。'"见标点本《北史》，北京：中华书局，1974年版，第2028页。

因，后世便湮没不闻，有的则融入民俗文化中去了。现实生活里，对于老鼠形象的亲切记忆，莫过于依然活跃于大江南北的春节民俗节目之一——"老鼠娶亲"。至于老鼠曾经被认为是大地上最早出现的动物，便从人们的记忆里消失了，以致成为难解之谜。令人欣慰的是，密封800多年又石破天惊的敦煌文献，给我们留下一把解题的钥匙，使我们能够获得更加接近历史真实的认识。

（原载《北京晚报》2020年3月1日第16版）

敦煌数术文献中的"建除"

"建除"是一个非常古老的选择项目。清乾隆时，庄亲王允禄领衔主编的《协纪辨方书》曾推断，"其说与诸家同起战国时而并托之黄帝云"①，这个见解为出土秦汉简牍所证实。近几十年，考古工作者曾发掘出土了十几种《日书》文献，其中一些《日书》就包含着"建除"资料。最著名的有：湖北云梦睡虎地秦简《日书》中的"秦除"和"除"；甘肃天水放马滩秦简《日书》中的"建除"；湖北随州孔家坡汉简《日书》中的"建除"；湖北荆州胡家草场西汉墓《日书》中的"建除"，等等。就其题名和编排形式而言，又有秦人用的"建除"（即"秦除"）和楚人用的"建除"之别。但就其内容而言，一般均由两部分构成：第一部分是建除十二神名［建、除、盈（满）、平、定、执、破、危、成、收、开、闭］在每年各月中与纪日地支的对应关系；第二部分则是这些建除神煞各自所主的吉凶宜忌。总体而言，它属于阴阳家的选择术一类，被编入《日书》也就顺理成章。

自战国时期"建除"术问世，到中古时期，经历了千余年的嬗变。作为数术文化的一种，"建除"内容也丰富了许多。只是因为传世典籍的缺失，我们此前知之甚少。今天，由于敦煌文献的重光，使我们大开眼界，对"建除"在中古时代的面貌，获得许多前所未知的了解。本文即对敦煌

---

① 〔清〕《协纪辨方书》卷四义例二之"建除十二神"按语。见李零主编：《中国方术概观·选择卷》（上），北京：人民中国出版社，1993年版，第170—171页。

数术文献中的"建除"资料进行爬梳,以便看清"建除"在中古时期的面目,并加深对它的认识。

一 "建除"与用事宜忌

如前所述,"建除"最初的用途就是用来选择吉日和回避凶日的,这是它的基本内涵。为此,它先按照夏历排出了建除十二神在各月所对应的纪日地支,如正月"建寅"、二月"建卯"、三月"建辰"等,其下依次接排纪日地支与另十一神的对应关系。之所以会形成这样的配置,秦汉时是将每月朔日所配"建除"重叠上月晦日一次;①后世则是将"星命月"首日(二十四节气中十二节所在日为该月首日)重叠上月末日一次。②敦煌和吐鲁番所出数十件唐前期至宋初的具注历日,每日之下都有所注的建除神名,其"叠日法"便是依照"星命月"来进行的。相对于"建除"与纪日地支的最初搭配规则,这不能不算是一种变化。

至于"建除"十二神所主吉凶宜忌,虽然也有变化,但其基本旨趣未见根本改变。如天水放马滩秦简《日书》"建除":"建日:良日矣。可为啬夫,可以祝祠,可以畜大生(牲)。不可入黔首。""除日:逃亡不得,瘅疾死,可以治啬夫,可以彻言君子、除罪。""定日:可以臧(藏)、为府,可以祝。""挚(执)日:不可行,行远,必执而于公。"③如此等等。我们在敦煌所出具注历日里,也见到了在历日序中对建除十二神各自所主吉凶宜忌的说明,如S.2404《后唐同光二年甲申岁(924)具注历日并序》有云:"建日不开仓,除日不出财,满日不服药,平日不修沟,定日不作醮,执日不发病,破日不会客,危日不远行,成日不词讼,收日亦不远行,开日不送丧,闭日不治目。"④当然,在同一主题之下,也还有内容丰

① 金良年:《建除研究——以云梦秦简〈日书〉为中心》,载《中国天文学史文集》第六集,北京:科学出版社,1994年版,第261—281页。

② 邓文宽:《天水放马滩秦简"月建"应名〈建除〉》,载《文物》1990年第9期,第83—84页。

③ 陈伟主编:《秦简牍合集》(肆),武汉:武汉大学出版社,2014年版,第8—9页。

④ 邓文宽:《敦煌天文历法文献辑校》,南京:江苏古籍出版社,1996年版,第379—380页。

约不同的设置，如 S.1473+S.11427B 背《宋太平兴国七年壬午岁（982）具注历日并序》，其建除宜忌的内容就更为完备："建宜入学，不开仓；除宜针灸，不出血；满宜纳财，不服药；平宜上官，不修渠；定宜作券，不诉讼；执宜求债，不伐废；破宜治病，不求师；危宜安床，不远行；成宜纳礼，不拜官；收宜纳财，不安葬；开宜治目，不塞穴；闭宜塞穴，不治目。"①由于用来纪日的干支也有各自所主的吉凶宜忌，于是，在敦煌文献里，我们还看到了干支与建除混合在一起所主的吉凶宜忌，如"庚子满、平日作牛栏，［吉］""壬寅执、破、平日治刀铠，吉"②。

《史记·日者列传》载褚少孙言："臣为郎时，与太卜待诏为郎者同署，言曰：'孝武帝时，聚会占家问之，某日可取妇乎？五行家曰可，堪舆家曰不可，建除家曰不吉，丛辰家曰大凶，历家曰小凶，天人家曰小吉，太一家曰大吉。'"③可知，远在秦汉时代，建除作为一家，其所做工作就是帮人选择吉日良辰的。由于是"择日"，其学术内容便被编进《日书》；同样由于是"择日"，其职业归类，则被太史公划入"日者"，二者均名副其实。

二 "建除"入《发病书》和医疗禁忌

在敦煌数术文献里，学者们共搜得七种《发病书》和一种《天牢鬼镜图并推得病日法》。④它所反映的是其时在中医药之外，人们从巫术的视角对疾病的认知，其所包含的内容十分宽泛，几乎每一方面的鬼神都可以使人生病。大体包括："推男女年立算厄法""推年立法""推得病日法""推初得病日鬼法""推得病时法""推十二祇（直）得病法""推四方神头胁日得病法""推五子日病法""推十干病法""推十二支生人受命法""推五

① 邓文宽：《敦煌天文历法文献辑校》，南京：江苏古籍出版社，1996年版，第564页。
② P.3685+P.3681、S.6182《六十甲子历》。释文见关长龙：《敦煌本数术文献辑校》，北京：中华书局，2019年版，第5、9页。
③ 标点本《史记》，北京：中华书局，1959年版，第3222页。
④ 关长龙：《敦煌本数术文献辑校》，北京：中华书局，2019年版，第1186—1250页。

行日得病法""推十二月病厌鬼法""推七曜日得病法"等。其中"推十二祇（直）得病法"，便是由原注于历本每日之下的建除十二神引入而形成的。就其内容而言，大体可分为两种版本：一种是P.2856中的"推十二祇（直）得病法"，如："建日病者，犯东方土公，丈人索食，祀不了，有龙蛇为怪，家亲所为，解之大吉，七日差。""执日病者，天神下有宿债不赛（塞），丈人将外鬼与人为祟，急解送，七日差。""成日病者，家中斗诤，咒诅相向，宅神不安，遣断后鬼为祟，急解送，十日差。"①另一种也属于《发病书》，但内容小异。如上引三条作："建日病者，头痛，（心腹胀［满］。祟在兵死鬼，犯碓磑上，男左女右。建者，天地、男女皆□）。""执日病者，手足烦疼，臂痛，祟在前夫、后妇及［北］君，客死鬼所作，犯东宅、西宅，男吉女凶，解谢之。""成日病者，头痛，心腹胀满，四支不举。丈人、不葬及无后鬼所作，男吉女凶，十一日吐即差，谢之吉。"②两相对比，后者则多了病征内容，其引发起病的神鬼也不相同，自然，治疗方法也就相应会有差异。

据刘永明博士研究，《发病书》属于道教文化的一部分。③此外，由十八个俄藏敦煌文献残片拼缀而成的《天牢鬼镜图并推得病日法》，其中有以"建除"为内容的"推得病日法"。此件原题"张师天撰"④，怀疑系托名而作。此"张师天"或当校作"张天师"？若此不误，便是指道教天师道派的张道陵。这对我们理解原本属于数术文化《日书》的"建除"，被道教文化所吸收，或许能提供帮助。

此外，与"建除"相关的还有一些医疗禁忌。P.2661V《诸杂略得要抄子一本》有如下内容："建不治头，除不治喉，满不治腹，平不治背，定不治脚，执不治手，破不治口，危不治鼻，成不治胃，收不治眉，开不

---

① 关长龙：《敦煌本数术文献辑校》，北京：中华书局，2019年版，第1204—1205页。

② 关长龙：《敦煌本数术文献辑校》，北京：中华书局，2019年版，第1228—1229页。

③ 刘永明：《敦煌道教的世俗化之路——敦煌发病书研究》，载《敦煌学辑刊》2006年第1期，第69—86页。

④ 陈于柱：《敦煌吐鲁番出土发病书整理研究》，北京：科学出版社，2016年版，第144—148页。

治耳，闭不治目。"①从此件原始题名可知，其内容是从多种书籍中抄撮而来的。我们从传世文献中也看到了与此相关的建除内容。日本古代历法专家贺茂在方，于公元1414年所作的《历林问答集》里，曾引用郝震（生卒年月未详）《堪余八会经》中建除与身体各部位对应关系的文字，其文曰："建者主足，除者主尻，满者主腹，平者主背，定者主胸，执者主手，破者主口，危者主鼻，成者主眉，收者主发，开者主耳，闭者主目。"②这应该就是建除用于医疗禁忌的认识基础，其中建、除、定、成、收五位与上引敦煌文献所主有别。这些认识和设计也非空泛之言，而是供医家用于施行的。孙思邈乃唐初医疗大家，其在约成书于唐高宗永淳元年（682）的《千金翼方》卷二八"针灸宜忌第十"有如下内容："生气所在，又需看破、除、开日，人神取天医。若事急卒暴不得已者，则不拘此也。"在"治病服药针灸法诀"中又说："旧法，男避除，女避破""建日申时头，除日酉时膝，满日戌时腹，平日亥时腰背，定日子时心，执日丑时手，破日寅时口，危日卯时鼻，成日辰时唇，收日巳时足，开日午时耳，闭日未时目。上件，其时并不得犯其处，杀人"。③中古时代，医、巫并行，何况"建除"与医疗宜忌相关联，早在秦汉《日书》中就已显端倪，千余年后就更加系统化，并为医家所吸收。

三 "建除"入《梦书》

《梦书》即"占梦书"或称"解梦书"，其内容是记录梦象，加以解说，卜其吉凶。敦煌文献P.3908是一份首尾俱全的《梦书》，原件首题为"新集周公解梦书一卷"④。编者在"序"中说："今纂录《周公解梦书》廿余章，集为一卷，具件条目，以防疑惑之心，兑（免）生忧虑。淋

① 关长龙：《敦煌本数术文献辑校》，北京：中华书局，2019年版，第1280页。

② ［日］中村璋八：《日本阴阳道书的研究》，东京：汲古书院，1985年版，第379页。

③ 〔唐〕孙思邈撰，朱邦贤、陈文国等校注：《千金翼方校注》，上海：上海古籍出版社，1999年版，第807—808页。

④ 关长龙：《敦煌本数术文献辑校》，北京：中华书局，2019年版，第989页。

（淑）人君子，鉴别贤良，观览视之，万不失［一］。"①所用"周公"之名，显系伪托，用以张大其势，不足为凭。据郑炳林教授研究，此件"撰集于晚唐张氏归义军时期，由敦煌当地文士剪裁纂录其他梦书而成"②。换言之，它是从多种梦书抄撮而来，并借"周公"之名加以行世的。

《新集周公解梦书》共分二十三章，内容包括：天文章第一，地理章第二，山林草木章第三，水火盗贼章第四，官禄兄弟章第五，人身梳镜章第六，饭食章第七，佛道音乐章第八，庄园田宅章第九（中略），生死疾病章第十七，冢墓棺财（材）凶具章第十八。这十八章均是传统梦书里具有的天文、地理和人事内容。第廿二章为"恶梦为无禁忌等章"，第廿三章为"厌禳恶梦章"，也即如何禳除噩梦带来的不吉利。我们此处关心的是第十九至二十一章的内容。第十九章为"十二支日得梦章"，第廿章为"十二时得梦章"，第廿一章为"建除满日得梦章"。"十二支日"为子日、丑日、寅日等，"十二时"为子时、丑时、寅时等，"建除满日"则是指将建除十二神名依"星命月"和"叠日法"配入历日后其所在之日。"建除满日得梦章"内容如下："建日得梦，主大吉利。除日得梦，忧疾病起。满日得梦，逢酒肉。平日得梦，口舌事起。定日得梦，主移徙事。执日得梦，主失财。破日得梦者，有大吉事。危日得［梦者］，主官事起。成日得梦者，主吉事。收日得梦，大凶恶事。开日得梦，主生贵子。闭日得梦者，主惊恐。"③通观十二支日得梦、十二时得梦和建除满日得梦三章，其共同之处是以做梦时间来判定吉凶的，这已超出传统以天文、地理、人事为解梦内容的主题，当属中古时期术士们的新创。至于其所主吉凶宜忌的解说依据，因资料仅此一见，尚难清晰地予以说明，只好有俟来者。

---

① "一"字原脱，依文义补。
② 郑炳林：《敦煌写本解梦书校录研究》，北京：民族出版社，2005年版，第179页。
③ 关长龙：《敦煌本数术文献辑校》，北京：中华书局，2019年版，第1004—1005页。

四 "建除"入葬书

敦煌数术文献中留存了内容丰富的葬书(亦称葬经),其与"建除"的关系也非常密切。综观葬书与"建除"的关系,约有如下数端:

1. "建除"与选择吉穴。P.2831+P.2550B为《五姓同用卌五家书》,其子目"十二祇(直)法第廿"有如下内容:"从埏道(按,即墓道)外起步,往来向内命十二祇,一步为[闭],二步为建,三步为除,四步为[满],[五步为]平,六步为定,七步为执,八步为破,九步为危,十步为[成],十一步为收,十二步为开,十三步为闭,还从建起。以此为法,恒令满祇当冢心,闭祇守冢口,定祇安墓后,开祇坐冢[前]。假令冢墓堂心是满,堂门令得闭,堂后辟(按,通壁)令得定,其埏道口得开,所谓闭口、定口、满腹、开目,合此大吉。"①

2. "建除"与坟茔四方吉凶。上引《五姓同用卌五家书》首缺,所存内容除了上引"十二祇法第廿"外,又有"六甲冢图第十八""[八]卦冢图第十九"。其第十七首残难见其名,但此条结尾处有尾题"以前四方吉凶法"②。可知此条是专述坟茔四周吉凶的。内容很多,难以全引。今摘引其中一条以窥斑知豹。"从北向南廿步,除,乙未,合天狱。南行卅步,平,丁酉,合刑戮。南行五十步,定,戊戌,合龙煞。南行六十步,执,己亥,合兽煞。南行八十步,危,辛丑,合地祸。南行一百步,收,癸卯,合死丧。南行一百廿步,闭,乙巳,合天狱。"③由此可见,这里"建除"是与甲子及多种神煞综合在一起加以使用的。

"四方吉凶法"又名"步阡陌取吉穴法",当属一物而二名。敦煌文献S.12456B、C是一部书的目录残片,残存十个子目,内有"论步阡陌取吉穴法卅五"。这十个子目的名称,与宋人王洙等编撰、金人张谦重校的

---

① 关长龙:《敦煌本数术文献辑校》,北京:中华书局,2019年版,第848—849页。
② 关长龙:《敦煌本数术文献辑校》,北京:中华书局,2019年版,第838页。
③ 关长龙:《敦煌本数术文献辑校》,北京:中华书局,2019年版,第835页。

《重校正地理新书》的相关题名均能对应。①《重校正地理新书》卷一三有"步地取吉穴法"："凡葬有八法，步地亦有八焉。一曰阡陌，谓平原法，从丘陵、坑坎、沟涧、大道，因之起步，然后十步一呼，甲子及建除等，得甲庚丙壬，与满定成开等合者大吉。二曰金车龙影，谓东西千步，南北二百四十步，当千步之中。向东行十步起甲子，二十步乙丑，尽五百步癸丑。至东阡向南，十步起甲寅，二十步起乙卯。（中略）向东步从西起建，向西步从东起建，向南步从北起建，向北步从南起建，次满除等。此法虽有，世不多用。"②《重校正地理新书》的这段文字，对于我们理解敦煌葬书中的"四方吉凶法"大有帮助。该书又说"此法虽有，世不多用"，说明在实际生活中，"四方吉凶法"是不太被看重的。

3. "建除"与坟茔高卑。S.12456B、C葬书目录残片有"论坟高卑等法五十二"③。遗憾的是，这部分内容却未能保存下来。我们借助《重校正地理新书》的相关内容，可以获知其大概。《重校正地理新书》卷一四有"封树高下法"："吕才云：在上曰阳，从甲起数，高一尺为甲，二尺为乙，（中略）一丈为癸。右终而复始用之。一尺为建，二尺为除，三尺为满，四尺为平，五尺为定，六尺为执，七尺为破，八尺为危，九尺为成，一丈为收，丈一为开，丈二为闭。右终而复始用之。但甲庚丙壬与满定成开合者吉。高三尺，合凤凰，满，吉；高九尺，合玉堂，成，吉；高一丈一尺，合麒麟，开，吉；高一丈七尺，合章光，定，吉；高二丈一尺，合麒麟，成，吉；高二丈三尺，合凤凰，开，吉。"④

4. "建除"与坟茔入地深浅。前引《五姓同用册五家书》有"入地深浅法第廿一"，内容完整，今节录如下："凡葬，入地八十九尺得景（丙），为凤凰得定；入地九十三尺得庚，为章光得成；入地九十五尺得壬，为玉

① 金身佳：《敦煌写本宅经葬书校注》，北京：民族出版社，2007年版，第210页。

② 《续修四库全书》第1054册，上海：上海古籍出版社，1997年版，第97页。转引自《敦煌写本宅经葬书校注》，第211—212页。

③ 关长龙：《敦煌本数术文献辑校》，北京：中华书局，2019年版，第856页。

④ 《续修四库全书》第1054册，上海：上海古籍出版社，1997年版，第109页。转引自《敦煌写本宅经葬书校注》，第236页。

堂得闭（开）。（中略）已前入地深浅，帝王用之吉。"其下又有"公侯用
之吉""伯子男九卿用之吉""将军用之吉，大夫用吉""三场（令长）以
下用之吉""庶人用［之］吉"的相关内容，①均与"建除"有关。但入地
深浅并非仅此一法。同一题目的末尾有："又［一法］：［入］地一尺为建，
二尺为除，三尺为满，四尺为平，五尺为定，六尺为执，［七］尺为破，
八尺为危，九尺为成，一丈为收，一丈一尺为开，一丈二尺为闭，周而复
始。满平定收开吉，余者并凶。"②此法与坟茔高卑法中的"建除"颇为相
似，仅是向上和向下之别。

5."建除"与葬忌。古人埋葬死者，又有不少禁忌，其中一些同"建
除"有关。P.3647《葬经》载有："凡葬，丧车出建上，煞大孝；出除上，
煞翁及妇姻大客；出满上，煞男大客；出平上，煞三公、大夫客，凶；出
定上，煞主人；出执上，煞伯及客；出破上，煞孝妇女；出危上，煞师公
及男女；出成上，煞从夫；出收上，煞前丞、后丞；出开上，音（？）游
（？）师；出闭上，煞都户。外加酉，煞师；外加亥（戌），煞三人。（中
略）凡建、破下不可坐，煞师；丧出此地，亦妨师。宜慎之，吉。"③《五
姓同用册五家书》之"［八］卦冢图第十九"乾冢图的说明文字亦云：
"五姓在家出丧、上车，不得向太岁、太阴、大将军、建、破下，凶。"④
P.4930《葬经》亦载："凡大葬，宜须避平、收、建日，余日皆吉。"⑤

综合以上可知，"建除"与殡葬仪式的各个环节都有关系，从中亦可
窥见术士们的良苦用心。

五　"建除"入《宅经》

敦煌文献里有一件题名"董文元与记通览"的《诸杂推五姓阴阳等宅

① 关长龙：《敦煌本数术文献辑校》，北京：中华书局，2019年版，第849—850页。
② 关长龙：《敦煌本数术文献辑校》，北京：中华书局，2019年版，第850—851页。
③ 关长龙：《敦煌本数术文献辑校》，北京：中华书局，2019年版，第827—828页。
④ 关长龙：《敦煌本数术文献辑校》，北京：中华书局，2019年版，第845页。
⑤ 关长龙：《敦煌本数术文献辑校》，北京：中华书局，2019年版，第825页。

图经一卷》，但编排体例很不规范，学者们推测它也是从各种阴阳宅经著作里抄撮而来的。该写本有原题"凡阡陌法第三"的文字："东西为阡，南北为陌。或于（依）山水，或约陂池及水岸，及故城、大道，皆为阡陌之始。四方步起，若十步为建。假令从东阡，西入十步为建，廿步为除，卅步为满，卌步为平，五十步为定，六十步为执，七十步为破，八十步为危，九十步为成，一百步为收，百一十步为开，［百］廿步为闭。凡从建起，终而复始，合成、收、开、满、平、定、吉，合建、除、执、破、危、闭、凶。"[1]这是其时选择宅地的思想依据之一。我们将此条与前文"建除"与坟茔高卑及"入地深浅法"加以比较，就会觉得，这三种"建除"是从同一个认识基础上衍生出来的：坟茔高卑是从地面向上，宅经"阡陌法"是在平地上向四方延伸，而"入地深浅法"则是从地面向下——它们应由同一个认识基础派生出来。

六 "建除"入《婚嫁书》

结婚是个人生命史上的重大事项，人们总希望选择一个好日子举办婚礼，以求吉祥平安，古今中外，概莫能外。作为《日书》的一部分，担负着趋吉避凶的职责，本是"建除"的题中应有之义，这在出土秦汉简牍《日书》里已经多次见到。到了中古时代，又出现了专门用于婚嫁的书籍，如《新唐书·艺文志》"五行类"就有"《婚嫁书》二卷"的著录[2]，敦煌文献中也有同类著作。P.2905A是一部婚嫁类著作的残卷，首部残存其"第七"之一部分，内容记何月出嫁"妨姑嫜（公婆）""妨女父母""妨女婿""妨女身"，其下为"推选择日法第八"："建日嫁娶，吉，一云自如。除日嫁娶，有子四人，吉。满日［娶］妇，有子五人，吉。平日嫁娶，凶。定日娶妇，大吉利。执日娶妇，煞人，凶。破日娶妇，煞五人。危日娶妇，吉利。成日娶妇，生五子。收日娶妇，大凶。开日娶妇，有七

---

① 关长龙：《敦煌本数术文献辑校》，北京：中华书局，2019年版，第714页。
② 《新唐书·艺文三》，见标点本《新唐书》，北京：中华书局，1975年版，第1554页。

子，吉。闭日娶妇，煞三人。右件好恶，明审看之。"①将上述内容与天水放马滩秦简《日书》之"建除"、云梦睡虎地秦简《日书》之"秦除"的相关内容加以比较，发现它们已有不少变化乃至完全相反。如此件"平日嫁娶凶"，放马滩秦简作"平日可取妻"②，睡虎地秦简作"平日可以娶妻、人人"③。同一方术流派，千余年间，其变化之大，未免令人咋舌。

七　"建除"与死丧妨忌

"妨"即"克"义。甲"妨"乙，或认为乙之死亡系由甲之所"妨"，是古人探究死亡原因的一种巫术，在今日中国的个别地方偶尔仍能见到。P.3028是一卷专门推找死丧妨忌的著作，因历史典籍中未见同类著作的名称，故学者们尚未确定其题名。此件首尾俱残，其残存内容依次为：十二支日死者妨何人，如"申日死者，妨长老人，亦可六畜"④。其后有建除十二日死及所妨何人（详下），六十甲子中"六旬"死及所妨何人，"推四邻妨忌"，十干日死及所妨，"诸推亡犯何罪而死及丧家凶吉法""推人上计及合死不合死，廿八宿伤加之""推六十甲子煞精形状如后及妨忌何人，俱画图如右"，如此等等。综观其内容，系统性不很明显，似乎也有从同类书籍抄撮而成的嫌疑。

此件之"建除"死日妨忌内容如下："建日辰（死），妨家长。除日死，妨妻子。满日死，妨长老。平日死，妨小口。定日死，妨六畜。执日死，妨小口。破日死，妨兄弟。危日死，妨下贱人。成日死，妨邻人。收日死，妨邻人。开日死，妨下人、小口。闭日死者，妨妇人。"⑤古代巫术在解释死丧时，既要说其死亡系由何人所妨（克），也要说死亡之日又妨（克）何人。一个人死在哪天，岂是自己可以选择的？恐怕这只能是一种

---

① 关长龙：《敦煌本数术文献辑校》，北京：中华书局，2019年版，第175页。
② 陈伟主编：《秦简牍合集》（肆），武汉：武汉大学出版社，2014年版，第9页。
③ 陈伟主编：《秦简牍合集》（壹上），武汉：武汉大学出版社，2014年版，第361页。
④ 关长龙：《敦煌本数术文献辑校》，北京：中华书局，2019年版，第153页。
⑤ 关长龙：《敦煌本数术文献辑校》，北京：中华书局，2019年版，第154页。

典型的迷信思想了。

八 "建除"与求富贵

P.2661V首题"诸杂抄略得要抄子",直言不讳,说明是从多种书籍摘抄而来。其中有些是用"建除"术寻求富贵的内容:"建日,悬析车草户壁,悬(县)官口。悬虎头骨门户上,令子孙长寿,吉。悬牛骨舍四角,令人家富贵,利,吉。""满日,取三家水作酒,令人家富,吉。""满日,取三家井水祀灶,令人大富;润宿种,火(大)利。""危日取水置屋厌,大吉。"①目前所见,这方面的资料很少,但即便是雪泥鸿爪,也可从中获知,术士们已将"建除"与寻求富贵联系在一起了。

九 "建除"配纪年干支或纪年地支

"建除"用于选择,其最初设计是与纪日地支相配合并进行使用的,无论是在出土秦汉简牍《日书》里,还是在广泛散见于敦煌吐鲁番具注历日的实际应用中,均是如此。但在敦煌文献S.2620《唐年神方位图》中,我们又看到了"建除"与纪年相配的用例。此《年神方位图》今存残图二幅和整图六幅。其六幅整图的年代为唐大历十三年(778)至建中四年(783)。图中文字依次分别有:"戊午七危""己未六成""庚申五收""辛酉四开""壬戌三闭""癸亥二建"②。上引每图中的四字均含三项内容:纪年干支、年九宫中宫数和建除十二神。在敦煌所出《发病书一卷》中,我们也看到使用多次的短语:"建、破临其年,故知十死一生。"③综合"年神方位图"和《发病书一卷》可知,"建除"确实是用来配纪年的。但

---

① 关长龙:《敦煌本数术文献辑校》,北京:中华书局,2019年版,第1276—1277、1281页。
② 关长龙:《敦煌本数术文献辑校》,北京:中华书局,2019年版,第184—185页。
③ 陈于柱:《敦煌吐鲁番出土发病书整理研究》,北京:科学出版社,2016年版,第121—123页。

如同纪日连续使用六十个干支,纪年从东汉后也是连续使用干支的。用干支纪日时,"建除"仅与其中的地支相配合,而与天干无涉;"建除"配纪年时,是否也是这样呢?抑或是与干支相配合,而不只限于地支?目前由于资料过少,我们尚难做出按断,也未找出其排列规则。

"建除"与纪月地支或纪月干支(干支纪月始于唐代),有无配合关系?我似乎遇到过这样的资料,多年前记在一张纸上,但怎么也找不见了。本文只能阙如,十分遗憾。

十 结语

如果说"建除家"作为先秦数术文化中的一个流派,其最初设计仅仅是用于选择吉日良辰,那么,到了千余年后的中古时期,它便有了长足的发展。它已跨出仅仅用于择日和趋吉避凶的窠臼,向数术文化的各个领域延伸开去。日常生活中,求富贵、婚嫁、死丧、发病、医疗、做梦、葬埋、建宅、纪年、纪月(?)、择日,等等,到处都能见到"建除"的身影。一方面煞是热闹,一方面也不得不让我们推想:术士们在这里耗费了多少心力!尽管如此,我们从敦煌文献所见,亦非建除这个神煞在社会生活渗透的全貌。唐人李筌在《太白阴经》卷九"遁甲·推恩建黄道法"中有云:"凡天罡下为建,建为青龙,黄道次神;太乙即为除,除为明堂,黄道次神;(中略)太冲为闭,闭为勾陈,黑道次神。"[1]《太白阴经》是一部兵书,"黄道"主吉,"黑道"主凶,可知建除十二神在这里已渗入军事领域并被用于趋吉避凶。但相较而言,我们从敦煌文献所见到的建除内容,却比传世文献丰富许多,从而就更显出其珍贵无比。

自中古时期到当下,又过去了千余年的时间,"建除"这个选择"神煞"今日还存在于何方?笔者所见,"建除"依然用在中国香港和台湾的民用通书中,日本通书也依旧在用。但是,"建除"的功用却不再像中古

---

① 〔唐〕李筌著,张文才、王陇译注:《太白阴经全解》,长沙:岳麓书社,2004年版,第511页。

时期那么丰富了,它又回归到选择吉日良辰的原始用途。这样一条由简到繁,又由繁复简的演变曲线,是否也暗含着某种哲学意蕴?恐怕仍值得我们加以思考。

（原载《敦煌吐鲁番研究》第二十一卷,上海:上海古籍出版社,2022年版,第67—77页）

附录一

敦煌吐鲁番文献重文符号释读举隅

重文符号，是古人在书写文字时，为节省时间，对相邻或相近出现的文字和句子使用的一种代号。肇端于上古，中经秦汉，又历中古，以迄近世，在手写文字中均大量存在。本文仅就敦煌吐鲁番文献中的重文符号举其大要。首先分类归并，每类举出数例，以明其义例；其次就笔者所见，对某些重文符号释读错误加以辨正；再次，对于某些残破过甚而又含有重文符号的文书和写本，运用重文义例增补文字，以求对出土文献获得更多的认识。

一　单字重文

所谓单字重文，即相邻或相近的两个字完全相同，将后一字用重文符号替代。但就其具体用法，在敦煌吐鲁番文献中又有几种不同情况，大致可分为四类。

（一）重复文字必须相属，不能断句例。

例一：吐鲁番文书《西凉建初十四年（418）韩渠妻随葬衣物疏》："急々如律令。"①这本是巫者咒语，见敦煌文献 S.0318《洞渊神

---

① 国家文物局古文献研究室、新疆维吾尔自治区博物馆、武汉大学历史系编：《吐鲁番出土文书》（释文本）第一册，北京：文物出版社，1981年版，第15页13行。以下凡引此书，只具册数、页码和行次，不具墓葬编号和文书顺序编号。

咒经·斩鬼品第七》："若复不出鬼者，令病人不差，大魔王、小王等身斩百段，必不恕矣。——如儿语，如太上口敕，不得留停，急急如律令。"这里"急急"不用重文，是其比。也有的衣物疏中作"事々从君命"①或"事々依移"②，同样用了重文符号，但重文符号同其本字间均不能断句。

例二：吐鲁番文书《唐西州高昌县崇化乡里正史玄政纳龙朔三年（663）粮抄》："十九日史々志敏、史高未、史令狐萌□。"③此例重一"史"字，但两个"史"字意义有别。前一"史"字指州县胥吏，是流外官名称，其后面两人名前均有一"史"字是其证；重复的"史"字则是史志敏的姓。类似这样字同义不同而又不能断句的重文还有吐鲁番文书《唐某人于张悦仁等边夏田残契》："夏左部々田"。④此二"部"字仍需连读。"左部"乃水渠名称，见《吐鲁番出土文书》第六册第250页第4行、第251页第10行、第254页第9行、第255页第3行，其位置在高昌城东五里；"部田"乃均田土地名称，与"常田"相对而言，应予注意。

依理而言，这类重文是重文符号中最简单的一种，现在仍被使用。至于用于人名昵称的重复文字，自古迄今，屡见不鲜。吐鲁番文书中有一件《高昌□子等施僧尼财物疏》，昵称人名大量出现，今节录原释文如下：

舌々：四尺三寸，通々：一尺五寸，奴々：二尺五寸半，槲々：三尺六寸半，奴々：三尺一寸半，□□：一尺九寸半，近々：九寸半。⑤

---

①　《吐鲁番出土文书》（释文本）第三册，北京：文物出版社，1981年版，第123页12行。

②　《吐鲁番出土文书》（释文本）第四册，北京：文物出版社，1983年版，《补遗》第5页10行。

③　《吐鲁番出土文书》（释文本）第七册，北京：文物出版社，1986年版，第387页3行。

④　《吐鲁番出土文书》（释文本）第六册，北京：文物出版社，1985年版，第158页2行。

⑤　《吐鲁番出土文书》（释文本）第二册，北京：文物出版社，1981年版，第123—124页2—3行。

根据该书编辑体例，凡人名均在其左侧加一专名线。可是上引诸例仅在人名第一字旁画线，而对其所重复的人名文字却未作相同的处理。这样，这些人名便不完整，每个人名后的重文符号也无所相属了。

（二）重复文字不能相属，必须断句例。换言之，本字是上句的末一字，重文符号则是下句的第一字，因此二者之间必须断句。

　　例一：敦煌文献P.2005《沙州都督府图经》："其学院内东厢有先圣太师庙堂，々内有素□先圣及先师颜子之象。"

　　例二：吐鲁番文书《唐咸亨三年（672）新妇为阿公录在生功德疏》："阿公从身亡日，々画佛一躯。至卅九日，拟成卅九躯佛。"①

　　例三：敦煌文献P.2627《史记·管蔡世家第五》："文侯十四年，楚庄王伐陈，杀夏徵舒。十五年，楚围郑，々降楚，々复释之。"

（三）重复文字自然停顿，无须句读例。如敦煌文献S.5643不知名舞谱（行次为笔者所加）：

　　1.令送　令々送　舞送　舞々送　接送　接々送　据送　据々送（中略）

　　4.舞々　々接々　々々　々々々　々々　据々々　送头　々々送

舞谱（图10）中的重文符号全是单字重文，只要将重文符号读成它前面的本字即可②，无须句读。虽然仅见于舞谱这一特殊形式，却也代表了单字重文的一个类型。

（四）注文接正文用重文符号例。此类多见于经史子集四部书中。但若再细分，又有两种不同情况。一种是重文符号同它所重复的字紧相衔

---

①　《吐鲁番出土文书》（释文本）第七册，北京：文物出版社，1986年版，第73页91—92行。

②　参见柴剑虹：《敦煌舞谱的整理与分析》（一）（二），分载《敦煌研究》1987年第4期，第84—95页；1988年第1期，第81—96页。

图10　S.5643　舞谱（局部）

接；另一种则不衔接，但意义清楚无误。下举数例：

　　例一：敦煌文献S.0085《春秋左传杜注》：文公十六年，"楚子乘驲，会师于临品（注略），分为二队"。（原双行小注："々，部也。两道攻之。"）

　　例二：吐鲁番文书《唐景龙四年（710）卜天寿抄孔氏本郑氏注〈论语〉》："仁者安仁，智者□仁。"（原双行小注："々者安乐仁道，智者利仁为之。"）①

　　上举二例，是注文所用重文符号直接承接正文的例子。下面再举重文与正文不相衔接，但所代替的仍是这个字的例子。

　　例三：敦煌文献P.3798《切韵残页》："栊，房々……咙，喉々；穊，黍々。"

　　例四：敦煌文献P.3696《切韵残页》："枝，树々"；"鲅，鱼々"；"璃，瑠々"；"蜊，蛤々"。

二　双字重文

　　所谓双字重文，即原型作"ABAB"，书写者为节省时间，写成了"A

---

① 《吐鲁番出土文书》（释文本）第七册，北京：文物出版社，1986年版，第540页83—84行。

々B々"型，也有一些写成"AB々々"型，但今人释读时，必须还原为"ABAB"型，并加以正确句读，否则文义便滞碍难通。

例一：敦煌文献 P.2668《唐天宝二年李荃（荃）进〈阃外春秋〉表》："臣荃（荃）诚惶诚恐，顿々首々，死々罪々，谨言。"

这一重文的原型见于吐鲁番文书《西凉建初四年（408）秀才对策文》："＿＿＿＿＿＿顿首顿＿＿＿＿＿＿"①；"臣谘诚惶诚□（恐），死罪死罪"②；"＿＿＿＿＿＿首顿首，死罪死罪"③。两相比较即可看出，其原型"ABAB"是如何变成"A々B々"的。

例二：敦煌文献 S.3326 星图，每月图后均有说明文字，内有几例双字重文。如正月图后说明文字为："自危十六度至奎四度，于辰在亥，为娵々訾々者叹貌，卫之分也（野）。"其中带重文的句子当读如"为娵訾。娵訾者，叹貌"云云。

例三：敦煌文献 S.0304《大方等大集经卷三十一》："佛言：善々哉々。"毫无疑

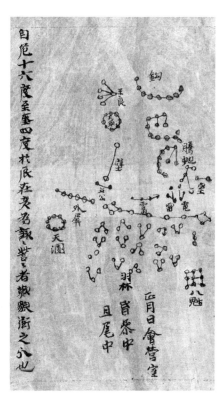

图 11　S.3326 星图（局部）

① 《吐鲁番出土文书》（释文本）第一册，北京：文物出版社，1981 年版，第 114 页 10 行。
② 《吐鲁番出土文书》（释文本）第一册，北京：文物出版社，1981 年版，第 114 页 15—16 行。
③ 《吐鲁番出土文书》（释文本）第一册，北京：文物出版社，1981 年版，第 117 页 44 行。

义，应当读作："佛言：善哉！善哉！"

至于将原型"ABAB"写成"AB々々"的，也有一些例证。如：

例一：敦煌本《六祖坛经》，北图冈字四八号和敦博 077 号同有："何名般若？々々是智惠。"而 S.5475 号则作："何名般若？般若是智惠。"英藏本不用重文符号，正是其原型。

例二：敦煌本《六祖坛经》北图冈字四八号和敦博 077 号同有："何名摩诃？摩诃者是大。"而英藏本作："何名摩々诃々者是大。"恰说明双字重文的"AB々々"型和"A々B々"型含义相同。

简言之，双字重文的特征是将原型"ABAB"写作"A々B々"型或"AB々々"型，释读时必须加以还原。但这不等于说，凡是写作"A々B々"型的文句都属于双字重文，并要还原为"ABAB"型。事实上，古文献中存在一些"形双实单"或"形单实双"的重文符号，我们需要依靠必备的知识加以辨别，不可将其简单化。例如：

敦煌文献 S.6203《大唐李府君修功德碑记》："爰因蒐练之暇，以申礼敬之诚，揭竿操矛，阗战以从。……隐々轸々，荡谷摇川而至于斯窟也。"①按，本段中的"隐隐轸轸"又作"殷殷轸轸"，"隐"乃"殷"之借字。《汉书》卷八十七上《扬雄传》之《校猎赋》："徽车轻武，鸿絧緁猎，殷殷轸轸，被陵缘阪……"唐颜师古注："殷轸，盛也。……殷读曰隐。"②可知殷轸本可独立成词。又见《淮南子·兵略训》："甲坚兵利，车固马良，畜积给足，士卒殷轸，此军之大资也。"③其义仍为众多繁盛。但在上引《大唐李府君修功德碑记》中，"隐隐轸轸"却不能读成"隐轸隐

---

① 此件《修功德碑记》，敦煌莫高窟今有碑石留存，见李永宁：《敦煌莫高窟碑文录及有关问题》（一），载《敦煌研究》1981 年试刊第 1 期，第 56—79 页。
② 标点本《汉书》，北京：中华书局，1962 年版，第 3544—3545 页。
③ 陈广忠注译：《淮南子译注》，长春：吉林文史出版社，1990 年版，第 721 页。

轸"，它是单字重文而非双字重文。

　　敦煌文献 P.3195 唐冯待徵《恶美人怨》①诗一首，内有"岁々年々征战间②，侍君帷幕损红颜"句。很显然，"岁岁年年"也是单字重文而非双字重文。

　　吐鲁番文书《唐□文悦与阿婆、阿裴书稿》："□文悦千々万々再拜：阿婆、阿裴已下合家大小□平安好在不？"③从字面意义看："千千万万"似乎也说得通，但若细加追究，本句重文只能读作"千万千万"，是双字重文而非单字重文。我们试引吐鲁番文书中的一些书信。《唐总章元年（668）海堆与阿郎阿婆家书》："阿郎、阿婆：千万问信（讯）。"④《唐李贺子上阿郎、阿婆书二》："贺子、鼠儿，并得平安，千万再拜阿郎、阿婆。"⑤可知在古代书信中，其基本格式是"千万再拜""千万问讯"，而有些人为了强调，写成"千万千万"云云，基本含义并无不同。

　　在明确上述双字重文义例的基础上，即可检查一下某些出版物在释读中出现的失误和不当。

　　《敦煌吐鲁番唐代法制文书考释》收有 P.3608、P.3252《唐垂拱职制户婚厩库律残卷》。其中户婚律释文中有："诸嫁娶违律，祖父母、父母主婚者，独坐主婚（注文略）。若期亲尊长主婚者，主婚为首，男女为从。事由男女，为首々々，主婚为从。"⑥其末句若依双字重文义例，则当读作"事由男女，为首为首，主婚为从。"意思不通。经检原件，原作"事由男々女々为首，主婚为从。"故此句当读作："事由男女，男女为首，主婚为从。"与传世本《唐律疏议》第 195 条《嫁娶违律》完全一致。可知原件不误，考释者将重文符号误植而致误。

　　同上书收有 P.3813《文明判集残卷》。释文中有："行盗理合计赃，定

---

① 《全唐诗》卷七七三作"虞姬怨"，是。写本"恶"字当是"虞"字之讹。
② 征战间：《全唐诗》作"事征战"。
③ 《吐鲁番出土文书》（释文本）第四册，北京：文物出版社，1983 年版，第 265 页 1—2 行。
④ 《吐鲁番出土文书》（释文本）第五册，北京：文物出版社，1983 年版，第 161 页 1 行。
⑤ 《吐鲁番出土文书》（释文本）第六册，北京：文物出版社，1985 年版，第 393 页第（一）之 1 行。
⑥ 刘俊文：《敦煌吐鲁番唐代法制文书考释》，北京：中华书局，1989 年版，第 53 页 158—160 行。

罪须知多々少，々既无定数，不可悬科。"①内有重文的句子，若依单字重文义例，当读作："定罪须知多多少，少既无定数"；若依双字重文义例，则当读作："定罪须知多少多，少既无定数。"均无法读通。其实，这是一个双字重文，原作"定罪须知多々少々既无定数"，读作："定罪须知多少，多少既无定数。"可知这是由对双字重文断句不当产生的失误。

我们还可依据双字重文义例去增补某些残破过甚的出土文献，以求对它们获得更多的认识。

吐鲁番文书《唐海隆家书》中有"□叔千々万王耶酿（爷娘）。"②关于"千万千万"这一双字重文，前已举例并加辨正。显然，本句"万"后脱一重文符号，释读时当予补足并出注说明。

吐鲁番文书《唐贞观二十年（646）赵义深自洛州致西州阿婆家书》中有如下两行残字：

14.＿＿＿＿＿＿深等作兄弟时，努力慈孝，看阿婆、阿兄，莫辞辛苦。脱为相＿＿＿＿＿＿

15.＿＿＿＿＿＿々力々天能报人（下略）③

第15行上部残失，残存文字应如何理解？《唐李贺子上阿郎、阿婆书三》中有："语＿＿＿＿＿＿好努々力々，看侍阿郎、阿婆。"④《唐书牍稿》有"昨日索隐儿去……努々力々，所须何物，请即日相报。当送。"⑤根据这两件书信中"努力努力"的用法，可将上引赵义深家书第15行增补并释读如下：

---

① 刘俊文：《敦煌吐鲁番唐代法制文书考释》，北京：中华书局，1989年版，第438页27—28行。
② 《吐鲁番出土文书》（释文本）第四册，北京：文物出版社，1983年版，第266页7行。
③ 《吐鲁番出土文书》（释文本）第五册，北京：文物出版社，1983年版，第10页。
④ 《吐鲁番出土文书》（释文本）第六册，北京：文物出版社，1985年版，第395页4—5行。
⑤ 《吐鲁番出土文书》（释文本）第九册，北京：文物出版社，1990年版，第142—143页8—9行。

> 努力努力，天能报人。

　　增补后文字仍有残缺，但意义却比原文明确多了。再结合这封信的上文，可知赵义深在这里是劝勉他的兄弟们要保重自爱，并"看（侍）阿婆、阿兄，莫辞辛苦"。若能如此，自然会得到上苍的善报。

　　这里需要说明一下双字重文的断句问题。一般来说，双字重文所重复的多是一个词，故潘重规先生称之为"叠词符"。有些双字重文本身并不需要句读，如前举"千々万々""顿々首々"，但许多情况下必须断句。如果我们仅将重文符号回改并加以断句，那么只需将"A々B々"型或"AB々々"型还原为"ABAB"型并加以正确断句即可。可是，如果既想保持古文献的原始风貌，又要使用现代标点符号断句，这个问题该如何解决？敦煌文献为我们解决这个问题提供了线索。P.2872《史书五行志》有如下记载：

> 秦始皇即位。慧星四见。蝗虫蔽天。冬雷夏陈。石陨原郡。大人出临□兆。妖孽并见。营惑守心。星茀（拂）大々角々。以土终不改二世立。天重其恶。

　　原文多已圈点，唯"以土"和"终不改"后漏掉圈点符号。"大角"是星名。"星拂大角，大角以土，终不改"，原文是在"大角"重文后圈点的，虽然第二个"大角"当属下读。从这个意义上说，《敦煌吐鲁番唐代法制文书考释》除个别断句有误外，其对双字重文的处理方法是符合古例的，也是可取的。《敦煌社会经济文献真迹释录》却有可商之处。如第一辑第107页第77行，原文作"移檄郡々国々多应之"，释文为"移檄郡郡国国（郡国，郡国）多应之"①。释文者并未真正认识这一双字重文的含义，于是在括号中加以改正，未免辞费。

---

　　①　唐耕耦、陆宏基：《敦煌社会经济文献真迹释录》（第一辑），北京：书目文献出版社，1986年版。

三 三字和三字以上重文

敦煌吐鲁番文献中，单字和双字重文用例最多，而三字和三字以上重文也不乏实例。有的则是单字、双字、三字及三字以上重文在一段文字中同时出现。这就要求我们逐一审视，具体对待。

例一：吐鲁番出土《唐写本〈论语〉郑氏注〈雍也〉〈述而〉残卷》："子见男（南）子，々路不悦（注略）。夫子矢之曰：'予所否者，天々厌々之々。'"[①]此段"天厌之，天厌之"用了三字重文。

例二：敦煌文献 P.2157《律戒本疏》："尼僧住止要依々聚々落々，给大々界々，内有三处。"此段前有三字重文，后有双字重文，当读作："尼僧住止要依聚落，依聚落给大界，大界内有三处。"

例三：敦煌文献 P.2627《史记·管蔡世家第五》："平侯九年卒，灵侯班[②]之孙东国攻平侯子而自立，是为悼々侯々，父曰隐々太々子々有々[者][③]，灵侯之太子。"此段前有双字重文，后有四字重文。带重文的句子当读作："是为悼侯。悼侯父曰隐太子有。隐太子有者，灵侯之太子。"除个别文字或脱或别（"班"通"般"），与传世本《史记》完全一致。

例四：敦煌文献 P.2157《律戒本疏》："不自陁□告僧，々以自（白）佛。々言：从今听忆々念々比々尼々法々，僧中种々。"本段有三处单字重文，一处五字重文。当读作："不自陁□告僧，僧以白佛。佛言：从今忆念比尼法。忆念比尼法，僧中种种。"

上举四例，包括三字和三字以上重文，以及单字、双字重文在这些文

---

① 《吐鲁番出土文书》（释文本）第八册，北京：文物出版社，1987年版，第360页9—12行。

② 班：今本《史记》作"般"。见标点本《史记》，北京：中华书局，1959年版，第1568页。

③ 有：标点本《史记》（1568页）作"友"。者：原脱，据标点本《史记》（第1568页）补。

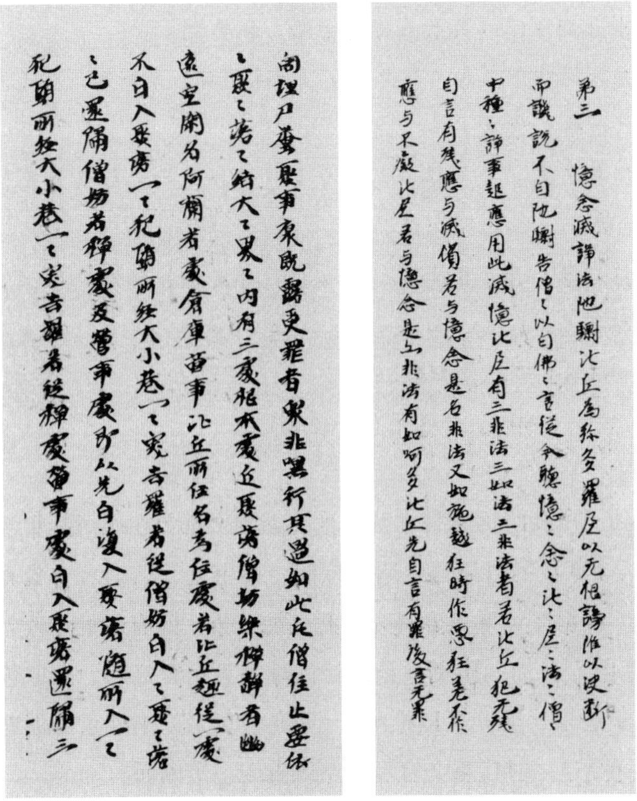

图 12　P.2157　律戒本疏（局部）

字中的交替使用。其共同特征是，重文符号紧随它所重复的文字。至于多字重文符号不紧随它所重复的文字，我在敦煌吐鲁番文献中见到的尚太少。不过，我在《日本国见在书目录》中却见到了这样的例证。

《日本国见在书目录》又称《本朝见在书目录》（尾题）、《见在书目录》（河海抄）等，是日本藤原佐世（？—897）奉敕撰成的。全书一卷，现存者为12或13世纪的略抄孤本。下引该书中的一段（行次为笔者所加。为方便阅读，移录时将重文符号所代替的文字放在其后的括号内，[ ] 内文字原为注文）：

1.十九刑法家［目录五百八十卷，私略之］

3.唐永徽律十二卷，々々々々（唐永徽律）疏卅卷［伏无忌等撰］

6.（前略）唐永

7.徽格五卷、垂拱格二卷、々々（垂拱）后常行格十五卷、々々（垂拱）留司

8.格二卷、开元格十卷、々々々（开元格）私记一卷、々々（开元）新格五卷。

9.（前略）开元皇口敕一卷

10.々々（开元）后格九卷（后略）。

众所周知，唐朝时许多日本留学生和学问僧都曾在中国搜集汉文典籍并携归日本。《见在书目录》中明确标明一些书是著名学者吉备真备从唐朝带回去的。又据严绍璗先生研究，此书的分类，除有两处小改外，全本《隋书·经籍志》。[①]而《隋书》是唐初由魏徵领衔官修的，藤原佐世这部目录又撰成于唐末，因此可以推测，《见在书目录》中抄录的那些唐代法律书名，同样是这一时代重文符号使用风貌的一个侧面。

从使用重文的角度去考察，不难发现其中保留了双字重文（垂拱、开元）、三字重文（开元格）和四字重文（唐永徽律）的不同用例。但它们用以重复的文字，均不紧随已经写出的本字，而是借用上句的文字使用重文符号以行代替。其中有些用法并不严密，如第8行"开元格十卷，々々々（开元格）私记一卷"，二者关系是严密的，但其后"々々（开元）新格五卷"与上文关系就不十分严密。不过，这里并不影响重文符号意义的明确性。这也说明，唐人在使用重文符号时虽有一定之规存在，但只要不影响文义的明确性，适当地灵活运用也是被认可的。

不过，这部书中重文符号的漏衍也不少见，这里不再详论。

重文符号的漏衍现象在敦煌吐鲁番文献和传世文献中同样存在。漏掉

---

① 严绍璗：《日本手抄室生寺本〈本朝见在书目录〉考略》，载上海古籍出版社《古籍整理与研究》1986年总第1期，第146—163页。

重文者，如敦煌本《六祖坛经》，北图冈字四八号和敦博077号同有："不可将福以为功德，々々在法身"云云，而S.5475号作"不可将福以为功德，在法身"云云。两相比较，可知英藏本《坛经》漏掉了"功德"二字的重文符号。又如《全唐文》卷九一四收有禅宗六祖惠（慧）能所撰《金刚般若波罗蜜经序》，有"何名般若？是梵语，唐言智惠。"[1]而敦煌本《六祖坛经》也有相似的文句："何名般若？般若是智惠。"[2]可以看出，《全唐文》中的那句话本作"何名般若？々々是梵语，唐言智惠。""般若"二字的重文符号在流传中漏掉了，当予补足。衍重文符号者，如P.2635《类林残卷》："项羽为汉兵所围，自知当败……乃歌曰：力拔山兮气盖世，时不利兮骓々不々逝々兮其那何々，虞々兮々々奈汝何！"原注"出项羽传"。同《史记·项羽本纪》及《汉书·项籍传》[3]比较，可以说其中重文用法同我们所见义例是一致的，但写本"何"字后的重文符号却是衍文。这也说明，在释读出土文献和整理传世文献时，不可拘泥于古写本或传抄本，对漏、衍的重文符号要认真分析，进而才能按断。

四　整句重文

这一类型，笔者所见不多，但同样可以举出实例以证明其存在。

例一：敦煌文献P.2529《毛诗·齐风·东方之日》："东方之日兮，彼姝者子，在々我々室々兮々，履我发兮。"《毛诗》中的这句话需重读一遍，与传世本《诗经》完全相同。每句虽只重复四字，但却是完整的句子，同上节所举四字重文依然有别。

例二：S.1524《大方等陀罗尼经卷第一》："阿々菟々那々多々噬

---

①　影印本《全唐文》，北京：中华书局，1983年版，第9519页上栏。
②　〔唐〕惠能著，邓文宽校注《敦煌坛经读本》，北京：民主与建设出版社，2019年版，第48页。
③　标点本《史记》，北京：中华书局，1959年版，第333页；标点本《汉书》，北京：中华书局，1962年版，第1817页。

々咃々，复得究迫……"这里第一句必须整句重读一遍。

例三：P.3442杜友晋《吉凶书仪》之《子侄及孙丧告答尊长书》："名言（原双行小注：告兄娣云白）：非意食（仓）卒，某子侄夭折；悲念伤悼，不自胜任。伏惟哀念伤恸，何可为怀。痛々当々奈々何々……"引文末句"痛当奈何"也需整句重读一遍。

关于重文符号的书写形式，一般是"、""ㄥ""々"，本文为排字方便，一律改为"々"。此外还有一些其他书写形式，且容易同一些汉字相混淆，此项可参郭在贻、张涌泉、黄征三位先生的《敦煌写本书写特例发微》①一文，这里不赘。

（原载北京图书馆《文献》1994年第1期，第160—173页）

---

① 郭在贻、张涌泉、黄征：《敦煌写本书写特例发微》，载中国敦煌吐鲁番学会编：《敦煌吐鲁番学研究论文集》，上海：汉语大词典出版社，1990年版，第310—346页。

敦煌本《六祖坛经》书写形式和符号发微

    自从20世纪20年代日本学者矢吹庆辉从敦煌文献中发现了一种《六祖坛经》写本后，敦煌本《六祖坛经》便成了中外学人刻意寻找并加以整理研究的重要禅宗文献资料。中外学者的整理研究工作经久不衰，成果迭出。①由于某种机缘，自1992年起，我和荣新江先生也跻入这一行列，我们的研究成果《敦博本禅籍录校》②1998由江苏古籍出版社出版。

    在对四种《六祖坛经》抄本作过系统的整理研究之后，我们感到，尽管中外学人既往的整理取得了不少成就，但仍有很多问题尚未解决，其中对于书写形式和符号的认识就是问题之一。这可能是由于以往参与整理研究工作的多是禅学史研究者，尚未有专职"敦煌学"研究者参与其事。而我们二人均是多年从事"敦煌学"研究工作的，一定程度上或可补前贤之不足。正是从这一视角出发，本篇专就敦煌写本《六祖坛经》的书写形式和符号略作讨论。

---

    ① 据粗略统计，中外学者的主要研究论著有：a.[日]铃木贞太郎(铃木大拙)、公田连太郎：《敦煌出土六祖坛经》，东京：森江书店，1934年版；b.[美]扬波斯基(Philip B.Yampolsky)：《敦煌写本〈六祖坛经〉译注》，纽约：哥伦比亚大学出版社，1967年版；c.[日]石井修道：《惠昕本〈六祖坛经〉之研究》，其中也有对英藏本的校录，载日本《驹泽大学佛教学部论集》1980年第11号、1981年第12号；d.郭朋：《坛经校释》，北京：中华书局，1983年版；e.[韩]金知见：《校注敦煌六祖坛经》，载金知见编：《六祖坛经的世界》，汉城：民族社，1989年版；f.[法]凯瑟琳·杜莎莉(Catherine Toulsaly)：《六祖坛经》，巴黎：友丰出版社，1992年版；g.[日]田中良昭：《敦煌本〈六祖坛经〉诸本之研究——特别介绍新出之北京本》，载《松冈文库研究年报》，1991年号；h.杨曾文：《敦煌新本六祖坛经》，上海：上海古籍出版社，1993年版；i.潘重规：《敦煌坛经新书》，台北：佛陀教育基金会，1994年版。

    ② 邓文宽、荣新江：《敦博本禅籍录校》，南京：江苏古籍出版社，1998年版。

一 省代符号

敦煌本《六祖坛经》有如下文字："世人尽传，南宗（按：'宗'字衍）能北秀，未知根本事由。且秀禅师于南荆府堂杨悬（当阳县）玉泉寺住持修行，惠能大师于韶州城东三十五里漕（曹）溪山住。法即一宗，人有南北，因此便立南北。"

上引文字，英藏本 S.5475 号和敦煌市博物馆藏 077 号大体一致。如果不加细究，似乎也可通读。但从敦煌写本书写特征考虑，却有脱文，即"惠能大师于……曹溪山住"一句的"住"后脱去"持修行"三字。

我们知道，《六祖坛经》是惠能在韶州大梵寺讲法时弟子们的听讲记录，后由弟子法海"集记"而成。这就有如现代人的速记，对于重复出现的字句可以采用省代符号。这类省代敦煌文献中有不少实例。如 S.4571《维摩诘经讲经文》："当日世尊欲说法，因更有甚人来也唱~。"据研究，"唱"后的符号省代的是"将来"二字。《金刚般若波罗蜜经讲经文》："指示恒河沙数问，经中便请唱将罗。"同卷下文有："又请敛心合掌着，能加字数唱将~。"据研究，所省代的即上文出现过的"唱将罗"的"罗"字。① 类似例子尚多，不备举。

这些说明，敦煌写本中确有将重复出现的字句用"~"加以省代的习惯。由此我们也就有理由认为，前引《坛经》中的相关文字应作："且秀禅师于南荆府当阳县玉泉寺住持修行，惠能大师于韶州城东三十五里曹溪山住~。""住"字及其后的省代符号是用来代替"住持修行"的，但在流传中却将省代符号丢失了。我们应根据敦煌写本的书写特征校补为"住持修行"。

---

① 参见郭在贻、张涌泉、黄征：《敦煌写本书写特例发微》，载《敦煌吐鲁番学研究论文集》，上海：汉语大辞典出版社，1990 年版，第 310—346 页。

二　空字省书

为了节省书写时间，古人除用省代符号代替某些字句之外，另一种方法是用空格，即不写字而省略。所空位置原应有字，但在流传中比省代符号还易忽略，以至给今天的研究工作带来困难。但只要认识到敦煌写本的书写特征，我们仍可以将所省文字加以复原，进而研究几种不同写本形成的先后次序。

敦博本《六祖坛经》："《菩萨经》云：'我（按：衍）本源自性清净。'识心见性，自成佛道。　　　　'即时豁然，还得本心。'"所空四字格，北图本仅空一字格，英藏本则连书不空格。

前引《坛经》文字中的四个空格及其下文，在《坛经》别一处作："《维摩经》云：'即时豁然，还得本心。'"语出《维摩诘所说经》卷上，见《大正藏经》第十四册第54页上栏。显然，敦博本所空四字格应是"维摩经云"四字，抄写者为节省时间略而不书，但空出了相应的位置。在已经出版整理过的敦煌本《六祖坛经》中，仅铃木大拙正确地补入了"维摩经云"四个字。不过，铃木校本所据是英藏本，而此本是连书不空格的，与我们这里要讨论的问题无直接关系。

敦博本之所以将"维摩经云"四字空格不书，是由于《维摩经》所云"即时豁然，还得本心"是禅家极为熟悉的文句；更重要的是，这个抄本是抄写者本人使用的，只要他自己明白即可。不过，再被转抄时却容易发生问题。我们看到，北图本仅空一字格，至英藏本则干脆连书不空格了。说明转抄者并不了解原空格的意思。同时这种变化也透露出，虽然这三种《坛经》抄本同出一系，但敦博本的产生应比其他两种为早，且更接近早期抄本的面貌。同时也为铃木大拙所补四字提供了强有力的佐证，尽管他当时仅能见到连书不空格的英藏本。

三　重文符号

中古时代的手写文字中，同样是为了节省时间，重文符号使用极多，类型复杂，我在《敦煌吐鲁番文献重文符号释读举隅》①一文中，已作了归纳并举例说明。就敦煌本《六祖坛经》来说，重文符号使用得也很多，其中漏、衍均有。这里我们重点讨论一种重文符号的特殊用法。

《坛经》云："何名千百亿化身佛？不思量，性即空寂；思量，即是自化。思量恶法，化为地狱；思量善法，化为天堂；毒害化为畜生，慈悲化为菩萨，智惠化为上界，愚痴化为下方。自性变化甚多，迷人自不知见……"

上引文字，敦博本、北图本、英藏本基本相同，中外学者的整理本均遵从原卷而不改。但这并非没有问题。问题在于这段文字在转抄中失去了四个"思量"的重文符号。我们可举《日本国见在书目录》的重文符号使用规则来加说明。这部书是日本藤原佐世（？—897）奉敕撰写的，全书一卷，现存者是 12 或 13 世纪的略抄孤本。书中大量著录唐代各种书籍，其中一些明确标明是著名学者吉备真备从唐朝带回日本的。因此，这部书中的重文符号使用规则一定程度上能够反映唐代手写文字中重文符号的书写习惯。现将一部分法律书名引录如下。为便于理解，将重文符号所代替的文字放在其后的括弧中，原书错误不加校改：

唐永徽律十二卷，々々々々（唐永徽律）疏卅卷伏无忌等撰，……垂拱格二卷，々々（垂拱）留司格二卷，开元格十卷，々々々（开元格）私记一卷，々々（开元）新格五卷……开元皇口敕一卷，々々（开元）后格九卷。

---

① 邓文宽：《敦煌吐鲁番文献重文符号释读举隅》，《文献》1994 年第 1 期，第 160—173 页。

很显然，在这些书名中，"唐永徽律""垂拱""开元格""开元"都是用重文符号来替代的。其共同特征是，重文符号并不紧随已经出现过的文字，二者间有别的文字间隔，但意思却明白无误。

以上表明，唐人在书写文字时，对邻近出现或连续出现的某一词语不再写出，而仅用重文符号替代。这一书写特征，同样适用于前面所引的《六祖坛经》文字。

前引《坛经》文字中，"思量恶法，化为地狱；思量善法，化为天堂"意义十分明确。但"毒害化为畜生，慈悲化为菩萨，智惠化为上界，愚痴化为下方"四句，意思却不十分明确。从前引《日本国见在书目录》的重文符号用法，我们有理由怀疑，这四句前面均脱掉了"思量"二字。又因"思量"二字在前二句已出现过，故这四句的"思量"用重文符号替代即可。我推测，其原始面貌应作："思量恶法，化为地狱；思量善法，化为天堂；々々毒害，化为畜生；々々慈悲，化为菩萨；々々智惠，化为上界；々々愚痴，化为下方。"阅读时，只需将重文符号还原为"思量"二字即可。若如此，则整段文字的意思也就明白无误了。可惜的是，这四处重文符号在传抄中全然脱漏了，造成今日整理工作的困难。

四 删除符号

敦煌文献中有些字，抄者写好后又觉得需要删去，于是在其右侧加一删除符号。这种符号一般用［⫶］、［卜］、［⺊］、［⺕］等表示。在《六祖坛经》中也有出现。

惠能讲其身世时说："惠能慈父，本官（贯）范阳，左降迁流岭南，［作］新州百姓。"敦博本先有"岭"字，又在其右侧加一删除符号［卜］，英藏本则无"岭"字。应该说，有"岭"字是正确的，表明敦博本以前的本子有此字，但不知敦博本为何要删去？英藏本则直接删去了。它透露了这些本子的形成次序，即敦煌祖本→敦博本→英藏本。这与前述讨论"空字省书"时所得认识是一致的。

五　界隔号

界隔号是为了隔断上下文义，避免混读而使用的符号，其形状作〔コ〕，加在被隔断之文首字的右上角。这一符号对研究《六祖坛经》的准确题目关系至巨。

由于北图本首缺，无法得知其题目书写形式。现将其他三种敦煌本《六祖坛经》的题目移录如下：

敦博本：

1.南宗顿教最上大乘摩诃波（般）若波罗蜜经六祖惠能大师于韶

2.州大梵寺施法坛经一卷兼受（授）无相　　　　戒弘法弟子法海集记（"戒"及其以下文字为小字）

英藏本：

1.南宗顿教最上大乘摩诃般若波罗蜜经

2.六祖惠能大师于韶州大梵寺施法坛经一卷

3.兼受（授）无相（此四字为小字）　　　　戒弘法弟子法海集记

旅博本：

1.南宗顿教最上大乘摩诃般若波罗蜜经

2.　　六祖惠能大师于韶州大梵寺施法坛经一卷兼受（授）无相

3.　　　戒弘法弟子法海集记

上述《坛经》的三种标题，英藏本同旅博本比较接近，而敦博本却是另一番面貌。值得注意的是，旅博本第二行首字"六"比第一行低二字格，第三行首字"戒"又比第二行低二字格，且"六""戒"二字上均加有界隔号，用于避免混读。这说明《坛经》原标题分三层含义：（一）其正题是"南宗顿教最上大乘摩诃般若波罗蜜经"；（二）副题是"六祖惠能大师于韶州大梵寺施法坛经一卷兼授无相戒"；（三）"弘法弟子法海集记"是整理者署名。唯一的错误是，"戒"字该属上文，三种写本均误属在下文。

对《坛经》标题的这种认识，还可由其内容本身获得证实。《坛经》中有如下文句：

> 惠能大师于大梵寺讲堂中升高座，说摩诃般若波罗蜜法，受（授）无相戒。
>
> 今即忏悔已，与善知识授无相三归依戒。
>
> 善知识，总须自听，与受（授）无相戒。

以上表明，惠能此次在大梵寺的活动包括两项内容，即"说摩诃般若波罗蜜法"和"授无相戒"，与《坛经》副题的说明完全一致。

在以往的研究著作中，只有印顺法师充分认识到惠能此次活动的内容。他说："慧能在大梵寺，'说摩诃般若波罗蜜法，授无相戒'。"[1]应该说是极有见地的。至于将这一认识转化为对《坛经》原题目基本正确的理解，则是潘重规先生的功绩。潘先生在《敦煌六祖坛经读后管见》[2]一文中，曾根据印顺法师的认识，将英藏本《坛经》的题目标列为：

南宗顿教最上大乘摩诃般若波罗蜜经
六祖惠能大师于韶州大梵寺施法坛经一卷
兼受无相戒　　　　弘法弟子法海集记

这种表述的缺陷在于，仍未能完全摆脱《坛经》抄本原格式的窠臼。

---

[1]　印顺：《中国禅宗史》（重印本），上海：上海书店，1992年版，第246页。
[2]　潘重规：《敦煌六祖坛经读后管见》，《中国文化》1992年总第2期，第48—55页。

我认为，只要把握了原题目的三层含义，应用现代标点符号作如下处理：

南宗顿教最上大乘摩诃般若波罗蜜经
——六祖惠能大师于韶州大梵寺施法坛经一卷兼受（授）无相戒
弘法弟子法海集记

这样，就将《坛经》的正题、副题和作者署名区分得明明白白，而不再为写本原格式所束缚。

敦煌本《六祖坛经》的标题始终是一个问题。现在能够获得这样的整理结果，除了对其内容的正确理解，旅博本的两个界隔号无疑起了重要作用。顺便指出，虽然敦博本是现存四种抄本中最好的本子，但其标题方式不及英藏本和旅博本接近原貌，因而是不可取的。

以上，我们对敦煌本《六祖坛经》的五种书写符号逐一进行了讨论，并阐明其意义，这些均是前贤所未曾措意的。毫不夸张地说，正确理解写本中的各种符号，对校理敦煌本《六祖坛经》极其重要。要知道，我们面对的是古人的手写本。如同今人有许多书写习惯，古人在印刷术尚不发达的时代，更有许多书写习惯，其中一些习惯是约定俗成的。只有明了这些书写习惯及其意义，才能对写本原貌产生真切的认识，进而加以正确校理。诚如荣新江先生在《敦博本禅籍录校》前言中所指出的："从'敦煌学'的角度，以'敦煌学'的方法来整理这部禅籍，是我们的目的与手法。"这篇小文所反映的也仅是我们这种工作方法的一个侧面。

（原载中国文物研究所编《出土文献研究》第三辑，北京：中华书局，1998年版，第228—233页）

附录二

表一　年神方位表

方位　年地支　年神	子	丑	寅	卯	辰	巳	午	未	申	酉	戌	亥
岁德	巳	午	未	申	酉	戌	亥	子	丑	寅	卯	辰
太岁	子	丑	寅	卯	辰	巳	午	未	申	酉	戌	亥
岁破	午	未	申	酉	戌	亥	子	丑	寅	卯	辰	巳
大将军	酉	酉	子	子	子	卯	卯	卯	午	午	午	酉
奏书	乾	乾	艮	艮	艮	巽	巽	巽	坤	坤	坤	乾
博士	巽	巽	坤	坤	坤	乾	乾	乾	艮	艮	艮	巽
力士	艮	艮	巽	巽	巽	坤	坤	坤	乾	乾	乾	艮
蚕室	坤	坤	乾	乾	乾	艮	艮	艮	巽	巽	巽	坤
蚕官	未	未	戌	戌	戌	丑	丑	丑	辰	辰	辰	未
蚕命	申	申	亥	亥	亥	寅	寅	寅	巳	巳	巳	申
丧门	寅	卯	辰	巳	午	未	申	酉	戌	亥	子	丑
太阴	戌	亥	子	丑	寅	卯	辰	巳	午	未	申	酉
官符	辰	巳	午	未	申	酉	戌	亥	子	丑	寅	卯
白虎	申	酉	戌	亥	子	丑	寅	卯	辰	巳	午	未
黄幡	辰	丑	戌	未	辰	丑	戌	未	辰	丑	戌	未
豹尾	戌	未	辰	丑	戌	未	辰	丑	戌	未	辰	丑
病符	亥	子	丑	寅	卯	辰	巳	午	未	申	酉	戌

续表

方位 / 年地支 / 年神	子	丑	寅	卯	辰	巳	午	未	申	酉	戌	亥
死符	巳	午	未	申	酉	戌	亥	子	丑	寅	卯	辰
劫煞	巳	寅	亥	申	巳	寅	亥	申	巳	寅	亥	申
灾煞	午	卯	子	酉	午	卯	子	酉	午	卯	子	酉
岁煞	未	辰	丑	戌	未	辰	丑	戌	未	辰	丑	戌
伏兵	丙	甲	壬	庚	丙	甲	壬	庚	丙	甲	壬	庚
岁刑	卯	戌	巳	子	辰	申	午	丑	寅	酉	未	亥
大煞	子	酉	午	卯	子	酉	午	卯	子	酉	午	卯
飞鹿	申	酉	戌	巳	午	未	寅	卯	辰	亥	子	丑
害气	巳	寅	亥	申	巳	寅	亥	申	巳	寅	亥	申
三公	卯	辰	巳	午	未	申	酉	戌	亥	子	丑	寅
九卿	丑	寅	卯	辰	巳	午	未	申	酉	戌	亥	子
九卿食舍	寅	卯	辰	巳	午	未	申	酉	戌	亥	子	丑
畜官	辰	巳	午	未	申	酉	戌	亥	子	丑	寅	卯
发盗	未	申	酉	戌	亥	子	丑	寅	卯	辰	巳	午
天皇	午	未	申	酉	戌	亥	子	丑	寅	卯	辰	巳
地皇	酉	申	未	午	巳	辰	卯	寅	丑	子	亥	戌
人皇	子	丑	寅	卯	辰	巳	午	未	申	酉	戌	亥
上丧门	戌	丑	辰	未	戌	丑	辰	未	戌	丑	辰	未
下丧门	丑	戌	未	辰	丑	戌	未	辰	丑	戌	未	辰

续表

方位 ＼ 年地支 ＼ 年神	子	丑	寅	卯	辰	巳	午	未	申	酉	戌	亥
生符	卯	辰	巳	午	未	申	酉	戌	亥	子	丑	寅
王符	子	丑	寅	卯	辰	巳	午	未	申	酉	戌	亥
五鬼	辰	卯	寅	丑	子	亥	戌	酉	申	未	午	巳

表二　月神方位、日期表

方位 ＼ 月份 日期 ＼ 月神	正	二	三	四	五	六	七	八	九	十	十一	十二
天德	丁	坤	壬	辛	乾	甲	癸	艮	丙	乙	巽	庚
月德	丙	甲	壬	庚	丙	甲	壬	庚	丙	甲	壬	庚
合德	辛	巳	丁	乙	辛	巳	丁	乙	辛	巳	丁	乙
月厌	戌	酉	申	未	午	巳	辰	卯	寅	丑	子	亥
月煞	丑	戌	未	辰	丑	戌	未	辰	丑	戌	未	辰
月破	申	酉	戌	亥	子	丑	寅	卯	辰	巳	午	未
月刑	巳	子	辰	申	午	丑	寅	酉	未	亥	卯	戌
月空	壬	庚	丙	甲	壬	庚	丙	甲	壬	庚	丙	甲

注:此表中的月份为"星命月",而非历法月份。

表三　六十甲子日游神表

甲子	乙丑	丙寅	丁卯	戊辰	己巳	庚午	辛未	壬申	癸酉	甲戌	乙亥	丙子	丁丑	戊寅	己卯	庚辰	辛巳	壬午	癸未
在外巽宫	在外巽宫	在外离宫	在外离宫	在外离宫	在外离宫	在外离宫	在外坤宫	在外坤宫	在外坤宫	在外坤宫	在外坤宫	在外坤宫	在外兑宫	在外兑宫	在外兑宫	在外兑宫	在外兑宫	在外乾宫	在外乾宫

甲申	乙酉	丙戌	丁亥	戊子	己丑	庚寅	辛卯	壬辰	癸巳	甲午	乙未	丙申	丁酉	戊戌	己亥	庚子	辛丑	壬寅	癸卯
在外乾宫	在外乾宫	在外乾宫	在外乾宫	在外坎宫	在外坎宫	在外坎宫	在外坎宫	在外坎宫	在外坎宫	在内太微宫	在内太微宫	在内太微宫	在内太微宫	在内太微宫	在内紫微宫	在内紫微宫	在内紫微宫	在内紫微宫	在内太庙宫

甲辰	乙巳	丙午	丁未	戊申	己酉	庚戌	辛亥	壬子	癸丑	甲寅	乙卯	丙辰	丁巳	戊午	己未	庚申	辛酉	壬戌	癸亥
在内御女宫	在内御女宫	在内御女宫	在内御女宫	在内御女宫	在外艮宫	在外艮宫	在外艮宫	在外艮宫	在外艮宫	在外艮宫	在外震宫	在外震宫	在外震宫	在外震宫	在外震宫	在外巽宫	在外巽宫	在外巽宫	在外巽宫

注：据 S.0276 和 P.2973B（原编号为 P.2973A）绘成。

表四　各月日出日入方位

月份	日出方位	日入方位
正月	乙	庚
二月	卯	酉
三月	甲	辛
四月	寅	戌
五月	艮	乾
六月	寅	戌
七月	甲	辛
八月	卯	酉
九月	乙	庚
十月	辰	申
十一月	巽	坤
十二月	辰	申

表五　各星命月中建除十二客与纪日地支对应关系表

纪日地支　建除 星命月	建	除	盈（满）	平	定	挚（执）	彼（破）	危	成	收	开	闭
正	寅	卯	辰	巳	午	未	申	酉	戌	亥	子	丑
二	卯	辰	巳	午	未	申	酉	戌	亥	子	丑	寅
三	辰	巳	午	未	申	酉	戌	亥	子	丑	寅	卯
四	巳	午	未	申	酉	戌	亥	子	丑	寅	卯	辰
五	午	未	申	酉	戌	亥	子	丑	寅	卯	辰	巳
六	未	申	酉	戌	亥	子	丑	寅	卯	辰	巳	午
七	申	酉	戌	亥	子	丑	寅	卯	辰	巳	午	未
八	酉	戌	亥	子	丑	寅	卯	辰	巳	午	未	申
九	戌	亥	子	丑	寅	卯	辰	巳	午	未	申	酉
一〇	亥	子	丑	寅	卯	辰	巳	午	未	申	酉	戌
一一	子	丑	寅	卯	辰	巳	午	未	申	酉	戌	亥
一二	丑	寅	卯	辰	巳	午	未	申	酉	戌	亥	子

表六　气往亡表

立春后七日	惊蛰后十四日	清明后二十一日	立夏后八日	芒种后十六日	小暑后二十四日	立秋后九日	白露后十八日	寒露后二十七日	立冬后十日	大雪后二十日	小寒后三十日

注：据清《钦定协纪辨方书》卷九《立成》。

表七　逐日人神所在表

日期	一	二	三	四	五	六	七	八	九	十	十一	十二	十三	十四	十五
人神	足大指	外踝	股内	腰	口	手小指	内踝	长腕	尻尾	腰背	鼻柱	发际	牙齿	胃管	遍身
日期	十六	十七	十八	十九	廿	廿一	廿二	廿三	廿四	廿五	廿六	廿七	廿八	廿九	卅
人神	胸	气冲	股内	足	内踝	手小指	外踝	肝	手阳明	足阳明	胸	膝	阴	膝胫	足跌

注：据P.3247V绘成。

表八　正月纪月干支与年天干对应关系表

正月纪月干支	对应年天干	口诀（见敦煌文献S.0612背）
丙寅	甲、己	甲、己之年丙作首
戊寅	乙、庚	乙、庚之岁戊为头
庚寅	丙、辛	丙、辛之年庚次第
壬寅	丁、壬	丁、壬还作顺行流
甲寅	戊、癸	戊、癸既从运位起，正月直须向甲寅求

表九　年九宫、正月九宫与年地支对应关系表

年九宫（中宫）	正月九宫（中宫）	对应年地支
一、四、七	八	子、卯、午、酉（仲年）
二、五、八	二	巳、亥、寅、申（孟年）
三、六、九	五	丑、未、辰、戌（季年）

表十 六十甲子纳音表（附干支与五行对应关系）

甲木子水（金）	乙木丑土（金）	丙火寅木（火）	丁火卯木（火）	戊土辰土（木）	己土巳火（木）	庚金午火（土）	辛金未土（土）	壬水申金（金）	癸水酉金（金）
甲木戌土（火）	乙木亥水（火）	丙火子水（水）	丁火丑土（水）	戊土寅木（土）	己土卯木（土）	庚金辰土（金）	辛金巳火（金）	壬水午火（木）	癸水未土（木）
甲木申金（水）	乙木酉金（水）	丙火戌土（土）	丁火亥水（土）	戊土子水（火）	己土丑土（火）	庚金寅木（木）	辛金卯木（木）	壬水辰土（水）	癸水巳火（水）
甲木午火（金）	乙木未土（金）	丙火申金（火）	丁火酉金（火）	戊土戌土（木）	己土亥水（木）	庚金子水（土）	辛金丑土（土）	壬水寅木（金）	癸水卯木（金）
甲木辰土（火）	乙木巳火（火）	丙火午火（水）	丁火未土（水）	戊土申金（土）	己土酉金（土）	庚金戌土（金）	辛金亥水（金）	壬水子水（木）	癸水丑土（木）
甲木寅木（水）	乙木卯木（水）	丙火辰土（土）	丁火巳火（土）	戊土午火（火）	己土未土（火）	庚金申金（木）	辛金酉金（木）	壬水戌土（水）	癸水亥水（水）

表十一　七元甲子表

（各纪日干支与二十八宿对应关系表，星期日在房、虚、昴、星四日）

一元甲子									
甲子 虚	乙丑 危	丙寅 室	丁卯 壁	戊辰 奎	己巳 娄	庚午 胃	辛未 昴	壬申 毕	癸酉 觜
甲戌 参	乙亥 井	丙子 鬼	丁丑 柳	戊寅 星	己卯 张	庚辰 翼	辛巳 轸	壬午 角	癸未 亢
甲申 氐	乙酉 房	丙戌 心	丁亥 尾	戊子 箕	己丑 斗	庚寅 牛	辛卯 女	壬辰 虚	癸巳 危
甲午 室	乙未 壁	丙申 奎	丁酉 娄	戊戌 胃	己亥 昴	庚子 毕	辛丑 觜	壬寅 参	癸卯 井
甲辰 鬼	乙巳 柳	丙午 星	丁未 张	戊申 翼	己酉 轸	庚戌 角	辛亥 亢	壬子 氐	癸丑 房
甲寅 心	乙卯 尾	丙辰 箕	丁巳 斗	戊午 牛	己未 女	庚申 虚	辛酉 危	壬戌 室	癸亥 壁

二元甲子									
甲子 奎	乙丑 娄	丙寅 胃	丁卯 昴	戊辰 毕	己巳 觜	庚午 参	辛未 井	壬申 鬼	癸酉 柳
甲戌 星	乙亥 张	丙子 翼	丁丑 轸	戊寅 角	己卯 亢	庚辰 氐	辛巳 房	壬午 心	癸未 尾
甲申 箕	乙酉 斗	丙戌 牛	丁亥 女	戊子 虚	己丑 危	庚寅 室	辛卯 壁	壬辰 奎	癸巳 娄
甲午 胃	乙未 昴	丙申 毕	丁酉 觜	戊戌 参	己亥 井	庚子 鬼	辛丑 柳	壬寅 星	癸卯 张
甲辰 翼	乙巳 轸	丙午 角	丁未 亢	戊申 氐	己酉 房	庚戌 心	辛亥 尾	壬子 箕	癸丑 斗
甲寅 牛	乙卯 女	丙辰 虚	丁巳 危	戊午 室	己未 壁	庚申 奎	辛酉 娄	壬戌 胃	癸亥 昴

续表

三元甲子									
甲子 毕	乙丑 觜	丙寅 参	丁卯 井	戊辰 鬼	己巳 柳	庚午 星	辛未 张	壬申 翼	癸酉 轸
甲戌 角	乙亥 亢	丙子 氐	丁丑 房	戊寅 心	己卯 尾	庚辰 箕	辛巳 斗	壬午 牛	癸未 女
甲申 虚	乙酉 危	丙戌 室	丁亥 壁	戊子 奎	己丑 娄	庚寅 胃	辛卯 昴	壬辰 毕	癸巳 觜
甲午 参	乙未 井	丙申 鬼	丁酉 柳	戊戌 星	己亥 张	庚子 翼	辛丑 轸	壬寅 角	癸卯 亢
甲辰 氐	乙巳 房	丙午 心	丁未 尾	戊申 箕	己酉 斗	庚戌 牛	辛亥 女	壬子 虚	癸丑 危
甲寅 室	乙卯 壁	丙辰 奎	丁巳 娄	戊午 胃	己未 昴	庚申 毕	辛酉 觜	壬戌 参	癸亥 井

四元甲子									
甲子 鬼	乙丑 柳	丙寅 星	丁卯 张	戊辰 翼	己巳 轸	庚午 角	辛未 亢	壬申 氐	癸酉 房
甲戌 心	乙亥 尾	丙子 箕	丁丑 斗	戊寅 牛	己卯 女	庚辰 虚	辛巳 危	壬午 室	癸未 壁
甲申 奎	乙酉 娄	丙戌 胃	丁亥 昴	戊子 毕	己丑 觜	庚寅 参	辛卯 井	壬辰 鬼	癸巳 柳
甲午 星	乙未 张	丙申 翼	丁酉 轸	戊戌 角	己亥 亢	庚子 氐	辛丑 房	壬寅 心	癸卯 尾
甲辰 箕	乙巳 斗	丙午 牛	丁未 女	戊申 虚	己酉 危	庚戌 室	辛亥 壁	壬子 奎	癸丑 娄
甲寅 胃	乙卯 昴	丙辰 毕	丁巳 觜	戊午 参	己未 井	庚申 鬼	辛酉 柳	壬戌 星	癸亥 张

续表

五元甲子									
甲子翼	乙丑轸	丙寅角	丁卯亢	戊辰氐	己巳房	庚午心	辛未尾	壬申箕	癸酉斗
甲戌牛	乙亥女	丙子虚	丁丑危	戊寅室	己卯壁	庚辰奎	辛巳娄	壬午胃	癸未昴
甲申毕	乙酉觜	丙戌参	丁亥井	戊子鬼	己丑柳	庚寅星	辛卯张	壬辰翼	癸巳轸
甲午角	乙未亢	丙申氐	丁酉房	戊戌心	己亥尾	庚子箕	辛丑斗	壬寅牛	癸卯女
甲辰虚	乙巳危	丙午室	丁未壁	戊申奎	己酉娄	庚戌胃	辛亥昴	壬子毕	癸丑觜
甲寅参	乙卯井	丙辰鬼	丁巳柳	戊午星	己未张	庚申翼	辛酉轸	壬戌角	癸亥亢

六元甲子									
甲子氐	乙丑房	丙寅心	丁卯尾	戊辰箕	己巳斗	庚午牛	辛未女	壬申虚	癸酉危
甲戌室	乙亥壁	丙子奎	丁丑娄	戊寅胃	己卯昴	庚辰毕	辛巳觜	壬午参	癸未井
甲申鬼	乙酉柳	丙戌星	丁亥张	戊子翼	己丑轸	庚寅角	辛卯亢	壬辰氐	癸巳房
甲午心	乙未尾	丙申箕	丁酉斗	戊戌牛	己亥女	庚子虚	辛丑危	壬寅室	癸卯壁
甲辰奎	乙巳娄	丙午胃	丁未昴	戊申毕	己酉觜	庚戌参	辛亥井	壬子鬼	癸丑柳
甲寅星	乙卯张	丙辰翼	丁巳轸	戊午角	己未亢	庚申氐	辛酉房	壬戌心	癸亥尾

续表

七元甲子									
甲子箕	乙丑斗	丙寅牛	丁卯女	戊辰虚	己巳危	庚午室	辛未壁	壬申奎	癸酉娄
甲戌胃	乙亥昴	丙子毕	丁丑觜	戊寅参	己卯井	庚辰鬼	辛巳柳	壬午星	癸未张
甲申翼	乙酉轸	丙戌角	丁亥亢	戊子氐	己丑房	庚寅心	辛卯尾	壬辰箕	癸巳斗
甲午牛	乙未女	丙申虚	丁酉危	戊戌室	己亥壁	庚子奎	辛丑娄	壬寅胃	癸卯昴
甲辰毕	乙巳觜	丙午参	丁未井	戊申鬼	己酉柳	庚戌星	辛亥张	壬子翼	癸丑轸
甲寅角	乙卯亢	丙辰氐	丁巳房	戊午心	己未尾	庚申箕	辛酉斗	壬戌牛	癸亥女